普通高等院校建筑环境与能源应用工程专业系列教材

建筑太阳能利用技术

薛一冰　杨倩苗　王崇杰等 编著

中国建材工业出版社

图书在版编目（CIP）数据

建筑太阳能利用技术/薛一冰，杨倩苗，王崇杰等编著．—北京：中国建材工业出版社，2014.4

普通高等院校建筑环境与能源应用工程专业系列教材

ISBN 978-7- 5160-0514-9

Ⅰ. ①建… Ⅱ. ①薛… ②杨…③王… Ⅲ. ①太阳能建筑-太阳能利用-高等学校-教材 Ⅳ. ①TU18

中国版本图书馆CIP数据核字(2013)第170239号

内 容 简 介

本书是关于建筑利用太阳技术的论述，将太阳能热水、采暖、降温、发电、天然采光等技术与建筑进行有机结合，为使用者提供适度舒适的建筑室内环境。本书包括九章内容，分别从绪论、太阳能基本知识、太阳能建筑设计要点综述、建筑太阳能热水技术、建筑太阳能采暖技术、太阳能建筑通风降温设计、建筑天然采光技术、建筑中的太阳能光伏发电技术和太阳能建筑实例及方案等方面进行了充分的论述。详尽地阐述了建筑太阳能利用技术的基本原理、设计方法、技术特性、经济技术评价等内容。

建筑太阳能利用技术

薛一冰　杨倩苗　王崇杰等　编著

出版发行：中国建材工业出版社

地　　址：北京市西城区车公庄大街6号

邮　　编：100044

经　　销：全国各地新华书店

印　　刷：北京雁林吉兆印刷有限公司

开　　本：787mm×1092mm　1/16

印　　张：20.75

字　　数：516千字

版　　次：2014年4月第1版

印　　次：2014年4月第1次

定　　价：56.00元

本社网址：www.jccbs.com.cn　　公众微信号：zgjcgycbs

本书如出现印装质量问题，由我社发行部负责调换。联系电话：（010）88386906

前言

面对资源趋紧、环境污染严重、生态系统退化的严峻形势，我们必须树立生态文明建设的理念，秉承与环境和谐发展的理论，大力发展可再生能源，节约常规能源，保护环境。

太阳能作为可再生的清洁能源，已越来越被人们所接受。近年来，建筑工作者一直在寻求太阳能与建筑有机结合的适当模式，达到太阳能与建筑的一体化设计。本书是在从事太阳能建筑实践的基础上，经过不断地尝试与探索，借鉴和参考了国内外同行关于太阳能建筑的经验和论述，总结出的应用建筑太阳能利用技术的经验和体会。

本书是关于建筑利用太阳技术的论述，是基于太阳能与建筑作为统一体的前提下，将太阳能热水、采暖、降温、发电、天然采光等技术与建筑进行有机结合，为使用者提供适度舒适的建筑室内环境。本书包括九章内容，分别为绪论、太阳能基本知识、太阳能建筑设计要点综述、建筑太阳能热水技术、建筑太阳能采暖技术、太阳能建筑通风降温设计、建筑天然采光技术、建筑中的太阳能光伏发电技术和太阳能建筑实例及方案，详尽地阐述了建筑太阳能利用技术的基本原理、设计方法、技术特性、经济技术评价等内容。

本书可作为相关专业大专院校师生、研究人员参考资料，还可为设计者、建造者、投资方及业主等提供有关建筑节能及节能改造技术方面的参考。

本书由山东建筑大学可再生能源建筑利用技术教育部重点实验室、山东省建筑节能技术重点实验室的薛一冰、杨倩苗、王崇杰等编著，各章节的执笔者依次为：

第1章　薛一冰　赵永周　刘宪庆

第2章　薛一冰　部传省　王天珍

第3章　杨倩苗　管振忠　张　贝

第4章　杨倩苗　张　洁　房　涛

第5章　管振忠　马　丁　柳春蕾

第6章　王崇杰　杨倩苗　张　贝

第7章　杨倩苗　马　丁　柳春蕾

第8章　何文晶　马　丁　宫淑兰

第9章　薛一冰　张　贝　张　洁

本书内容涉及面广，在编写过程中难免有不妥之处。同时，由于时间及编著者水平所限，书中文字表达也难免存在疏漏，恳请读者批评指正。

王崇杰

2014年1月

中国建材工业出版社
China Building Materials Press

目　　录

第1章　绪　　论

1.1　太阳能建筑源起

太阳能建筑这一名词代表的是未来建筑的发展趋势，是当前建筑界的热点问题。太阳能建筑是指用太阳能代替部分常规能源为建筑物提供采暖、热水、空调、照明、通风、动力等一系列功能，以满足（或部分满足）人们生活和生产需要的建筑。

自古以来，我们的祖先就懂得充分利用太阳的光和热，无论庙宇、宫殿，还是官邸、民宅（图1-1），都尽可能坐北朝南布置，以增加采光和得热。这些传统建筑可以说是最原始、最朴素的太阳能建筑。

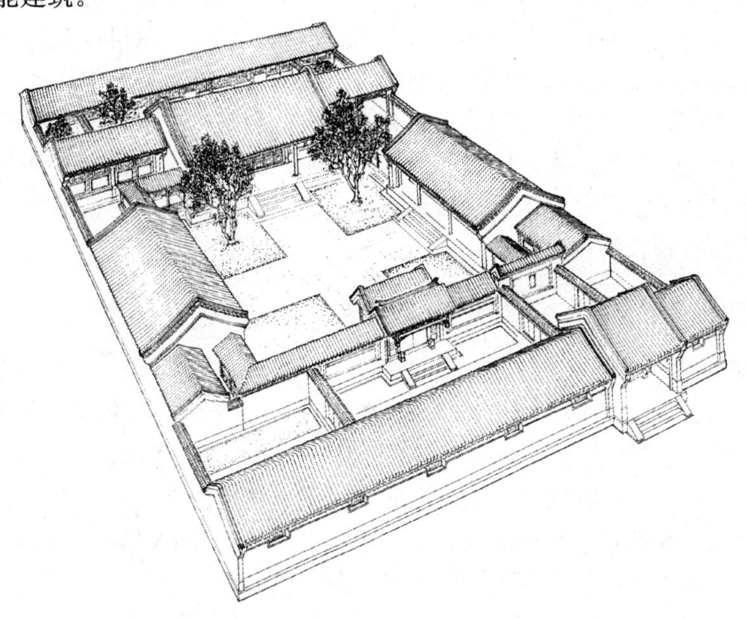

图1-1　坐北朝南的四合院布局

维特鲁威在论述住房构筑原则中，提出选择基地要考虑主导风问题，避免不利风流；吸收南向辐射热，住房形式应适应气候的多样性，设置柱廊以遮挡高度角较高的夏季阳光又可使角度较低的冬季阳光直射室内而采暖，确立了建筑利用太阳能，达到建筑节能的目的。

17世纪及18世纪的欧洲文艺复兴时代，建筑师对环境和气候的认识尚未成熟，但大量建造的建筑物表明那时人们已经懂得通过北向设置少量的窗户、加大墙体和屋面热阻等方式减少建筑能耗，为太阳能技术在建筑中的应用打下良好基础。

现代建筑先驱在各自作品中也充分表现了他们尊重气候、阳光、风向，趋利避害的设计理念。赖特在他的作品中利用太阳几何学，将建筑的不同立面设计不同深度的挑檐来调节阳光，达到节能、改善室内小气候的目的；格罗皮乌斯的许多住宅设计和规划方案均是以太阳照射角度的选择为设计准则；勒·柯布西耶特别重视风和太阳对建筑的影响，提出夏季日照控制概念，反对"让灾难性的阳光进入室内"，设计的百叶遮阳风靡一时。在设计中，提出通过简单的夏至日和冬至日的中午太阳高度角计算，确定建筑"太阳能量"方案的方法。

从 20 世纪 30 年代起，美国建筑师试图吸收、储存和分配太阳能，把太阳能作为提供建筑舒适的主要热源。1939～1956 年美国麻省理工学院设计建造第一批有完整图纸的太阳能节能住宅，通过太阳能收集器和储存装置获得所需的大部分热量，这为以后相关太阳能建筑的不断涌现和各种节能建筑设计手法的推陈出新，积累了丰富经验。

1.2 国内外建筑太阳能技术发展历程

太阳能建筑的发展大体可分为三个阶段：

第一阶段：被动式太阳房，它是一种完全通过建筑朝向和周围环境的合理布置、内部空间和外部形体的巧妙处理以及材料、结构的恰当选择，集取、蓄存、分配太阳热能的建筑。

第二阶段：主动式太阳房，它是一种以太阳集热器、管道、风机或泵、散热器及储热装置等组成的太阳能采暖系统或者与吸收式制冷机组成的太阳能空调及供热系统的建筑。

第三阶段：零能房屋，利用太阳采暖、热水、光电和制冷技术，提供建筑所需的全部能源，完全用太阳能满足建筑热水、供暖、空调、照明、用电等一系列功能要求的建筑。

目前，太阳能技术主要分为太阳能热利用技术和太阳能光伏发电技术两类，这两类技术在建筑上的应用已有较长的发展历史。

1.2.1 国外建筑太阳能技术

1. 太阳能采暖技术

真正意义上的太阳能采暖技术的起源要追溯到 19 九世纪 80 年代美国马萨诸塞州的 E. S. 莫尔斯发明的空气加热器。1881 年莫尔斯发现，当关闭受阳光照射窗户后面的暗色窗帘时，它变得非常热，并且在窗帘和玻璃之间产生了热气流。受这一现象的启发，他建造了一个空气加热器的实验装置，获得了成功并于 1882 年在塞伦的皮博迪博物馆展出。

太阳能采暖技术大体经历了四个阶段。第一阶段（1956～1973），太阳能采暖技术的成型、储备期。1956 年，法国学者 Trombe 等在莫尔斯的研究基础上提出了一种在直接受益式太阳窗后面筑起一道重型结构墙的集热方案，并于 1967 年利用该原理在奥德伊奥建造了几幢太阳能住宅，使太阳能采暖技术得到了进一步提高，并开始流行。然而，由于这一阶段太阳能采暖技术处于成长阶段，投资大且效果不理想，难与常规能源竞争，故其在这一阶段的发展比较缓慢。第二阶段（1973～1980），太阳能采暖技术发展的第一个高潮期。受能源危机的影响，许多国家尤其是工业发达国家，加强了对太阳能采暖技术的支持，使得这一时期的太阳能采暖技术开发利用工作处于前所未有的大发展时期。例如，各国加强了研究工作的计划性，不少国家制定了近期和远期阳光计划，太阳能热水器产品开始实现商业化等。第三阶段（1980～1992），太阳能采暖技术发展的低谷期。由于世界石油价格大幅度回落，而太阳能产品价格居高不下，缺乏竞争力，使得这一阶段世界上许多国家相继大幅度削减太阳能研究经费，太阳能采暖技术的发展停滞不前。第四阶段（1992～至今），太阳能采暖技术发展的第二个高潮期。由于大量燃烧矿物能源，造成了全球性的环境污染和生态破坏，面对这样的局势，联合国于1992年在巴西召开“世界环境与发展大会”，把环境与发展纳入统一的框架，确立了可持续发展的模式，这次会议使得世界各国加强了清洁能源技术的开发，将利用太阳能与环境保护结合在一起，使太阳能利用工作走出低谷，逐渐得到加强。

2. 太阳能热水技术

平板型太阳能集热器在17世纪后期被发明，直至1960年以后才真正被深入研究并进入实际应用，可以说平板型太阳能集热器是历史上最早出现的太阳能集热装置。

太阳能热水技术是太阳能光热利用中技术最成熟、实际应用最多并在经济上能与常规能源竞争的一种可再生能源利用技术。

20世纪初，美国最先开始使用太阳能热水器来获取生活热水。二战后，以色列和澳大利亚等一些国家也相继开展了研究、开发、生产和使用太阳能热水器的工作。

1955年，国际太阳能利用会议第一次提出了选择性涂层的概念，并研制成实用的黑镍等选择性涂层，为高效集热器的发展打下了基础。1973年出现能源危机后，世界上形成了研究、开发、利用太阳能的热潮。发展太阳能利用技术和产品以节约常规能源，受到了工业化国家政府的普遍重视。对太阳能热利用技术的研发和产品的产业化，各国都给予了大力的支持和鼓励。

1980年在联合国新能源大会的筹备会上，联合国的专家小组对太阳能热水器的发展前途给予了肯定的评价。1996年，在津巴布韦召开的联合国世界太阳能高峰会议发表了《哈拉雷太阳能与持续发展宣言》，太阳能利用的研究开发在世界范围内形成了又一个热潮。许多国家相继制定了太阳能发展计划。

国外对太阳能光伏建筑一体化系统的研究已有较长时间，总体来看，世界光伏建筑一体化应用技术较成熟的国家主要集中在德国、美国、日本等几个发达国家。

德国是应用太阳能、实现光伏建筑一体化程度最高的国家。光伏发电系统与建筑结合的早期形式——“屋顶计划”，就是由德国率先提出并进行具体实施的。1990年，德国首先开始实施“一千屋顶计划”，在1000家私人住宅屋顶上安装容量为1～5kW的户用联网光伏系统，政府补助50%～70%，并在1999年进一步宣布实施“十万屋顶计划”。2004年，德国通过了“优先利用可再生能源法”，强制太阳能光伏电力入网，并给予并网电价补贴，使德国成为光电应用增长最快的国家。2006年德国当年光电安装75万kW，累计装机253万kW，居世界首位。

美国制定了一系列政策和计划，科研机构和有关公司纷纷响应，积极推进光伏建筑一体化项目的实施。1997年，克林顿在联合国环境发展会议上宣布实施“百万太阳能屋顶计划”。而后，又先后通过了一系列的鼓励措施和减税政策，从而使美国的太阳能光伏建筑无论是在研究、设计一体化方面，还是材料、房屋构件的产品开发、应用方面，均处于世界领先地位，并形成了完整的太阳能建筑产业化体系。

日本政府在20世纪90年代中期制定了一个庞大的太阳能光伏发电“屋顶”计划，为此拨出80亿日元巨资用于大规模生产太阳能光伏电池，目的在于降低太阳能光伏电池成本。此后日本又先后实施了多个与太阳能光伏建筑相关的计划，并取得了一定的成就。到2004

年，日本光伏累计安装量达1100MW，成为当时全球光伏装机容量最大的国家。

1.2.2 国内太阳能建筑

1. 太阳能采暖技术

受世界局势的影响，我国太阳能采暖技术的发展经历了三个阶段。第一阶段（1977～1995），这一阶段主要发展的是被动式太阳能采暖技术。自1977年第一座太阳能采暖建筑在甘肃省民勤县建成以来，经过国家的“六五”“七五”到“八五”科技攻关项目，我国太阳能采暖建筑逐步由试点型过渡到了适用推广型，据不完全统计，到1996年底，全国已建成不同类型的被动式太阳房115万栋，累计建筑面积在455万 m^2 以上。其中山东省栖霞县栖霞镇古镇都小学（图1-2）是山东省早期太阳能建筑的代表作品之一，使用了特隆布墙等太阳能技术，使冬季室内温度可保持在14℃左右，基本解决了学生在校期间的采暖问题。甘肃省科学院自然能源研究所为榆中县设计建设了数十栋太阳能基地下沉式窑院民居（图1-3），利用基地北部陡坎，在其南面下挖院落，采用附加阳光间、对流环路式被动式太阳能采暖技术，使民居在无任何辅助热源的情况下，冬季室内气温达到10.5～17℃，得到了农

(a)

(b)

图1-2　山东省栖霞县栖霞镇古镇都小学

(a) 立面；(b) 集热墙细部

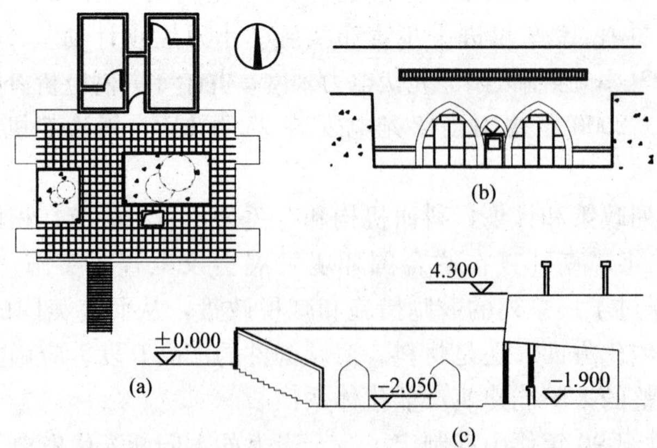

图1-3　兰州市榆中县太阳能基地下沉式窑院民居

(a) 平面图；(b) 立面图；(c) 剖面图

民的普遍欢迎。第二阶段（1995～2000），太阳能采暖技术的低谷期。这一时期由于太阳能开发研究经费大幅度削减，使得研究工作进展较慢。第三阶段（2000～至今），这一阶段在应用被动式太阳能采暖技术的基础上加入了太阳能主动利用的技术。这一阶段建成的比较典型的建筑有上海建筑设计研究院、清华建筑设计研究院、清华超低能耗楼、山东建筑大学的生态学生公寓、济南高等交通专科学校的生态图书馆等。

2. 太阳能热水技术

我国最早的太阳能热水淋浴室在1958年建成。20世纪70年代初世界上出现的开发利用太阳能热潮，对我国也产生了巨大的影响。

①1970～1980闷晒式太阳能热水器

由于国家经济发展落后，人民生活水平较低，居民多用闷晒式热水器（汽油桶式、汽车油箱式等）。由于存在效率低，散热快，储水量少，冬季无法使用等缺点，现只占全部市场份额的1%～2%。

②1980～1989平板式太阳能热水器

在国家相关部门支持和领导下，北京太阳能研究所开始从事太阳能热利用的研究，早期开发以平板式太阳能热水器为主。

1996年以前，太阳能热水器产品以平板型为主，占70%以上。1996年以后，真空管型太阳能热水器成为市场主导产品，占90%以上。

③2000年以后，太阳能行业进入高速发展时期

1984年，清华大学殷志强教授研发了用于太阳能真空管集热器的"磁控溅射渐变铝—氮/铝太阳选择性吸收涂层"，使太阳能集热管的大规模生产和商业化应用成为可能，直接催生了我国首批太阳能企业。

随着科研技术的不断提高，集热管不断升级，从第一代普通真空集热管、到高效集热管、钛金管、中温管到现在的高温集热管，已经发展到第五代。

①第一代普通集热管是通过高能量离子轰击靶材产生溅射实现镀膜，在靶材上选取的是单靶，即铝靶，其特点是性能稳定，镀膜技术成熟，成本较低，目前仍大量应用在多家品牌的太阳能热水器上。

②第二代高效集热管，实现钢、铜、铝双靶或者三靶镀膜技术，膜层增加，实现了超低红外发射比金属底层、吸收层、和减反层，导致集热管整体的各项技术指标实现了提升，具有高吸收、低发射、性能好、寿命长的优点。高效集热管是目前热水器应用集热管的主流。

③第三代钛金管，是由中国力诺集团旗下力诺光热集团与清华大学联合打造，经过两年的深入研发，拥有自主知识产权的钛金膜全玻璃真空太阳集热管。这是一项具有划时代意义的革命性技术，它能将水的温度提升到沸点以上，之所以成为第三代，因为这是集热管镀膜使用材质的一次革命性突破。

④第四代中温管，采用了钛、铝双靶磁控反应溅射等一系列先进技术，使集热管工作温度可达150℃，填补了全玻璃真空太阳能热利用在这个温度区的国际空白。中温管的研制成功，开启了太阳能光热应用从"热水"到"热能"的新时代。

⑤第五代高温管，指工作温度200℃以上的可用于热发电的太阳能直通管。2010年力诺成功研制出4mm规格高温发电管，成为继德国肖特和以色列索莱尔公司后，全球第三家掌握该技术的企业。高温发电管的规模化生产将是太阳能光热利用的又一次革命，将太阳能光

热利用推进到光热发电时代。

3. 太阳能光伏技术

我国光伏建筑一体化应用相对于西方一些发达国家来说起步较晚，还处于一个比较落后的地位，但政府一直在鼓励应用太阳能等可再生能源。2006 年，颁布实施的《可再生能源法》中明确规定"国家鼓励和支持可再生能源并网发电"。2009 年，为贯彻《可再生能源法》，落实国务院节能减排与发展新能源的战略部署，加快推进太阳能光电在城乡建筑领域的应用，国家财政部会同住房和城乡建设部印发了《关于加快推进太阳能光电建筑应用的实施意见》及《太阳能光电建筑应用财政补助资金管理暂行办法》，目的是通过财政补助支持开展光电建筑应用示范项目，解决太阳能光电建筑一体化设计及施工能力不足等方面的问题，从而带动太阳能光电产业的发展。由此可见我国对可再生能源的重视。正是在这样的环境下，我国的光伏建筑一体化有了初步的发展。

除了利用太阳能光伏发电为边远地区和特殊用途供电外，国内的光伏系统与建筑结合并网发电正在悄然兴起，我国也开始了屋顶并网光伏发电系统的试验和示范，将为太阳能光伏发电的大规模开发利用积累经验、奠定基础。已经建成的光伏建筑一体化并网发电项目已有多座，如深圳市园博园 1MWp 的并网光伏系统，首都博物馆 300MWp 屋顶并网光伏系统，北京生态园的屋顶发电系统和在奥运场馆、奥运公园的光伏发电项目等。

1.3　现阶段我国发展太阳能建筑的必要性

目前，在常规能源少、建筑能耗大的情况下，要求环境保护以及实现全面小康要求等因素共同作用下，我国大力发展太阳能建筑迫在眉睫。

1.3.1　降低建筑能耗

2011 年建筑总能耗（不含生物质能）为 6.87 亿 tce，占全国总能耗的 19.74%；建筑商品能耗和生物质能共计 8.14 亿 tce。建筑总面积 469 亿 m^2，单位建筑面积的商品能耗为 14.7kgce/m^2。2011 年北方城镇采暖能耗为 1.66 亿 tce，占建筑能耗的 24.2%。2001～2011 年，北方城镇建筑采暖面积从 33 亿 m^2，增加了 2 倍。从能耗总量来看，北方城镇建筑采暖能耗从 0.84 亿 tce 增长到 1.66 亿 tce，增加了 1 倍，明显慢于建筑面积的增长，体现了节能工作取得的显著成绩——平均单位面积采暖能耗从 2001 年的 22.8kgce/m^2 降低到 2011 年的 16.4kgce/m^2。2011 年公共建筑面积约为 79.7 亿 m^2，占建筑总面积的 17.0%，能耗（不含北方采暖）为 1.71 亿 tce，占全国建筑总能耗的 24.8%，其中电力消耗为 4467 亿 kW·h，非电商品能耗（煤炭、燃气）为 3297 万 tce。2001～2011 年公共建筑面积增加了 0.8 倍，平均的单位面积能耗从 2001 年的 17.9kgce/m^2 增加到 2011 年的 21.4kgce/m^2，是增长最快的建筑用能分类。

根据发达国家经验，随着城市发展，建筑将超越工业、交通等其他行业而最终居于社会能源消耗的首位，达到 33%左右。我国城市化进程如果按照发达国家发展模式，使人均建筑能耗接近发达国家的人均水平，需要消耗全球目前消耗的能源总量的 1/4。因此，必须探索一条不同于世界上其他发达国家的节能途径，充分利用我国拥有丰富的太阳能资源，大力发展太阳能建筑成为当前降低建筑能耗的需要。

1.3.2 环境保护

有关资料显示，世界各国建筑能耗中排放的二氧化碳约占全球排放总量的1/3；我国约90%的二氧化硫和氮氧化物排放来自化石能源的生产和消费。我国仍有4亿左右农村居民，依靠直接燃烧秸秆、薪柴等生物质提供生活用能，生物质燃烧产生大量的二氧化碳及有害物质。大气污染物造成的酸雨、呼吸道疾病等已经严重威胁经济发展和人体健康。

我国具有丰富的太阳能资源，年日照时数在2200小时以上地区约占国土面积的三分之二以上。对太阳能应用的预测结果为，在正常发展和生态驱动发展两种模式下，2050年我国太阳能利用在总能源供给中将分别达到4.7%和10%。对我国未来二氧化碳减排的潜力估计是，到2020年以后，太阳能利用对减排开始有较显著作用。

1.4 我国太阳能建筑的发展目标及策略

1.4.1 发展目标

充分利用太阳能，考虑将太阳能利用与地热能、风能、生物质能以及自然界中的低温热能等复合能源的利用结合起来，并进行系统的优化配置，以满足建筑的能源供应和健康环境的需求，降低建筑能耗在社会总能耗中的比例。

1.4.2 发展策略

1. 政策引导

长期以来，国家对能源的管理偏重工业和交通节能，缺乏有效的激励政策引导和扶植太阳能建筑。因此，要发展太阳能建筑，在政策引导方面应做到一是全方位推进，包括在法规政策、标准规范、推广措施、科技攻关等方面开展工作；二是全过程监管，包括在立项、规划、设计、审图、施工、监理、检测、竣工验收、核准销售、维护使用等环节加强监管；三是实行分类指导、区域统筹、整体推进、分阶段实施的工作方法。

针对不同地域的太阳能资源状况及经济水平，采取不同的太阳能建筑推广方案。西部经济欠发达地区，往往又是太阳能资源丰富的区域，依然应以被动利用太阳能建筑为主，加强集热、蓄热、导热等材料和技术的研发与推广；而对于经济发达的沿海地区，夏季炎热、冬季阴冷，又具有冬季采暖、夏季空调的生活需求和经济能力，应积极扩大综合利用太阳能建筑新技术的投资优势，并成为实施太阳能或水源热泵等采暖空调技术示范建筑的首选地区。

2. 经济激励

对于不同的建筑类型和社会功能，在太阳能利用等领域应给予不同的示范导向和税收等激励政策。如，对于公益性建筑采取强制推行太阳能利用的政策；对于商业性建筑则给予税收等激励政策；对于量大面广的居住建筑则实行税收激励政策、能源投资机制及业主有偿使用相结合的策略。当然这些策略对于既有建筑的改造同样适用。选择特殊用途建筑、大型公益性建筑及政府办公建筑等进行示范推广和政策引导。

3. 设计研发

建筑设计单位将太阳能利用列入建筑工程设计环节，并作为一个“专业”纳入建筑设计过程，从设计阶段就将太阳能技术整合到整个设计中，进行一体化设计。研发机构针对成熟的太阳能技术编制设计规范、标准及其相关图集，建立产品（系统）检测中心和认证机构，完善施工验收及维护技术规程。

4．理念推广

针对我国的社会发展、技术进步、经济能力、区域气候、生活需求等因素，以太阳能建筑领域中的热水供应为切入点，扩大太阳能热水供应的既有理念优势，倡导“理念先行、示范突破、政策跟进”的原则，推行“标准设计、检测认证、建筑准入”的机制，分阶段逐步推进太阳能建筑在中国的发展，最终达到太阳能建筑的普及和推广。

在各级政府的政策导向和激励机制的基础上，提高职业培训和公众教育程度，加强产品（系统）检测认证和建筑准入制度，完善规范标准及相关技术规程，发挥从企业到业主等各个层面的积极性，共同推进太阳能建筑的有序健康发展。

思　考　题

1-1　简述太阳能建筑发展的三个阶段。

1-2　对比国内外太阳能采暖技术的发展历程。

1-3　简述我国太阳能建筑的发展目标及策略。

第 2 章　太阳能基本知识

太阳能是最重要的基本能源，生物质能、风能、潮汐能、水能等都来自太阳能，太阳内部进行着由氢聚变成氦的原子核反应，不停地释放出巨大的能量，不断地向宇宙空间辐射能量，这就是太阳能。太阳内部的这种核聚变反应可以维持很长时间，据估计约有几十亿至几百亿年，相对于人类的有限生存时间而言，太阳能可以说是取之不尽、用之不竭的。本章先介绍太阳运行规律以及太阳辐射的基本知识，然后介绍我国太阳能资源情况。

2.1　太阳运行规律

2.1.1　太阳运行规律的描述

地球绕地轴自转同时绕太阳公转，地球公转的轨道平面称为黄道面。由于地轴是倾斜的，与黄道面成 66°33′的交角；而且在公转运行中，这个交角和地轴的倾斜方向都是不变的，这样就使太阳光线的直射范围在南北纬 23°27′之间做周期性变化。

2.1.2　赤纬

地球在公转中，阳光直射地球的变动范围用赤纬 δ 表示。赤纬即太阳光线与地球赤道面的夹角，它是随着地球在公转轨道上的位置即日期的不同而变化的。赤纬从赤道面算起，向北为正，向南为负。

图 2-1 是地球在公转轨道上的几个典型位置：春分（$\delta=0°$），夏至（$\delta=+23°27'$），秋分（$\delta=0°$），冬至（$\delta=-23°27'$）。春分时（约在 3 月 21 日），太阳光与地球赤道面平行，赤纬 $\delta=0°$，阳光直射赤道，正好切过两极，南北半球的昼夜均等长。春分以后，赤纬逐渐增加，到夏至时（约在 6 月 22 日），赤纬 $\delta=+23°27'$ 达到最大值，太阳光线直射地球北纬 23°27′，即北回归线上。随后，赤纬又逐渐减小，秋分日（约 9 月 22 日）$\delta=0°$。当阳光继续南移，到冬至日时，（约 12 月 22 日），阳光直射南纬 23°27′，赤纬 $\delta=-23°27'$，此时情况恰好与夏至日相反。冬至日以后，阳光又逐渐北移至赤道。如此周而复始。

（1）球绕太阳公转时，地球有恒定的倾角；

（2）冬至日，正午太阳的高度角比春分秋日的小 23°27′；

（3）春秋分日，地球上任一地点的正午太阳高度角等于 90°减去其纬度；

（4）夏至日，正午的太阳高度角比春秋分日的大 23°27′。

一年中逐日的赤纬可用 Peter. J. Iumde 等人建议的公式（2-1）粗略计算：

$$\delta = 23.45 \times \sin\left[\left(\frac{N-80}{370}\right) \times 360\right] \tag{2-1}$$

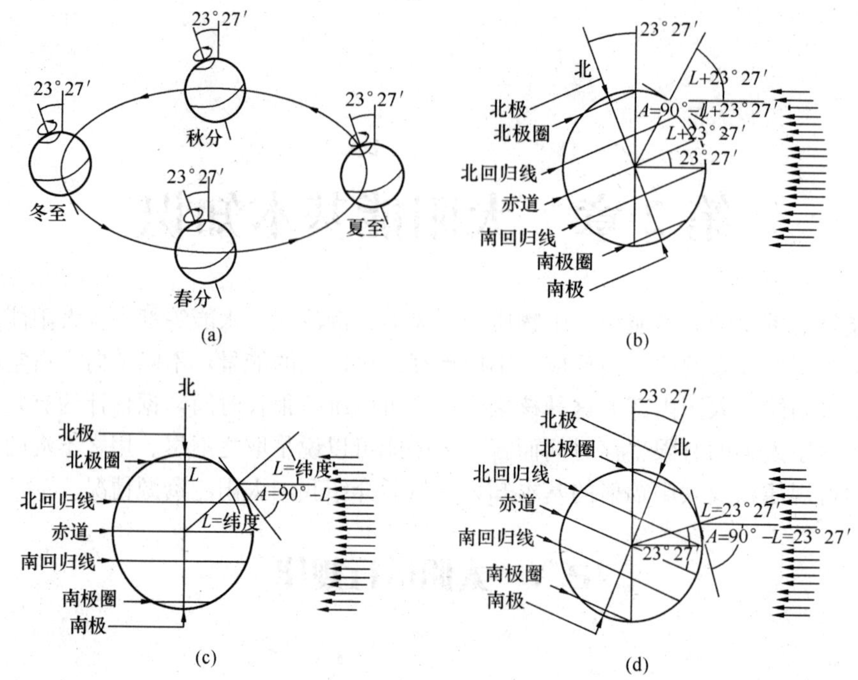

图 2-1　地球绕太阳公转与赤纬

式中　δ——赤纬，单位：度；

N——从元旦开始计算的天数。

2.1.3　时角

不同的时角可表示在一天里不同时间的太阳位置，以其所在时区的角度表示，即 1 小时相当于时角 15°。并规定以太阳在观测点正南向，即当地时间正午 12 时的时角为 0°，这时的时圈称为当地的子午圈；对应于上午的时角（12 时以前）为负值，下午的时角为正值。时角的计算公式（2-2）：

$$t = 15(h - 12) \tag{2-2}$$

式中　t——时角，度；

h——时间（小时），按当地太阳时计算。

2.1.4　太阳时与标准时

在上述公式中，时角（t）所用的时间为观测点的当地太阳时，或称“真太阳时”，即太阳在当地正南时为 12 时，地球自转一周又回到正南时为一天。

此外，各地区所采用的标准时间是各国按所处地理经度位置以某一中心子午线的时间为标准时。我国标准时是以东经 120°作为北京时间的标准。国际上在 1884 年经过各国协议，以穿过英国伦敦格林尼治天文台的经线为本初经线，是经度的零度线，由此向东和向西各分为 180°，称为东经和西经。

当地太阳时与标准时之间的转换关系公式（2-3）：

$$T_o = T_m + 4(L_o - L_m) \tag{2-3}$$

式中　T_o——标准时间，时；分；

T_m——地方平均太阳时，时；分；

L_o——标准时间子午圈所处的经度，度；

L_m——当地子午圈所处的经度，度；

4——换算系数，分/度。由于地球自转一周按 24h 计，地球的经度分为 360°，所以每转过经度 1°为 4min。地方经度在中心经度以西时，经度每差 1°，地方时比标准时提前 4min；在中心经度以东时，经度每差 1°，地方时比标准时推后 4min。

2.1.5　太阳高度角和方位角

人在地平面观测太阳位置，可以用高度角和方位角表示太阳位置，如图 2-2 所示，太阳光线与地平面夹角（h）称为太阳高度角，太阳光线在地平面的投影线与地平面正南方向所夹的角（A）称为太阳方位角。

任何一个地区，在日出、日落时，太阳高度角为零；一天中在正午，即当地太阳时为 12 点的时候，高度角最大，在北半球此时的太阳位于正南。太阳方位角以正南为 0°，顺时针方向的角度为正值，表示太阳位于下午的范围；逆时针方向的角度为负值，表示太阳位于上午的范围。在任何一天里，上、下午的位置对称于中午，例如上午 10 点和下午 2 点对称，

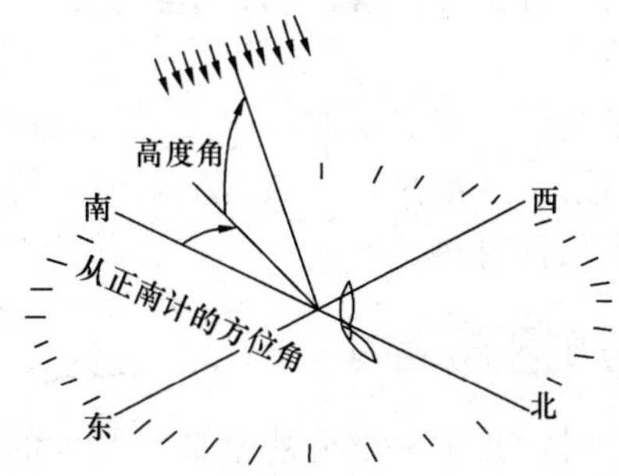

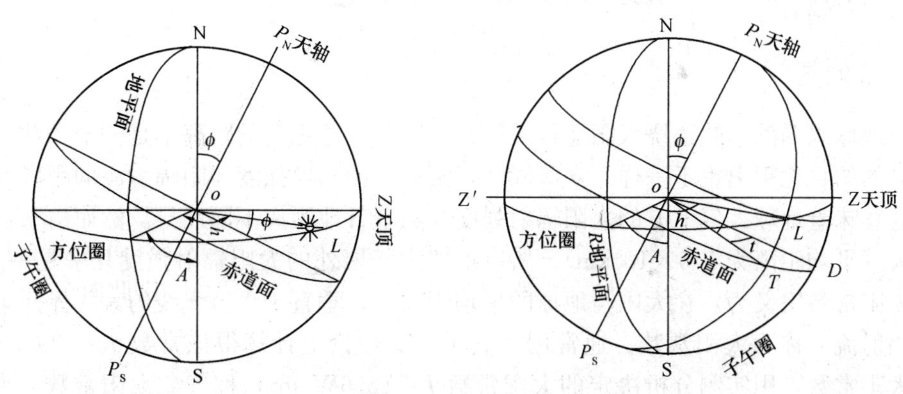

图 2-2　太阳高度角和方位角

两个时间的太阳高度角和方位角的数值相同，只是方位角的符号相反。

影响太阳高度角（h）和方位角（A）的因素有三个，即赤纬、时角和地理纬度。其计算公式（2-4）、（2-5）：

$$\sin h = \sin\phi \cdot \sin\delta + \cos\phi \cdot \cos t \tag{2-4}$$

$$\cos A = (\sin h \cdot \sin\phi - \sin\delta)/(\cos h \cdot \cos\phi) \tag{2-5}$$

正午时太阳方位在正南，其方位角为 0°。这时的高度角计算式可简化为公式（2-6），（2-7）：

$$h = 90° - (\phi - \delta)(\text{当 } \phi > \delta \text{ 时}) \tag{2-6}$$

$$h = 90° - (\delta - \phi)(\text{当 } \delta > \phi \text{ 时}) \tag{2-7}$$

日出、日落时间的时角及其方位角的计算式为公式（2-8），（2-9）：

$$\cos t = -\tan\phi \cdot \tan\delta(\text{太阳高度角 } h = 0°) \tag{2-8}$$

$$\cos A = -\sin\delta/\cos\phi(\text{太阳高度角 } h = 0°) \tag{2-9}$$

式中 δ——赤纬，度；

ϕ——纬度，度；

t——时角，度。

2.2 太阳辐射

太阳辐射热是地表大气热过程的主要能源，也是对建筑物影响较大的一个参数。日照和遮阳是建筑设计中最关键的因素，这都是针对太阳辐射的。特别是太阳能建筑的设计，必须仔细考虑可作为能源使用的太阳辐射热。

2.2.1 直射辐射、散射辐射和总辐射

当太阳的射线到达大气层时，其中一部分能量被大气中的臭氧、水蒸气、二氧化碳和尘埃等吸收；另一部分被云层中的尘埃、冰晶、微小水珠及各种气体分子等反射或折射而形成漫向反射，这一部分辐射能中的一部分返回到宇宙中去，一部分到达地面。我们把改变了原来方向而到达地面的这部分太阳辐射成为“散射辐射”，其余未被吸收和散射的太阳辐射能仍按原来的方向，透过大气层直达地面，故称此部分为“直射辐射”。直射辐射与散射辐射之和称为“总辐射”。

2.2.2 太阳常数

由于地球以椭圆形轨道绕太阳运行，因此太阳与地球之间的距离不是一个常数，而且一年里每天的的日地距离也不一样。众所周知，某一点的辐射强度与距辐射源的距离的平方成反比，这意味着地球大气上方的太阳辐射强度会随着日地距离不同而异。然而由于日地间的距离太大（平均距离为 1.5×10^8km），所以地球大气层外的太阳辐射强度几乎是一个常数。因此把太阳常数定义为：在太阳与地球的平均距离处，垂直于入射光线的大气界面单位面积上的热辐射流，称为太阳常数。通常用 I 表示。从理论上计算得该常数 $I=1395.6\text{W/m}^2$，称天文太阳常数，用实测分析决定的太阳常数 $I=1256\text{W/m}^2$，称气象太阳常数。表 2-1 是各月大气层外边界处太阳辐射强度 I_0。

表 2-1 各月大气层外边界处太阳辐射强度 I_o

月 份	1	2	3	4	5	6	7	8	9	10	11	12
I_o（W/m^2）	1419	1407	1391	1367	1347	1329	1321	1328	1343	1363	1385	1406
I_o（$kcal/m^2 \cdot h$）	1220	1212	1197	1176	1159	1144	1137	1143	1156	1173	1193	1209

2.2.3 大气质量

大气质量是指太阳辐射穿过大气层所通过的路程。参看图 2-3，A 为地球海平面上的一点，当太阳在天顶位置 S 时，太阳辐射穿过大气层到达 A 点的路径为 OA。太阳位于 S' 点时，其穿过大气层到达 A 点的路径则为 $O'A$，$O'A$ 与 OA 之比就称之为"大气质量"。它表示太阳辐射穿过地球大气的路径与太阳垂直入射时的路径之比，通常以符号 m 表示，并设定标准大气压和 0℃时海平面上太阳垂直入射时，大气质量 $m=1$。可知：

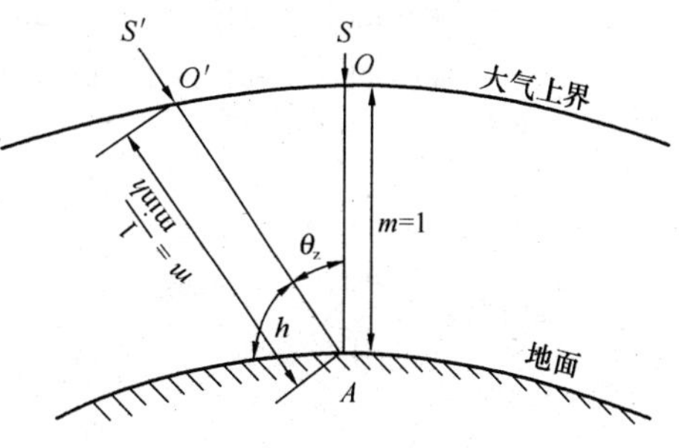

图 2-3 大气质量示意图

$$m = \frac{O'A}{OA} = \sec\theta_z = \frac{1}{\sin h} \tag{2-10}$$

式中 h 为太阳的高度角

2.2.4 太阳辐射强度计算

1. 法向太阳辐射强度 I_{DN}：与太阳光线相垂直的表面上（即太阳光线法线方向）的太阳直射辐射强度，其计算公式（2-11）。

$$I_{DN} = I_0 Pm \tag{2-11}$$

式中 I_0——垂直与大气层外边界处的太阳辐射强度；

P——大气透明系数；

m——光线透过的大气质量。

2. 水平面上的总辐射强度 I_H，其计算公式（2-12），（2-13），（2-14），（2-15）。

$$I_H = I_{DH} + I_{dH} \tag{2-12}$$

式中 I_{DH}——水平面直射太阳辐射强度；

I_{dH}——水平面散射辐射强度；

在图 2-4 直角△OAB 中，水平面直射太阳辐射强度 I_{DH}

$$I_{DN} \times AB = I_{DH} \times OB$$

即
$$I_{DH} = I_{DN}\frac{AB}{OB} = I_{DN}\sin h = I_0 Pm \sin h \tag{2-13}$$

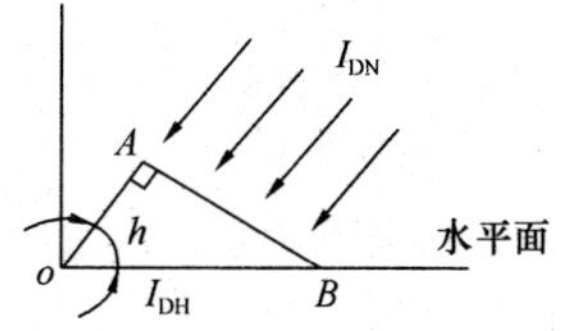

图 2-4 水平面上太阳辐射强度示意图

水平面散射辐射强度 I_{dH}

$$I_{dH} = \frac{1}{2} I_o \sin h \frac{1 - Pm}{1 - 1.4\ln p} \tag{2-14}$$

因此

$$I_H = I_{DH} + I_{dH} = I_0 \sin\left[Pm + \frac{1 - Pm}{2(1 - 1.4\ln P)}\right] \tag{2-15}$$

3. 任意倾斜面上的太阳辐射强度计算，其计算公式(2-16)，(2-17)，(2-18)，(2-19)。

倾斜面上的总辐射强度 I_θ，公式（2-16）。

$$I_\theta = I_{D\theta} + I_{d\theta} + I_{R\theta} \tag{2-16}$$

式中 $I_{D\theta}$——倾斜面上太阳直射辐射强度；

$I_{d\theta}$——倾斜面上太阳散射辐射强度；

$I_{R\theta}$——倾斜面上所获得的地面反射辐射强度。

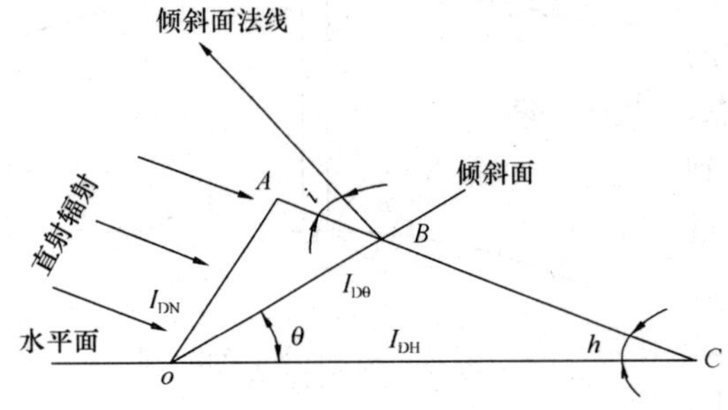

图 2-5 倾斜面上太阳辐射强度示意图

在图 2-5 直角△*OAB* 多中，倾斜面上太阳直射辐射强度 $I_{D\theta}$

$$I_{D\theta} = I_{DN}\cos i$$

在图 2-5 直角△*OAC* 中，有

$$I_{DH} = I_{DN}\sin h$$

因此，

$$I_{D\theta} = I_{DH}\frac{\cos i}{\sin h} \tag{2-17}$$

倾斜面上太阳直射辐射强度 $I_{d\theta}$

$$I_{d\theta} = I_{dH}\cos^2\frac{\theta}{2} \tag{2-18}$$

倾斜面上所获得的地面反射辐射强度 $I_{R\theta}$

$$I_{R\theta} = \rho_G I_H\left(1-\cos^2\frac{\theta}{2}\right) \tag{2-19}$$

式中 ρ_G——自然表面对太阳能辐射的反射率。

2.2.5 辐射换热

由于任何物体都具有发射辐射和对外来辐射吸收、反射的能力，所以在空间任意两个相互分离的物体，彼此间就会产生辐射换热，如图 2-6 所示。如果两物体的温度不同，则较热的物体向外辐射而失去的热量比吸收外来辐射而得到的热量多，较冷的物体则相反。这样，在两个物体之间就形成了辐射换热。应注意的是，即使两个物体温度相同，它们也在进行着辐射换热，只是处于动态平衡状态。

两表面间的辐射换热量主要取决于表面的温度，表面发射和吸收辐射的能力，以及它们之间的相互位置。

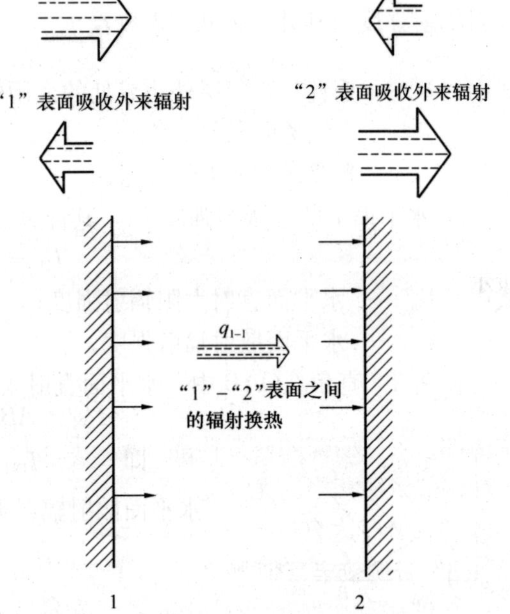

图 2-6 表面的辐射换热

“1”—表面辐射散热 “2”—表面辐射得热

任意相对位置的二表面，若不计两表面之间的多次反射，仅考虑第一次吸收，则表面辐射换热量的通式为：

$$\left.\begin{aligned} Q_{1,2} &= \alpha_r(\theta_1-\theta_2)\cdot F \\ q_{1,2} &= \alpha_r(\theta_1-\theta_2) \end{aligned}\right\} \tag{2-20}$$

或

式中　α_r——辐射换热系数，$W/(m^2\cdot K)$；

θ_1——“1”表面温度，度；

θ_2——“2”表面温度，度；

F——辐射表面面积，m^2。

2.3　我国太阳能资源情况

2.3.1　我国太阳能资源分布特点

除四川盆地和与其毗邻的地区外，我国绝大多数地区的太阳能资源相当丰富。中国的太阳能资源与同纬度的其他国家相比和美国类似，比日本、欧洲条件优越得多，特别是青藏高原的西部和东南部的太阳能资源尤为丰富，接近撒哈拉大沙漠。

中国太阳能资源分布的主要特点是：太阳能的高值中心和低值中心都处于北纬 22°～35°这一带，青藏高原是高值中心，四川盆地是低值中心；太阳年辐射总量，西部地区高于东部地区，而且除西藏和新疆两个自治区外，基本上是南部低于北部；由于南方多数地区云多雨多，在北纬 30°～40°地区，太阳能的分布情况与一般的太阳能随纬度而变化的规律相反，太阳能不是随着纬度的增加而减少，而是随着纬度的升高而增长。

2.3.2　我国太阳能资源分区

近些年的研究发现，随着大气污染的加重，各地的太阳辐射量呈下降趋势。已有的中国太阳能资源分布（五个分区），主要是依据 20 世纪 80 年代以前的数据计算得出的，因此其代表性已有所降低。为此，中国气象科学研究院根据 20 世纪末期最新研究数据又重新计算了中国太阳能资源分布。

地球上太阳能资源的分布与各地的纬度、海拔高度、地理状况和气候条件有关。资源丰度一般以全年总辐射量和全年日照总时数表示。现行的中国太阳能资源分为 4 区，如图 2-7 所示。

Ⅰ. 资源丰富带

全年日照时数为 2800～3300h。在每平方米面积上一年内接受的太阳辐射总量大于 6700MJ，比 230kg 标准煤燃烧所发出的热量还要多。主要包括宁夏北部、甘肃北部、新疆东南部、青海西部和西藏西部等地，是中国太阳能资源最富的地区，与印度和巴基斯坦北部的太阳能资源相当。尤以西藏西部的太阳能资源最为丰富，全年日照时数达 2900～3400h，年辐射总量高达 7000～8000MJ/m^2，仅次于撒哈拉大沙漠，居世界第二位。

Ⅱ. 资源较丰富带

全年日照时数为 3000～3200h。在每平方米面积上一年内接受的太阳辐射总量为 5400～6700MJ，相当于 200～300kg 标准煤燃烧所发出的热量。主要包括河北北部、陕西北部、内蒙古南部、宁夏南部、甘肃中部、青海东部、西藏东南部和新疆南部等地，为中国太阳能资

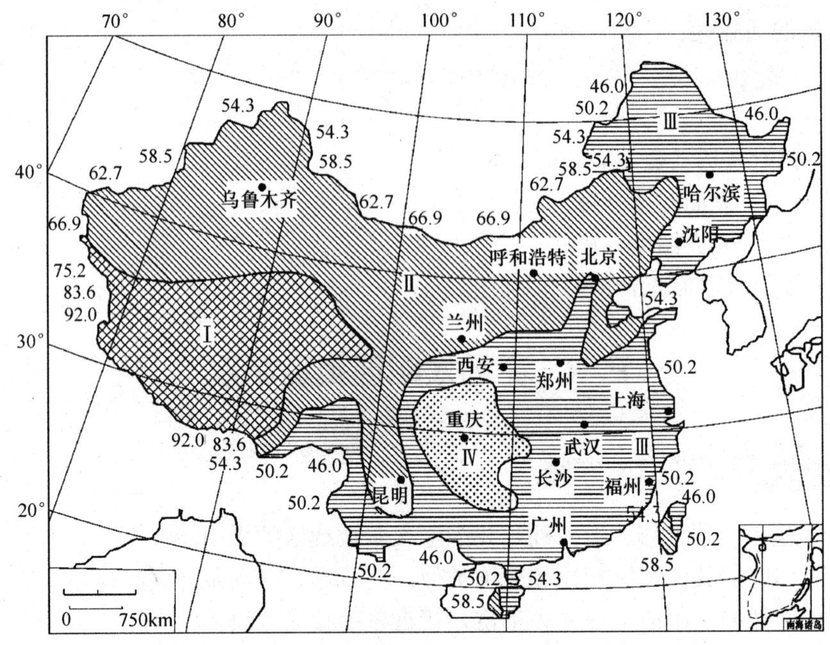

图 2-7　我国太阳能资源分区

源较丰富区。

Ⅲ. 资源一般带

全年日照时数为 2200～3000h。在每平方米面积上一年内接受的太阳辐射总量为 4200～5400MJ，相当于 170～200kg 标准煤燃烧所发出的热量。主要包括山东东南部、河南东南部、河北东南部、山西南部、新疆北部、吉林、辽宁、云南、陕西北部、甘肃东南部、广东南部、福建南部、江苏北部、安徽北部、天津、北京和台湾西南部等地。为中国太阳能资源一般地区。

Ⅳ. 资源缺乏带

全年日照时数为 1400～2200h。在每平方米面积上一年内接受的太阳辐射总量小于 4200MJ，比 170kg 标准煤燃烧所发出的热量还要低。主要包括湖南、湖北、广西、江西、浙江、广东北部、陕西南部、江苏南部、安徽南部以及黑龙江、台湾东北部等地。为中国太阳能资源缺乏的地区。

Ⅰ、Ⅱ、Ⅲ类地区，年日照时数大于 2200h，太阳年辐射总量高于 4200MJ/m^2，是中国太阳能资源丰富或较丰富的地区，面积较大，约占全国总面积的 2/3 以上，具有利用太阳能的良好条件。Ⅳ类地区，虽然太阳能资源条件较差，但如能因地制宜，采用适当的方法和装置，仍具有一定的实用意义。

思　考　题

2-1　什么是赤纬、时角？

2-2　区分太阳时与标准时，并给出换算公式。

2-3　给出太阳高度角和方位角的概念。

2-4　区分太阳的直射辐射、散射辐射和总辐射。

2-5　什么是太阳常数？数值是多少？

2-6　简述我国太阳能资源分区情况。

第3章　太阳能建筑设计要点综述

高效利用太阳能提供给建筑的能量，以满足建筑的使用功能需求，实现安全、便利、舒适、健康的环境，是太阳能建筑设计的目标。因此，太阳能建筑不仅应实现光热、光电等现代科技与建筑的和谐应用，而且应更加注重生态的建筑设计理念，从建筑设计之初就关注太阳能的全方位应用。

为了使太阳能建筑尽可能全面、完善地满足使用要求，同时，使技术措施与建筑自身实现优化组合，尽量降低初投资和运营管理费用，达到利用最优化、产出最大化、操作简便化，在太阳能建筑的设计中，要综合考虑场地规划、建筑单体设计、一体化设计等多方面要求，以保证太阳能建筑的合理性、实用性、高效性、美观性、耐久性。

3.1　规划设计要求

对于太阳能建筑来说，符合生态理念的规划设计是良好的开端，能够为建筑自身充分利用太阳能、提高太阳能光热、光电设备效率打下坚实的基础。

3.1.1　设计原则

1. 冬季争取日照

从建筑基地的选择、建筑群体布局、日照间距、朝向以及地形的利用等方面，都遵循争取冬季最大日照的原则，为建筑利用太阳能采暖提供条件，同时也有利于其他太阳能技术的使用。

2. 减少建筑的冷热负荷

结合当地气候条件、主导风向、地形地貌，合理进行场地设计和建筑布局，充分利用天然植被和水资源，结合人工种植，有效改善建筑周边的微气候，加强夏季通风和遮荫，减少建筑冬季的冷风渗透，减少建筑的冷热负荷。

3.1.2　设计要点

1. 合理的基地选择

太阳辐射强度与地理纬度、坡面的坡度和朝向有关。地理纬度决定了该地点任意一天当中的任意时刻太阳高度角和方位角。坡面上的太阳辐射强度与太阳高度、坡度、朝向有关，图3-1是位于北纬35°的各种坡面在一天当中得到的太阳能辐射量。从图3-1中不难看出，冬至日，坡度为30°的北坡面上，完全看不到太阳，南坡面坡度为66°时，太阳辐射量最大；夏至日，太阳辐射量与坡面的朝向关系不大，但随着坡度的增加，直射量骤减。因此太阳能建筑应当选择在向阳的平地或缓坡坡地上，以争取尽量多的日照，为太阳能应用创造有利的

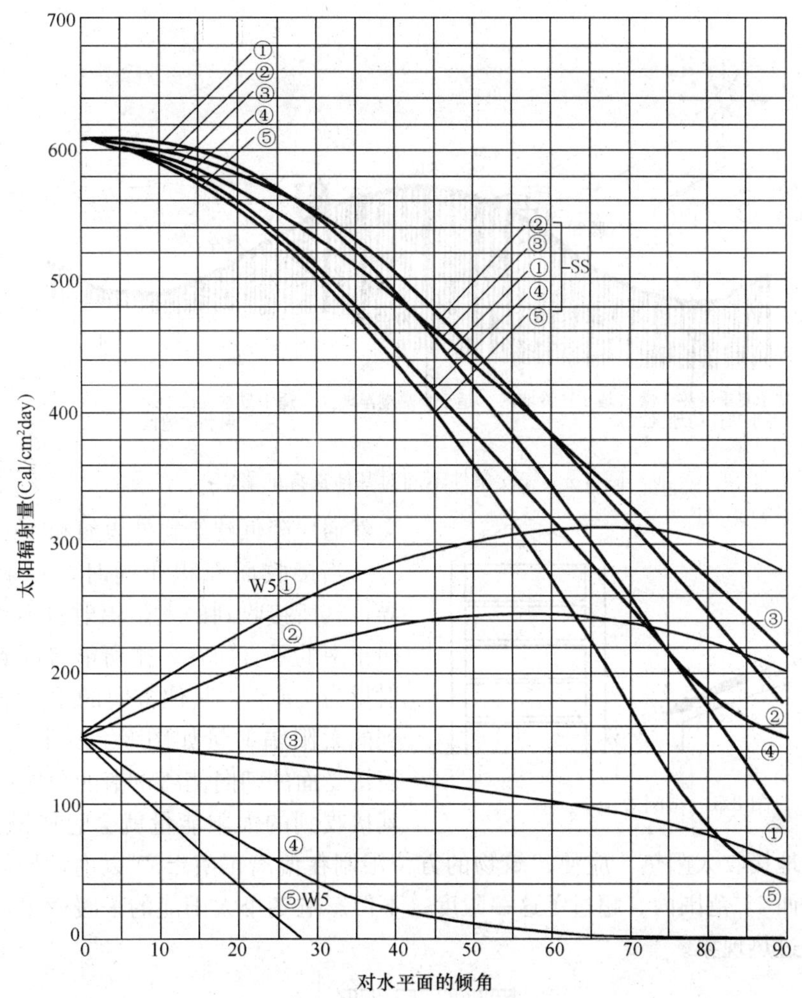

该图表示出位于北纬35°的各种坡面，在1天当中得到的太阳辐射量。图中各条曲线上标注的数字符号表示的含意如下。另外，粗线为夏至，细线为冬至。大气透明度为0.7和0.6。

①朝南的坡面 ②朝东南（西南）的坡面 ③朝东（西）的坡面

④朝东北（西北）的坡面 ⑤朝北的坡面

图 3-1　全天对坡面的阳光直射量（北纬 35℃）

条件。

在坡面上选择基地还与气候条件有关，坡脚、破腰和坡顶的微气候各有不同。坡脚寒冷、坡腰暖和、坡顶多风，应根据当地气候条件的不同，选择合适的基地位置，如图 3-2 所示。

另外，建筑物不宜布置在山谷、洼地、沟底等凹形场地中，基地中的沟槽应处理得当。这是因为，一方面凹地在冬季会沉积雨雪，雨雪在融化蒸发过程中带走大量热量，造成建筑外环境温度降低，增加围护结构保温的负担，对室内环境不利；另一方面，寒冷空气流会在凹地沉积，形成“霜洞”效应，位于该位置的底层或半地下层建筑若保持所需的室内温度所耗的能量会相应增加（图 3-3）。

2. 确定建筑物的朝向

朝向的选择应能充分考虑到冬季利用太阳能采暖并有效防止冷风侵袭，夏季利用阴影和

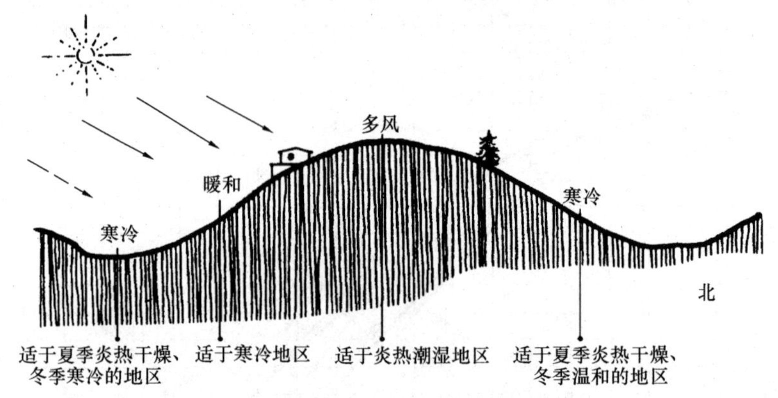

图 3-2　气候条件不同对基地选择的影响

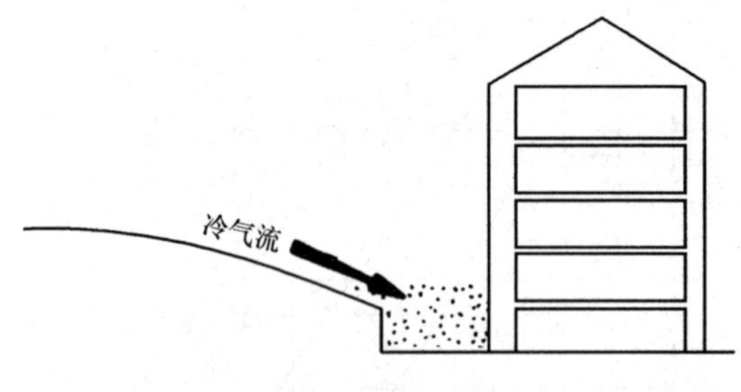

图 3-3　霜洞效应

自然通风降低建筑物外表面和室内温度。

当接收面面积相同时，由于方位的差异，其所接收到的太阳辐射也不相同。设朝向正南的垂直面在冬季所能接收到的太阳辐射量为 100%，其他方向的垂直面所能接收到的太阳辐射量如图 3-4 所示，可以看出，当接受面的朝向偏离正南的角度超过 30°时，其接收到的太阳能量就会急剧减少。因此，为了尽可能多地接收太阳热，应使建筑物的方位限制在偏离正南±30°以内，最佳朝向是南向，以及偏东西 15°范围内。超过了这一限度，不但影响冬季太阳能的采暖效果，而且会造成其他季节的过热现象。

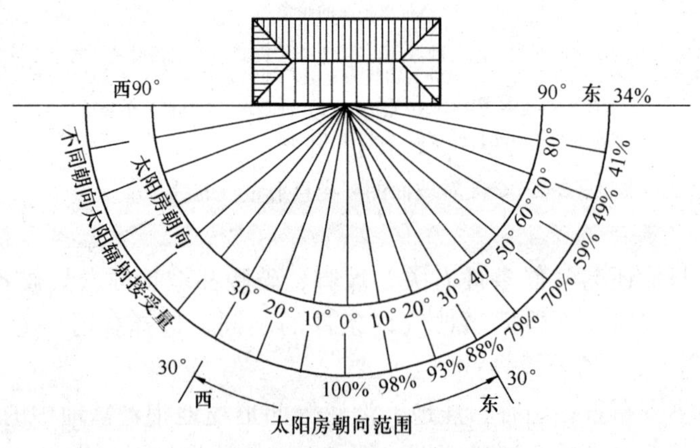

图 3-4　不同方向的太阳辐射量

在限制建筑的方位偏离正南 30°以内的前提下，还应考虑气象因素的影响，结合当地的气象特点，对建筑的朝向做微小的调整。表 3-1 为部分地区一天内太阳能最佳利用时段以及朝向调整。如果该地区冬季常有晨雾出现，这时以略偏西为好；反之若下午常出现云天，则略偏东为佳。

表 3-1　部分地区一天内太阳最佳利用时段及朝向调整

地　　区	季节分布特点	最佳利用时段	朝向调整
甘肃西部、内蒙古巴盟西部、青海海西洲一部	秋强夏弱	中午	正南
青海南部、西藏大部	冬强夏冷	上午	南略偏东
青海南西部	冬前强后冷	上午	南略偏东
内蒙古乌盟、巴盟、依盟大部	春强秋弱	上午	南略偏东
山西北部、河北北部、辽宁大部	春强夏弱	中午	正南
河北大部、北京、天津、山东西北一角	秋强夏弱	中午	正南
陕北、陇东一部	春强秋弱	下午	南略偏西
青海东部、甘肃南部、四川西部	冬强秋弱	中午	正南

当建筑物受场地的限制无法避开遮挡时，也应把遮挡作为确定朝向的一个考虑因素，可通过适当调整接受面的朝向来避开和减少遮挡的影响。但遮挡的面积也不能过大，处于上午 9 点至下午 3 点之间的遮挡应小于 10%，否则对太阳能设备效率影响太大，不利于太阳能的利用。

3. 日照间距设计合理

日照间距是指前后两排建筑之间，为保证后排建筑在规定的时日获得所需日照量而保持的一定建筑间距。一定的日照间距是建筑充分得热的条件，但是间距太大又会造成用地浪费。一般以建筑类型的不同来规定不同的连续日照时间，以确定建筑的最小间距。

常规建筑一般按冬至日正午的太阳高度角确定日照间距，这就会造成冬至正午前后持续较长时间的日照遮挡。通常冬季 9 点至 15 点间 6 小时中太阳所产生的辐射量占全天辐射总量的 90%左右，若前后各缩短半小时（9：30～14：30），则降为 75%左右。因此，太阳能建筑日照间距应保证冬至日正午前后共 5 小时的日照，并且在 9 点至 15 点间没有较大遮挡。

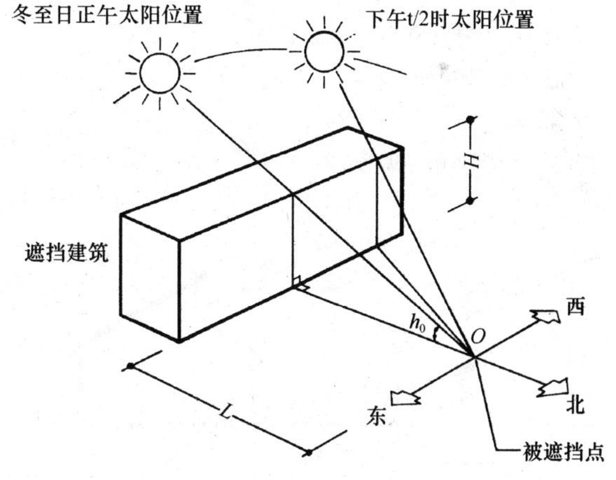

图 3-5　日照间距的计算

当建筑物东西向形体较长，受正南方遮挡时（图 3-5），保证正午前后总计 t 小时的日照间距可按下式简略计算：

$$L_t = H \cdot \left(\text{tg}\varphi \frac{\sin\delta}{\sin\varphi\sin\delta + \cos\varphi\cos\delta\cos 5t/2}\right)$$

当 $t=5h$（即 9：30～14：30）时：

$$L_t = H \cdot \left(\text{tg}\varphi \frac{\sin\delta}{\sin\varphi\sin\delta + \cos\varphi\cos\delta\cos 37.5^\circ}\right)$$

式中　L_t——保证 t 小时日照的间距，m；

H——南侧遮挡建筑的遮挡高度，m；

φ——所在地区的地理纬度；

δ——冬至日太阳赤纬角，$\delta=-23°27'$

太阳能建筑前方遮挡建筑遮挡高度 H 应自太阳房南接收面的底边算起，有三种情况：

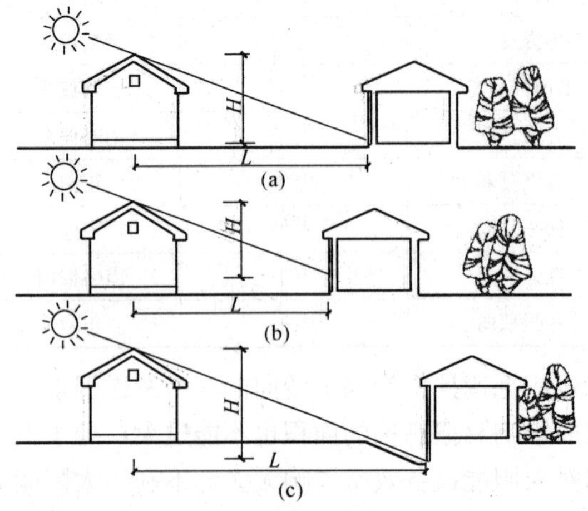

图 3-6　太阳能建筑日照间距的确定

（1）接收面底边在首层室内地面标高处（图 3-6a）；

（2）接收面底边在首层室内地面标高以上（图 3-6b）；

（3）接收面底边在首层室内地面标高以下（图 3-6c）。

如果一天的日照时数少于 6 小时，太阳能的利用价值会大大下降。因此设计太阳能建筑时应尽可能地利用自然条件，避免因遮挡造成的有效日照时数缩短，以至于建筑采暖负荷增加。拟建建筑向阳的前方应无固定的遮挡，避免周围地形、地物（包括附近建筑物）对建筑物在冬季的遮阳。建筑南面栽种的落叶乔木虽然在夏季可以起到良好的遮荫作用，但是在冬季剩余的枝干也会遮挡 30%～60%的阳光，所以，建筑南面的树木高度最好总是控制在太阳能采集边界的高度以下（图 3-7），或者剪掉低矮的枝叶。这样，既可以遮挡夏季阳光，又可以在冬季让阳光照射到建筑的南墙上（图 3-8）。

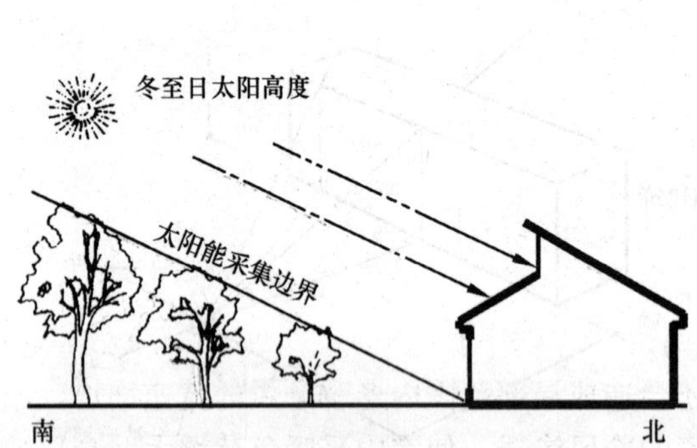

图 3-7　太阳能采集边界控制南向树木高度

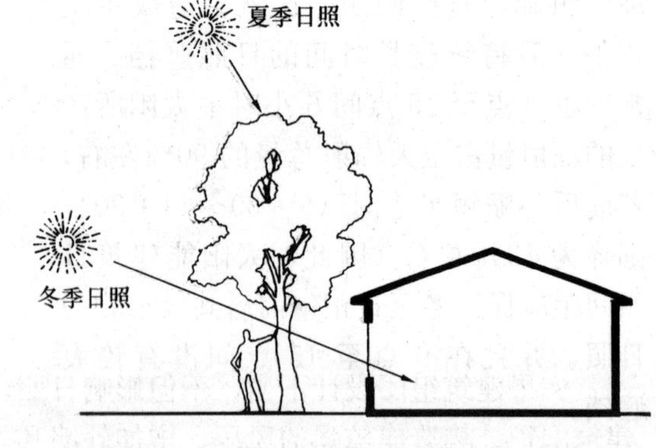

图 3-8　修剪掉南向树木的低矮树枝可以冬夏兼顾

4. 利用风和阻挡风

冬季防风不仅能提高户外活动空间的舒适度，同时也能减少建筑由冷风渗透引起的热损失。研究表明，当风速减小一半时，建筑由冷风渗透引起的热损失减少到原来的 25%。因此，室外冬季防风很关键。

建筑物布局紧凑，建筑间距控制在 1∶2（前排建筑高度与两排建筑间距之比）的范围内，可以使后排建筑避开寒风侵袭。另外，在组团中，将较高建筑背向冬季寒风，能够减少冷风对低矮建筑和庭院的侵袭，有利于创造适宜的微气候。

在冬季上风向处，利用地形或周边建筑物、构筑物及常绿植被为建筑物竖立起一道风屏障，避免冷风的直接侵袭，有效减少冬季的热损失。一个单排、高密度的防风林（穿透率为36%），距 4 倍建筑高度处，风速会降低 90%，同时可以减少被遮挡的建筑物 60%的冷风渗透量，节约常规能源的 15%。适当布置防风林的高度、密度与间距会收到很好的挡风效果。

5. 场地微气候调节

改造和利用现有地形及自然条件，能够调节场地中的微气候。例如植被在夏季提供阴影，并利用蒸腾作用产生凉爽的空气流；而不同的介质和界面反射或吸收太阳光的情况不同，据此可改善日照情况。因此，减少硬质地面，提高绿化率，合理配置植物种类，合理设计水环境，都能改变建筑的外部热环境，从而减低建筑物的冷热负荷。

以住宅区为例，夏季室外环境温度升高 1°，建筑制冷能耗增加 10%。因此，合理的场地不仅要保证建筑的合理朝向和间距，还要保证住宅区的绿化率和绿化均匀度，从而达到建筑遮阳、降低环境温度的目的。

6. 规划设计合理

建筑组团相对位置的合理布局，可以取得良好的日照，同时还能利用建筑阴影达到夏季遮阳的目的。如图 3-9 中所示，错位布置多排多列楼栋，能够利用山墙空隙争取日照(图 3-9a)；点式和板式建筑结合布置，可以改善日照条件，从而提高容积率（图 3-9b）；对于 L 型围合空间，则需要根据所在地区的气候条件和建筑类型，选择最有利于日照的布局方式(图 3-9c)。

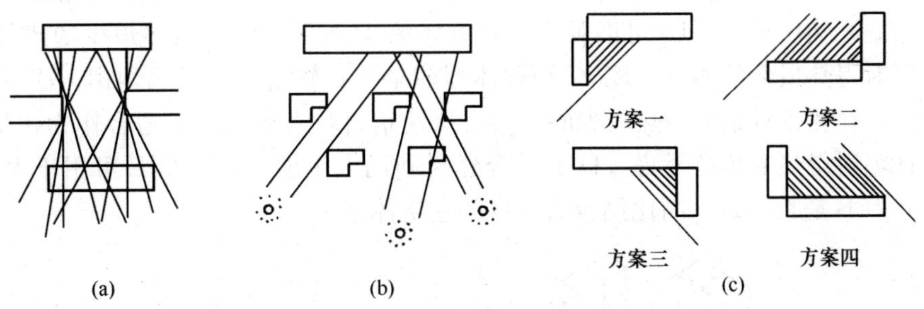

图 3-9　建筑组团布局对日照的影响

(a) 错落布置，利用山墙间隙增加日照时间；(b) 板式、点式建筑结合布置，改善日照效果；(c) L 型平面不同布置方式的日照效果比较

如果建筑组团设计不当，不但影响日照，还会造成局部范围内冬季寒风的流速增加，给建筑围护结构造成较强的风压，增加外墙和外窗的冷风渗透，使室内采暖负荷增大。高层建筑组团设计不当，会在建筑外部形成狭管效应，导致局部空间某点风速过大、过强，不利于街道上行人活动。因此，优化建筑布局，也能提高组团内的风环境质量。应当在场地规划中结合道路、景观和附属结构等的设计，使夏季主导风向朝向主要建筑，降低建筑温度，并控制冬季局部最大风速不超过 5m/s，建筑物前后压差不大于 5Pa，以减少冷风渗透。

3.2　建筑设计要求

在建筑设计的过程中，要自始至终的贯彻生态理念，不仅要有机地结合太阳能各项技术措施，更要让建筑本身节能、绿色、环保。

3.2.1 设计原则

1. 合理的建筑平面设计

在平面设计时要考虑到建筑的采暖、降温、采光等多方面的要求。既要满足主要房间能在冬季直接获取太阳热量，又要实现夏季的自然通风（最好是对流通风）降温，还要最大限度地利用自然采光，降低人工照明的能耗，改善住宅室内光环境，满足生理和心理上的健康需求。

2. 适宜的建筑体形设计

建筑平面形状越凹凸，形体越复杂，建筑外表面积越大，能耗损失越多。研究表明，体形系数每增大 0.01，耗热量指标约增加 2.5%。从建筑热工上讲，采暖建筑的能耗与外表面积的大小成正比。建筑物体形系数是建筑物与室外大气接触的外表面积与其所包围的体积的比值。一般说来，体型系数愈小，散热量愈低，节能效果愈好。应通过对建筑体积、平面和高度的综合考虑，选择适当的长宽比，实现对体形系数的合理控制，确定建筑各面尺寸与其有效传热系数相对应的最佳节能体形。

从利用太阳能的角度出发，太阳能建筑的体型不是以外表面面积越小越好来评价，而是以太阳能接收面面积足够大，其他外表面尽可能小为标准来评价。图 3-10 是将同体积的立方体建筑模型按不同的方式排列成为不同的体型和朝向，从日辐射得热量的角度，研究建筑体型对节能的影响。从图 3-10 可以看出，立方体 A 是冬季日辐射得热最少的建筑体型，D 是夏季日辐射得热最多的体型，E、C 两种体型的全年日辐射得热较为均衡，B 在冬季日辐射得热较多，在夏季日辐射得热较少的体型。从建筑自身考虑，A 不适合作为建筑的体型；从冬季的日辐射得热的角度考虑，D 不适合建筑利用太阳能，B、C、E 可用于太阳能建筑的体型，其中 B 是长、宽、高比例较为合适的建筑体型。

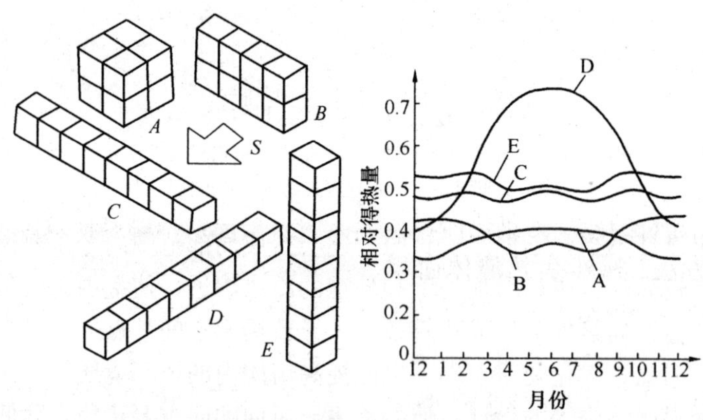

图 3-10 同体积不同体型建筑日辐射得热量

3. 热工性能良好的围护结构设计

加强建筑的保温隔热，这是建筑充分利用太阳能的前提条件，同时也有利于创造舒适健康的室内热环境。改善建筑物围护结构的热工性能，可以达到夏季隔绝室外热量进入室内，冬季防止室内热量泄出室外，使建筑物室内温度尽可能接近舒适温度，以减少通过辅助设备（如采暖、制冷设备）来达到合理舒适室温的负荷，最终达到节能的目的。

3.2.2 设计要点

1. 合理的建筑平面设计

对于被动式太阳房通常主要将南墙面作为集热面来集取热量，而东、西、北墙面作为失热面。按照尽量加大得热面和减少失热面的原则，应选择东西轴长、南北轴短的平面形状。建议太阳房的平面短边与长边长度之比取 1∶1.5～4 为宜，并根据实际设计需要取值。

对功能房间进行合理的热工分区，即主要采暖房间紧靠集热表面和储热体布置，而将次要的、非采暖房间围在它们的北面和东西两侧。在建筑物平面的内部组合上，应根据自然形成的北冷南暖的温度分区来布置各种房间。这种布局有利于缩小供暖温差，节省供暖蓄热量。主要使用房间（人们长时间停留，温度要求较高的房间）尽量布置在利用太阳能较直接的南侧暖区，并尽量避开边跨；一些次要房间（人停留时间短、温度要求较低的房间）、过道、楼梯间等可以布置在北面或边跨，形成温度阻尼区。北侧诸房间的围合对南侧主要房可以起到良好的保温作用。

2. 体型系数

（1）建筑体形系数

建筑热工学将建筑物的散热面积与建筑体积之比值称为该建筑的“体形系数”。体形系数越小越有利于节能。从建筑平面形式看，圆形最有利于节能；正方形也是良好的节能型平面；长宽比大的是耗能型平面。这一点，无论从冬季失热还是从夏季得热的角度，分析的结果都是一样的。耗能型平面的建筑，从总图上看相对的周边长度大，占地较多；围护结构消耗的材料、人工等费用相对也高。

（2）太阳能建筑的体形系数

太阳能建筑的体型系数应该考虑方向性，即应当分析不同方向的外围护结构面积与建筑体积的比值与建筑节能的关系。例如，一座供白天使用的东西向建筑，东向体形系数大一些好，因为可以早得太阳热、多得太阳热，便于上午直接使用，并可储热下午用。同理，如果是晚上使用为主的居住建筑，西向体形系数大些会更有利。

3. 墙体的设计

在建筑设计中，墙体的朝向、倾斜度、热工性能是其设计的关键。

被动式太阳能建筑的南墙为集热面，其他面为失热面，因此可通过降低北向房间层高、北墙外侧覆土等方法，减少失热墙体面积。如果北侧的次要房间面积都不大，则尽量降低北侧房间层高，使纯失热面的北墙面积减小（图 3-11a）；在地下水位低的干燥地区，北侧房间可以在外侧堆土台（图 3-11b），或者卧入土中（图 3-11c），或利用向阳坡地形，将北墙埋入土坡（图 3-11d），以取得减小北墙面积，有利于北墙的保温。

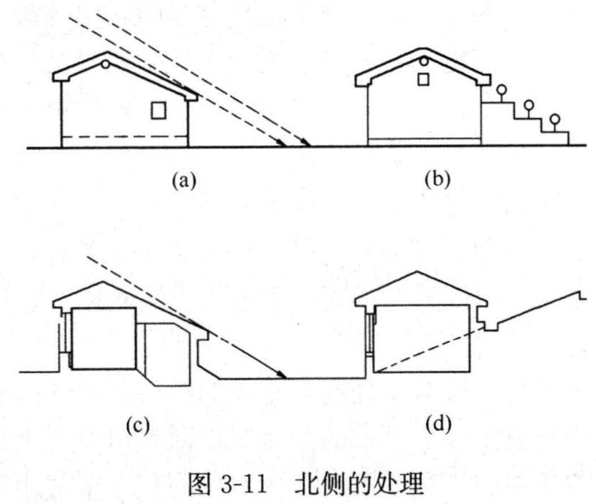

图 3-11　北侧的处理

墙体受到太阳辐射量的多少，取决于墙体的倾斜程度。需要太阳辐射的寒冷地区和遮挡太阳辐射的炎热地区，墙体的倾斜角度

图 3-12　英国伦敦市政厅

正好相反。如图 3-12 为诺曼·福斯特设计的英国伦敦市政厅，为一座倾斜螺旋状的圆形玻璃建筑。整个建筑倾斜度为 3°，但并非向泰晤士河边倾斜，出于节能的考虑使之南倾，以最小的建筑立面接受太阳光照，从而使保持大厦内部温度所用能耗降到最低。

墙体的热工性能是保温、隔热、集热、蓄热等，其中保温、隔热是基本特征。目前，墙体的保温的设计要点是减小传热系数、防止墙体内部结露和防止热桥。除部分采用加厚的加气混凝土单一墙体外，国内大部分建筑采用外墙外保温技术。外墙外保温技术则是在主体墙结构外侧，固定一层保温材料和保护层，具有保护主体结构、适用范围广、不产生热桥、室温波动小等优点，是目前大力推广的一种建筑保温节能技术。墙体的隔热除减小传热系数外，还可结合垂直绿化，以减少炎热夏季的阳光直射，建筑遮阳可减少夏季空调能耗 23%～32%。

4. 屋面的设计

屋面保温层不宜选用松散密度较大、导热系数较高的保温材料，以防止屋面质量、厚度过大。也不宜选用吸水率大的材料，以防止屋面湿作业时保温层吸收大量水分，降低保温效果。

屋面可采用挤塑聚苯板等多种保温材料，导热系数低，不吸水，强度高，施工方便，成本低，工艺简单，经济效益明显，是建筑屋面中一种理想的节能材料。另外，还可以设置架空通风屋面、坡屋面、绿化屋面等。绿化屋面不仅有利于屋顶的保温与隔热，而且赏心悦目，美化环境。

5. 合理的门窗设计

在整个建筑物的热损失中，围护结构传热的热损失达 70%～80%，而门窗缝隙空气渗透的热损失则占 20%～30%。所以，门窗是围护结构中节能的一个重点部位。门窗节能主要从减少渗透量、减少传热量、减少夏季太阳能辐射三个方面进行。

减少渗透量可以减少室内外冷热气流的直接交换而增加设备负荷，可通过采用密封材料增加窗户的气密性；减少传热量是防止室内外温差的存在而引起的热量传递，建筑物的窗户由玻璃和窗框、扇型材组成。因此，要加强节能型窗框（如塑钢窗框、断热铝型框等）和节能玻璃（如中空玻璃、热反射玻璃、低辐射镀膜玻璃等）等技术的推广和应用，减小窗户的整体传热系数，降低传热量。

在减少夏季太阳能辐射方面，应该结合窗户的方位和建筑外观，利用混凝土、木材、铝合金、铝塑板等多种材料，设计出形式各异、色彩丰富的遮阳构件。采取的形式应当有利于夏季最大限度遮挡阳光，而冬季不影响阳光直射入室内。色彩则应当以浅色为主，便于反射阳光。

另外，应合理控制各立面的窗墙面积比，确定门窗的最佳位置、尺寸和形式。南向窗户在满足夏季遮阳要求的条件下，面积尽量增大，以增加吸收冬季太阳辐射热；北向窗户在满足夏季对流通风要求的条件下，面积尽量减小，以降低冬季的室内热量散失；尽量限制使用东西向门窗。

为冬季防风，建筑的主要出入口一般应设置门斗。门斗的形式多样，图 3-13 为结合不同的建筑平面的多种门斗形式。

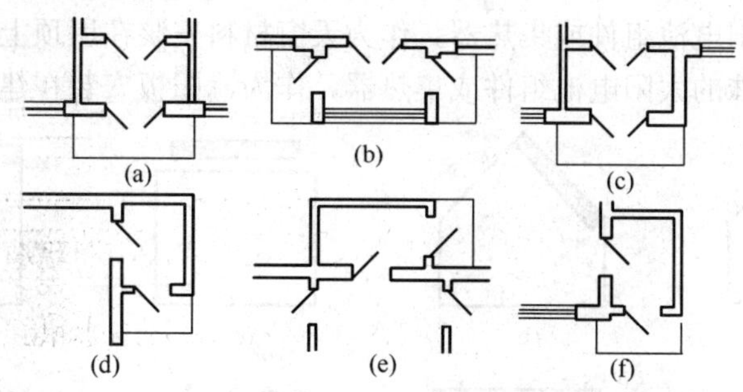

图 3-13　门斗的形式

3.3　太阳能建筑设计一体化

3.3.1　设计原则

太阳能系统与建筑的结合需做到同步设计、同步施工。一体化设计有四个方面的要求：

1. 在外观上，合理摆放光电池板和太阳集热器，在立面造型、质感、颜色等方面，与建筑相互协调，实现和谐的建筑形象；

2. 在结构上，要妥善解决光电池板和太阳集热器的安装问题，确保建筑物的承重、防水等功能不受影响，还要充分考虑光电池板和太阳集热器抵御强风、暴雪、冰雹等的能力；

3. 在管路布置上，要建筑物中预留所有管路的通口，合理布置太阳能循环管路以及冷、热水供应管路，尽量减小沿途的热损失；

4. 在系统运行上，要求系统可靠、稳定、安全，易于安装、检修、维护，合理解决太阳能与辅助能源的匹配以及与公共电网的并网问题，尽可能实现系统的智能化全自动控制。

3.3.2　设计要点

太阳能系统不是建筑完工后将太阳能系统作为一种后置设备附加在建筑上，其设计、建造与建筑是同步进行的，系统本身在设计之初是以考虑建筑的基本要求为前提的，系统筑构件进行综合考虑，整合设计。

太阳能光热系统与建筑结合，主要是在集热、蓄热、用热和构造方面进行一体化设计。与太阳能光热系统相比，光电系统与建筑结合的难度要小一些，主要是光电板与建筑的结合问题。

1. 光电板、集热器与建筑一体化

（1）太阳能光电板、集热器与建筑结合形式：

①采用普通太阳电池组件或集热器，安装在倾斜屋顶原来的建筑材料之上。（图 3-14a）

②采用特殊的太阳电池组件或集热器，作为建筑材料安装在斜屋顶上。（图 3-14b）

③采用普通太阳电池组件或集热器，安装在平屋顶原来的建筑材料之上。（图 3-14c）

④采用特殊的太阳电池组件或集热器，作为建筑材料安装在平屋顶上。(图 3-14d)

⑤采用普通或特殊的太阳电池组件或集热器，安装在南立面上。(图 3-14e)

⑥采用特殊的太阳电池组件或集热器，作为建筑材料镶嵌在南立面上。(图 3-14f)

⑦采用特殊的太阳电池组件或集热器，作为天窗材料安装在屋顶上。(图 3-14g)

⑧采用普通或特殊的太阳电池组件或集热器，作为遮阳板安装在建筑上。(图 3-14h)

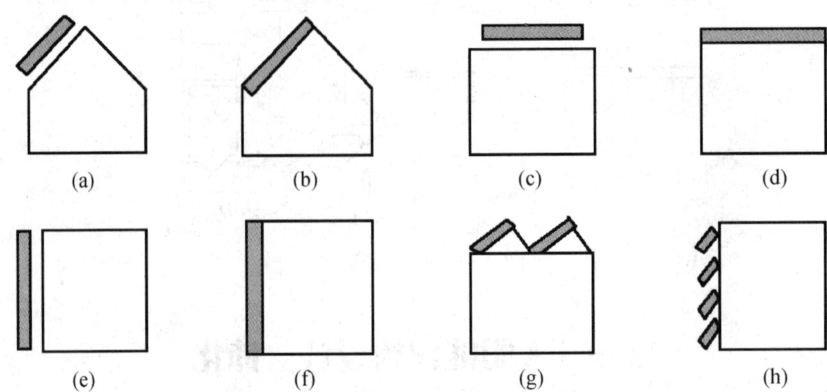

图 3-14　太阳能集热板、光电板与建筑的结合形式

(2) 实例

太阳能集热器易于与建筑的阳台、屋顶结合。图 3-15 是苏黎世的住宅，该建筑的阳台栏杆由真空管集热器组成。图 3-16 是德国莱比锡勒斯尼希区板式住宅改造工程，在现有楼体的南侧加装阳台，在阳台护栏上设置太阳能集热器，集热器与阳台护栏整合设计。图 3-17 是国内既有建筑节能改造，在屋面平改坡过程中，太阳能集热器与坡屋面整合，同步设计，同时施工。目前，建筑接层、平改坡、屋面维修更新、加建阳台等改造工程，是既有建筑利用太阳能的适宜时机，便于实现与建筑的一体化。

图 3-15　太阳能真空管作为阳台栏杆

图 3-16　集热器与阳台护栏整合

图 3-17　应用太阳能平板集热器的“平改坡”屋顶

太阳能光电板易于与建筑的遮阳、玻璃幕墙结合，图 3-18 是西班牙 Mataró 的图书馆，南立面采用双层玻璃（钢化玻璃＋150mm 空腔＋隔热玻璃）幕墙，多晶硅的太阳能电池安装在钢化玻璃上，使幕墙成为半透光的建筑立面，既能发电，又允许光线通过。图 3-19 是罗马儿童博物馆，改建前是市属公交系统的废旧综合仓库，该建筑改造有两处集成了光伏组件，屋面上有 8.2kWP 的光伏天窗，南面屋檐处有 7kWP 的光伏遮阳篷。光伏遮阳篷可以根据太阳高度角和方位角。在机械控制下伸出或者收回，避免夏天过多的太阳辐射进入室内。屋顶的光伏天窗包括沿屋脊通长天窗和展览空间上部长方形天窗，整个多晶硅光伏遮阳篷和天窗的发电量可以满足建筑运行电力需求的 30%。并可节省 60%的人工照明。

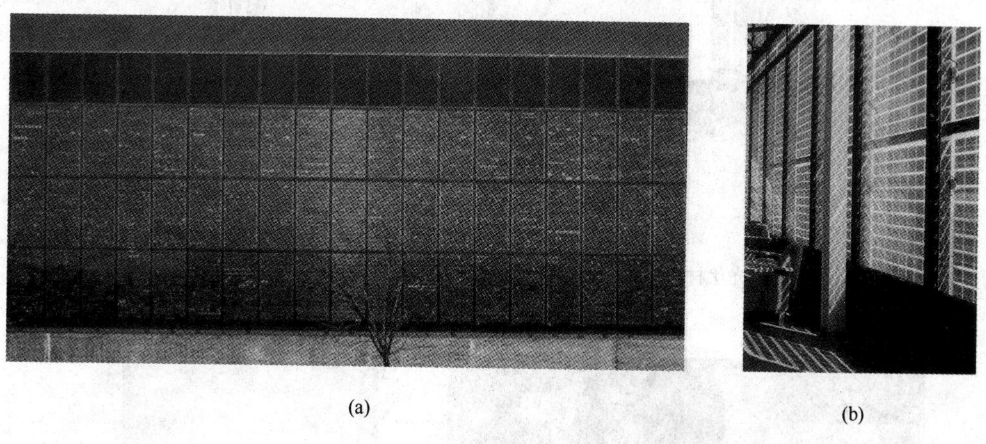

(a)　(b)

图 3-18　多晶硅太阳能电池安装在南向玻璃幕墙上

2. 蓄、用热一体化

蓄热方面，水介质的太阳能光热系统应合理选择蓄热水箱的设置位置（坡屋顶下、阳台、地下室、设备间或地下土壤/含水层进行跨季节蓄能），其管道系统与室内给水、供热水管线相结合，并充分考虑集中式水箱的负荷对建筑结构的影响。空气介质的太阳能隔热系统更应考虑结构、构件蓄热，尤其是选用建材型相变蓄热材料，以保证室内温度的稳定。图 3-20 是 OM 太阳能系统的结构蓄热，进入系统的热空气通过架空的地板层、墙体间层，加热建筑结构，同时热空气通过出风口进入室内。

用热方面，系统的管道与建筑结构整合，出风口与建筑室内装修同时施工，使建筑室内空间完整，风格统一（图 3-21）。

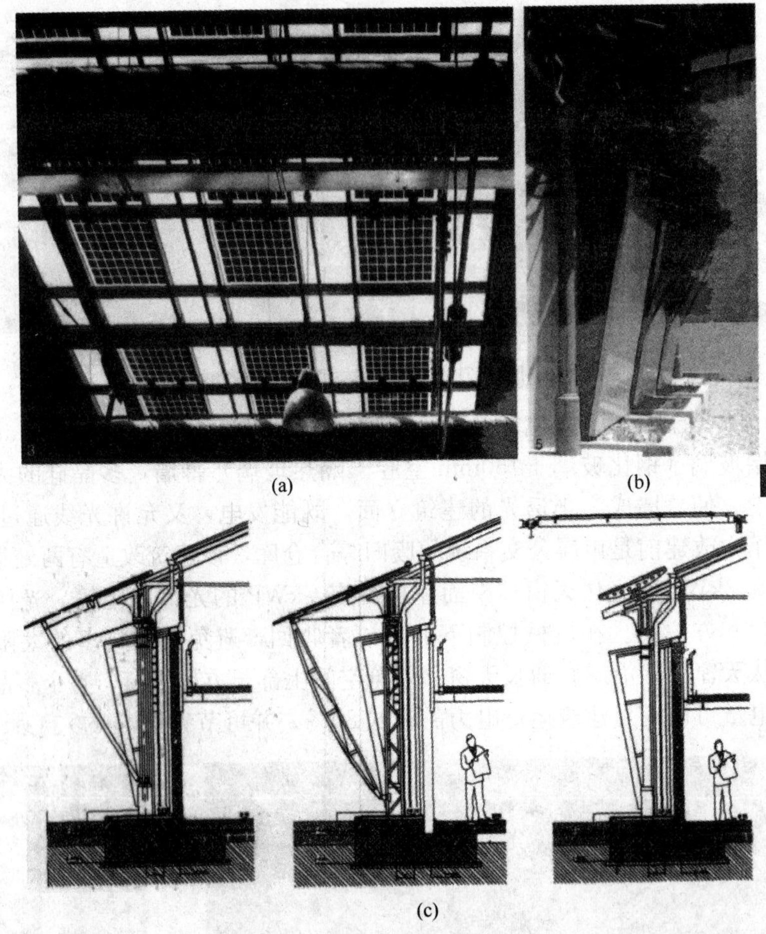

图 3-19
（a）光伏材料与透明玻璃相间的光伏天窗；（b）光伏遮阳篷外景；
（c）遮阳篷的多种备选方案

图 3-20　OM 太阳能系统出风口

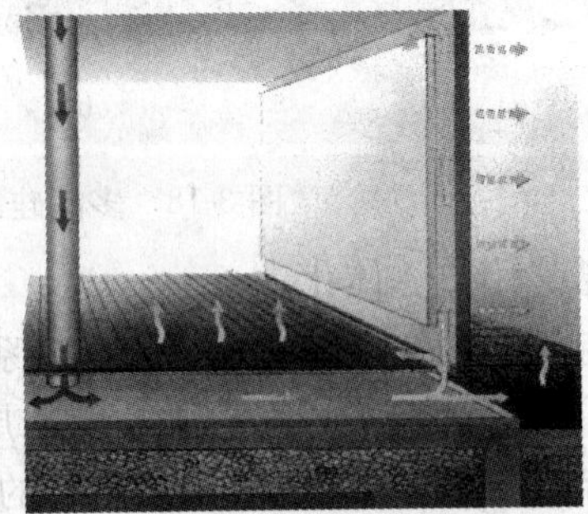

图 3-21　OM 太阳能系统结构蓄热

3. 构造一体化

系统组件应与建筑构件进行整体考虑，综合相应安装部位建筑构件的部分功能，减少重复荷载和材料用量，进而降低综合成本和提高其构造的合理性，保证建筑构件与系统的整体质量。

OM 太阳能系统屋顶处深色的金属板，既是建筑屋顶盖板，又是系统的集热、散热组件，充分发挥材料的性能，同时兼顾防水、装饰、集热、散热的功能。屋顶的保温层同时也是太阳能系统的隔热层，既保证屋顶围护结构的热工性能，又防止收集到的太阳能热量的无序流失(图 3-22)。

太阳墙广泛应用于工业厂房，满足工业生产要求的通风换气次数和新风量，为劳动者提供健康、舒适的工作环境。太阳墙结合工业厂房的结构特点，由 1～2mm 厚的小孔径的穿孔镀锌钢板或铝板构成的系统集热板、前衬板、后衬板、隔热层，通过系统的支撑、固定龙骨、墙体的钢龙骨，整合、固定到建筑承重梁、柱上，如图 3-23 所示。系统的集热板、隔热层、后衬板分别代替建筑墙体外饰面、保温层、内饰面，太阳能墙体承担建筑墙体外围护结构保护、保温、隔热的功能。

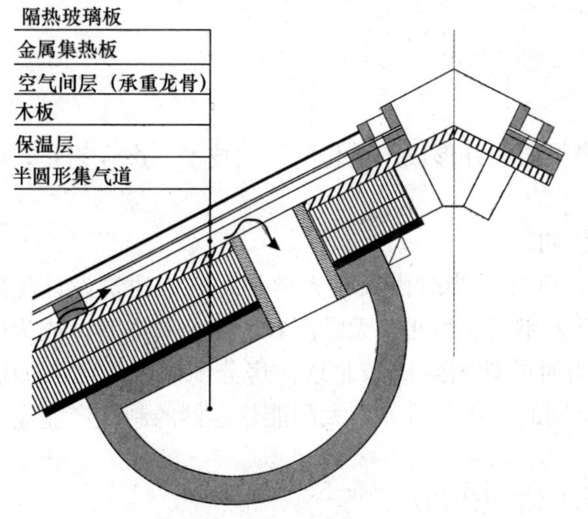

图 3-22　OM 太阳能系统的屋顶构造

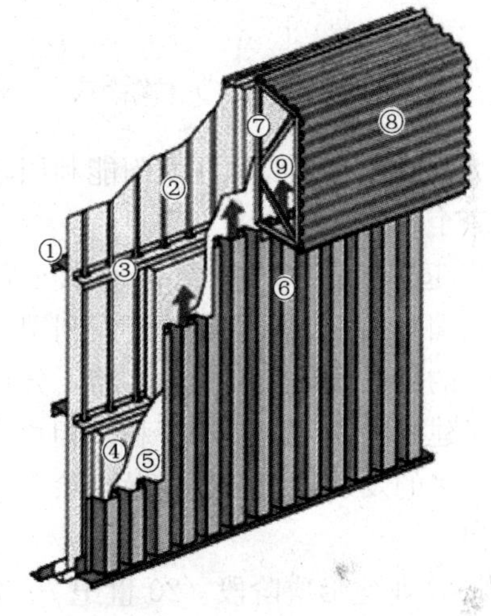

图 3-23　太阳能墙示意图

①—墙体钢龙骨；②—后衬板；③—支撑、固定龙骨；④—隔热层；⑤—前衬板；⑥—金属穿孔集热板；⑦—集气道龙骨；⑧—集气道金属盖板；⑨—集气道

思　考　题

3-1　太阳能建筑的规划设计原则是什么?

3-2　太阳能建筑的规划设计要点有哪些?

3-3　太阳能建筑的设计要点有哪些?

3-4　太阳能建筑的体形系数与传统建筑的体形系数有什么区别?

3-5　太阳能建筑的日照间距怎么确定?

3-6　太阳能建筑墙体设计的关键点有哪些？举例说明。

3-7　太阳能建筑设计一体化的设计原则和设计要点分别是什么?

3-8　太阳能光电板、集热器与建筑结合形式有哪些？并图示。

3-9　太阳墙的工作原理是什么？举例说明。

第 4 章　建筑太阳能热水技术

4.1　太阳能建筑热水应用综述

4.1.1　太阳能热水技术综述

太阳能热水是我国在太阳能利用领域最早研发并形成产业化的一项技术。迄今为止，经历了三个发展阶段。

1. 起步阶段（20 世纪 50 年代～70 年代初）

我国对太阳能热水器的开发利用始于 1958 年。当时由天津大学和北京市建筑设计院研制开发的自然循环太阳能热水器，分别用于天津大学和北京天堂河农场的公共浴室，成为中国最早建成的太阳能热水工程。但由于受当时的计划经济和北京住房分配制度等因素的影响，后来的发展速度十分缓慢，除有少数个别的应用项目外，太阳能热水器的制造产业完全是空白。

2. 产业化形成阶段（20 世纪 70 年代末～90 年代初）

20 世纪 70 年代末席卷世界的能源危机，使以太阳能为代表的可再生能源，因其作为煤炭、石油等化石能源替代品的地位和作用，受到世界各国的普遍重视。当时我国正处于“文革”结束、迎来科学技术春天的大好时机，从而使得太阳能热水器作为一个新兴但又幼小的新能源产品行业出现，得到了政府的重视和支持，并逐步发展壮大。

80 年代，我国在太阳能集热器的研制开发方面取得一批科技成果，直接促进了我国太阳能热水器的产业化成长和家用太阳能热水器市场的形成。其中最重要的成果是光谱选择性吸收涂层全玻璃真空集热管的研制开发。

1979 年，中科院硅酸盐研究所、清华大学等单位分别研制成全玻璃真空集热管雏形。北京市太阳能研究所自 20 世纪 80 年代中期开始和联邦德国道尼尔公司合作研制开发了热管真空管和集热器，主要解决的攻关内容有玻璃管口和热管冷凝段的玻璃-金属封接工艺，热管设计与制造工艺，吸热翅片的选择性吸收涂层以及与热管冷凝段连接的联箱结构等，使制造成本大大低于国外同类型产品。

3. 快速发展、推广普及阶段（20 世纪 90 年代末至今）

我国的太阳能热水器产业进入 20 世纪 90 年代后期以来发展迅速，2011 年太阳能集热器、热水器生产企业有 5000 多家，骨干企业 100 多家，其中大型骨干企业 20 多家。生产量由 1998 年的 350 万 m^2/年增长到了 2011 年的 5760 万 m^2/年，热水器的总保有量由 1998 年的 1500 万 m^2 增长到了 2011 年的 1.95 亿 m^2，年平均增长率分别为 32%和 29%。在三类家用热水器（电、燃气、太阳能）的市场份额中，太阳能热水器已占 57%。目前我国是世界公认最大的太阳能热水器市场和生产国，太阳能热水器的总产量和保有量世界第一，占世界总使用量的比例超过 50%。

4.1.2　太阳能热水应用综述

太阳能热水是我国在太阳能热利用领域具有自主知识产权、技术最成熟、依赖国内市场产业化发展最快、市场潜力最大的技术，也是我国在可再生能源领域唯一达到国际领先水平的自主开发技术。

太阳能热水器品种主要有真空管、平板、闷晒式三大类。2012 年，中国太阳能热水器产品主要有真空管、平板和闷晒三种类型；其中，真空管太阳能热水器占 96.64%的市场份额，其次为平板太阳能热水器，市场份额占比为 3.33%，闷晒型则逐步退出了市场，市场份额占比不足 1%（图 4-1）。由我国自主开发生产的全玻璃真空管太阳能集热器的科技水平、制造技术、生产规模均处于国际领先水平，且生产成本低廉，具有较强的国际竞争力。

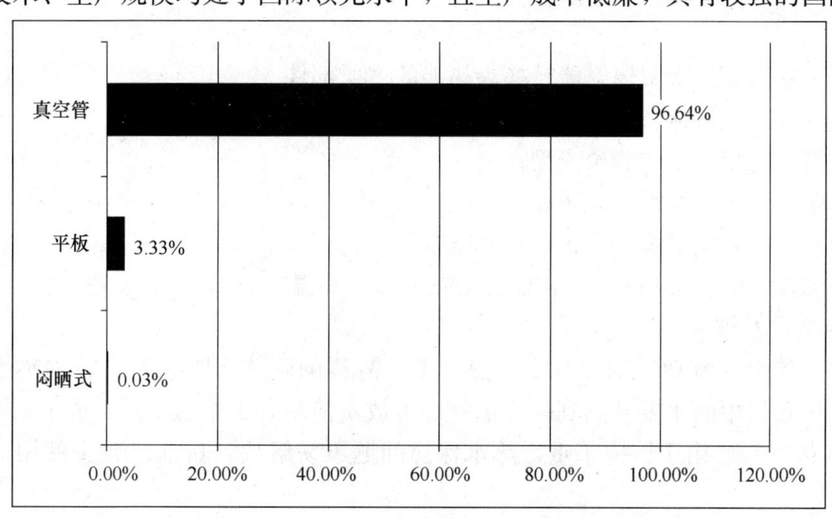

图 4-1　2012 年国内太阳能热水器市场份额

我国太阳能热水的市场可分为两大块。一大块是家用太阳能热水器——直接由用户购买，采用专卖店或商场销售模式，由经销商上门安装；另一块是与建筑结合的太阳能热水系统——工程建设模式，目前多由太阳能企业的工程部为相关项目进行设计安装，今后应转为企业供货，设计院、设备安装公司负责设计安装的正规模式。从 2003 年开始，我国太阳能热水的工程市场份额稳步发展，工程市场占总产量的比例已从 2003 年的 20%增至 2007 年的 35%。

“十五”期间完成的一批国家科技攻关和国际合作项目，如国家发改委/联合国基金会（NDRC/UNF）“中国太阳能热水器行业发展项目”的子项“太阳热水器一体化住宅试点项目改型设计、实用设计手册编写及相关培训”，“十五”国家科技攻关项目“节能建筑与太阳能系统集成技术开发与示范”中的“太阳能供热制冷成套技术开发与示范”等，对我国与建筑结合太阳能热水系统技术水平的提高起了巨大的促进作用。NDRC/UNF 项目的示范工程共有 11 个，包括：北京常营小区、云南丽江滇西明珠酒店、山东济南力诺科技园住宅区、广西南宁半山丽园小区、广西南宁翡翠园小区、上海佘山天安别墅、山东德州皇明科技园住宅区、天津都旺新城小区、云南昆明红塔金典园住宅区、云南蒙自红竺园小区、浙江杭州余杭长岛绿园小区等。这些示范工程的水平已经可以和国际同类工程相媲美，至今仍代表着我国建筑一体化太阳能热水工程的最高水平。近年来，我国建筑一体化太阳能热水系统在高层建筑上的应用推广有了快速的发展，特别是阳台安装的独户式太阳能热水系统，已经积累了大量的工程应用经验。

4.2 太阳能热水系统的组成及工作原理

太阳能热水系统是由太阳能集热器、蓄热容器、控制系统以及管道系统等有机地组合在一起的，在阳光的照射下，通过不同形式的运转，使太阳的光能充分转化为热能，辅助适当的电力和燃气能源，就成为比较稳定的能源设备，提供中温热水供人们使用。

4.2.1 集热器

太阳能集热器是把太阳辐射能转换为热能的主要部件。

按传热工质分：液体和气体集热器；

按是否聚光：聚光型和非聚光型；

按是否跟踪太阳：跟踪和非跟踪；

按是否有真空：闷晒式、平板型和真空管；

按工作温度：低温＜100℃，中温 100～200℃，高温＞200℃。

1. 闷晒式集热器

水在集热器中不流动，闷在其中受热升温，故称闷晒式（图 4-2）。这种热水器结构十分简单，当集热器中的水温升高到一定值时即可放水使用。工作温度低，成本低廉，全年太阳能量利用率 20%。由于结构笨重，热水保温问题不易解决，目前已较少使用，本书中不做详细介绍。

(a) (b)

图 4-2 闷晒式集热器

2. 平板式集热器

平板集热器是在 17 世纪后期发明的，但直至 1960 年以后才真正进行深入研究和规模化应用。与真空管集热器相比，平板式太阳热水器制造成本低，但每年只能有 6～7 个月的使用时间，冬季不能使用。在夏季、春秋季多云和阴天的天气下，太阳能吸收率较低，不能使用。

（1）组成及工作原理

平板太阳能集热器是一种吸收太阳辐射能量并向工质传递热量的装置。平板太阳能集热器是由吸热板、透明盖板、隔热材料、壳体及有关零部件组成，如图 4-3 所示。

平板太阳能集热器的基本工作原理十分简单（图 4-4）。概括地说，阳光透过透明盖板照射到表面涂有吸收层的吸热板上，其中大部分太阳辐射能为吸收体所吸收，转变为热能，并传向流体通道中的工质。这样，从集热器底部入口的冷工质，在流体通道中被太阳能所加热，温度逐渐升高，加热后的热工质，带着热量从集热器的上端流出，蓄入储水箱中待用。与此同时，由于吸热板温度升高，通过透明盖板和外壳向环境散失热量，构成平板太阳集热器的各种热损失。图 4-5 是平板型集热器的结构简图

图 4-3　平板式集热器

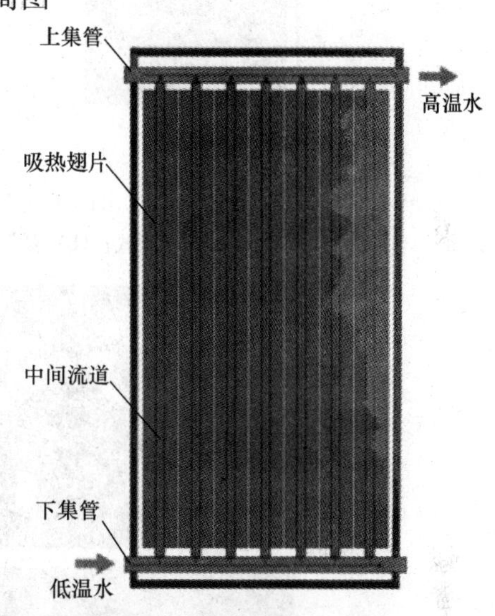

图 4-4　平板式集热器工作原理

平板集热器有多种分类，常用分类是按吸热板的结构划分，有管板式、翼管式、扁盒式、蛇形管式四种集热器，如图 4-6 所示。其中，管板式在国内外普遍应用。

（2）应用

平板太阳能集热器结构简单，运行可靠，成本低廉，热流密度较低，即工质的温度也较低，安全可靠，与真空管太阳能集热器相比，它具有承压能力强，吸热面积大等特点，易于与建筑结合。平板太阳能集热器在欧洲各国有着较广泛的市场，图 4-7 为国外平板式太阳能集热器的安装情况。

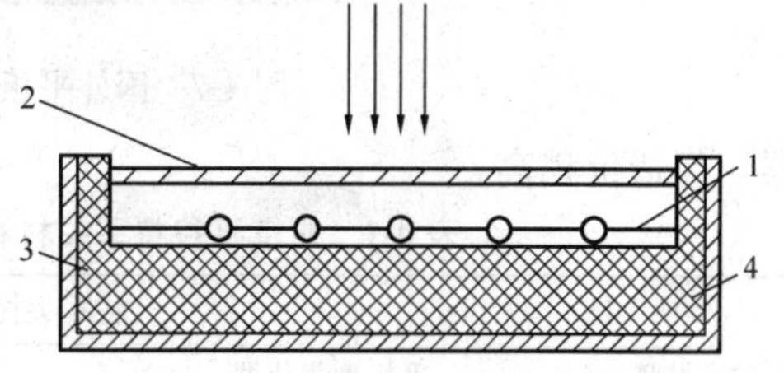

图 4-5　平板型集热器结构简图

1—吸热板；2—透明盖板；3—隔热材料；4—外壳

2005 年，北京平谷将军关村和玻璃台村采取在宅基地原址拆建的方式建设新民居，新民居全部采用了与建筑一体化的太阳能采暖技术、外保温墙技术、低温地板辐射采暖、集中污水处理等，如图 4-8 所示。将军关村和玻璃台村采用不同的太阳能集热器，其性能也有很大的差异，从表 4-1 可以看出，从技术角度来说，平板型太阳能集热器性能要优于真空管型集热

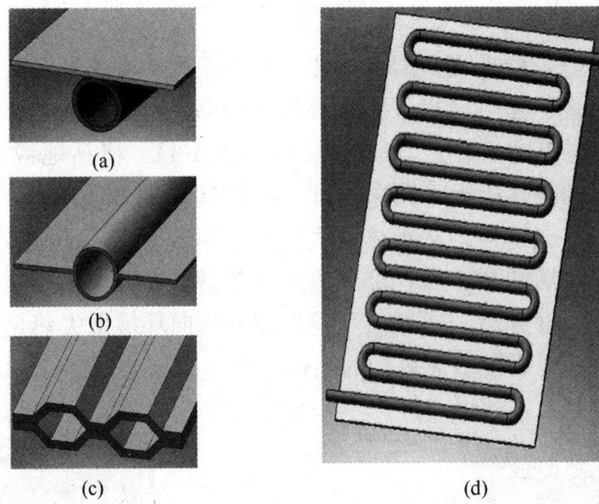

图 4-6　平板集热器的类型
(a) 管板式；(b) 翼管式；(c) 扁盒式；(d) 管板式

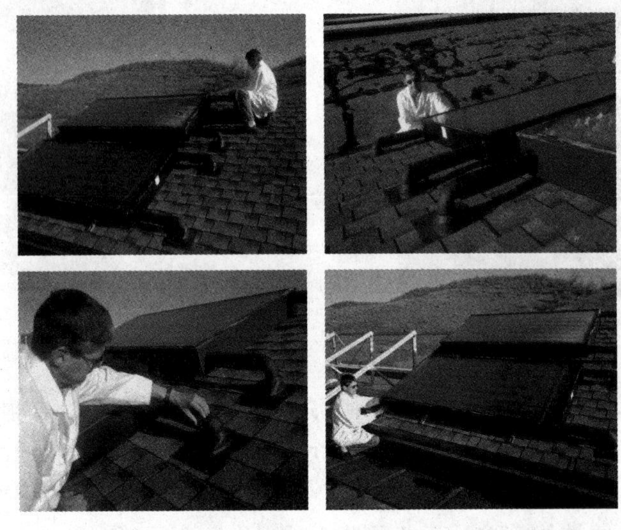

图 4-7　国外平板式集热器在屋顶的安装情况

器，但造价稍高。

表 4-1　北京平谷将军关村和玻璃台村的太阳能采暖系统性能比较

项　目	将军关村	玻璃台村
系统类型	平板型集热器	真空管型集热器
墙体类型	太阳能集热与通风相结合墙体	新型保温墙体
地暖供热	分户分量式	分户分量式
门窗系统	Low-E 中空玻璃	Low-E 中空玻璃
投资方式	太阳能部分由国家投资	建筑由国家实行贷款
节能效果	效率较高	效率一般
维护情况	不易出现事故	常有爆管现象
太阳能造价	高	低

3. 真空管式集热器

1）基本原理和组成

平板集热器很难在较高的工作温度下获取有用收益，为提高集热温度，20 世纪 70 年代研制成功真空集热管，将吸热体与透明盖板之间抽成真空，减少对流、辐射与传导造成的热损，最高温度可以达到 120℃，这就是真空集热管。将若干支真空集热管组装在一起，即构成真空管集热器。

图 4-8　将军关村平板型太阳能集热屋顶

2）分类

（1）按吸热体的材料，有玻璃吸热体真空管（或称全玻璃真空管）和金属吸热体真空管（或称玻璃-金属真空管）两大类。

全玻璃真空管集热器在内玻璃管外表面，利用真空镀膜机沉积选择性吸收膜，再把内管与外管之间抽真空，这样就大大减少对流、辐射与传导造成的热损，使总热损降到最低，图 4-9 是全玻璃真空管集热器的基本构成。

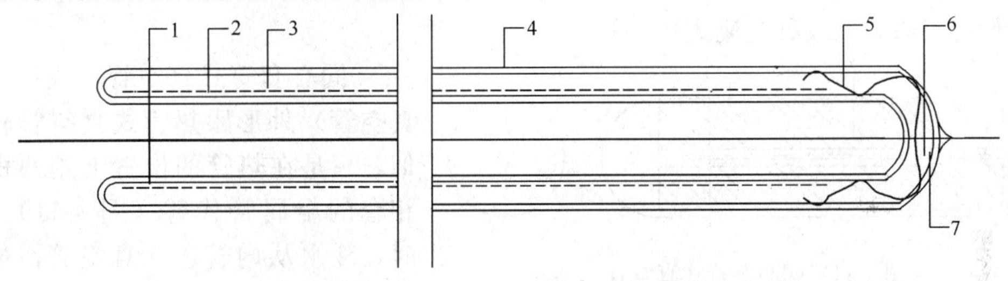

图 4-9　全玻璃真空集热管结构示意图

1—内玻璃管；2—太阳能选择性吸收涂层；3—真空夹层；4—罩玻璃管；5—弹簧夹子；6—吸气剂；7—吸气膜

金属吸热体真空管集热器，吸热体由金属材料组成，有时也称为金属-玻璃结构真空管集热器。金属吸热体真空管集热器又可以分为：热管式、同心套管式、U 型管式、储热式、直通式、内聚光式，其中前三种应用较多。

①热管式

热管式真空管主要由热管、吸热板、玻璃管等几部分组成（图 4-10）。它的工作原理：太阳光透过集热管，照射在集热管内管的选择性吸收膜上，膜层将太阳光能转化为热能，热能量通过铝翼传至内置热管上，迅速将热管蒸发段内的工质加热汽化，汽化工质上升至热管冷凝段，从而使冷凝段快速升温，并通过冷凝套管将能量传导、汇集至通过流道管的介质（水、乙二醇等）中；热管工质放出汽化潜热后，冷凝成液体，在重力作用下流回热管蒸发段，接受集热管的热量后，再次上升汽化，再次冷凝回流，循环往复工

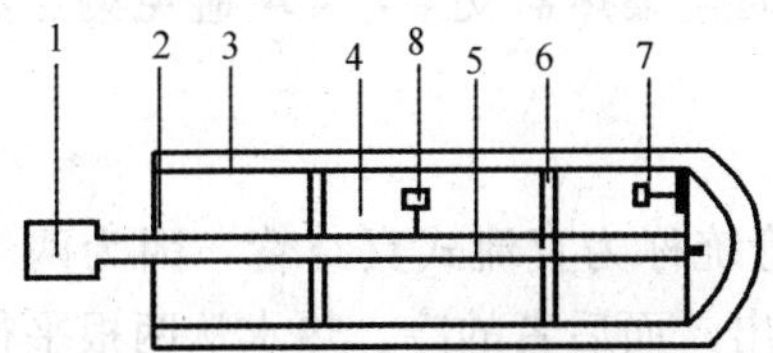

图 4-10　热管式真空管集热器

1—热管冷凝段；2—金属封盖；3—玻璃管；4—金属吸热板；5—热管蒸发段；6—弹簧支架；7—蒸散型消气剂；8—非蒸散型消气剂

作。热管式集热器通过热管内工质的汽-液相变循环过程，连续不断地吸收太阳辐射能为系统提供热能。安装时，真空管与地面应有 10°以上的倾角。

热管式真空管除了具有工作温度高、承压能力大和耐热冲击性能好等金属吸热体真空管共同的优点外，还有其显著的特点：

a. 耐冰冻热管由特殊的材料和工艺保证，即使在冬季长时间无晴天及夜间的严寒条件下，真空管也不会冻裂。

b. 启动快，热管的热容量很小，受热后立即启动，因而在瞬变的太阳辐射条件下能提高集热器的输出能量，而且在多云间晴的低日照天气也能将水加热。

c. 热管具有单向传热的特点，即白天由太阳能转换的热量可沿热管向上传输去加热水，而夜间被加热水的热量不会沿热管向下散发到周围环境。这一特性称为热管的“热二极管效应”。

但是它的缺点是热量转换带来一定的热效率降低，同时由双真空结构所带来的结构复杂及造价高的问题，当然结构复杂本身也极易导致装置的可靠性和寿命问题。目前无论国外还是国内太阳能行业所用热管，都还有很大改进空间，如能在制作及检验技术上更进一步，热管-真空管将是一种非常有前途的集热器形式。热管-真空管集热器有封装式和插入式两种，前者的问题是造价高和寿命低，后者的问题是转换效率低。

②同心套管式（或称直流式）

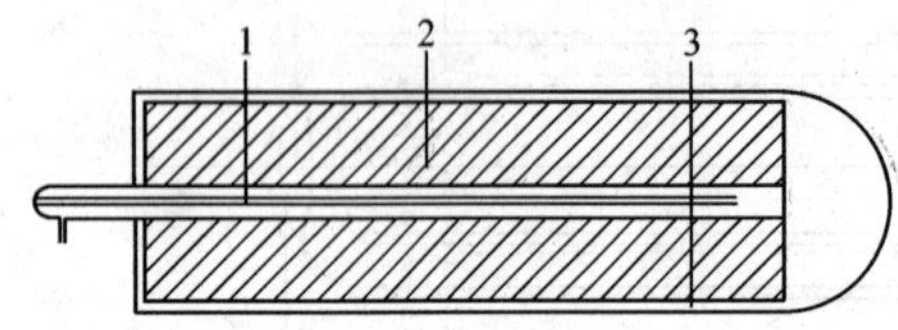

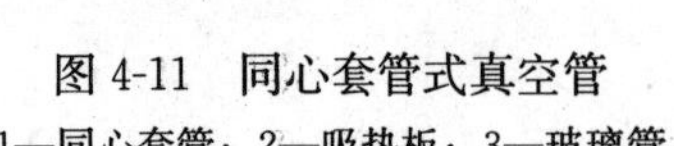

图 4-11　同心套管式真空管

1—同心套管；2—吸热板；3—玻璃管

同心套管式真空管（或称直流式真空管）外形跟热管式真空管较为相似，只是在热管的位置上用两根内外相套的金属管代替（图 4-11）。工作时，冷水从内管进入真空管，被吸热板加热后，热水通过外管流出。传热介质进入真空管，被吸热板直接加热，减少了中间环节的传导热损失，因此提高了热效率。同时，在有些场合下可将真空管水平安装在屋顶上，通过转动真空管而将吸热板与水平方向的夹角调整到所需要的数值，这样既可以简化集热器的支架，又可避免集热器影响建筑美观。

这种真空管的主要特点是：

a. 热效率高，传热介质进入真空管，被吸热板直接加热，减少了中间环节的传导热损。

b. 可水平安装，在有些场合下，可将真空管水平安装在屋顶上，通过转动真空管而将吸热板与水平方向的夹角调整到所需要的数值，这样既可简化集热器支架，又可避免集热器影响建筑外观。

③U 型管式

国外有些文献将同心套管式真空管和 U 型管式真空管统称为直流式真空管，因为两者的工作原理完全一样，只是前者的冷、热水从内、外管进出，而后者的冷、热水从两根平行管进出，如图 4-12 所示。

这种真空管的主要特点除了热效率高、可水平安装之外，真空管与集管之间的连接要比同心套管式简单。

（2）按是否聚光，真空管管集热器可以分为聚光集热器和非聚光集热器两大类。非聚光

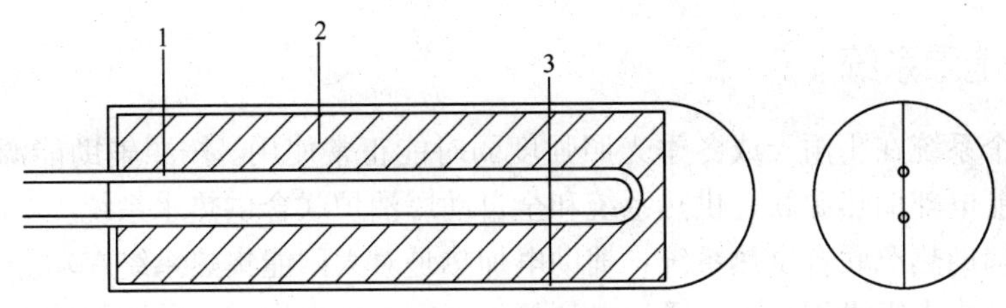

图 4-12　U 型管式真空管

1—U 型管；2—吸热板；3—玻璃管

集热器能够利用太阳辐射中的直射辐射和散射辐射，集热温度较低；聚光集热器能将阳光汇聚在面积较小的吸热面上，可获得较高温度，但只能利用直射辐射，且需要跟踪太阳。

4. 平板式与真空管式集热器性能对比

平板式与真空管式集热器在集热性能上的区别主要表现在集热效率和热损系数两个方面：

(1) 平板式平均日效率 55%，比全玻璃真空管式高约 5%左右，这是因为在太阳能热水系统的运行温度内，平板式太阳集热器的瞬时效率比全玻璃真空管式太阳集热的高。但全玻璃真空管式的运行温度比平板式高。平板式集热器适合于低温和中温的太阳能热利用系统，如热水系统；真空管式集热器更适合于中高温或高温系统，如建筑的采暖和制冷系统。

(2) 真空管式的热损系数要比平板式低一倍多，真空管式平均热损系数≤1.5W/ (m^2 · ℃)，这是因为平板式集热器除了热辐射外，还有对流热损。因此，平板式热水器适合温暖地区使用，而真空管适合寒冷地区使用。准确地说，平均环境温度≥13℃的地区选用平板式较合理，而平均环境温度≤13℃的地区选用真空管式较合理。

另外，在结水垢、承压性、耐用性方面也有不同：

(1) 结水垢：平板式集热器可排污，不易结垢；真空管下端密封，易结垢，降低热效率。

(2) 承压性：平板式可承压运行；真空管不承压，易破碎。

(3) 耐用性：平板式强度高，耐用，不会爆管，下冰雹时有盖板玻璃保护；真空管会碰坏，停水后，热的真空管突然补充冷水易爆管，下冰雹时直接损害真空管本身。

4.2.2　循环系统

循环系统的作用是连通集热器和储热装置，使之形成一个完整的加热系统。循环管路设计是否正确，往往影响整个热水器系统的正常运行。一些热水系统水温偏低，就是由于管道走向和连接方式不正确。

4.2.3　控制系统

控制系统用来使整个热水器系统正常工作并通过仪表加以显示。包括无日照时的辅助热源装置（如电加热器等）、水位显示装置、温度显示装置、循环水泵以及自动和手动控制装置等。

4.2.4 辅助能源系统

为保证整个系统在阴雨天或冬季光照强度弱时能正常使用。按照辅助能源的来源不同，又可分为太阳能电辅助热源联合供热系统和全自动燃油炉联合供热水系统。

太阳能电辅助热源联合供热系统：辅助电加热是对太阳能集热系统在功能上的补充，在阴雨雪天气下，当太阳光不足时，通过电加热仍可得到热水供应。电加热功率与产水量成正比，一般计算一吨热水需配备 4kW 电力，电加热功能可实现自动化。

全自动燃油炉联合供热水系统：在该系统里，可以通过仪表也可以人工控制循环泵，使之在白天或太阳辐射照度满足要求时启动，在集热器吸收太阳能给蓄热水箱的水加热。在蓄热水箱的水不许先经过全自动燃油（或燃气）炉再供给用户。该系统既充分利用了太阳能资源，又可以为用户全天提供热水。

4.2.5 储热系统

储热系统主要是指储热水箱的作用是将能量载体载来的能量进行储存、备用；其保温效果完全取决于保温材料的种类和保温材料的厚度及密度。目前太阳能热水器保温材料大多选用固体保温材料聚氨酯。聚氨酯整体发泡工艺复杂，加工难度很高。成功发泡成型的保温泡沫整体性好，无漏发泡，泡沫密度达 80kg/m³，强度均匀，封闷性好。如厚度在 4～5cm 之间，则保温性能极佳（东北严寒地区需 6cm 厚）。水箱外壳必须选择抗腐蚀耐老化的材料制成。

4.2.6 支撑系统

支撑系统主要由反射板、支撑结构组成，是为保证集热系统的采光角度、牢固性，以及整个系统的正常运行而设计的辅助结构。

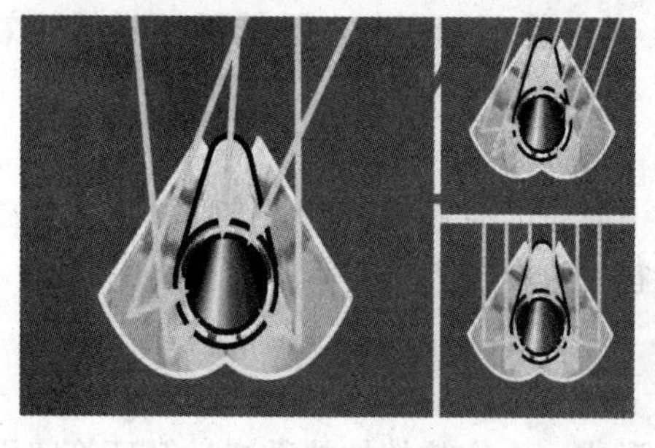

图 4-13 CPC 反光板工作原理

反射板的作用主要是把射入真空管缝隙中的光有效地利用起来。现在市面上热水器的反光板主要有平面不锈钢板、轧花铝板、大聚焦、小聚焦。平面反射板把射入的太阳光又原路反射回去；轧花铝板漫反射没有方向性，一部分反射到真空管上而加以吸收利用。大聚焦反射板其弧面宽度为 8cm 左右，其聚焦点则全面在真空管之外。只有小聚焦型反射板其弧面宽度为 6cm，能够把太阳能光完全聚集到真空管上，大大提高太阳能热使用率。

CPC（compound parabolic concentrator 复合抛物面聚焦器）反光板如图 4-13 所示，是新型反射板，具有双弧面，并且两个弧面的弧线为所用真空集热管截面圆的渐开线，由光学原理可知，这种双弧面上的每一点的光线都能反射到真空集热管上。无论在晴天还是阴天，CPC 反光板都可实现 360°采光，聚光效率高，反射率高，整机热损小，真空集热管内温度可达到 200℃以上；尤其在阴雨天气，CPC 反光板能将空气中散射阳光聚焦，反射到真空管表面，提高集热效率，并且相对于普通集热器，CPC 集热器在春、秋、冬季能获得更多的能量，无论天气多云或气温在 0℃以下，都能全年安全可靠地供应热水（图 4-14）。

支撑结构主要有两种类型，一种是支撑支架，如图 4-15、图 4-16 所示；一种是支撑结构，与建筑一体化程度比较高，如图 4-17 所示，平板集热器的支撑结构与屋顶结构复合在一起。

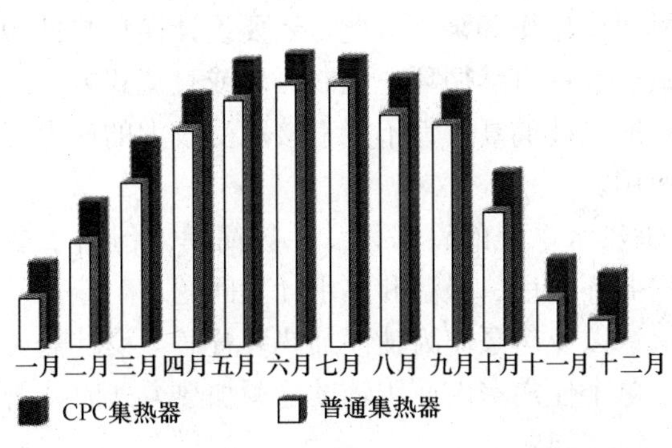

图 4-14　CPC 与普通集热器效果对比

图 4-15　太阳能集热器支架

图 4-16　屋顶的太阳能集热器的支撑支架

图 4-17　与屋顶一体化的平板型太阳能集热器的支撑结构

4.3　太阳能热水系统分类

4.3.1　按系统的集热和热水供应方式分类

按太阳能热水系统的集热和热水供应方式分为三种方式：集中供热水系统、集中-分散供热水系统和分散供热水系统。

1. 集中供热水系统

集中供热水系统指采用集中的太阳能集热器和集中的储水箱供给一幢或几幢建筑物所需热水的系统，其特点是以一个单元或整栋建筑为单位共用一套太阳能热水系统，共用太阳能集热器和储热水箱（图 4-18)。设计需要考虑的几个因素为：

产品选型：这种系统的一般没有成套产品，设计时首先需要确定单位太阳能集热面积与热水量的匹配值。如果建筑的太阳能集热条件满足最佳条件时，根据集热器生产厂家的额定值确定单位集热面积的热水设计量；否则需要通过编程或计算软件确定单位集热器面积与热水量的匹配值。一旦确定匹配值，可计算出建筑的太阳能集热总面积和储热水箱的总容量，并进一步设计安装太阳能集热器的建筑面积和放置储热水箱的位置，同时考虑集热器与储热水箱的连接管路，集中集热供热水系统都需要使用循环泵，因此，还要设计循环泵使用的电源。根据实际情况，太阳能集热的运行方式可选用自然循环、强制循环或直流式方式；供水可采用承压、非承压和水泵加压等方式；一般全玻璃真空管不能直接承受较大的压力，平板型集热器和热管式真空管可设计承压系统使用。

管路设计：如图 4-18 所示，集中集热供热水系统的管路设计比较简单。但由于多个住户可共用一条热水主管，需要考虑管路热水循环设计、保温和热水计量问题。

辅助能源：集中使用燃气、燃油和电锅炉以及热泵作为辅助加热装置时，设计需要考虑相应的燃气、燃油和电供应问题；设计采用单个住户室内使用辅助能源加热方式时，需要考虑太阳能热水系统与室内燃气或电热水器的衔接问题。

适用建筑：该系统一般适合设计安装在低层、多层和满足条件的高层住宅建筑，更适用在宾馆、学校和公共浴室等公共建筑。

2. 集中-分散供热水系统

集中-分散供热水系统指采用集中的太阳能集热器和分散的储水箱供给一个单元或一幢建筑物所需热水的系统，在分户集热供热和集中集热供热的基础上综合延伸出来的一种太阳能热水系统与建筑结合方式，其特点是以一个单元为设计单位安装太阳能热水系统共用集热器，每个住户拥有独立的储热水箱（图 4-19）。设计需要考虑的几个因素为：

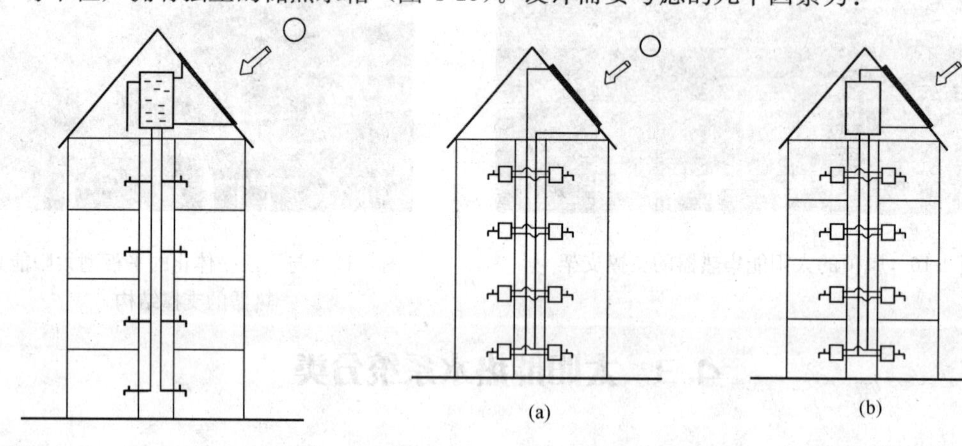

图 4-18　集中供热水系统示意图

图 4-19

（a）集中集热分户供热水系统示意图；
（b）集中集热集中-分户供热水系统示意图

产品选型：这种系统目前还没有成套产品，主要由集热器、储热水箱和系统控制组成，设计时首先需要确定单位太阳能集热面积与热水量的匹配值。根据匹配值，可计算出确定建筑的太阳能集热总面积和每户安装的储热水箱容量，可进一步设计安装太阳能集热器的建筑面积和放置储热水箱位置。储热水箱可在室内或统一放置在屋顶（适用于多层建筑），然后考虑集热器与储热水箱的连接管路，该系统的太阳能集热运行方式一般使用强制循环，因此，还要设计循环泵使用的电源。

管路设计：管路要根据实际情况设计，集热器与储热水箱的连接可使用并联与串联的方式，需要考虑管路保温和热水计量问题。

辅助能源：如果储热水箱配备由内置电辅助加热装置，考虑匹配电源设计；否则，需要考虑太阳能热水系统与室内燃气或电热水器的衔接问题。

适用建筑：该系统一般适合设计安装在低层、多层和具备条件的高层住宅建筑。

3. 分散供热水系统

分散供热水系统指采用分散的太阳能集热器和分散的储水箱供给各个用户所需热水的小型系统，也就是通常所说的家用太阳能热水器。其特点是建筑的每个住户或用户拥有独立的太阳能集热和供热水装置，不同住户或用户间的太阳能热水装置彼此没有关联。图 4-20 所示为分户集热和供热水系统中的一个住户的装置示意图。建筑整体设计需要考虑的因素如下：

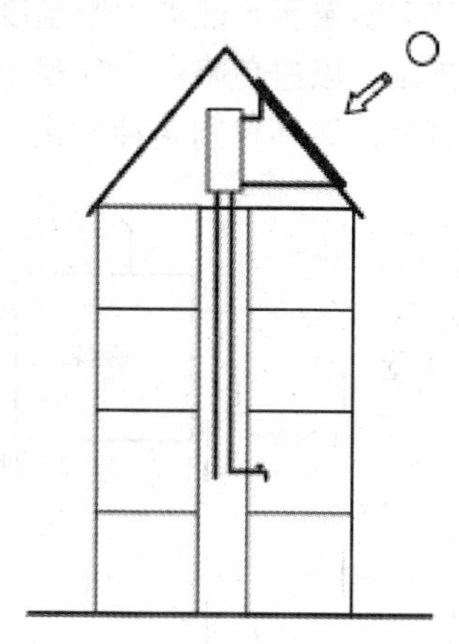

图 4-20　分散供热水系统示意图

产品选型：在建筑的朝向和太阳能集热条件满足最佳条件的情况下，采用成套装置设计安装，此时，通常使用的平板、全玻璃真空管和热管式家用太阳能热水器均适用于分户集热和供热水系统。但由于建筑的地理条件原因使建筑不能适用常规条件时，需要考虑储热水箱和太阳能集热面积的匹配，通过热水器生产厂家定做产品。采用自然循环的产品，储热水箱的位置要高于集热器，分体式产品则没有限制，但要安装循环泵。

管路设计：不同类型太阳能热水器产品的管路设计有所不同。承压式产品为双管路设计，分冷热水管路；非承压式产品既可双管路，亦可单管路设计，要根据产品型号确定。

辅助能源：由于在阴雨或没有阳光时，太阳能不能提供热量，设计太阳能热水系统时必须考虑辅助能源设计。使用具有电辅助加热功能的产品需要考虑匹配电源设计，设计采用没有电辅助加热功能的产品时，则需要考虑太阳能热水系统与室内燃气或电热水器的衔接问题。

适用建筑：该系统一般设计安装在低层和多层住宅建筑。

4.3.2　按系统的运行方式分类

按照太阳能热水系统的运行方式可分为自然循环系统、强制循环系统和直流式系统。在我国，家用太阳能热水器和小型太阳能热水系统多采用自然循环式、直流式，而大中型太阳能热水系统多采用强制循环式。

1. 自然循环系统

图 4-21 为自然循环式太阳能热水系统运行原理图。该系统依靠集热器和储热水箱中的水温不同产生的密度差进行温差循环（热虹吸循环），水箱中的水经过集热器被不断加热升温。其具有结构简单，运行安全可靠，不需要任何辅助能源和维修方便等特点，普遍应用于国内家用太阳能热水器和面积较小的太阳能热水系统。其缺点是为防止系统中热水倒流及维

持一定的热虹吸压头，储热水箱必须置于集热器的上方，不适合应用到大系统。

2. 强制循环系统

为克服自然循环式的缺点，发展了强制循环式系统，图 4-22 为强制循环式太阳能热水系统运行原理图。如图所示，系统储热水箱的工质经下循环管路由循环水泵泵至太阳能集热器加热，温度升高的工质则经上循环管路回到储热水箱，完成一个循环。传热工质在太阳能集热器和储热水箱之间不断地循环使储热水箱的储热工质不断升温。由于太阳辐射是不稳定的，如果在没有太阳辐射或太阳辐射很弱的情况下，循环水泵继续工作则将把储热水箱的高温传热工质泵至集热器引起温度下降；所以太阳能集热器不能连续不断地运行，必须由控制系统控制，以避免降温循环现象的发生。根据传热工质循环控制的方式，通常又分温差循环和能量分析循环控制两种方式。

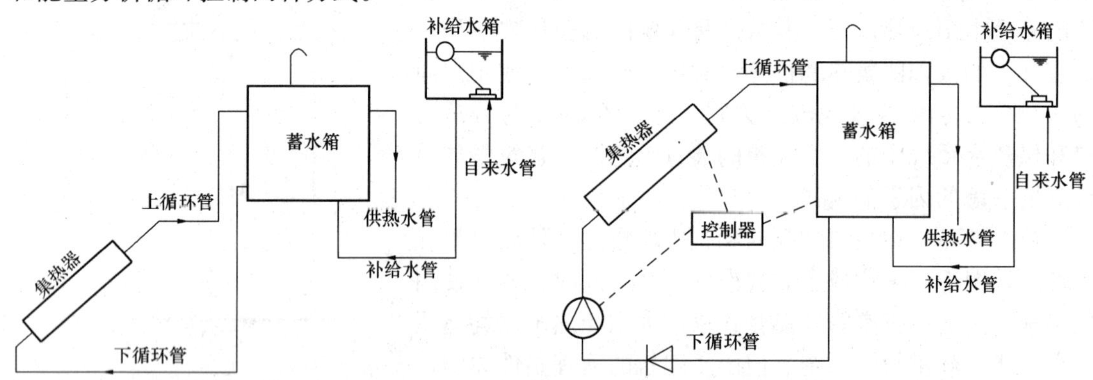

图 4-21　自然循环式热水系统示意图　　　图 4-22　强制循环式热水系统示意图

(1) 温差循环控制

温差循环控制是目前最常用的控制方式。其原理是：设定温差上限与下限，比较储热水箱和集热器的工质温度，当集热器的工质温度高于储热水箱的工质温度，并且这两个温度的差大于或等于温差上限时，循环泵启动；当集热器工质和储热水箱工质的温度差等于或小于温差下限时，循环泵停止运行；否则，循环泵不运行。

温差循环控制的优点是设计简单，能够较好地利用太阳辐射。缺点是当太阳能集热器的安装面积比较大时，安装温度探头的位置以及温差上下限值不容易确定。

(2) 能量分析循环控制

图 4-23 为能量分析循环控制系统运行原理示意图。如图所示，其上循环管多了一个分支管路并与下循环管相连，运行原理是：当太阳能集热器吸收太阳辐射将其内部的传热工质加热，温度高于某个值时，旁通阀 2 打开，同时关闭旁通阀 1，通过集热器加热的传热工质被循环泵泵进储热箱上部，同时储热箱底部温度较低的工质则进入集热器中被加热。当集热器中的传热工质的温度低于某个值时，旁通阀 1 打开，关闭旁通阀 2，传热工质不断通过集热器循环并被加热。循环水泵 3 的启动由控制器控制，当太阳辐照值大于某值，比较太阳能集

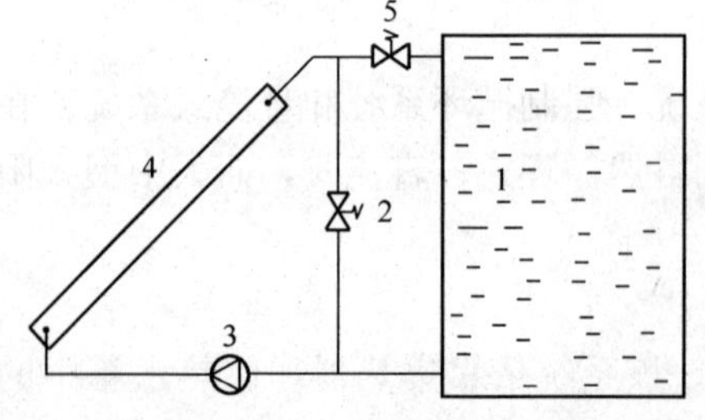

图 4-23　能量分析循环控制系统运行原理图

1—储热水箱；2—旁通阀 1；3—循环泵；

4—集热器；5—旁通阀 2

热器传热工质和环境的温度，确定太阳辐照能够提高集热器传热工质的温度后，循环水泵 3 启动；否则不启动。

3. 直流式系统

又称一次或变流量定温放水式，在自然循环和强制循环的基础上发展了直流式，水通过集热器一次后就被加热到所需温度。恒定的出口水温通过控制集热器入口电动调节阀的开度实现，如图 4-24 所示。其优点是储热水箱不必高架于集热器之上。由于直接与具有一定压头的自来水相接，适用于集热器分散在各个点的大系统，布置也比较灵活。在一天中，可用热水时间比较早。缺点是控制装置比较复杂，价格较高。

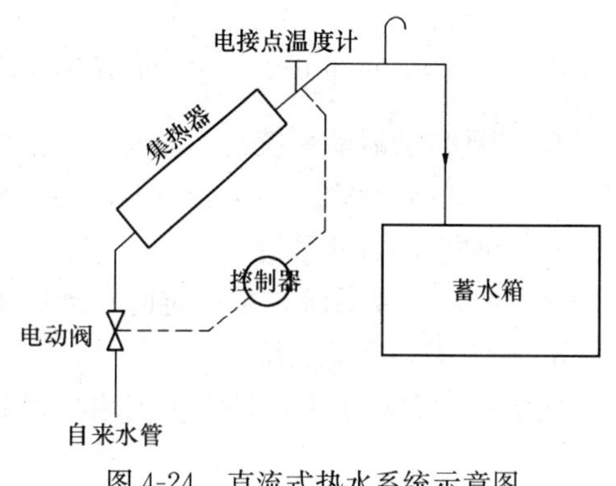

图 4-24　直流式热水系统示意图

4.3.3　按系统中生活热水与集热器内传热工质的关系分类

1. 直接系统

如图 4-21、图 4-22 和图 4-24 所示，均使用水作为传热工质，这种集热器将水加热后直接被输送到热箱储存，没有其他的换热环节的系统为直接式太阳能热水系统。直接式系统的优点是集热效率高、设计简单、成本较低，我国目前普遍使用；其缺点是冬天环境温度低于零度摄氏温度时，水结冰容易冻坏系统。

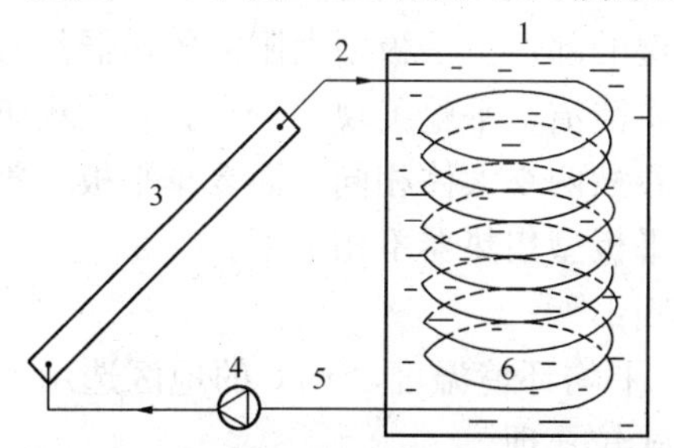

图 4-25　间接式太阳能热水系统运行原理图

1—储热水箱；2—上循环管；3—集热器；4—循环水泵；5—下循环管；6—内置换热器

2. 间接系统

图 4-25 为间接式太阳能热水系统，这种系统使用非水液体工质作为传热工质，传热工质经过集热器加热后，通过储热水箱内的换热器，把热量传递给水箱内的水并使之升温。这种系统的优点是将集热与供热分开，设计灵活；可使用防冻液为传热工质，不会出现冬天冻坏系统问题。缺点是成本较高，且通过换热器换热会损耗部分热量。

4.3.4　按系统中辅助能源的安装位置分类

1. 内置加热系统

内置加热系统，是指辅助能源加热设备安装在太阳能热水系统的储水箱内的太阳能热水系统。

2. 外置加热系统

外置加热系统，是指辅助能源加热设备不是安装在储水箱内，而是安装在太阳能热水系统的储水箱附近或安装在供热水管路（包括主管、干管和支管）上的太阳能热水系统。所以，外置加热系统又可分为：储水箱加热系统、主管加热系统、干管加热系统和支管加热系统等。

4.3.5 按系统中辅助能源的启动方式分类

1. 全日自动启动系统

全日自动启动系统，是指始终自动启动辅助能源水加热设备，确保可以全天 24h 供应热水。

2. 定时自动启动系统

定时自动启动系统，是指定时自动启动辅助能源水加热设备，从而可以定时供应热水。

3. 按需手动启动系统

按需手动启动系统，是指根据用户需要，随时手动启动辅助能源水加热设备。

4.4 太阳能热水系统的设计

4.4.1 太阳能集热器的选择

太阳能集热器的类型与系统选用应与当地的太阳能资源、气候条件相适应，在保证系统全年安全稳定运行的前提下，应使所选太阳能集热器的性能价格比最优。

现阶段我国太阳能热水系统中主要使用全玻璃真空管集热器、热管真空管集热器和平板型集热器三种类型。集热器是太阳能热水系统中最关键的部件。平板型太阳能集热器具有集热效率高、使用寿命长、承压能力好、耐候性好、水质清洁、平整美观等特点。若就集热性能来说，真空管集热器在冬季要优于平板型集热器，春秋两季大体相同，而夏季平板型集热器占优。在我国，目前的真空管集热器性价比基本与平板型集热器不相上下。

因此太阳能热水集热器的选择主要有以下几点原则：

1. 根据本地区气候条件选用不同形式的热水器。平均环境温度≥13℃的地区选用平板式较合理，而平均环境温度≤13℃的地区选用真空管式较合理。

2. 优先选用分体式太阳能集热器，以利于与建筑结合。

3. 价格比合理。

4.4.2 太阳能热水系统的选择

系统设计应遵循节水节能、经济实用、安全简便、便于计量的原则；根据建筑形式、辅助能源种类和热水需求等条件，宜按表 4-2 选择太阳能热水系统。

表 4-2 太阳能热水系统设计选用表

建筑物类型			居住建筑			公共建筑		
			低层	多层	高层	宾馆医院	游泳馆	公共浴室
太阳能热水系统类型	集热与供热水范围	集中供热水系统	●	●	●	●	●	●
		集中-分散供热水系统	●	●	—	—	—	—
		分散供热水系统	●	—	—	—	—	—
	系统运行方式	自然循环系统	●	●	—	●	●	●
		强制循环系统	●	●	●	●	●	●
		直流式系统	—	●	●	●	●	●

续表

建筑物类型			居住建筑			公共建筑		
			低层	多层	高层	宾馆医院	游泳馆	公共浴室
太阳能热水系统类型	集热器内传热工质	直接系统	●	●	●	●	—	●
		间接系统	●	●	●	●	●	●
	辅助能源安装位置	内置加热系统	●	●	—	—	—	—
		外置加热系统	—	●	●	●	●	●
	辅助能源启动方式	全日自动启动系统	●	●	●	●	—	—
		定时自动启动系统	●	●	●	—	●	●
		按需手动启动系统	●	—	—	—	●	●

4.4.3　集热器总面积 A、倾角 θ 及距离 D 的确定方法

1. 集热器总面积 A 的确定方法

太阳能集热面积的确定与系统的热水设计量、太阳能集热器的集热效率、当地的太阳能辐照状况、集热器安装倾角和方位以及太阳能保证率等因素有关，能否比较准确地计算出集热面积影响到屋面建筑外观和结构设计以及热水系统的选择等。

（1）直接系统集热器总面积可根据用户的每日用水量和用水温度确定，按下式计算：

$$A_c=\frac{Q_w C_w (t_{end}-t_i) f}{J_T \eta_{cd}(1-\eta_L)}$$

式中　A_c——直接系统集热器总面积，m^2；

Q_w——日均用水量，kg；

C_w——水的定压比热容，kJ/(kg·℃)；

t_{end}——储水箱内水的设计温度，℃；

t_i——水的初始温度，℃；

f——太阳能保证率，%；根据系统使用期内的太阳辐照、系统经济性及用户要求等因素综合考虑后确定，宜为 30%～80%；

J_T——当地集热器采光面上的年平均日太阳辐照量，kJ/m^2，一般按倾角等于当地纬度时，集热器采光面上的年平均日太阳辐照量取值；

η_{cd}——集热器的年平均集热效率，根据经验取值宜为 0.25～0.50，具体取值应根据集热器产品的实际测试结果而定；

η_L——储水箱和管路的热损失率，根据经验取值宜为 0.20～0.30。

计算举例：某住宅楼，楼高为 5 层，三个单元共 30 户，每户有 2 个卫生间，一个厨房，为平屋顶，朝向正南。济南地理位置：东经 117°03′，北纬 36°40′；倾斜表面年平均太阳辐照量 $15740kJ/m^2$，倾角等于当地纬度。

根据该建筑的特点，选用平板式集热器直接系统；按每人每天用 45℃热水 50L，平均每户四人计算集热器面积。对于本建筑，已知：

$Q_w=50\times4=200kg$；$C_w=4.18kJ/(kg·℃)$；$t_{end}=45℃$；$t_i=15℃$；

$\eta_{cd}=0.5$；$\eta_L=0.2$；$J_T=15740kJ/m^2$

代入下式：$A_c = Q_w C_w (t_{end} - t_i) f / J_T \eta_{cd} (1 - \eta_L)$

通过计算，每户集热器总面积 $A_c = 3.19m^2$，该住宅集热器总面积 $95.7m^2$。

(2)间接系统集热面积的计算：

$$A_{IN} = A_c \cdot \left(1 + \frac{F_R U_L \cdot A_c}{U_{hx} \cdot A_{hx}}\right)$$

式中 A_{IN}——间接系统集热器总面积，m^2；

$F_R U_L$——集热器总热损系数，$W/(m^2 \cdot ℃)$，

对平板型集热器，$F_R U_L$ 宜取 $4 \sim 6W/(m^2 \cdot ℃)$，

对于真空管集热器，$F_R U_L$ 宜取 $1 \sim 2W/(m^2 \cdot ℃)$，

具体数值要根据集热器产品的实际测试结果而定；

U_{hx}——换热器传热系数，$W/(m^2 \cdot ℃)$；

A_{hx}——换热器换热面积，m^2。

但是，在确定集热器总面积之前，在方案设计阶段，建筑师关心的是在有限的建筑围护结构中太阳能集热器究竟占据多大的面积，可以根据建筑所在地区太阳能条件来估算集热器总面积。表 4-3 列出了每产生 100L 热水量所需系统集热器总面积的推荐值。

表 4-3 是根据我国不同太阳能资源分区的年日照时数和年太阳辐照量，按每产生 100L 热水量，分别估算出不同等级地区所需要的集热器总面积，其结果一般在 1.2～2.0 m^2/100L之间。

表 4-3　每 100L 热水量的系统集热器总面积推荐选用值

等级	太阳能条件	年日照时数 (h)	水平面上年太阳辐照量 [MJ/ (m^2 · a)]	地　　区	集热面积 (m^2)
一	资源丰富区	3200～ 3300	>6700	宁夏北、甘肃西、新疆东南、青海西、西藏西	1.2
二	资源较富区	3000～3200	5400～6700	冀西北、京、津、晋北、内蒙古及宁夏南、甘肃中东、青海东、西藏南、新疆南	1.4
三	资源一般区	2200～3000	5000～5400	鲁、豫、冀东南、晋南、新疆北、吉林、辽宁、云南、陕北、甘肃东南、粤南	1.6
		1400～2200	4200～5000	湘、桂、赣、江、浙沪、皖、鄂、闽北、粤北、陕南、黑龙江	1.8
四	资源贫乏区	1000～1400	<4200	川、黔、渝	2.0

在计算集热器面积时应注意以下两点：在我国是计算集热器总面积，而不是国际上常用的集热器采光面积。在欧美等发达国家，集热器面积的精确计算一般采用 F-Chart 软件、Trnsys 软件或其他类似的软件来进行，它们是根据系统所选太阳能集热器的瞬时效率方程（通过试验测定）及安装位置（方位角和倾角），再输入太阳能热水系统，使用当地的地理纬度、平均太阳辐照量、平均环境温度、平均热水温度、平均热水用量、储水箱和管路平均热损失率、太阳能保证率等数据，按一定的计算机程序计算出来的。我国计算集热器总面积，是因为在民用建筑上安装太阳能热水系统，建筑师关心的是在有限的建筑围护结构中太阳能集热器究竟占据多大的空间。集热器总面积和采光面积的区别，如图 4-26 所示。

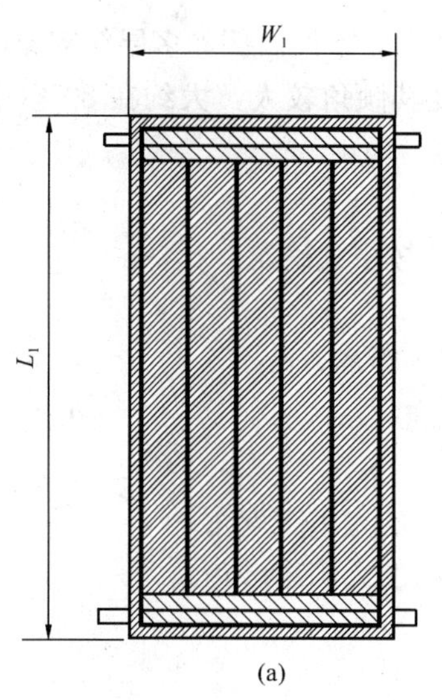

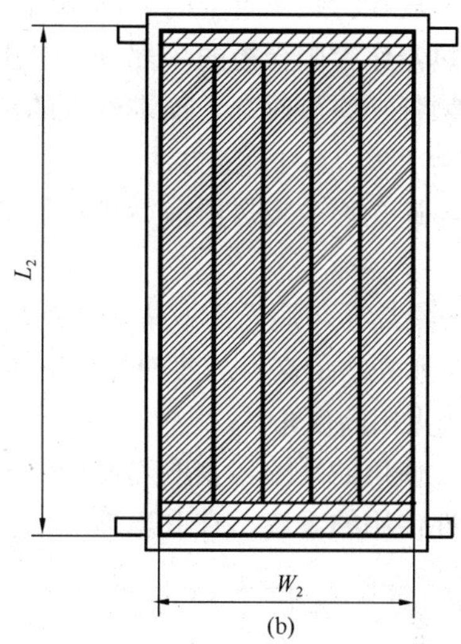

图 4-26　集热器总面积和采光面积的区别

(a) 集热器总面积（$L_1 \times W_1$）；(b) 集热器采光面积（$L_2 \times W_2$）

（3）A_c、A_{IN}是倾斜角度等于当地纬度、朝正南向的直接系统和间接系统的集热器总面积，因此当集热器偏离当地纬度和正南时，需要对 A_c、A_{IN}进行修正。通过查找图集《太阳能集中热水系统选用与安装》06SS128 中附录二“主要城市太阳能集热器面积补偿面积比”的数值，修正 A_c、A_{IN}。

2. 集热器倾角 θ 的确定方法

假设集热器的倾角为 θ，一般原则是 $\theta=\Phi\pm\delta$；春、夏、秋季使用时

$$\theta = \Phi - \delta$$

全年使用时

$$\theta=\Phi+\delta$$

式中　θ——集热器的倾角；

Φ——当地纬度；

δ——一般取 5°～10°。

考虑到建筑的造型，集热板的倾角可以根据建筑的造型进行适当的调整。以华北地区为例，华北地区对于太阳能热水系统选择的最佳集热器倾角为 45°，为了得到集热器倾角的改变对所需面积的影响，必须进行全年逐时模拟计算，即在给定的集热板倾角下（如 45°），计算每平方米的集热器全年所能聚集的太阳能，然后改变集热板的倾角，得到不同倾角下的太阳能的热量数据，如表 4-4 所示。

表 4-4　华北地区太阳能集热器不同倾斜角度集热效率的比较

30°	35°	40°	45°	50°
91.10%	94.70%	97.60%	100%	101.70%

可见集热板的倾角越大时，对于利用太阳能比较有利。但同时倾角改变对集热器集热效率的影响较小，从 45°变到 35°时，只下降了 5.3 个百分点，而从 45°到 40°时，只下降了 2.4 个百分点。所以屋面倾角在 45°附近的小范围内变动，对太阳能集热器整体性能影响不大。

当集热器放在特殊位置上时，其倾角决定于具体安装条件。例如多层住宅家用太阳能热水器，将集热器作为阳台板的一部分，考虑到安全性其倾角较大，大约在80°以上，甚至按垂直放置，牺牲一些热效率，换来建筑的美观和安全。

3. 集热器距离 D 的确定方法

集热器与遮光物或集热器前后排间的最小距离 D 按下式确定：

$$D = H \times \cot\alpha_s$$

式中 D——集热器与遮光物或集热器前后排间的最小距离，m；

H——遮光物最高点与集热器最低点的垂直距离，m；

α_s——太阳高度角，°；

对季节性使用的系统，宜取当地春秋分正午12时的太阳高度角；

对全年性使用的系统，宜取当地冬至日正午12时的太阳高度角。

4.4.4 集热器与建筑连接方式

1. 整体式太阳能热水器

从专业角度及建筑整体考虑，由于整体式太阳能热水器有个不可分离的水箱，使得热水器放在建筑的任何部位都会影响甚至破坏建筑的整体形象，因此这种形式的热水器很难做到与建筑结合一体化设计。但由于整体式太阳能热水器价格相对比较低廉，现阶段在建筑中（尤其是居住建筑中）的利用比较广泛，因此其与建筑的一体化的问题仍然是一个急需解决的问题。

1）平屋顶的安装

图4-27～图4-29是平屋顶整体式太阳能热水器安装示意图。

2）坡屋顶的安装

（1）平脊式：图4-30、图4-31是坡屋顶平脊式整体式太阳能热水器安装示意图。

（2）顺坡式：图4-32、图4-33是坡屋顶顺坡式整体式太阳能热水器安装示意图。

（3）脊顶式：图4-34、图4-35是坡屋顶脊顶式整体式太阳能热水器安装示意图。

（4）叠檐式：图4-36至图4-39是坡屋顶叠檐式整体式太阳能热水器安装示意图。

2. 分体式太阳能热水器

分体式太阳能热水器的集热器与储热水箱分离，储热水箱可置于室内、自家阳台顶部或阁楼中；集热器可放置在坡屋面上、墙面上、阳台上，或作为雨罩、遮阳板等放在建筑适当的部位，布置形式十分灵活，如同建筑的结构构件一样，与建筑整合设计，从而达到与建筑整体的完美结合（图4-40）。

虽然分体式太阳能热水器与整体式太阳能热水器相比，价格比较高，但因为其在与建筑的一体化设计上具有明显的优势，在热水系统的运行过程中也具有较为明显的安全稳定性，所以随着太阳能热水器技术的不断革新和价格的下降，以及人们节能意识的不断提高，分体式太阳能热水器必将成为太阳能热水器的主流与发展趋势。

分体式太阳能热水器的集热器可能的安装位置包括屋顶、南向的外墙和阳台等，下面就不同的安装部位进行讨论。

1）平屋顶的安装

选用分体式太阳能热水器，则集热器可以直接水平安装在屋顶上方，减小风荷载，增加系统的安全性。而且，由于集热器的遮挡，使屋面的隔热作用有所加强，从而降低住宅顶层

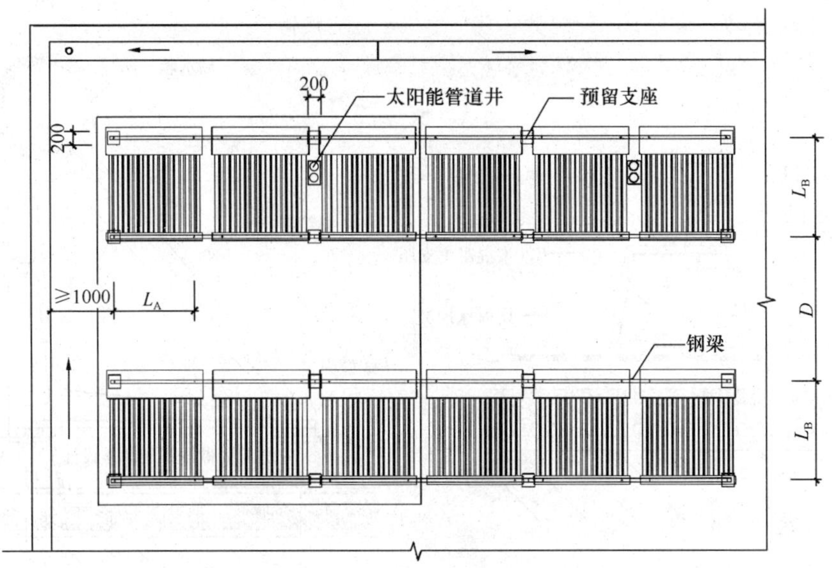

图 4-27　平屋顶整体式太阳能热水器安装平面布置示意图

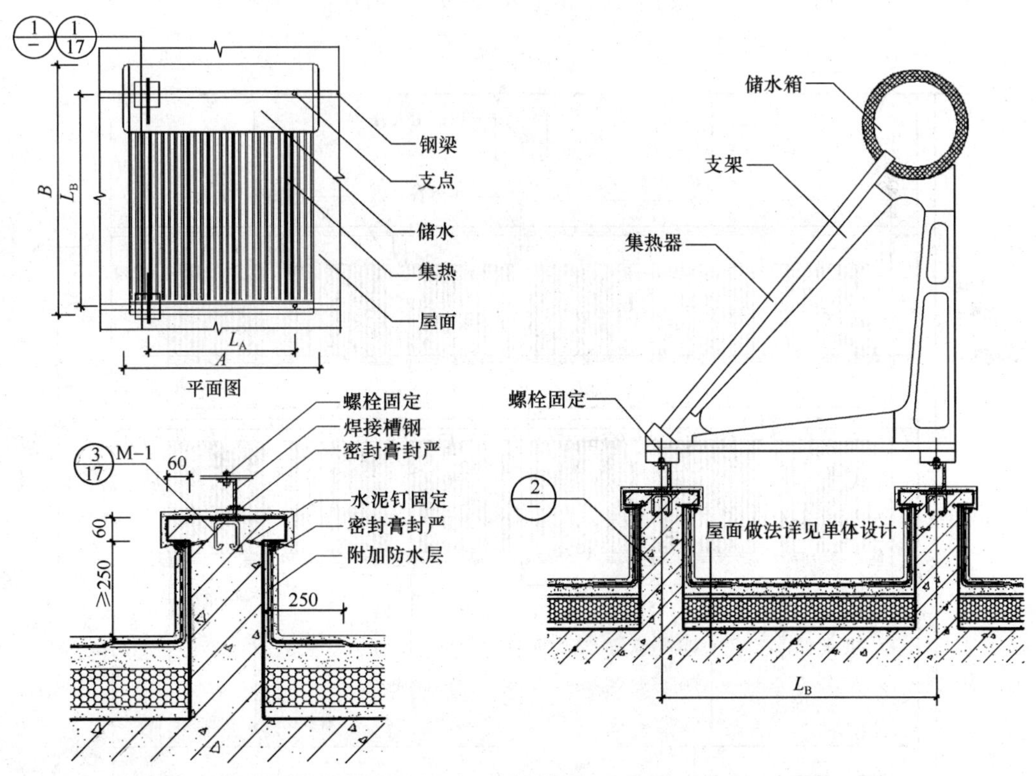

图 4-28　平屋顶整体式太阳能热水器安装平面、剖面及节点详图（1）

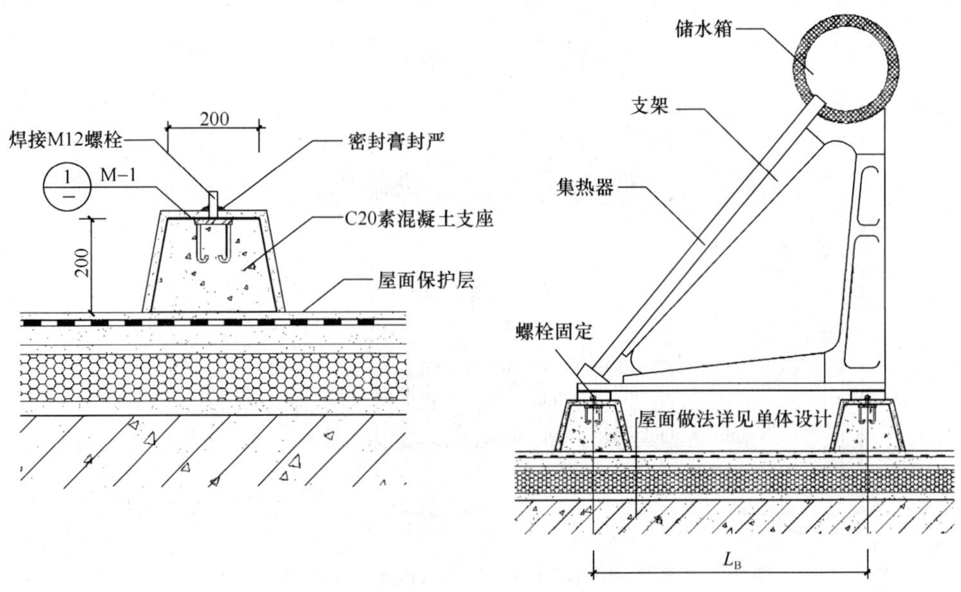

图 4-29　平屋顶整体式太阳能热水器安装剖面及节点详图（2）

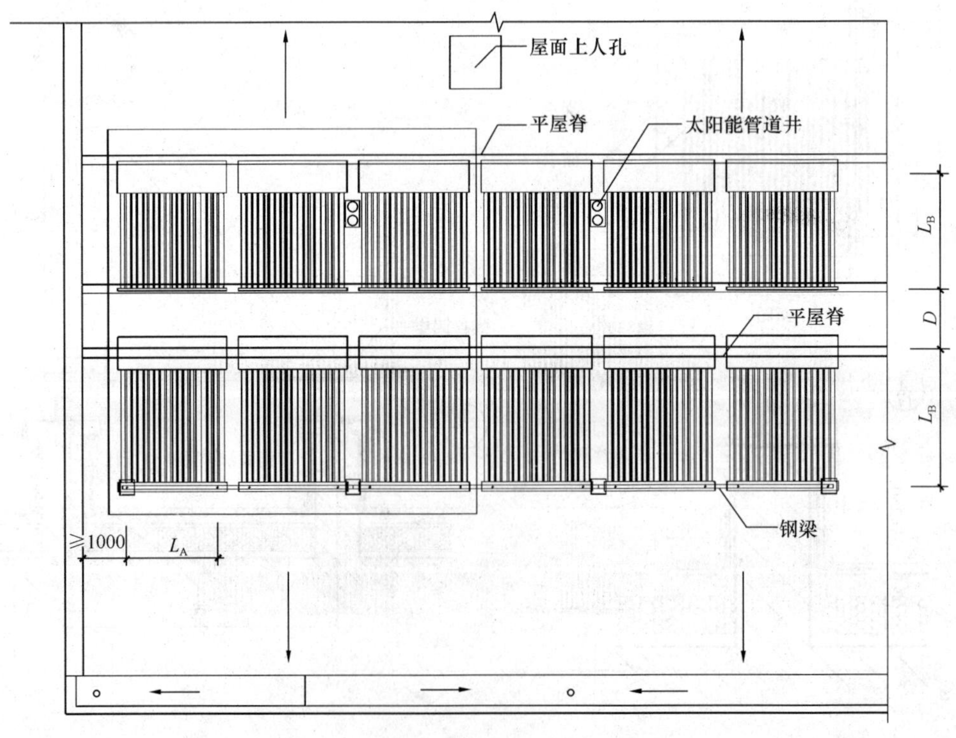

图 4-30　坡屋顶平脊式整体式太阳能热水器安装平面布置示意图

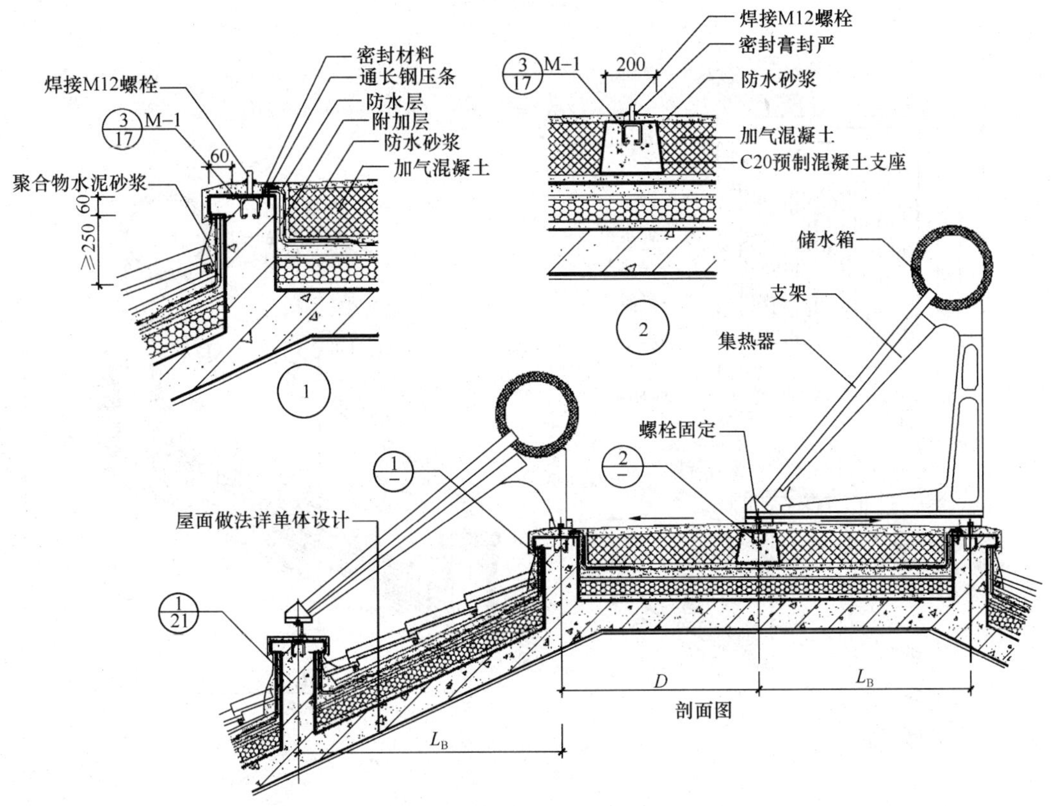

图4-31 坡屋顶平脊式整体式太阳能热水器安装平面、剖面及节点详图

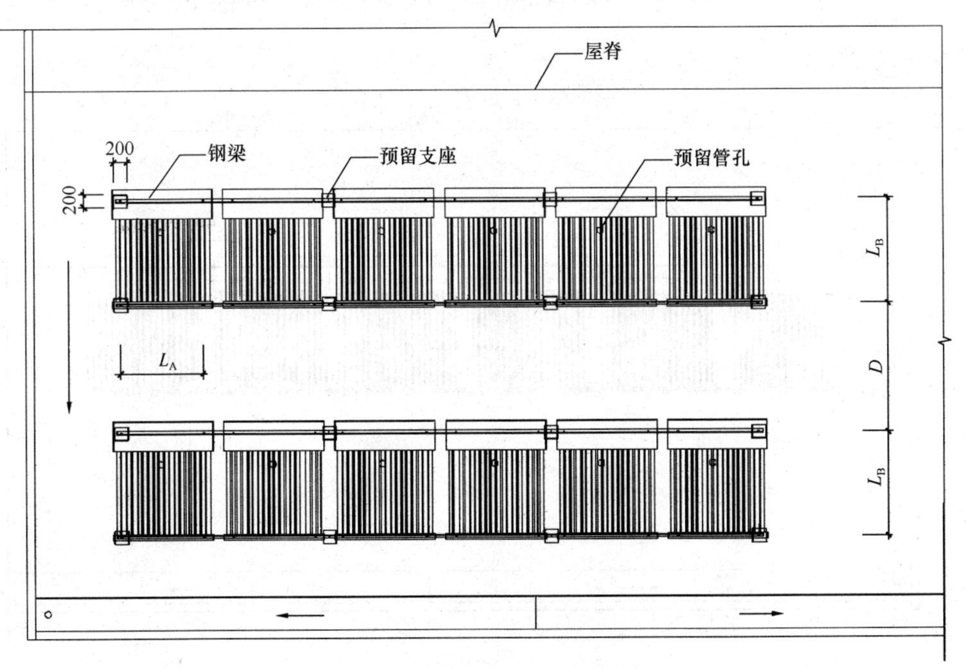

图4-32 坡屋顶顺坡式整体式太阳能热水器安装平面布置示意图

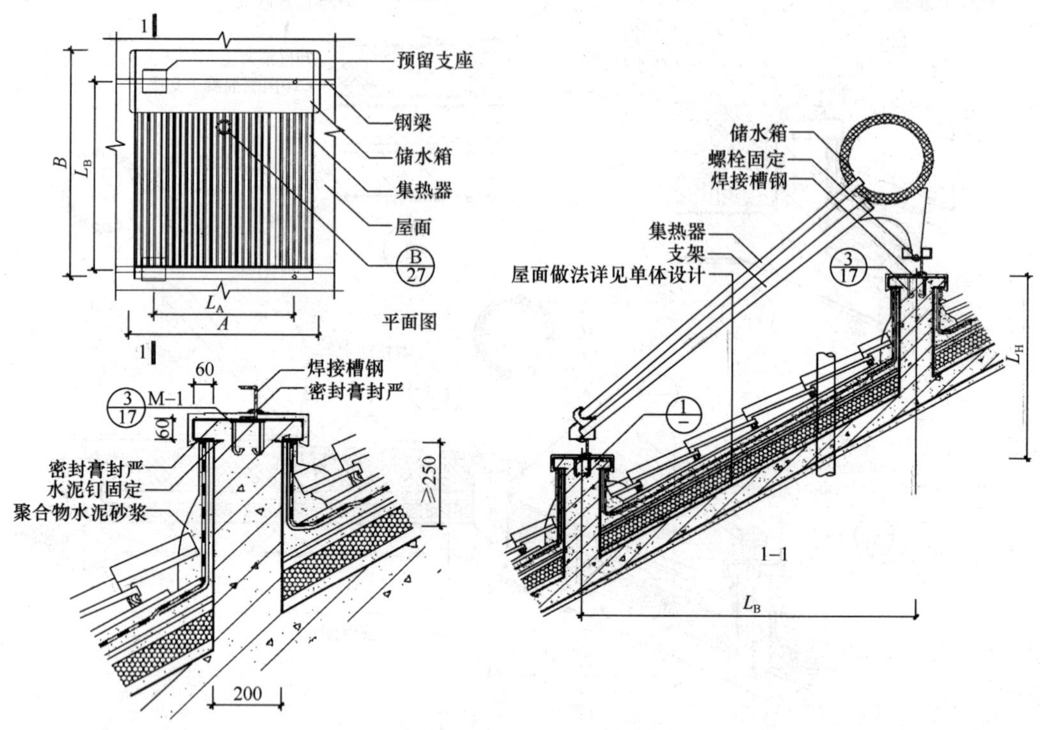

图 4-33　坡屋顶顺坡式整体式太阳能热水器安装平面、剖面及节点详图

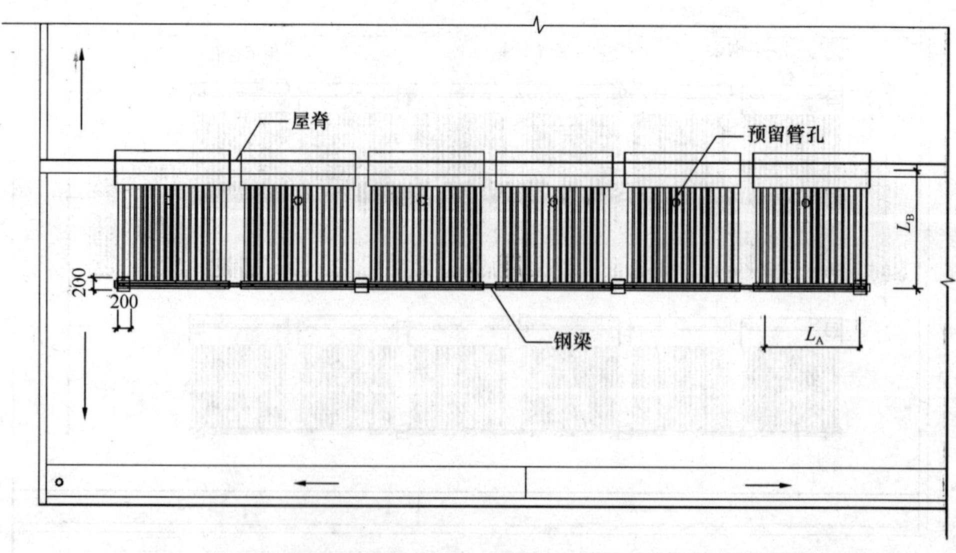

图 4-34　坡屋顶脊顶式整体式太阳能热水器安装平面布置示意图

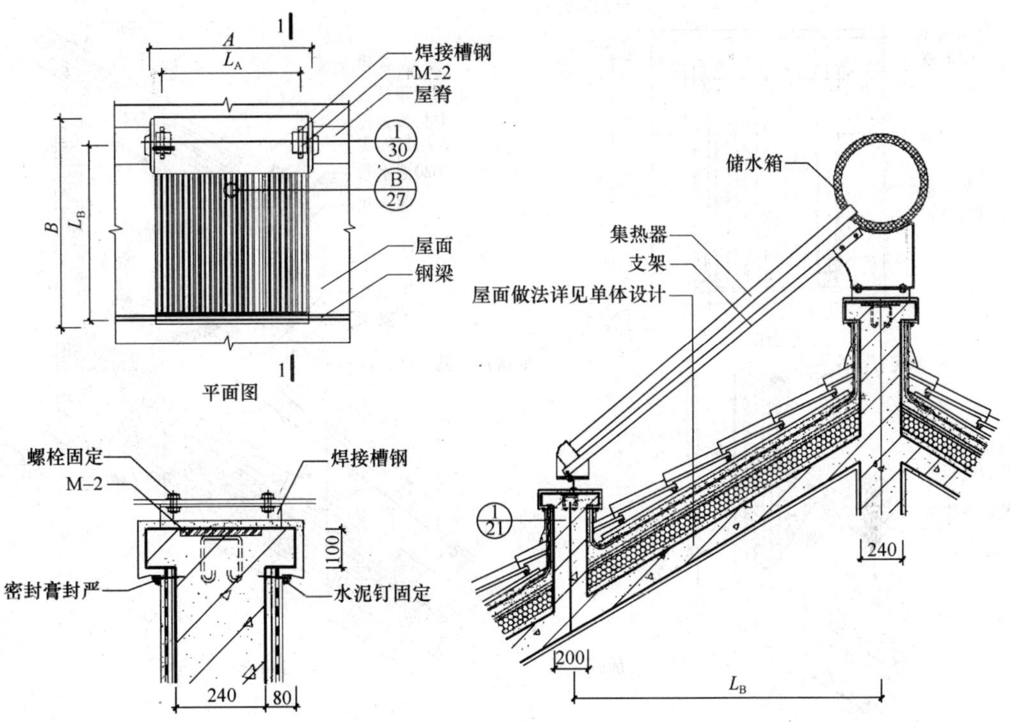

图 4-35　坡屋顶脊顶式整体式太阳能热水器安装平面、剖面及节点详图

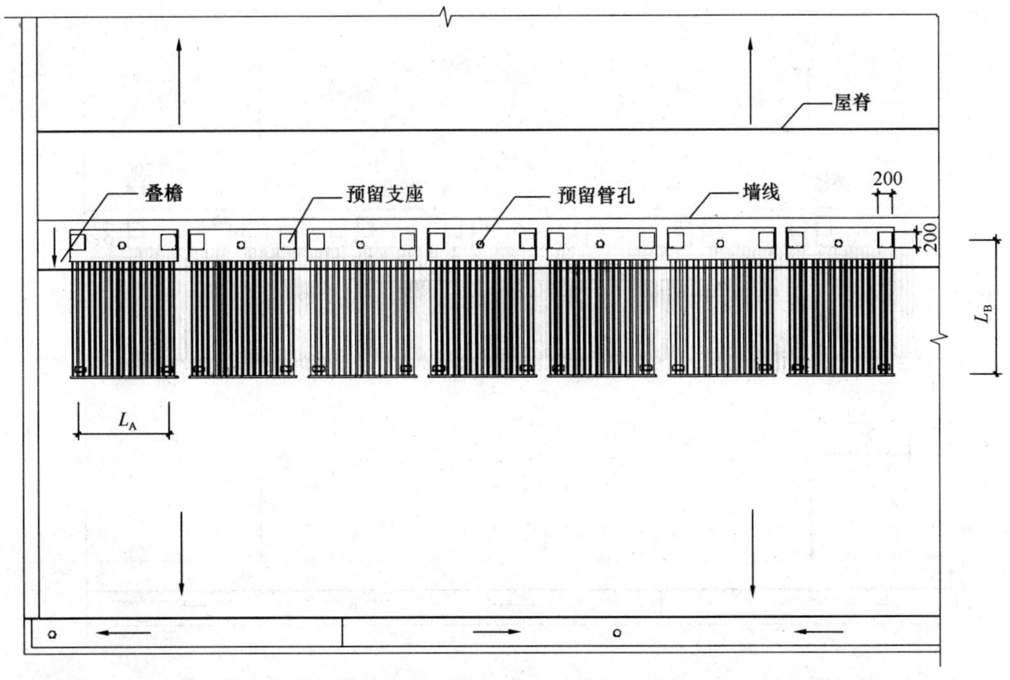

图 4-36　坡屋顶叠檐式整体式太阳能热水器安装平面布置示意图（1）

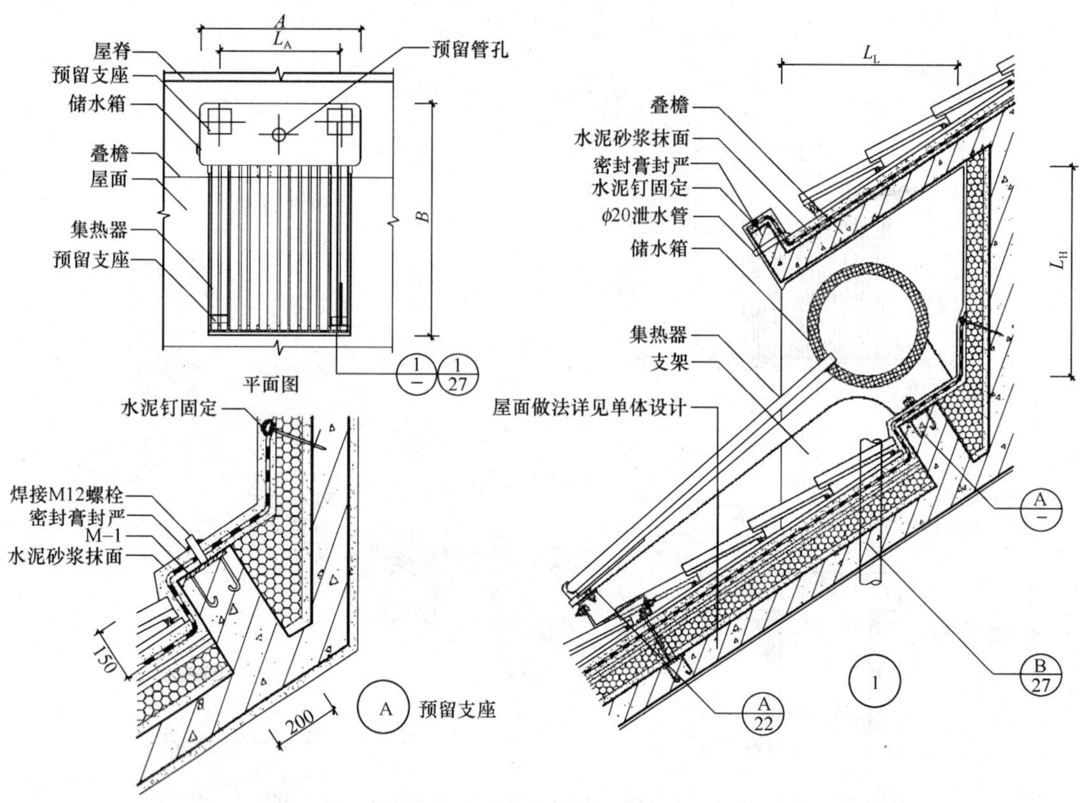

图 4-37　坡屋顶叠檐式整体式太阳能热水器安装平面、剖面及节点详图（1）

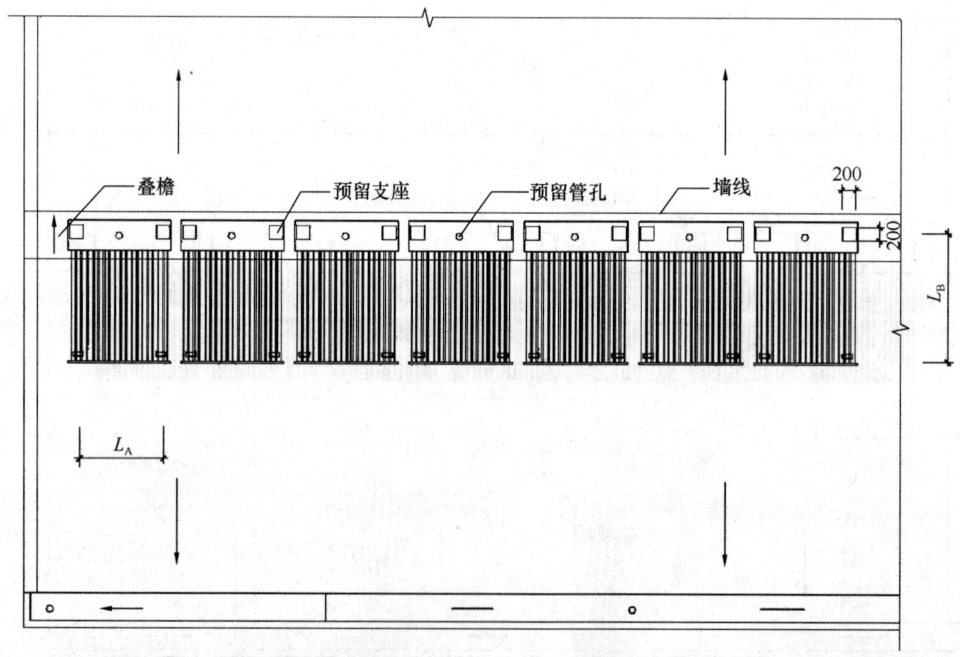

图 4-38　坡屋顶叠檐式整体式太阳能热水器安装平面布置示意图（2）

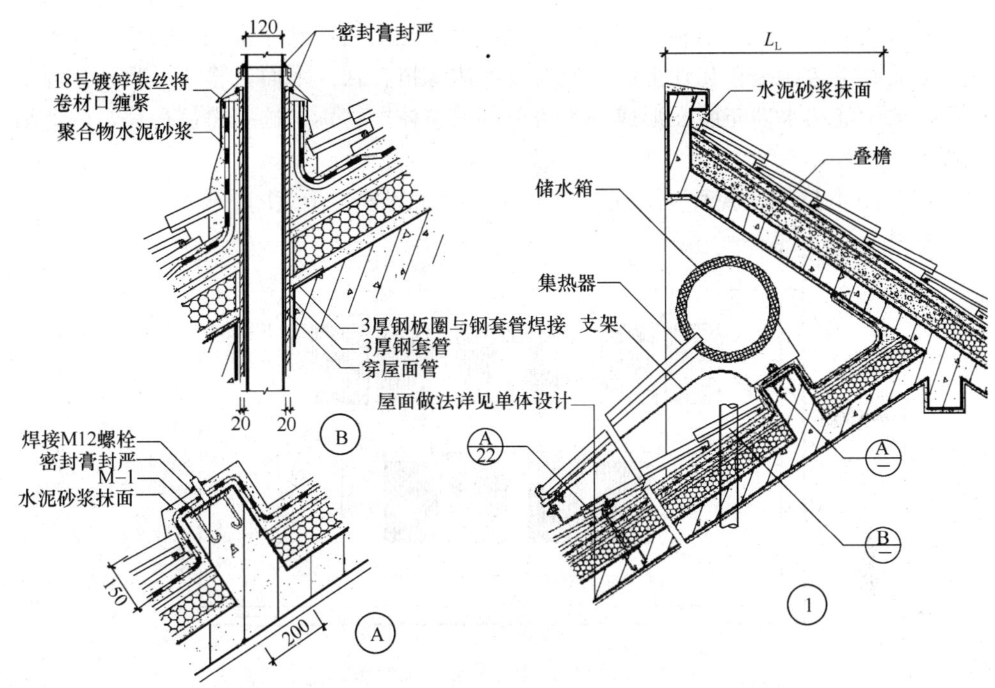

图 4-39　坡屋顶叠檐式整体式太阳能热水器安装平面、剖面及节点详图（2）

夏季室内温度，也使构造连接的热桥效应减至最小。安装时，根据当地的位置和自然地理情况，将集热器的角度调整为最佳，就可以达到比较好的集热效率。

2）坡屋顶的安装

（1）坡屋面顺坡分体式太阳能热水器

顺坡式这种结合方式比较简单，在建筑设计时，考虑安装分体式太阳能热水系统的情况，预留孔洞，以便热水系统安装人员安装，可以避免出现破坏屋顶保温与防水、热水系统的后期维修比较麻烦的情况。这就要求建筑师全面的了解太阳能热水系统的安装情况，以便更合理的进行建筑设计。

在设计中，集热器的倾斜角度与屋面的倾斜角度一致，且平面位置布置较灵活，同时水箱无需安装在屋面上，可减少屋面的荷载，增加建筑美感（图 4-41）。水箱可放在室内或屋顶内任何地方，由小功率水泵强制循环，自带微电脑智能控制器。

图 4-40　分体式太阳能热水器坡屋面

图 4-41　坡屋面顺坡分体式太阳能热水器安装实例

安装时将集热器安装在钢制的整体底板上，上下左右均可延伸安装。钢制底板本身不会渗水，安装时其下边缘搭在瓦片上面，左右及上边缘搭在瓦片下面，管线可敷在瓦片下。安装完毕后，太阳能热水器与屋面形成一不可分割的整体，特别是选用黑色瓦片，两者结合更是相得益彰。

图 4-42、图 4-43 是坡屋面顺坡分体式太阳能热水器安装示意图。

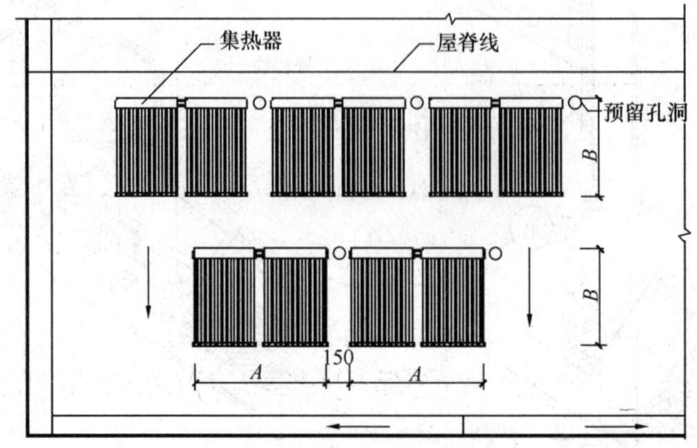

图 4-42　坡屋面顺坡分体式太阳能热水器屋面布置示意图

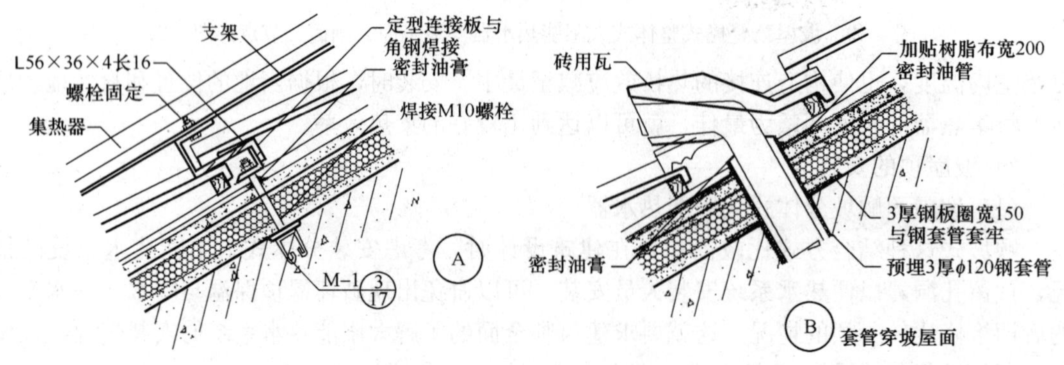

图 4-43　坡屋面顺坡分体式太阳能热水器节点详图

（2）坡屋面天窗式分体太阳能热水器

针对别墅或复式结构，其南面坡顶上有天窗的住宅，或带有点斜度的平顶天窗的住宅，可把集热器安装在天窗的上面，既是天窗又是太阳能热水器，阳光透过集热管空隙射入室内，天窗玻璃下面还有可遮光的百叶（图 4-44）。

图 4-45～图 4-48 是坡屋面天窗式分体太阳能热水器安装示意图。

3. 墙面与阳台部位安装

在墙面或阳台安装太阳能热水器，可以减小管路的长度。对于高层住宅来说，是其他安装方式不能替代的。集热器往往成为立面的构成因素和视觉焦点，这也更加符合一体化设计的思想。在建筑设计时，考虑将安装集热器地方的墙面略向内凹，整体美观性将提高不少。由于与用水端没有足够的高差，所以在墙面或阳台安装的系统必须采用顶水式管路。

目前，主要包括下面三种安装形式：南墙面式、阳台式和女儿墙式，即将集热器悬挂于建筑物向阳的外墙、阳台或女儿墙上水箱悬挂于阳台或室内墙角，管道基本不在室外，减少

图 4-44　坡屋面天窗式分体太阳能热水器安装实例

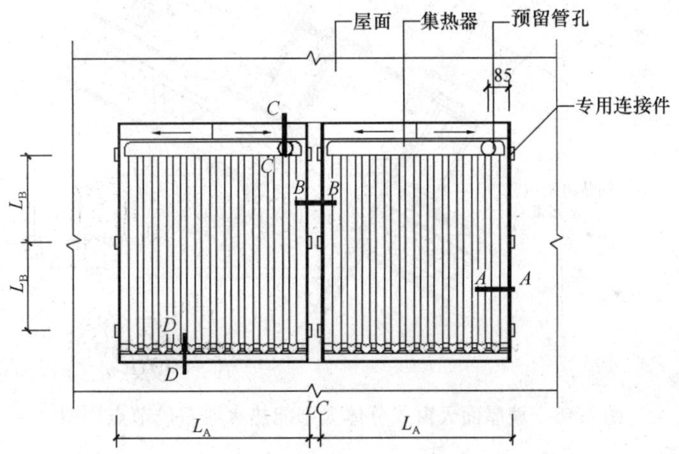

图 4-45　坡屋面天窗式分体太阳能热水器屋顶平面图

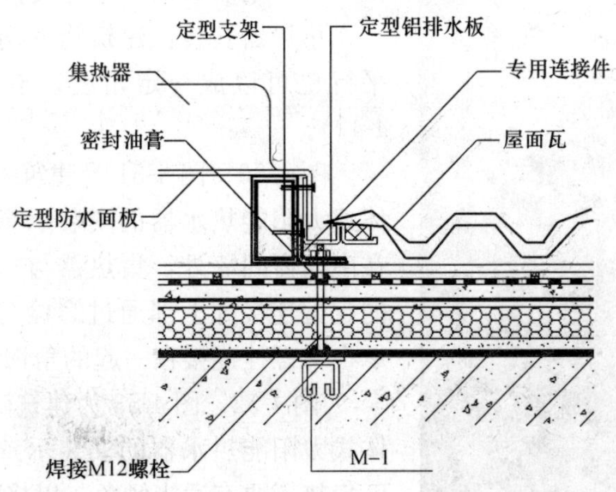

图 4-46　坡屋面天窗式分体太阳能热水器 *A-A* 节点详图

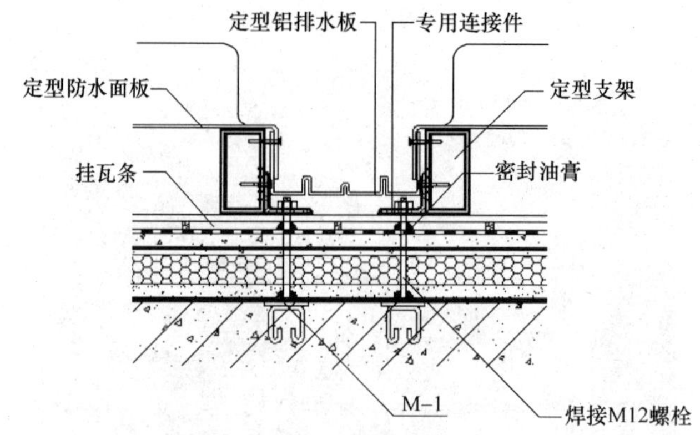

图 4-47　坡屋面天窗式分体太阳能热水器 *B-B* 节点详图

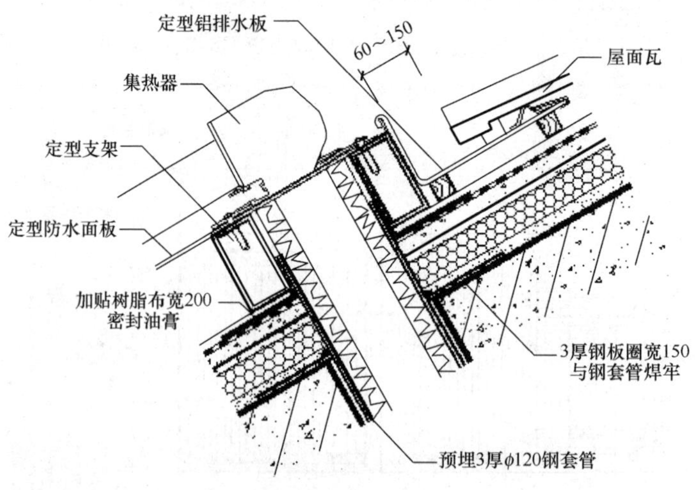

图 4-48　坡屋面天窗式分体太阳能热水器 *C-C* 节点详图

传输过程中的热量损失，冬季不怕冻结。

图 4-49　墙面与阳台部位分体太阳能热水器安装实例

（1）南墙面式（竖直式和倾斜式）

集热器安装在建筑物的南立面外墙上，与墙面平行也可以成一定角度，丰富了建筑物立面（图 4-49）。

图 4-50、图 4-51 为建筑南墙面式（竖直式）分体式太阳能热水器的安装示意图。图中集热器安装在南向窗间墙处，集热器与立面平行。固定集热器的定型连接件上部通过螺栓与预埋件相连，下部支承在与螺栓连接在一起的角钢上。

图 4-52、图 4-53 为建筑南墙面式（倾斜式）分体式太阳能热水器的安装示意图。一般在低纬度地区集热器要有适当倾角，以接收到较多的太阳辐射，因此图中集热器安装在南向窗间墙处，集热器与立面成一定倾斜角度，固定集热器的定型连接件上部

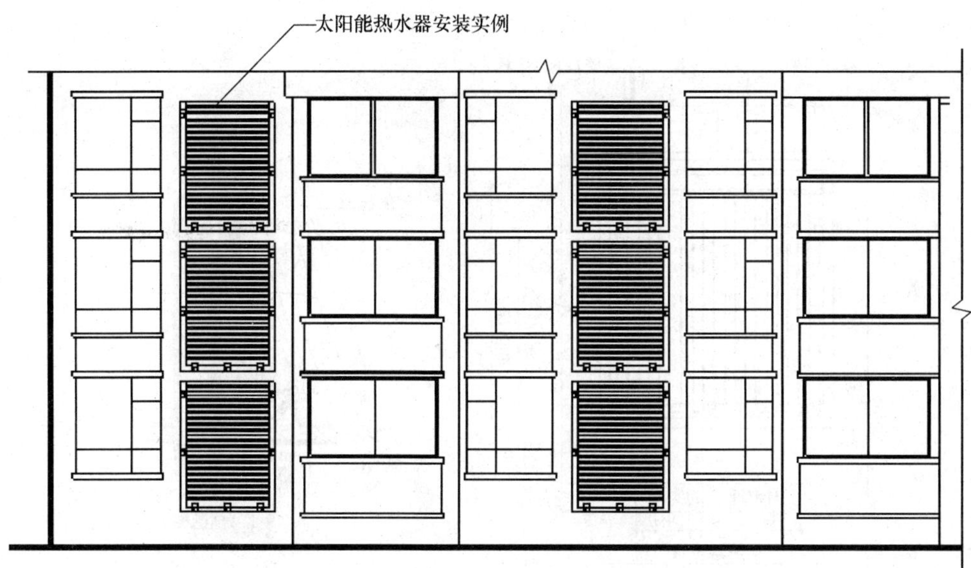

图 4-50　南墙面式（竖直式）分体式太阳能热水器南立面布置图

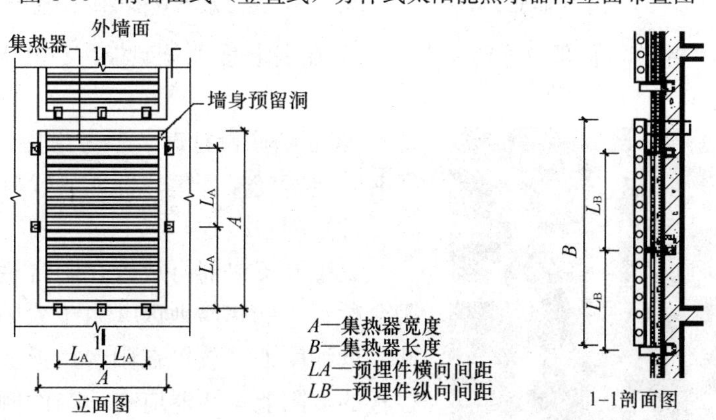

图 4-51　南墙面式（竖直式）分体式太阳能热水器立面、剖面图

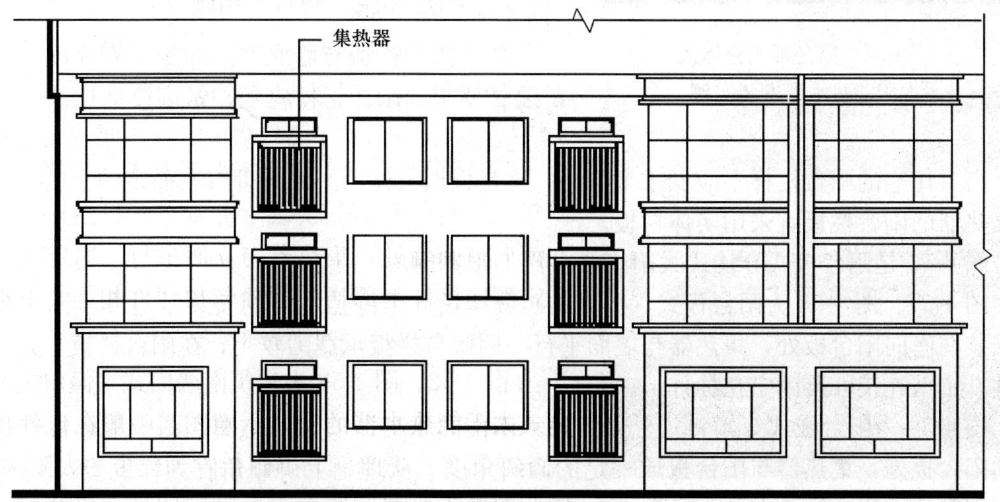

图 4-52　南墙面式（倾斜式）分体式太阳能热水器南立面布置图

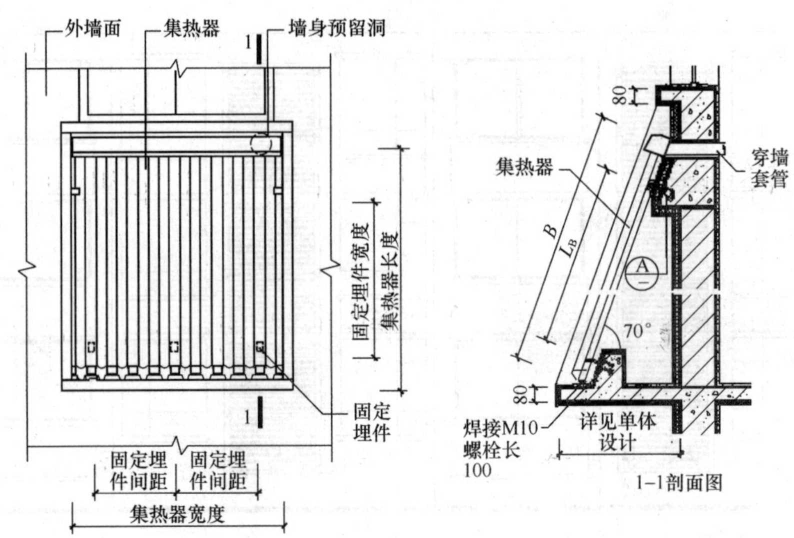

图 4-53　南墙面式（倾斜式）分体式太阳能热水器立面图、剖面图

通过螺栓与预埋件相连，下部为了便于支承，可在墙上悬挑异型板，在其上预埋铁件与定型连接件连接。

图 4-54　阳台板式分体式太阳能热水器安装实例

墙面结构设计时，要考虑集热器的荷载且墙面要有一定宽度保证集热器能放置得下。

（2）阳台板式

太阳能集热器可放置在阳台栏板上或直接构成阳台栏板。低纬度地区，由于太阳高度角较大，因此，低纬度地区放置在阳台栏板上或直接构成阳台栏板的太阳能集热器应有适当的倾角，以接收到较多的太阳辐射。集热器安装后丰富了建筑物立面（图 4-54、图 4-55）。

作为阳台栏板与墙面不同的是还有强度、高度的防护要求。阳台栏杆应随建筑高度而增高，如低层、多层住宅的阳台栏杆净高不应低于 1.05m，中、高层住宅的阳台栏杆不应低于 1.10m，这是根据人体重心和心理因素而定的。安装太阳能集热器的阳台栏板宜采用实体栏板。

图 4-56 是阳台板式分体式太阳能热水器工作原理。

图 4-57、图 4-58 为阳台板式（竖直式）分体式太阳能热水器的安装示意图。图中集热器安装在南向阳台板处，集热器与墙面平行。因阳台栏板承载力较小，在阳台栏板上先安装挂件，定型连接件再固定在挂件上。

图 4-59 为阳台板式（倾斜式）分体式太阳能热水器的安装示意图。图中集热器安装在南向阳台板处，集热器与阳台板成一定的倾斜角度。从理论上讲倾角宜为纬度±10°，但考虑到阳台的使用，倾角在北方可控制在 60°～75°。

（3）女儿墙式

图 4-55　阳台板式分体式太阳能热水器

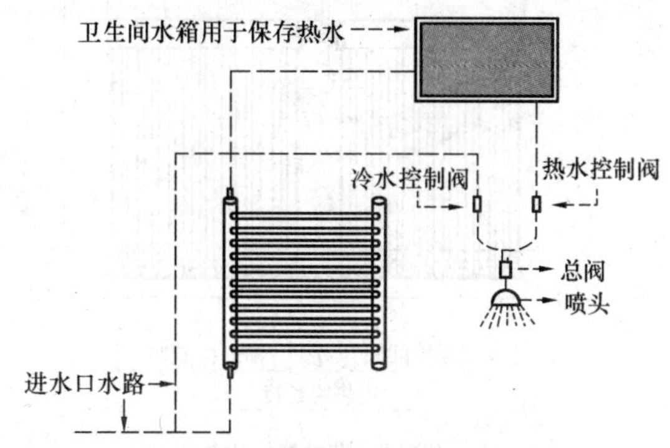

图 4-56　阳台板式分体式太阳能热水器工作原理

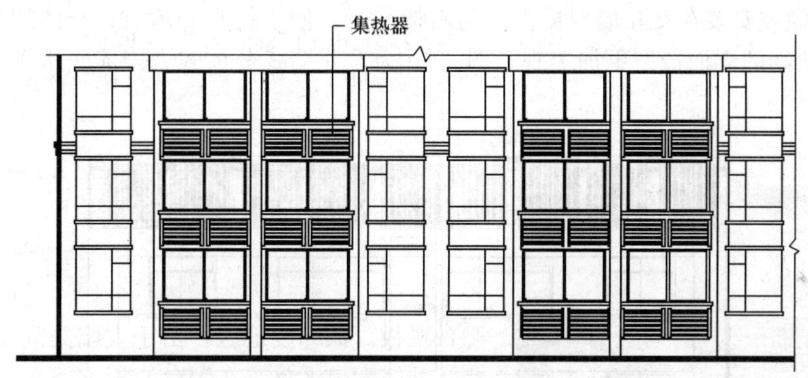

图 4-57　阳台板式分体式太阳能热水器南立面布置图

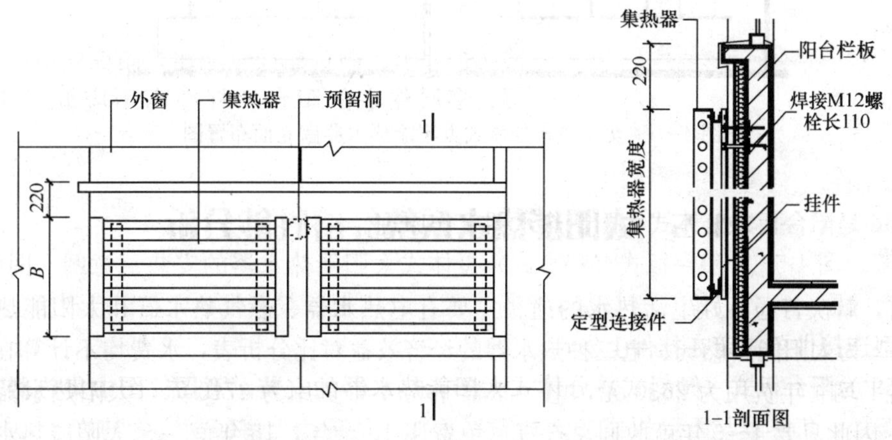

图 4-58　阳台板式（竖直式）分体式太阳能热水器立面、剖面图

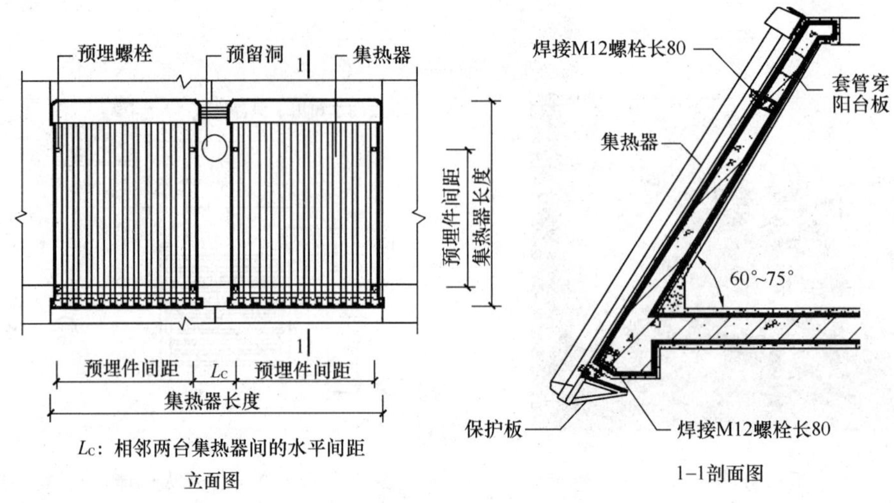

图 4-59 阳台板式分体式（倾斜式）太阳能热水器立面、剖面图

集热器顺坡安装在女儿墙斜檐上，与斜檐平行，便于排水和承重；分体式水箱放置在室内，使建筑物的立面造型更加美观。图 4-60 为女儿墙式分体式太阳能热水器的安装示意图。

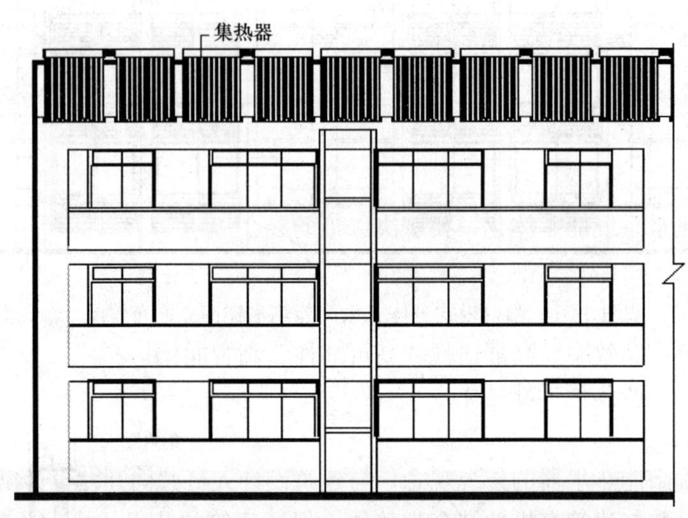

图 4-60 女儿墙式分体式太阳能热水器南立面布置图

4.5 太阳能热水系统经济性能分析

当前，解决普通百姓生活热水的途径主要有电热水器、燃气热水器和太阳能热水器三种。表 4-5 为太阳能、燃气、电三种热水器的经济效益对比分析表，水费均不计算在内。燃气热水器平均 4 年费用为 2630 元，电热水器平均 4 年费用为 2710 元，太阳热水器初投资 2400 元，因此只要 4～5 年就收回总投资，免费用 10 余年，15 年间一台太阳能热水器可节约近万元。

表 4-5　太阳能、燃气、电三种热水器的经济效益对比分析表
（以山东地区为例）

项　目	太阳能热水器（100L，1.5m^2 集热水器）	燃气热水器（天然气按 2 元/m^3 计算）	电热水器（电价按 0.41 元/度计算）
装置投资	2400 元	600 元＋100 元	800 元＋100 元
装置寿命	15 年	6 年	6 年
每年使用天数	300 天	300 天	300 天
每天洗浴人数	冬季 3 人～夏季 8 人	冬季 3 人～夏季 8 人	冬季 3 人～夏季 8 人
日产热水量	冬季 100L/40L 夏季 200L/40L	冬季 100L/40L 夏季 200L/40L	冬季 100L/40L 夏季 200L/40L
每年燃料动力费用	0 元	620 元	638 元
每人每次燃料动力费用	0 元	0.60 元	0.50 元
每人每次洗浴总费用	0.17 元	0.73 元	0.60 元
15 年装置总投资	2400 元	1850 元	2300 元
15 年所需总费用	2400 元	11300 元	11920 元
是否会发生人身事故	无	可能	可能
环境污染	无排放	有废气排放	有废气排放

4.6　太阳能热水系统建筑一体化

实现太阳能热水系统的一体化，要解决以下问题：

（1）根本问题：产品要标准化、系列化、配套化；

（2）运作模式：设计源头化、施工同步化、验收标准化、后期管理规范化；

（3）功能要求：高效率、高舒适性、高可靠性、高智能化；

（4）推广模式：产业化、部品化。

总之，太阳能热水设备生产厂家和科研机构要致力研发能较好地与建筑相结合的太阳能热水系统，打破太阳能热水器的传统观念，与建筑设计人员共同开发设计出“适应建筑”的太阳能热水系统，并与建筑有机地结合为整体，保证建筑的艺术、技术及功能需要的同时，使系统具有较合理的结构组成和较高的运行效率。相应地，建筑设计人员也要充分了解太阳能热水系统的原理和特点，为太阳能热水系统的开发和设计提供有益的建议，优化建筑结构和外围护结构设计，为系统地高效运行提供一个良好的建筑平台，真正实现太阳能热水系统与建筑的一体化结合。

4.6.1　国内现状及存在的问题

随着国际能源的日益紧张，高层建筑越来越多，开发商已经开始逐步地接受太阳能。同时，太阳能技术也在不断升级，尤其是分体式太阳能热水器的研发成功，与建筑的结合变得更加容易和可行，开发商已经开始尝试着太阳能的工程化运作。国家开始出台相关的技术标准，太阳能与建筑一体化概念已经初步形成，并成为社会的热点。太阳能热水器的使用范围逐步从小城市、城乡结合部向大中城市延伸。

目前，进入太阳能热水系统与建筑设计相结合的阶段，太阳能热水器完全纳入建筑部品体系，成为建筑体系不可分割的一部分，与建筑同步设计、同步施工、同步后期物业管理。其技术特点如下：

1. 把太阳能的利用纳入环境的总体设计，把建筑、技术和美学融为一体，太阳能设施成为建筑的一部分，相互间有机结合，取代了传统太阳能的结构所造成的对建筑的外观形象的影响，如厦门杏北新城，坡屋面按太阳能尺寸预留框架式结构，集热器倾角与坡屋面一致，实现太阳能建筑与建筑一体化，如图 4-61 所示。

2. 利用太阳能设施完全取代或部分取代屋顶覆盖层，可减少成本，提高效益。

3. 可用于平屋顶或斜屋顶，一般对平屋顶而言用覆盖式，对斜屋顶用镶嵌式。

其存在问题表现在：虽然涌现出厦门杏北新城（图 4-61）、上海意境雅苑等一批一体化示范项目，但总体上，太阳能热水系统与建筑一体化水平不高，主要表现在：①整体式太阳能热水器仍是主力产品，其与建筑一体化难度较大，如图 4-62 所示；②热水器管线布置不便，管线只能从卫生间通风道进入户内，影响通风道的使用，如图 4-63 所示；③热水器在屋面上没有进行有效固定，与避雷针绑扎连接，存在较大安全隐患，如图 4-64 所示。

图 4-61　厦门杏北新城

图 4-62　既有多层住宅（坡屋顶）太阳能热水器安装现状

图 4-63　太阳能热水器管道安装现状

图 4-64　太阳能热水器固定现状

4.6.2　国外现状及启发

近年来，德国、日本、荷兰、以色列等国在太阳能热水器与建筑一体化设计方面，进行了一些有益的探索和尝试，使太阳能热水系统与建筑设计得到了巧妙而有机的结合，我们可以借鉴许多成功的实践经验（图 4-65）。

图 4-65　欧洲居住建筑的太阳能热水器利用现状

1. 德国太阳能热水器与建筑的结合

德国是比较重视对太阳能等可再生能源的研究和开发的国家之一，在德国城市的许多建筑中，太阳能技术的应用已经成为建筑设计中考虑的重要内容。下面谈一谈太阳能热水器技术在德国的应用。

(1) 居住建筑

对于私人住宅，一般采用双循环系统，在这种双循环系统中室内有单独的储水箱，带有热交换器和辅助加热系统（图 4-66）。欧洲的太阳能资源并不十分丰富，该系统一年四季都可以提供热水。太阳能全年可以满足 70％热水需求，夏季 100％的家庭热水可以用太阳能系统满足。这种系统要求集热器有较高的承压能力，当然也有少数用户采用非承压单循环系统。

私人住宅中，集热器的安装方式也比较灵活。大多数情况安装在斜屋顶上，根据屋顶斜坡角度的不同，可以直接将集热器安在屋顶，也可以用支架安装。但是，这都不影响房屋的使用和外表的美观（图 4-67）。

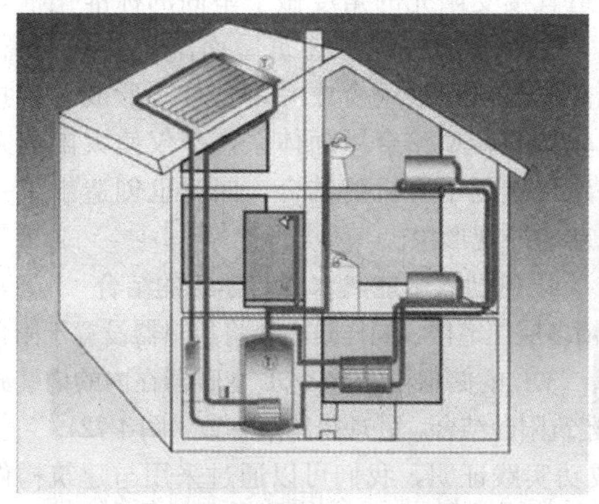

图 4-66　私人住宅太阳能热水器原理图

图 4-67　私人住宅太阳能热水器建筑一体化

对于多层居住建筑，如果房顶是平的，集热器的安装则可以是倾斜的或者水平的。倾斜安装的大都采用热管式真空管，根据所处的地理位置设计支架的角度。水平安装的大都选择直流式真空管，根据所处的地理位置旋转直流式真空管吸热板的角度（图 4-68）。

（2）公共建筑

大型太阳能热水系统与公用建筑的结合，取决于建筑的风格、建筑物内部供热的需求以及要求太阳能的保证率，根据建筑风格和所需要的集热器面积来选择与建筑结合的方式。总的来说，集热器无外乎安装在斜屋顶（图 4-69）、倾斜安装在平屋顶、水平安装在平屋顶以及安装在建筑物外墙上四种结合方式。系统一般都要求有承压能力的双循环系统。

图 4-68　平屋顶上的真空管式太阳能热水器

图 4-69　公共建筑太阳能热水器建筑一体化

2. 日本太阳能热水器与建筑的结合

日本的别墅，一般在坡屋面上安装集热器，将太阳能集热器安装于入口正上方屋面上，在形象上突出建筑入口，或将集热器安装于屋顶的老虎窗下方，充分照顾了建筑整体外观形象。图 4-70 是一幢独院式小住宅，将集热器作为建筑元素语言置于起居室的整面向阳的坡屋面上，与建筑形体较好地结合，同时在整体形象上突出了起居室屋顶的科技内涵。

图 4-70　日本太阳能热水器与建筑的结合

3. 荷兰太阳能热水器与建筑的结合

图 4-71 是荷兰的一处联排住宅，设计者在屋面上适宜接受阳光的角度做了坚固的标准化框架体系，这种标准构件将建筑屋面结构与采光窗、太阳能集热器巧妙组合成一个整体，形成了科技含量较高的新型整合屋面体系，不仅使太阳能系统与建筑达到了有机的结合，同时也创造出了一种全新的外观形象。

4. 以色列太阳能热水器与建筑的结合

能源匮乏的以色列是个阳光充足的国家，一幢多层住宅楼，同样是一个将集热器设置于阳台上的实例。每户都安装了 2.4m^2 的平板式集热器、230L 的储水箱以及 370L 水暖器在内的内装式太阳能热水系统，通过精心设计，建筑师将其与建筑阳台结合，处理得错落有致（图 4-72）。

国外太阳能热水器与建筑一体化设计的成功实践证明，我们可以通过采用与建筑构件整合设计、与建筑造型有机整合、新型整合屋面系统、保持原建筑的整体形象等建筑设计手法，

图 4-71　荷兰太阳能热水器与建筑的结合

图 4-72　以色列太阳能热水器与建筑的结合

并配合现有技术手段实现真正意义上的太阳能热水器与建筑的完美结合。

4.6.3　新建建筑中太阳能热水系统与建筑一体化设计原则

太阳能热水器与建筑一体化是解决现阶段我国太阳能热水器安装中各种问题的必然答案，也是太阳能热水器应用发展的必由之路。所以，太阳能热水器与建筑结合应该在建筑设计时就统一考虑，太阳能装置（包括集热器，热水箱，管道和附件等）应作为建筑的一个有机组成部分，与建筑形成一个有机整体，达到太阳能热水器排布科学、有序、安全、规范，进而充分发挥太阳能热水器的环保节能效果。下面对新建建筑中太阳能热水器与建筑一体化提出了一些基本的设计原则与建议。

1. 太阳能热水器在建筑设计中统一考虑，应有效利用屋面、墙面、阳台栏板，使太阳能集热器与建筑形成一个整体，合理安排管线，充分发挥集热器功效；在不影响建筑整体风格的基础上，尽量采用坡屋面设计，这样屋面和集热器容易结合，也可以增加集热面积。

2. 应尽量采用水箱和集热器分开的分体式系统，将集热器与屋面结合，可以利用坡屋顶形成的三角形空间作为设备间，安置水箱和循环泵等设备，这样可以减少管路的长度，减少热损失，同时使整个系统处于隐蔽环境，对建筑外观没有任何影响。

3. 建议使用的标准化尺寸的集热器，从而使其在多、高层住宅建筑中达到统一。太阳能集热器可作为建筑构件来进行设计，即同其他建筑构件（如门窗）一样编制相应的建筑安装标准图，制定相应的质量验收标准。

4. 系统应具备化整为零的能力，实现集热器的构件化，提高建筑与设备的整体质量，减少荷载和材料用量，可以降低综合成本，提高构造的合理性，方便施工与维修。

思　考　题

4-1　太阳能热水系统的组成及工作原理是什么?

4-2　集热器按其不同的形式分为哪几类?

4-3　平板式与真空管式集热器的性能对比?

4-4　平板太阳能集热器的组成及工作原理是什么?

4-5　真空管集热器的分类有哪些，其组成和工作原理是什么?

4-6　太阳能热水系统分类有哪些?

4-7　说明进行太阳能热水系统设计的步骤是什么?

4-8　新建建筑中太阳能热水系统与建筑一体化的原则是什么?

第5章　建筑太阳能采暖技术

目前，我国建筑普遍存在耗能大、效率低、围护结构的保温隔热性能不高等问题，并具有夏季空调用电量大、冬季采暖能耗高的特点。北方城镇采暖是我国城镇建筑能耗比例最大的一类建筑能耗，占我国建筑总能耗的25%左右，占城镇建筑能耗的40%左右。随着采暖建筑总量的增长，北方城镇采暖总能耗从1996年的7200万tce增长到了2008年的15300万tce，翻了一倍。随着舒适度要求的提高，南方地区的采暖能耗迅速增长。2008年夏热冬冷地区城镇住宅空调采暖用电约为460亿kW·h，使用分散的电采暖方式（热泵或电暖气）住宅单位面积采暖用电量约为5～10kW·h/(m^2·a)。

应用太阳能采暖技术可以部分地替代常规能源，降低冬季建筑的采暖能耗，减少二氧化碳的排放。

5.1　概　　述

5.1.1　定义及分类

太阳能采暖系统是将太阳能转换成热能，供给建筑物冬季采暖和全年其他用热的系统，系统主要部件有太阳能集热器、换热蓄热装置、控制系统、其他能源辅助加热/换热设备、泵或风机、连接管道和末端供热采暖系统等。

太阳能采暖的类型多样：

1. 按所使用的太阳能集热器类型，可分为液体工质集热器太阳能采暖系统和太阳能空气集热器采暖系统。

2. 按集热系统的运行方式，可分为直接式太阳能采暖系统和间接式太阳能采暖系统。

3. 按所使用的末端采暖系统类型，可分为低温热水地板辐射采暖系统；水—空气处理设备采暖系统；散热器采暖系统；热风采暖系统。

4. 按蓄热能力，可分为短期蓄热太阳能采暖系统和季节蓄热太阳能采暖系统。

5.1.2　适用范围

太阳能采暖系统的类型宜根据建筑气候分区和建筑物类型参照表5-1选择。

表 5-1 太阳能采暖系统选型

建筑气候分区			严寒地区			寒冷地区			夏热冬冷、温和地区		
建筑物类型			低层	多层	高层	低层	多层	高层	低层	多层	高层
太阳能采暖系统类型	太阳能集热器	液体工质集热器	●	●	●	●	●	●	●	●	●
		空气集热器	●	—	—	●	—	—	●	—	—
	集热系统运行方式	直接系统	—	—	—	—	—	—	●	●	●
		间接系统	●	●	●	●	●	●	—	—	—
	系统蓄热能力	短期蓄热	●	●	●	●	●	●	●	●	●
		季节蓄热	●	●	●	●	●	●	—	—	—
	末端采暖系统	低温热水地板辐射采暖	●	●	●	●	●	●	●	●	●
		水—空气处理设备采暖	—	—	—	—	—	—	●	●	●
		散热器采暖	—	—	—	●	●	●	●	●	●
		热风系统	●	—	—	●	—	—	●	—	—

5.1.3 常用太阳能采暖系统

太阳能采暖技术主要有太阳能空气采暖、太阳能热水采暖两种，本章对这两种常见的太阳能采暖技术在建筑中的应用等相关问题进行阐述。

太阳能热水采暖通常是指以太阳能为热源，通过集热器汲取太阳能，以水为热媒，进行采暖的技术。

太阳能空气采暖系统，是用太阳能集热器收集太阳辐射能并转换成热能，以空气作为集热器回路中循环的传热介质，以岩石堆积床或相变材料作为蓄热介质，热空气经由风道送至室内进行采暖。它与太阳能热水采暖的最主要区别是热媒不同。

与太阳能热水采暖系统相比，太阳能空气采暖系统具有以下优缺点：

优点：①低温高效；②结构简单，安装方便，制作及维修成本低；③无需防冻措施；④腐蚀问题不严重；⑤系统在非采暖季无系统过热问题；⑥热风采暖控制使用方便。

缺点：①集热器面积较大。应用空气作为集热介质时，首先，空气的容积比热较小，而水的容积比热较大；其次，空气与集热器中吸热板的换热系数，要比水与吸热板的换热系数小得多。②集热器、管道等体积较大。系统需有一个能通过容积流量较大的结构空间。③室温日波动较大。系统的蓄热能力有限，需要借助相变蓄热等高效的储热技术，减小室内日温差的变化。

太阳能热水采暖系统较太阳能空气采暖系统的适用范围更为广泛。前者可适用于严寒、寒冷、夏热冬冷及温和地区的各类低层、多层及高层建筑物；后者则适用于严寒、寒冷、夏热冬冷及温和地区的低层建筑物内需热风采暖的区域。

5.2 太阳能空气采暖技术

根据是否利用机械的方式获取太阳能，将太阳能空气采暖技术分为被动式和主动式两种：通过适当的建筑设计无需机械设施获取太阳能的空气采暖技术称为被动式太阳能采暖设计；需要机械设施获取太阳能的空气采暖技术称为主动式太阳能采暖设计。在实际应用中，大多采用主被动结合的太阳能采暖技术，如图 5-1 所示。

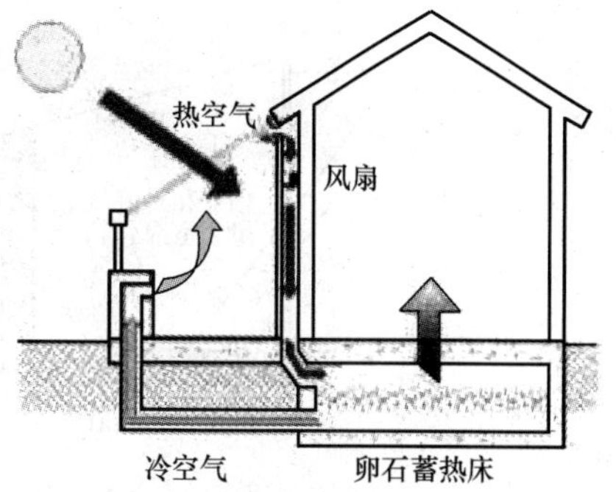

图 5-1　主被动混合系统：利用风扇将阳光间的暖空气送入室内

5.2.1　被动式太阳能建筑设计

1. 定义及分类

被动式太阳能建筑，通常指不借助机械装置，直接利用太阳能冬季采暖、夏季遮阳散热的房屋。通过建筑朝向和周围环境的合理设计、内部空间和外部形体的巧妙处理以及建筑材料和结构构造的恰当选择，使其在冬季能集取、保持、储存、分布太阳热能，从而部分解决建筑物的采暖问题。被动式太阳能建筑设计的基本思想是控制携带太阳能热量的空气在恰当的时间进入建筑，并合理地储存和分配热量。

被动式太阳能建筑应用范围广、造价低，可以在增加少许或几乎不增加投资的情况下完成，在中小型建筑中最为常见。美国能源部指出被动式太阳能建筑的能耗比常规建筑的能耗低 47%，比相对较旧的常规建筑低 60%。被动式太阳能设计尤其适合新建项目，因为整个被动式系统是建筑系统中的一个部分，应与整个建筑设计完全融合在一起，并且在方案设计阶段进行整合设计将会得到经济、美观等多方面收益。

目前，被动式太阳房建筑有两种分类方式：一种是按传热过程分类；另一种是按集热形式分类。按照传热过程的区别，被动式太阳房可分为两类：(1) 直接受益式，指阳光透过窗户直接进入采暖房间；(2) 间接受益式，指阳光不直接进入采暖房间，而是首先照射在集热部件上，通过导热或空气循环将太阳能送入室内。

按照集热形式的不同，被动式太阳能建筑分为五类：直接受益式、集热蓄热墙式、附加阳光间式、屋顶池式、自然对流环路式，如图 5-2 所示。下面我们就对上述五种被动式太阳建筑的原理、设计要点进行简要介绍。

2. 直接受益式

①定义及工作原理

直接受益式，是指太阳辐射直接通过玻璃或其他透光材料进入需采暖的房间的采暖方式(图 5-3、图 5-4)。这是建筑物利用太阳能采暖最普通、最简单的方法，仅仅通过这种方式就可以节约 2%～3%以上的非再生能源。南立面是单层或多层玻璃的直接受益窗，白天太阳直射光线透过南向玻璃窗进入室内，地面和墙体吸收热量，表面温度升高，所吸收的热量分为三部分：①一部分以对流的方式加热室内空气；②一部分以辐射方式与其他围护结构内表面进行热交换；③一部分则通过地板和墙体的导热把热量传入内部蓄存起来，夜晚或阴天，墙体和地板等建筑结构吸收的热量释放出来，加热室内空气，维持室内温度。直接受益式天窗应考虑冬季采暖、夏季遮阳的两种模式，如图 5-5 所示。

②特点

直接受益式的特点是：构造简单，易于制作、安装和日常的管理与维修；与建筑结构结合紧密，不需要增设特殊的集热装置，便于建筑立面处理；室温上升快，但室内温度波动幅度稍大。鉴于其白天光线过强，且室内温度波动较大的缺点，需要采取相应的构造措施。

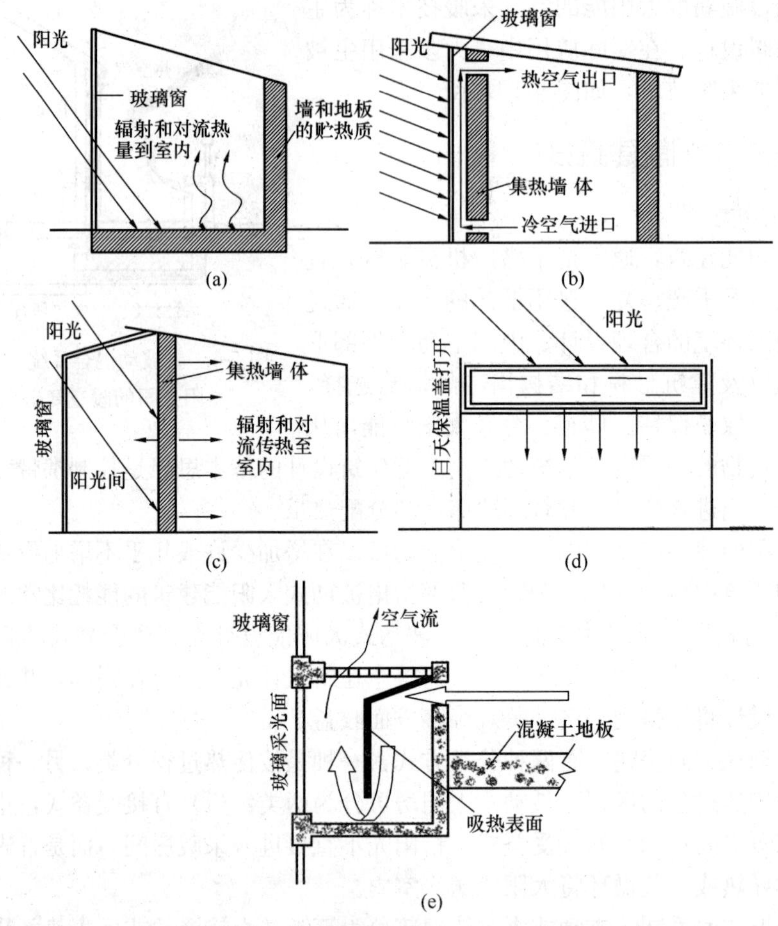

图 5-2　被动式太阳能建筑分类

(a) 直接受益式；(b) 集热蓄热墙；(c) 附加阳光间；(d) 屋顶池式；
(e) 自然对流环路式/热虹吸式

③设计要点

窗户的形式有侧窗、高侧窗、天窗三种。通过相同面积的三种窗户形式，天窗获得的太阳光热量最多，同样，由于热空气分布在房间顶部，通过天窗对外辐射散失的热量也最多。一般的天窗玻璃、保温板很难保证天窗全天热收支盈余，因此，直接受益窗多选用侧窗、高

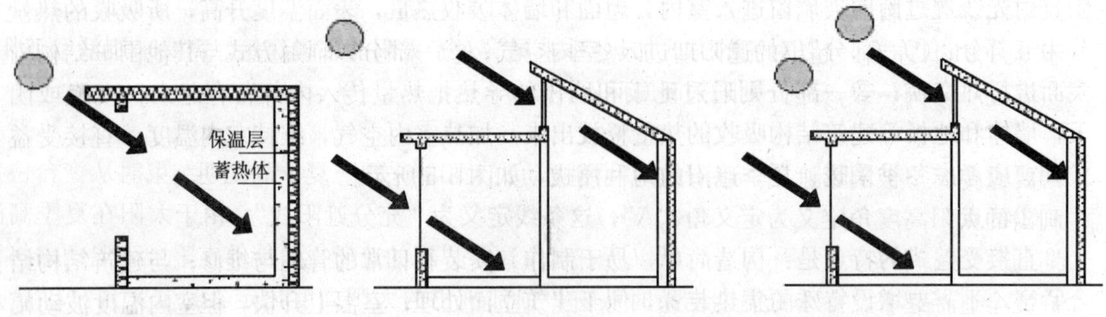

图 5-3　直接受益窗的基本形式　　　　图 5-4　利用高侧窗直接受益

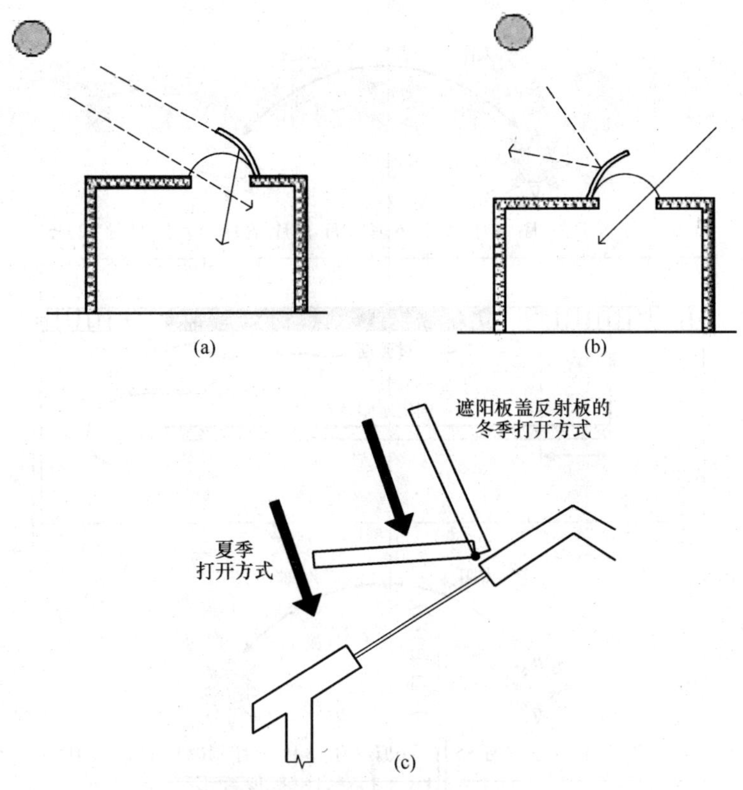

图 5-5　直接受益式天窗反射板

（a）冬季利用反射板增强光照；（b）夏季反射板遮挡直射，漫射光采光；（c）坡屋顶天窗冬、夏季开启方式

侧窗两种形式，而天窗则须慎重选用，对具体的案例具体分析，进行热工计算，确保天窗全天热收支盈余。

要保证直接受益窗式良好的热工效果，应满足如下设计要求：

①直接受益窗遮阳设计

每年冬天通过直接受益窗获得尽可能多的太阳热量，夏季则通过遮阳设施有效地遮挡太阳辐射，防止室内过热。水平式外遮阳对南向窗户遮阳效果佳，适合直接受益窗的夏季遮阳。水平式外遮阳又分为固定遮阳和活动遮阳。由于地球是一个巨大的蓄热体，温度变化具有延迟性，太阳年（solar year）与温度年（thermal year）并不同步，延迟期为 1～2 个月。对于固定遮阳装置，遮阳期是对称分布于 6 月 21 日左右，然而，由于年温度不是对称分布于 6 月 21 日左右，超出的遮阳期进入冬季末尾。对于太阳能采暖建筑，需要采用活动遮阳，与温度年协调一致，延长太阳采暖时间（图 5-6）。

直接受益窗的活动水平遮阳板的设计要求是夏季高温期将窗户完全遮挡起来，冬季低温期要避免窗户被阴影遮挡，以有效地利用被动式太阳能采暖。夏季高温期结束时从窗台位置画出的太阳高度角定义为定义角“A”，这条线定义为“充分遮阳线”，由于太阳在夏季高温期的其余时间都高于这一界线，所以所有延至这条界线的遮阳板，能够在整个高温期内将窗户完全遮挡起来。冬季低温期结束时从窗户顶部画出的太阳高度角定义为定义角“B”，这条线定义为“充分日照线”，由于太阳在冬季低温期的其余时间都低于这一界线，所以任何

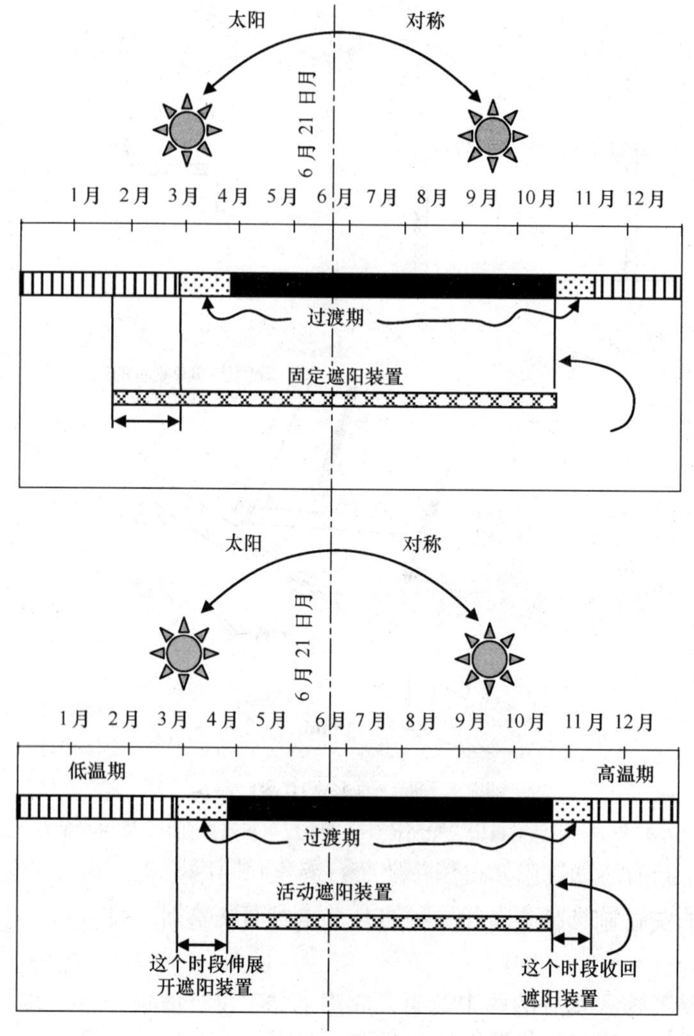

图 5-6　固定遮阳装置、活动遮阳装置与温度年的关系

比这条界线短的遮阳板，都不会遮挡所需阳光。因此，活动水平遮阳板在年度高温期，必须延长至“充分遮阳线”；同时在年度低温期，必须收回至“充分日照线”（图 5-7）。

简易活动遮阳板和可转动水平百叶板是常用的直接受益窗的遮阳装置，在冬季，遮阳装置被翻转或收起，以便使更多的阳光进入室内。简易活动遮阳板如图 5-8 所示，采用拆卸或翻转的手工操作方式，一年内仅需要进行两次调节，具有视野良好、投资小、操作简单、不需要过于精确控制的特点。可转动水平百叶板根据太阳高度角调节百叶板的角度以控制入光量，操作简单，造价适宜，但会阻挡一些视野和冬季阳光。

图 5-9 为可调百叶。根据太阳高度角调整角度，夏季将过多太阳光反射到室外，防止室内过热，引入漫射光线；冬季将太阳光反射到房间顶部，楼板作为蓄热体，顶棚表面采用漫反射材料，均匀扩散光线。考虑到冬季的隔热性，在叶片的截面上采取了改进措施，提高百叶闭合时的气密性。

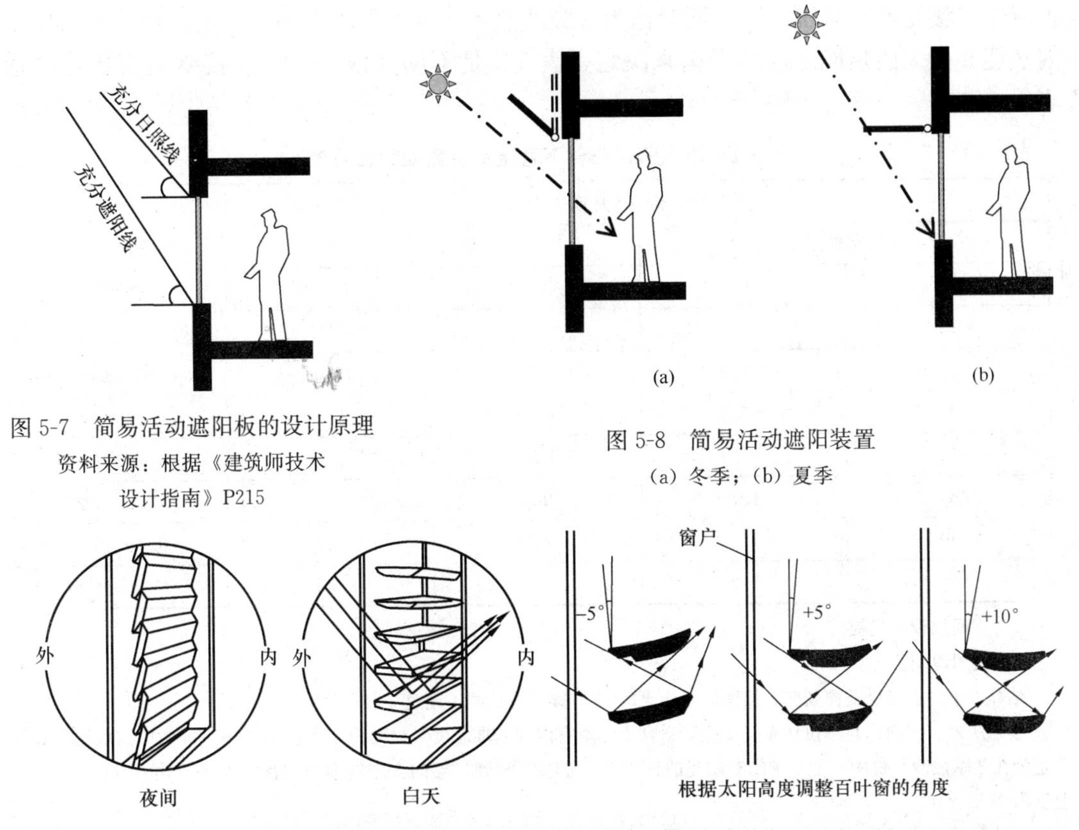

图 5-7　简易活动遮阳板的设计原理
资料来源：根据《建筑师技术设计指南》P215

图 5-8　简易活动遮阳装置
(a) 冬季；(b) 夏季

图 5-9　反射、隔热百叶窗

另外，智能控制的活动遮阳，可以按照每日甚至每小时太阳的运行状况，调节遮阳板的角度，更好地满足直接受益窗遮阳和采暖的要求，但需要数据采集设备、计算机和网络传输设备、传动机械装置等大量硬件设备，投资造价高，且运行期间需要专门技术人员管理。

在一般建筑中，最佳的活动遮阳装置是落叶乔木，大多数乔木是与温度年协调一致生长，它们的树叶随气温的变化萌发生长和凋零，费用低，而且对于改善和净化建筑周围环境有利，但植物病虫害和枝干对冬季阳光的遮挡是不利于冬季采暖的主要因素。因此，南侧的落叶乔木应选择可净化空气、枝少叶茂的树种和进行合理的管理。

泡桐、银杏、苦楝是很好的可净化空气的落叶乔木，能吸收二氧化硫、氮气、二氧化氮等有害气体，其叶表面又有吸收粉尘的能力。银杏还对铬酸、苯粉、乙醚、硫化氢等有害气体和毒物有较强的抵御能力。虽然夹竹桃也具有净化空气的能力，但其茎、枝、皮、叶、花中均含有一种夹竹桃甙的剧毒物质，人如接触其分泌出的乳白色汁液或花粉均会中毒，误食数克会使人恶心、烦躁、呕吐、腹痛，甚至可致消化道及呼吸道癌症。毛白杨、柳树会产生毛絮，在空气中飞扬，会引发呼吸道方面的疾病。因此，夹竹桃、毛白杨、柳树不适合栽种在建筑周围。在选择树种时，还要考虑树种的本地化和多样化。树种本地化可以提高树苗的成活率，降低投资成本。树种多样化不仅使绿化美化景观丰富多彩，而且有利于病虫害的防治。

②直接受益窗开窗面积设计

首先，直接受益窗的开窗面积要满足《建筑采光设计标准》中关于建筑采光的规定。其次，对于直接受益窗来说，窗户同时作为采暖的热源，窗面积的大小还必须根据收到的太阳辐射热能和损失的热能之间的平衡来决定，表 5-2 是不同气候条件下直接受益窗尺寸的估算表。

表 5-2　不同气候条件下直接受益窗面积估算表

气候类别	冬季最冷月份（1月或12月）				每 $1m^2$ 地面所需窗户面积（m^2）
	平均室外温度		度日数/月		
	℉	℃	℉·d	℃·d	
寒冷地区	15	−9.4	1500	833	0.27～0.42＊
	20	−6.7	1350	750	0.24～0.38＊
	25	−3.9	1200	667	0.21～0.33
	30	−1.1	1050	583	0.19～0.29
温暖地区	35	1.7	900	500	0.16～0.25
	40	4.4	750	417	0.13～0.21
	45	7.2	600	333	0.11～0.17

＊——夜间加设保温板。

估算表使用说明：

1. 估算表中的直接受益窗朝向，按朝向正南±25°（即偏东或偏西不超过 25°）考虑。

2. 表中所列“窗面积与单位地板面积比”适合于冬季室内“基准温度”标准为 21℃的太阳房，即太阳房的温度设计标准定为在冬季最冷月份中一个平常的有阳光的日子里，能够吸收到足够的太阳辐射热以保持在一天内（24h 内）的平均温度为 21℃。

3. 表中所列“度日数/月”，系指冬季最冷月 12 月份或 1 月份的月“度日数值”。度日数值的含义是太阳房基准温度与一天的平均室外温度的差数。月度日数值（度日数/月）指一个月全部天数的度日数值之和。例如平均室外温度为 −9.4℃的“度日数/月”值 833，就是最冷月 31 个“差”之和。这个值说明太阳房在最冷月的一个月中低于基准温度的“度数之总和”，说明应该补充的热量。基准温度越高，度日数/月值也就越高。

4. 表中每一项比率都有变动范围，应按照太阳房所处纬度选择适当的比率。其“中值”适合于北纬 40°地区；靠南的纬度可使用较低的比率；靠北的纬度地区，可使用较高的比率。

③直接受益窗玻璃选择

太阳能建筑的玻璃选择原则是尽可能多地让阳光透过，并最大限度地减小通过玻璃的热损失。直接受益窗玻璃的选择主要通过传热系数 K 和太阳得热系数 SHGC 来判别。传热系数 K 是指在稳定传热条件下，玻璃两侧空气温度差为 1℃时，单位时间内通过 $1m^2$ 玻璃的传热量［$W/(m^2 \cdot K)$］。太阳得热系数 SHGC 是指在太阳辐射相同的条件下，太阳辐射能量透过窗玻璃进入室内的量与通过相同尺寸但无玻璃的开口进入室内的太阳热量的比率。对直接受益窗来说，传热系数 K 越小越好，太阳得热系数 SHGC 越大越好。

普通玻璃的太阳得热系数和传热系数都很高，为了改善这种状况，可以选用一些适用于直接受益窗的节能玻璃。节能玻璃目前有中空玻璃、低辐射镀膜玻璃、热反射镀膜玻璃、吸热玻璃四种，而真空玻璃、超吸热玻璃、光致变色玻璃和电致变色玻璃虽正在逐步发展完善，但价格昂贵。

热反射镀膜玻璃就是在玻璃表面通过物理或化学沉积的方法涂上一层具有特殊光热性能的薄膜，对太阳光具有较高的反射率和较低的透射率。

吸热玻璃就是有色玻璃，包括本体着色和表面镀膜两种，这种玻璃能吸收太阳辐射光线的 20%～80%，并转换成热量，然后将这些热量以长波辐射和对流形式传送给外部空气和室内房间，由于室外玻璃表面的空气流动速度大于室内玻璃表面的空气流速，所以能更多地带走玻璃本身的热量，减少了太阳辐射热进入室内的程度。

中空玻璃在两或多片平板玻璃之间形成了一定厚度并被限制了流动的空气或其他气体的密封层，从而减少了玻璃的对流和传导传热，具有了较好的隔热能力，平板玻璃数量的增加也降低了太阳光的透过率。

低辐射镀膜玻璃又称低辐射玻璃或 Low-E 玻璃，一般通过热喷涂镀膜法或真空磁控溅射镀膜法在玻璃表面上镀一层或几层金属、合金或金属氧化物薄膜制得，透明性很好，颜色非常淡，与普通玻璃接近。由于冬季单层玻璃内侧结露形成的水膜会妨碍低辐射膜对远红外线的反射，低辐射镀膜玻璃一般用来制造中空玻璃。低辐射镀膜中空玻璃过滤掉相当多的紫外线，透过大部分的红外线和可见光，反射绝大多数从室内物体、墙体等发出的远红外线。低辐射镀膜中空玻璃传热系数非常低，比普通中空玻璃可以降低 1/3 左右。

为保护玻璃的镀膜层，提高其隔热性能，一般采用中空玻璃的形式。以 6mm＋12mm＋6mm 的中空玻璃为例，对比不同类型节能玻璃的传热系数 K 和太阳得热系数 SHGC，选择适合直接受益窗的节能玻璃。

表 5-3 不同类型节能玻璃特性对比

玻璃种类	单片 K 值［W/（m^2·K）］	中空组合（mm）	组合 K 值	SHGC（%）
平板玻璃	5.8	6 白玻	5.8	84
中空玻璃	5.8	6 白玻＋12＋6 白玻	2.7	72
吸热玻璃	5.8	6 蓝玻＋12＋6 白玻	2.7	43
热反射玻璃	5.4	6 反射＋12＋6 白玻	2.6	34
Low-E 玻璃	3.8	6 白玻＋12＋6Low-E	1.9	66

从表 5-3 可以看出，中空玻璃、吸热玻璃、热反射玻璃、Low-E 玻璃的传热系数都小于 240 砖墙的传热系数 2.8W/（m^2·K），可以认为具有较好的隔热性能。中空玻璃、Low-E 玻璃的太阳得热系数在 70%左右，适用于冬季获得太阳辐射热能的直接受益窗；吸热玻璃、热反射玻璃的太阳得热系数 SHGC<50%，适用于炎热地区的夏季遮阳。

由于 Low-E 玻璃镀膜面所具有的独特的低辐射特性，所以在组成中空玻璃时，镀膜面放置位置的不同将使中空玻璃产生不同的光学特性。以耀华 Low-E 为例，按照与白玻进行 6mm＋12mm＋6mm 的组合方式计算，将镀膜面放置在 4 个不同的位置上时（室外为 1 号位置，室内为 4 号位置，如图 5-10 所示），Low-E 玻璃节能特性的变化如表 5-3 所示。根据结果显示，膜面位置在 2 号或 3 号时的 Low-E 玻璃 K 值最小，即保温隔热性能最好。3 号位置时的太阳得热系数要大于 2 号位置，这一区别是在不同气候条件下使用 Low-E 玻璃时要注意的关键因素。寒冷气候条件下，在对室内保温的同时人们希望更多地获得太阳辐射热量，此时镀膜面应位于 3 号位置；炎热气候条件下，人们希望进入室内的太阳辐射热量越少越好，此时镀膜面应位于 2 号位置。

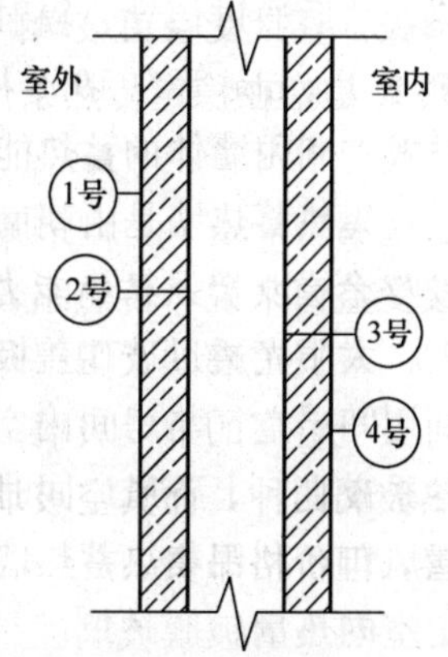

图 5-10 中空玻璃镀膜面放置位置

表 5-4　Low-E 玻璃膜面位置对节能的影响

镀膜面位置		（室外）1号	2号	3号	4号（室内）
6白玻+12+6白玻	K值（$W/m^2 \cdot K$）	2.677	1.923	1.923	2.041
	SHGC（%）	63.2	62.5	67.6	64.0

图 5-11　气凝胶颗粒

另外，德国研发了一种硅气凝胶玻璃，直径 16mm 的气凝胶颗粒密封在双层中空玻璃中，制成硅气凝胶玻璃，隔热性能好，光线透过率 46%，呈半透明状，均匀漫射阳光。气凝胶颗粒如图 5-11 所示，是用超临界干燥的特殊方法，在高温下把凝胶状的二氧化硅干燥而制成。

④直接受益窗保温设计

提高窗户的保温性，将通过玻璃窗的热损失尽可能地降低到最小限度。提高窗户保温性有三方面的要求：提高窗框的保温性能、选择传热系数小的玻璃、设置活动保温装置。其中活动保温装置是针对直接受益窗的夜间保温措施。

图 5-12 列举了 6 种活动保温装置，活动保温装置可以放置在玻璃窗的内、外两侧，但都应避免由于密封不当，引起热流短路现象（图 5-13）。当保温装置在玻璃窗的外侧，考虑到冷风渗透作用，它的密封性要求很高。没有良好的密闭性，冷空气会在保温装置与玻璃窗之间形成流动短路。由于保温板在外侧，使玻璃表面保持一定温度，内表面不会产生冷凝。放在外侧的保温装置操作、清洁不方便。当保温装置在玻璃窗的内侧，玻璃的内表面温度将略高于室外空气温度，保温板与玻璃窗之间的湿润空气有可能产生凝结水。特别是当室内湿度高而室外温度低时，玻璃内表面会形成小水滴或冰花。因此，保温装置室内一侧需设置隔汽层。内侧保温装置也要注意边缘处的密封，以防止形成保温间层气流的短路。内侧保温装置便于操作，清洁方便。

3. 集热蓄热墙式

（1）定义及工作原理

集热蓄热墙式，利用建筑南向垂直的集热墙吸收穿过玻璃或其他透光材料的太阳辐射热，然后通过传导、辐射及对流的方式将热量送到室内的采暖方式。由于集热蓄热墙是法国学者 Trombe 等在 1956 年提出的集热方案，因此又称为特朗伯墙。集热蓄热墙属于间接受益式，利用墙体的蓄热能力和延迟传热的特性，保持室温的相对稳定。

集热蓄热墙是由朝南的集热墙（重质墙体）和玻璃盖板组成，集热墙外表面涂有选择性吸收涂层以增强集热能力，其顶部和底部分别开有通风孔，并设有可开启的风门。冬季白天，太阳光透过玻璃盖板被集热墙吸收并储存起来，集热墙收集的热量加热间层中的空气，利用间层空气与房间内空气的温度差，形成空气对流环路循环加热室内空气，如图 5-14a。冬季夜晚，上下风口同时关闭，防止室内热量散失，如图 5-14b。夏季，在玻璃盖板上侧设置风口，利用集热蓄热墙体进行被动式通风，通过如图 5-14c、图 5-14d 所示的空气流动带走室内热量。

集热墙是由集热蓄热墙式衍生而来，利用附于南墙的空气集热器来吸收太阳能，借助于自然热虹吸对流空气，吸热板采集的热量能迅速地加热间层中的空气，利用间层空气与房间内空气的温度差，形成空气对流环路迅速加热室内空气。

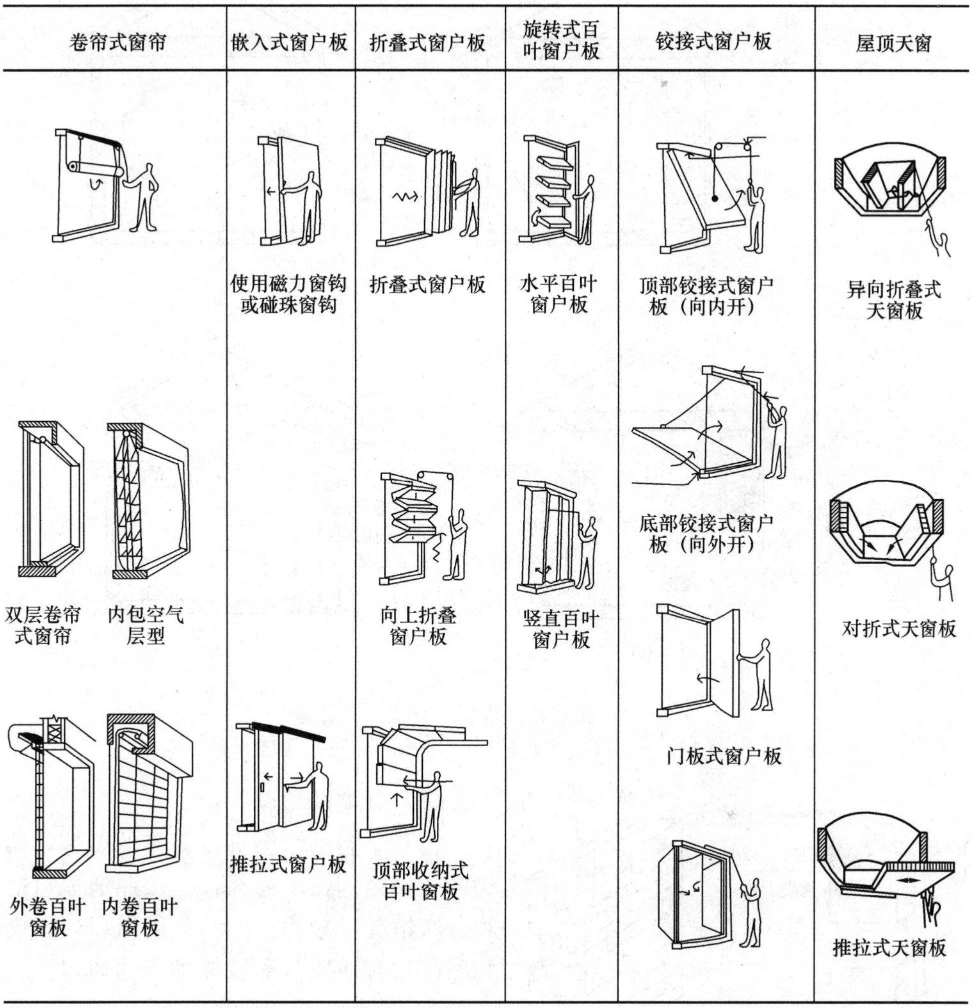

卷帘式窗帘	嵌入式窗户板	折叠式窗户板	旋转式百叶窗户板	铰接式窗户板	屋顶天窗
	使用磁力窗钩或碰珠窗钩	折叠式窗户板	水平百叶窗户板	顶部铰接式窗户板（向内开）	异向折叠式天窗板
双层卷帘式窗帘　内包空气层型		向上折叠窗户板	竖直百叶窗户板	底部铰接式窗户板（向外开）	对折式天窗板
外卷百叶窗板　内卷百叶窗板	推拉式窗户板	顶部收纳式百叶窗板		门板式窗户板	推拉式天窗板

图 5-12　外窗活动保温装置

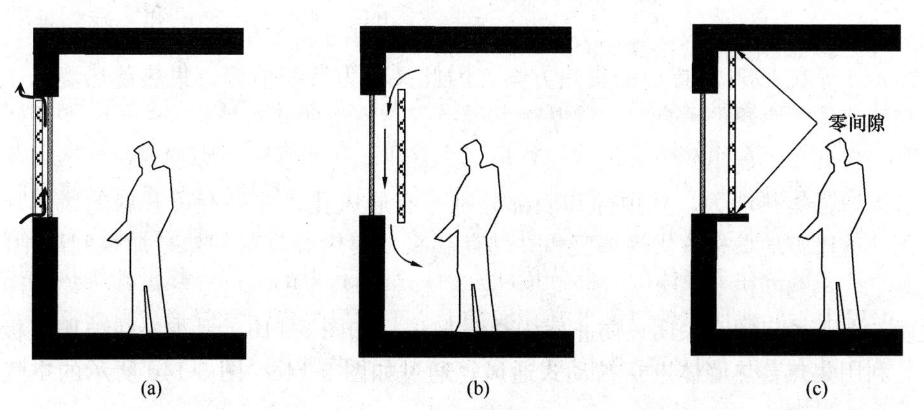

图 5-13　外侧、内侧保温板密封不当，可能引起热流短路现象

(a) 外侧保温板密封不当，引起热流短路；(b) 内侧保温板密封不当，引起热流短路；(c) 密封正确

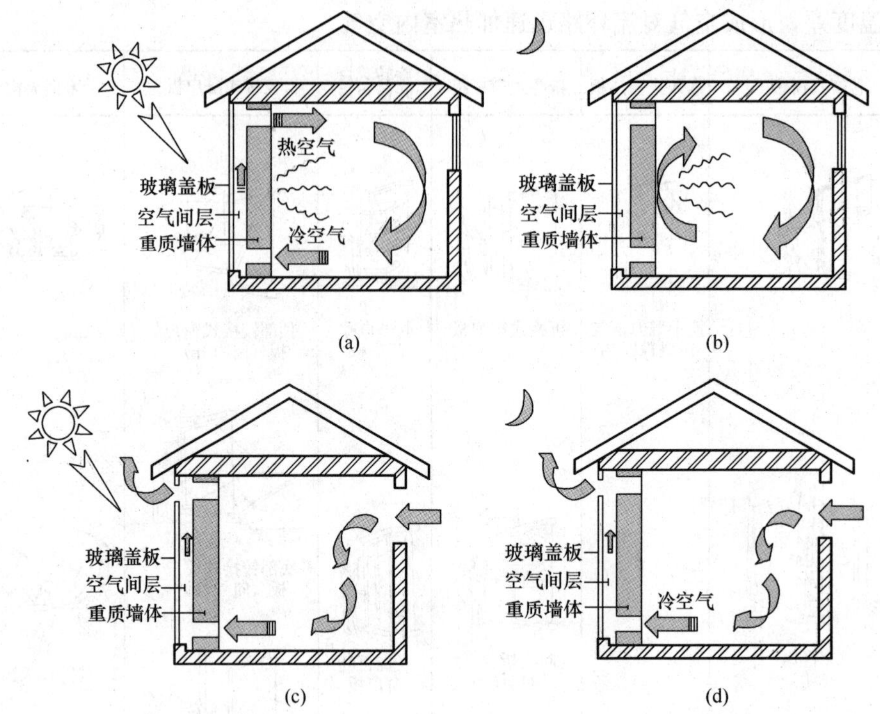

图 5-14 集热蓄热墙式冬夏季工作原理

(a) 冬季白天；(b) 冬季夜间；(c) 夏季白天；(d) 夏季夜间

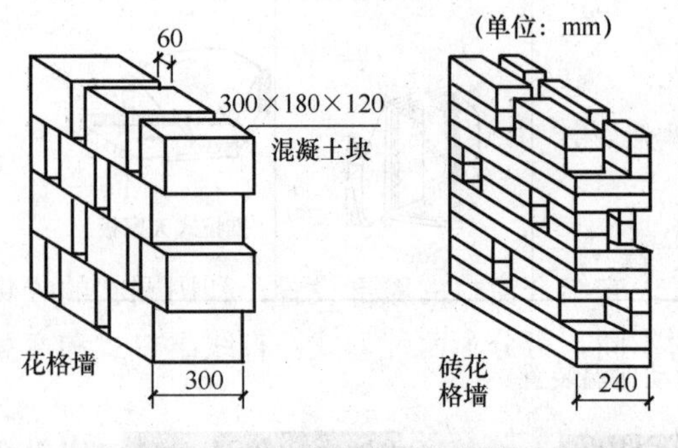

图 5- 15 花格墙式集热蓄热墙

(2) 分类及特点

①对于利用结构直接蓄热的墙体，墙体结构的主要区别在于通风口。按照通风口的有无和分布情况，分为三类：无通风口，在墙顶端和底部设有通风口和墙体均布通风口。我们通常把前两种称为“特朗伯墙”，后一种称为“花格墙”（图 5-15）。把花格墙用于局部采暖是我国的一项发明，理论和实践均证明了其具有优越性。

有风口实体墙式集热蓄热墙工作情况是：当冬天白天有日照时，照射到玻璃表面的阳光少部分被玻璃吸收，大部分透过玻璃照射到墙体表面。玻璃吸收太阳辐射后温度上升，并向室外空气及集热蓄热墙夹层中空气放热；透过玻璃的太阳辐射绝大部分被涂有高吸收系数涂料的墙表面吸收，表面温度升高，一方面向夹层空气放热，一方面通过墙体向室内传导，传导过程中部分热量蓄存于墙体内，部分传向室内，室内获得的这部分热量即集热蓄热墙的传导供热。夹层中空气被加热后温度上升，通过上、下风口与室内空气形成自然循环，热空气不断由上风口进入室内，并向室内传热，这部分热量即集热蓄热墙的对流供热。夜间蓄热墙放出白天蓄存的热量，室内继续得热。

无风口实体墙式集热蓄热墙除无对流供热外，其向室内传导供热的工作情况与有风口实体墙式集热蓄热墙相同。

实体墙式集热蓄热墙是否设置通风口，对于集热效率有很大的影响。有通风口的实体墙式集热蓄热墙的集热效率比无风口时高很多。从全天向室内供热的情况看，有风口时供热量的最大值出现在白天太阳辐射最大的时候（一般为正午时）；无风口时，其最大值滞后于太阳辐射最大值出现的时间，滞后的时间与墙体的厚度有关。对于较温暖地区或太阳辐射资源好、气温昼夜差较大的地区，通过直接受益窗，白天有日照时室内已有足够的热量，采用无风口集热蓄热墙既可避免白天房间过热，又可提高夜间室温，减小室温的波动；对于寒冷地区，利用有风口的集热蓄热墙，其集热效率高，额外补热量少，节能效果更好。

②根据吸热板的位置不同，集热蓄热墙、集热墙空气加热方式有前循环式、后循环式、前后循环式 3 种（图 5-16）。

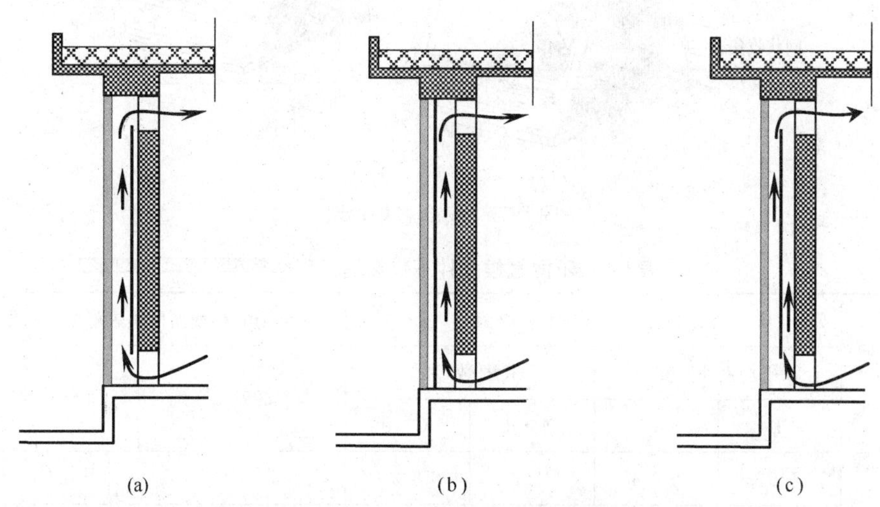

图 5-16　集热蓄热墙、集热墙空气加热方式

(a) 前循环；(b) 后循环；(c) 前后循

③改进的集热蓄热墙

窗盒式集热墙是集热蓄热墙的一种改进形式，它结合窗口的底部设置，利用网状的收集器把收集到的热量传递至室内。按其出口方式的不同，可分为两种形式：直线出口式和弯角出口式，如图 5-17 所示。

为提高集热效率，有风口的集热蓄热墙上风口采用小排风扇装置，以加速空气间层内热空气的循环。但由于空气流速过快，间层空气没有被充分加热，就被排风扇引入室内，往往收效甚微。因此，因在空气间层内设置温度感应装置，以控制排风扇的开关。

(3) 设计要点

集热蓄热墙、集热墙的构造从外到里分为三个层次——玻璃盖板、空气间层（带可控遮阳设施）、吸热板＋蓄热体或吸热板＋保温层。其太阳能集热效率与集热面积、玻璃盖板性能、吸热板、吸热涂层、空气间层、蓄热体、保温层、防逆流、防夏季过热措施有关。

①集热墙面积根据热工计算　根据我国建筑设计资料集规定，在方案设计时，可按房间地板面积的 0.25～0.75（常用 0.4～0.6）进行估算。表 5-5 是不同气候条件下南向集热蓄热墙的推荐尺寸。该尺寸是单位面积房间地面与配置双层玻璃的南向集热蓄热墙之间的比率，适用于不同气候条件下保温良好的建筑。由于寒冷地区所需的集热墙面积较大，可采用加设夜间保温板的方法，以缩小集热墙的设置尺寸。

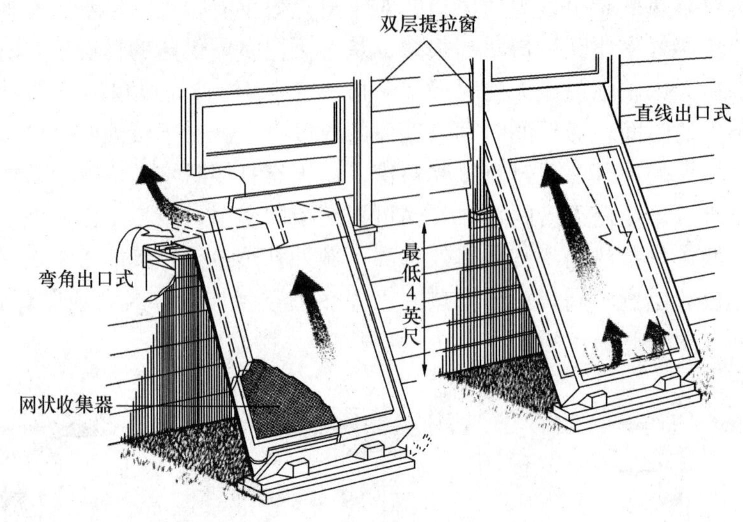

图 5-17　窗盒式集热墙

表 5-5　不同气候条件下集热墙面积估算表

气候类别	冬季最冷月份（1月或12月）				每 1m² 地面所需集热蓄热墙面积（m²）	
	平均室外温度		度日数/月		砖石墙	水墙
	℉	℃	℉·d	℃·d		
寒冷地区	15	−9.4	1500	833	0.72～>1.0	0.55～>1.0
	20	−6.7	1350	750	0.60～1.0	0.45～0.85
	25	−3.9	1200	667	0.51～0.93	0.38～0.70
	30	−1.1	1050	583	0.43～0.78	0.31～0.55
温暖地区	35	1.7	900	500	0.35～0.60	0.25～0.43
	40	4.4	750	417	0.28～0.46	0.20～0.34
	45	7.2	600	333	0.22～0.35	0.16～0.25

使用说明：

1. 表中比率适用于冬季 24h 内保持室内平均温度大约为 18～24℃。

2. 表中每一项比率都有一变动范围。应按照太阳房所处纬度选择适当的比率。其“中值”适合于北纬 40°地区；靠南的低纬度地区（如北纬 35°），可使用较低的比率；靠北的高纬度地区（如北纬 48°），可使用较高的比率。

3. 对于保温隔热性能不好的建筑，应使用较高的比率。

②玻璃盖板　玻璃盖板的选择与直接受益窗玻璃选择的原则是一样的，即尽可能多地让阳光透过，并最大限度地减小通过玻璃的热损失。因此，集热蓄热墙、集热墙的玻璃盖板应选用中空玻璃、低辐射镀膜玻璃。

由于使用一段时间后，玻璃盖板和空气间层内会布满灰尘，降低集热蓄热墙的集热效率，形成细菌、微生物滋生的死角。在设计中，玻璃盖板应是部分或全部可开启的，以便定期清扫灰尘，保证集热效率。同时，要做好玻璃盖板周边的密封，防止冷风渗透。

③吸热板　吸热板是由只在墙体外表面涂一层吸热涂层的最初形式改进加入的构件，其作用是将太阳辐射迅速转换成热能，加热间层空气，提高集热效率。目前广泛应用的吸热板材料有热轧薄钢板、压型钢板、铝板等金属材料。

④吸热涂层　太阳能吸收涂层对集热效率有很大的影响，其太阳能吸收率 α 越大集热效率越高，涂层的热辐射率 ε 越小则热效率越高，因此要求 α/ε 的比值越大越好。对于中等温度的集热器，以 α 高、α/ε=0.20～0.40 的涂料型选择性吸收涂层为宜，如果要求采用再提高 α/ε 值的选择性吸收涂层，就要研究涂层费用的增加和热效率的提高之间经济账。沥青硫化铅涂层是一种工艺简单的光谱选择性吸收涂层，α=0.92，ε=0.45，集热效果好且价格低，适用于中小型建筑集热蓄热墙。

⑤空气间层　空气间层宽度宜取其垂直高度的 1/20～1/30。集热墙一般为 75～150mm；集热蓄热墙宜为 80～100mm。对流风口面积一般取集热蓄热墙面积的 1%～3%，集热墙风口可略大些，对流风口面积等于空气间层截面积。风口形状一般为矩形，宜做成扁宽形。对于较宽的集热墙可将风口分成若干个，在宽度上均匀布置。风口在高度上的位置，上下风口垂直间距应尽量拉大。上风口应设在顶部，下风口应尽量降低，图 5-18 中下风口降到楼地面以下 700mm。

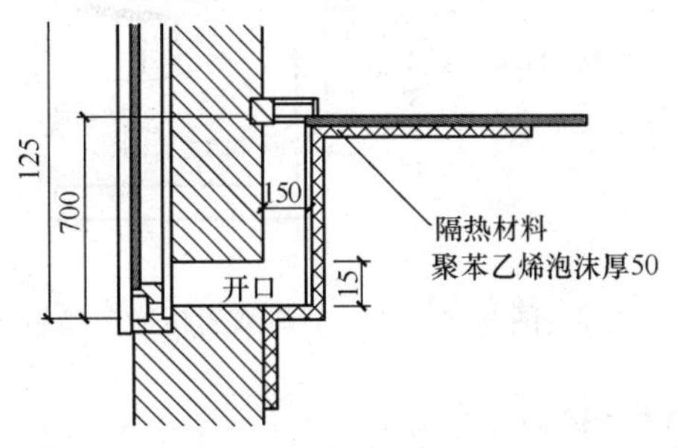

图 5-18　某住宅集热蓄热墙下风口构造

⑥蓄热体　建筑上常用的砖墙、混凝土墙都适合做实体墙式集热蓄热墙的材料。集热蓄热墙体的厚度对其集热效率、集热量、墙体内表面的最高温度及其出现的时间有直接的影响。白天有日照时，不同厚度的集热蓄热墙体外表面的温度差别很小，由此间层空气向室内的对流供热量基本相同，然而通过墙体传导进入室内的热量则与墙体厚度有关。墙体愈厚，蓄热量愈大，温度波动通过墙体的衰减及时间上的延迟愈大。墙体在夜晚将放出蓄存的热量，除继续向室内供热外，相当一部分将损失掉，蓄存的热量愈多，相对来说损失的也多，因此集热效率低。墙体薄则反之。墙体薄虽然集热效率高，但是由于蓄热量小，温度波动的延迟时间短，将导致室温的波动大。经模拟分析，推荐采用以下厚度：

土坯墙：200～300mm；黏土砖墙：240～360mm；混凝土墙：300～400mm；水墙：150mm 以上。

大多数水墙都是由竖向管道组成。如果使用钢制水墙，可将靠窗一侧涂上深色或选择性吸收涂层，而靠近室内一侧涂成浅色。通常水墙由半透明或透明的塑料管道制成，以使光线透入室内。图 5-19 实验证明，清澈的水与有色的水或不透明容器对储热几乎有同样的效率。

图 5-19　半透明竖直管组成的水墙

半透明或透明的水墙可应用于建筑的门厅，创造柔和的光环境的同时储存太阳热能，减小室温波动。

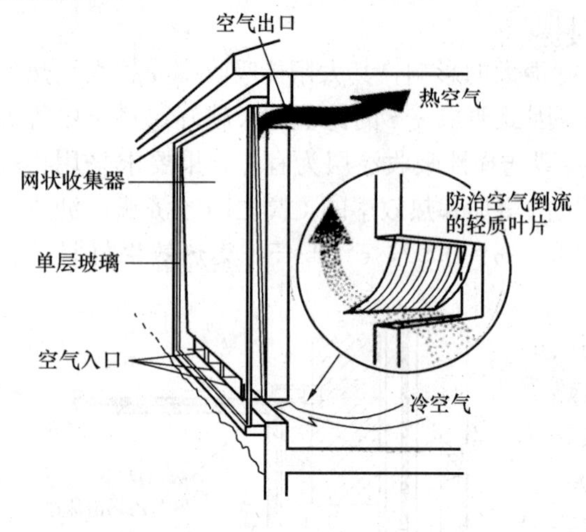

图 5-20 集热蓄热墙的防逆流措施

⑦防逆流、防夏季过热措施 集热蓄热墙冬季夜间间层中空气温度不断下降，当间层中空气温度低于室内温度时应及时关闭风口的风门，否则会形成空气的倒流，加大室内的热损失。最简单而有效的自控风门是在上、下风口装塑料薄膜，如图 5-20 所示。集热墙没有蓄热体，系统只在白天日照良好的情况下使用，阴雨天和夜晚可手动关闭上、下风口，防止逆流。夏天为避免热风从上风口进入室内应关闭上风门，打开空气夹层通向室外的风门，使间层中热空气排入大气，如图 5-14c，并可辅之以遮阳板遮挡阳光的直射，但必须合理地设计以避免其冬天对集热墙的遮挡。

⑧保温层 集热墙吸热板后的保温层是为了减少冬季夜间的散热和防止夏季室内过热。保温层应选择导热系数小，能耐受一定温度，无腐蚀作用，不吸水，安装方便，价格便宜的材料。保温材料有散材和板材两种，板材便于安装，沥青蛭石板、聚苯乙烯泡沫板、玻璃纤维保温板都符合上述要求。

4. 附加阳光间式

①定义及工作原理

附加阳光间是指由于直接获得太阳热能而使温度产生较大波动的空间，过热的空气可以立即用于加热相邻的房间，或者可以把热量储存起来，在没有太阳照射时使用。在向阳侧设透光玻璃构成阳光间接受日光照射，阳光间与室内空间由墙或窗隔开，蓄热物质一般分布在隔墙内和阳光间地板内。因而从向室内供热来看，其工作原理完全与集热蓄热墙式相同，是直接受益式和集热蓄热式的组合。随着对建筑造型要求的提高，这种外形轻巧的玻璃立面普遍受到欢迎。阳光间的温度一般不要求控制，可结合南廊、入口门厅、休息厅、封闭阳台等设置，用来养花或栽培其他植物，所以附加阳光间也称为附加温室（图 5-21a）。

②特点及分类

附加阳光间式的特点是：集热面积大，阳光间内室温上升快；阳光间可结合南廊、门厅、封闭阳台设置，室内阳光充足可作多种生活空间，也可作为温室种植花卉，美化室内外环境；阳光间与相邻内层房间之间的关系变化比较灵活，既可设砖石墙，又可设落地门窗或带槛墙的门窗，适应性较强；阳光间内中午易过热，应采取通畅的气流组织，将热空气及时传送到内层房间；夜间热损失大，阳光间内室温昼夜波幅大，应注意透光外罩玻璃层数的选择和活动保温装置的设计。

按屋顶的透光状况，可将附加阳光间分为两类：屋顶透光式附加阳光间和屋顶不透光式附加阳光间。

（1）顶透光式附加阳光间，即顶部为透光材质的阳光间，可获得较多的太阳能得热。

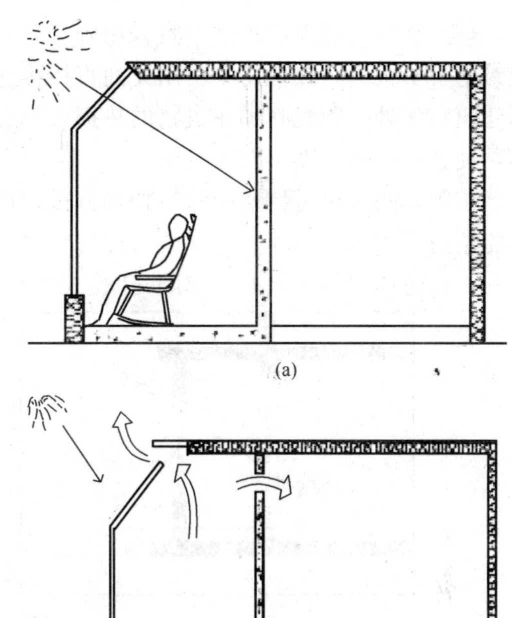

(a)

(b)

图 5-21　附加阳光间

附加阳光间基本形式开设内外通风窗有效改善冬夏季工况（通风口可以用门窗代替）

但由于屋顶透光式附加阳光间将增大透明盖层的面积，使散热面积增大，因而降低所收集阳光的有效热量。在屋顶透光式阳光间结构上作些改进，也可以收到较好的效果。例如，在隔断墙顶部和底部都均匀地开设通风口（如图 5-21b），如果能在上通风口安装风扇，加快能量向室内传输，可避免能量过多地散失。屋顶透光式阳光间内中午易过热，应该通过门窗或通风窗合理组织气流，或将热空气及时导入室内。只有解决好冬季夜晚保温和夏季遮阳、通风散热，才能减少因阳光间自身缺点带来的热工方面的不利影响。冬季的通风也很重要，因为种植植物等原因，阳光间内湿度较大，容易出现结露现象。夏季可以利用室外植物遮阳，或安装遮阳板、百叶帘，开启甚至拆除玻璃扇。

屋顶透光式阳光间的平面设计也可以采用“抱合式”平面布置（图 5-22），即把阳光间放在南侧中央，像多层住宅凹阳台的形式，这样不但使阳光间的东西两侧有较好的保暖性能，也可以防止夏季西晒使室温过高。

（2）屋顶不透光式附加阳光间，即顶部为不透光材质的阳光间，可以结合南立面设计，把阳光间作成阳光廊式，与普通的阳光间相比，较大地减少了玻璃面积，因而减少了热损耗；与集热墙式被动房相比，只是空气夹层加宽了。因此，这种阳光廊式被动房其性能与传热原理更类似于集热墙式被动房。图 5-23 的候诊阳光廊，既营造了温暖的候诊环境，也为门诊提供充足的天然采光。

考虑到玻璃顶面的附加阳光间易产生眩

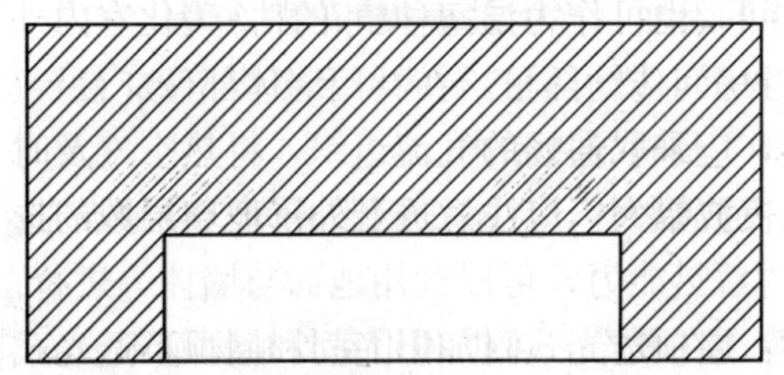

图 5-22　附加阳光间的“抱合式”

图 5-23　候诊阳光廊

光，玻璃顶易受雹灾、积尘，宜采用阳光廊式，即不透光屋顶的附加阳光间。采用阳光廊，建筑造价不很高，热量易于由阳光间直接传送到与其相邻的房间内，充足的自然光线可以射到建筑物深处，阳光间和建筑物的热损失都会大大减少，可通过大量与建筑物共用的墙体蓄热，使其夜间的温度不至于过低。

按阳光间将热量传递至建筑物的方式，可将附加阳光间分为四类（图 5-24）：①直接太阳能透射式附加阳光间；②空气直接自然对流式附加阳光间；③强制空气直接对流式附加阳光间；④通过墙体传导的附加阳光间。

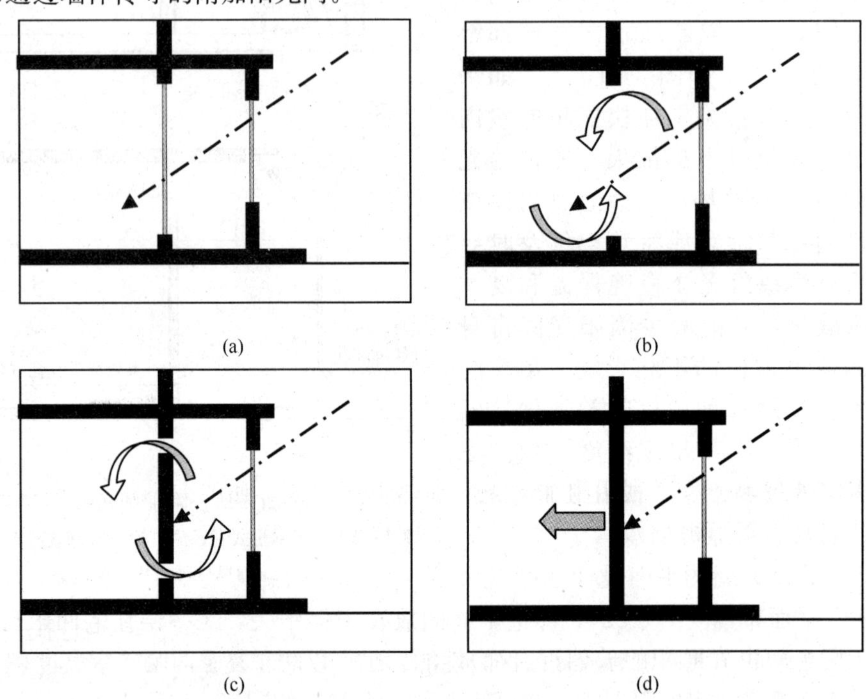

图 5-24　附加阳光间热量传递至建筑物的基本方法

（a）太阳能直接传递；（b）空气直接自然对流；（c）强制（风扇）空气直接对流；（d）通过墙体传导

（3）设计要点

为创造一个舒适的热环境，阳光间的面积、门窗的位置、开启方式及玻璃等都要做精心的设计以提高阳光间的效能。阳光间的设计应把握以下几个要点：

①阳光间有大面积的透明面积，虽然得热多升温快但同时散热面积也大，因而会降低所收集阳光的有效热量，因此在选择阳光间的玻璃时应相应根据当地的气候特征确定合适的节能玻璃面积、类型及构造。表 5-6 为不同气候条件下附加日光间玻璃尺寸的估算表。

②阳光间集热面积大、升温快，为了能给邻近房间传输热量，在共用墙体部位应设置可控制的构件门窗或通风窗合理组织气流，或将热空气及时导入室内。

③阳光间要解决好冬季夜晚保温和夏季遮阳、通风散热，以减少因阳光间自身缺点带来的热工方面的不利影响。为了提高太阳房在冬季的蓄热能力，可以利用地面与墙体等进行蓄热的处理，如在相邻墙的外侧设置蓄热层或水墙等；在夏季，可以利用室外植物遮阳或安装遮阳装置，并充分利用自然风，以达到空气流通和降温的目的。

表 5-6　不同气候条件下附加日光间面积的估算表

气候类别	冬季最冷月份（1 月或 12 月）				每 $1m^2$ 相邻房间地面所需附加阳光间玻璃面积（m^2）	
	平均室外温度		度日数/月		公用砖石墙	公用水墙
	℉	℃	℉·d	℃·d		
寒冷地区	15	−9.4	1500	833	0.9～1.5	0.68～1.27
	20	−6.7	1350	750	0.78～1.3	0.57～1.05
	25	−3.9	1200	667	0.65～1.17	0.47～0.82
	30	−1.1	1050	583	0.53～0.90	0.38～0.65
温暖地区	35	1.7	900	500	0.42～0.69	0.38～0.65
	40	4.4	750	417	0.42～0.69	0.30～0.51
	45	7.2	600	333	0.33～0.53	0.24～0.31

使用说明：

①表中比率是按双层玻璃考虑的。

②表中比率适用于冬季附加日光间本身和邻接房间的平均温度保持在大约 18～24℃之间。

③表中每一项比率都有一变动范围，应按照太阳房所处纬度选择适当的比率。其“中值”适合于北纬 40°地区；靠南的低纬度地区（如北纬 35°地区），可选用较低的比率；靠北的高纬度地区（如北纬 48°地区），可选用较高的比率。对于保温性能差的日光间或房间，应选用高比率。

④在多层建筑中还可以利用附加阳光间加热上层建筑，如图 5-25 所示。另外，还可以利用置于屋顶、地面的风管，将附加阳光间的热空气引入建筑北侧房间，实现不受朝向限制的被动式太阳能采暖。

⑤由于阳光间由大面积的玻璃围合而成，特别是由屋顶、退台及阳台改造而来的阳光间，为防止玻璃破碎带来的危险，应选择具有一定强度的玻璃和稳固结构。

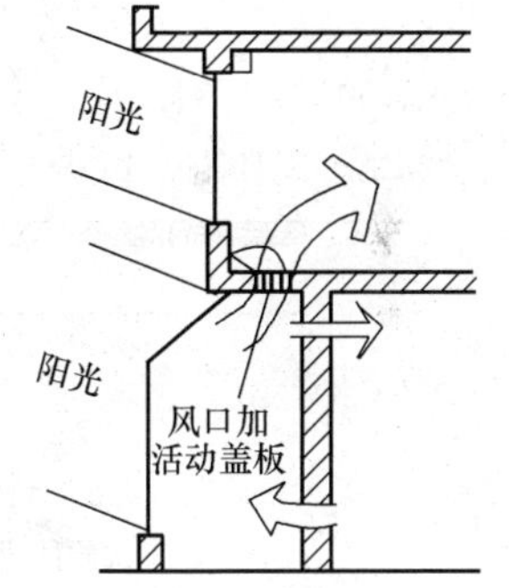

图 5-25　附加阳光间供上层采暖

5. 屋顶池式

屋顶池式太阳房兼有冬季采暖和夏季降温两种功能，适用于冬季不太寒冷、夏季较热的地区。从向室内的供热特征上看，这种形式的被动太阳房类似于不开通风口的集热蓄热墙式。不过它的蓄热物质被放在屋顶上，通常是有吸热和储热功能的储水塑料袋或相变材料，其上设可开闭的隔热盖板，冬夏兼顾。

冬季采暖季节，晴天白天打开盖板，将蓄热物质暴露在阳光下，吸收太阳热；夜晚盖上隔热盖板保温，使白天吸收太阳能的蓄热物质释放热量，并以辐射和对流的形式传到室内（图 5-26a、图 5-26b）。夏季，白天盖上隔热盖，阻止太阳能通过屋顶向室内传递热量；夜间移去隔热盖，利用天空辐射、长波辐射和对流换热等自然传热过程降低屋顶池内蓄热物质的温度，从而达到夏季降温的目的（图 5-26c、图 5-26d）。

屋顶池式适合冬季不太寒冷且纬度低的地区。因为纬度高的地区冬季太阳高度角太低，水平面上集热效率也低，而且严寒地区冬季水易冻结。另外系统中的盖板热阻要大，储水容器密闭性要好。使用相变材料，热效率可提高。这种太阳房在冬季采暖负荷不高而夏季又需

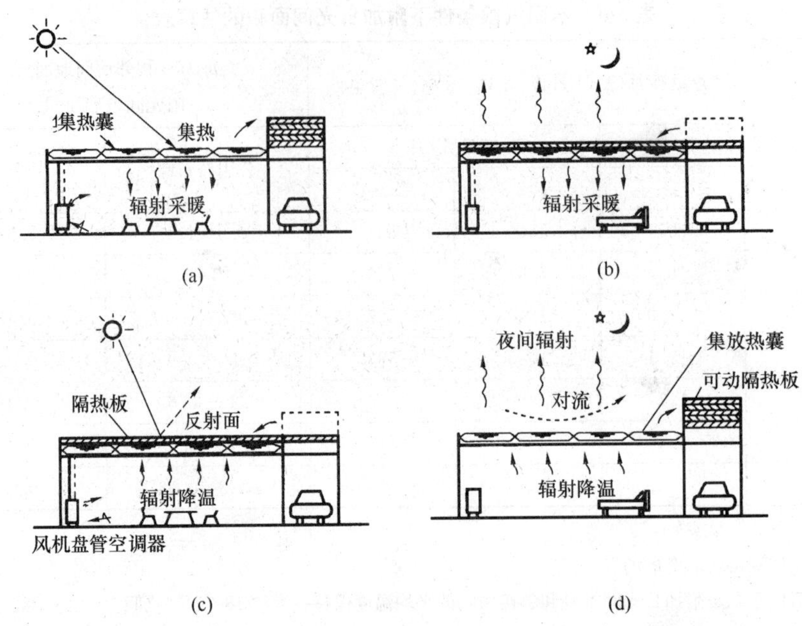

图 5-26　集热蓄热屋顶的工作原理

(a) 冬，昼（集热，采暖循环）（空气引入空气层中）；(b) 冬，夜（采暖循环）；

(c) 夏，昼（降温循环）；(d) 夏，夜（放冷循环）（排出空气层空气）

要降温的情况下使用比较适宜。但由于屋顶需要有较强的承载能力，隔热盖的操作也比较麻烦，实际应用还比较少。

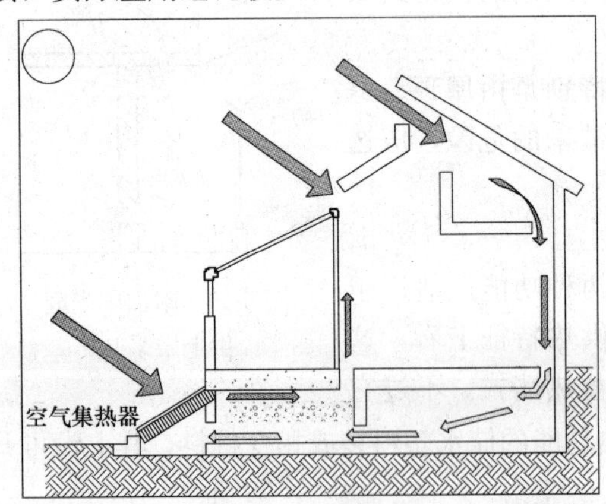

图 5-27　对流环路式被动太阳房示意图

6. 自然对流环路式

这种被动房由太阳能集热器（大多数为空气集热器）和蓄热物质（通常为卵石地床）构成，因此也被称为卵石床蓄热式被动太阳房。安装时，集热器位置一般要低于蓄热物质的位置。在太阳房南墙下方设置空气集热器，以风道与采暖房间及蓄热卵石床相通。集热器内被加热的空气，借助于温差产生的热压直接送入采暖房间，也可送入卵石床蓄存，而后在需要时再向房间供热（图 5-27）。

它的特点是：构造较复杂，造价较高；集热和蓄热量大，且蓄热体的位置合理，能获得较好的室内温度环境；适用于有一定高差的南向坡地。

需要特别指出的是，自然对流环路式是利用温差实现整个房间空气的对流环路，温度差产生的动力不足以带动整个建筑空气的循环，因此须配备小型风机，系统接近主动式，如图 5-28 所示。

7. 混合式系统

以上介绍的被动式太阳房的几种基本类型都有其各自的优点和不足，如表 5-7 所示。设

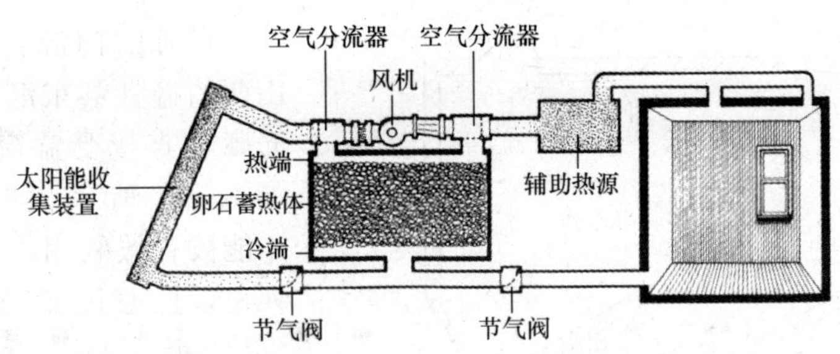

图 5-28　强制对流环路式的结构及其组成部件

计者可以根据情况博取众长，多方案组合形成新的系统。我们把有两个或两个以上基本类型被动式太阳能采暖混合而成的新系统成为混合式系统。混合式系统在实践中显出了它的优势，已成为被动式太阳房发展的重要趋势。不仅如此，今后主被动式相结合的太阳房也将是发展的必然。

表 5-7　被动式太阳房的基本类型的优缺点

系统	优　点	缺　点
直接受益式	1. 景观好，费用低，效率高，形式很灵活； 2. 有利于自然采光； 3. 适合学校、小型办公室等	1. 易引起眩光； 2. 可能发生过热现象； 3. 温度波动大
集热蓄热墙	1. 热舒适程度高，温度波动小； 2. 易于旧建筑改造，费用适中； 3. 大采暖负荷时效果很好； 4. 与直接受益式结合限制照度级效果很好，适合于学校、住宅、医院等	1. 玻璃窗较少，不便观景； 2. 和自然采光； 3. 阴天时效果不好
附加阳光间	1. 作为起居空间有很强的舒适性和很好的景观放线，适合居住用房、休息室、饭店等； 2. 可作温室使用	1. 维护费用较高； 2. 对夏季降温要求很高； 3. 效率低
蓄热屋顶池式	1. 集热和蓄热量大，且蓄热体位置合理，能获得较好的室内温度环境； 2. 较适用于冬季需采暖，夏季需降温的湿热地区，可大大提高设施的利用率	1. 构造复杂； 2. 造价很高
对流环路式	1. 集热和蓄热量大，且蓄热体位置合理，能获得较好的室内温度环境。 2. 适用于有一定高差的南向坡地	1. 构造复杂； 2. 造价较高

（1）混合系统选择

直接受益窗式、集热蓄热墙式、集热墙式、附加阳光间式四种被动式太阳能集热方式，也有优缺点。以取长补短为原则，两种集热方式相结合形成互补的混合被动式太阳能采暖系统。

混合被动式太阳能采暖系统主要有直接受益窗式与集热蓄热墙式的组合系统、附加阳光间与直接受益窗的组合系统。

直接受益窗式与集热蓄热墙式的组合系统，如图 5-29 所示，可以使温度在上午很快提高，同时防止下午的高温，又能为夜晚提供热量，适用于住宅等全天使用的房间。

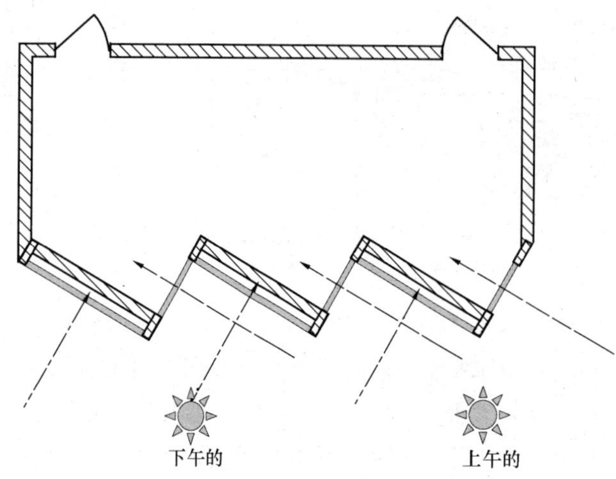

图 5-29 直接受益窗式与集热蓄热墙式的组合系统

青海的门源县皇城乡卫生院、山西的榆社县东汇卫生院采用窄阳光廊与直接受益窗相结合的方式，如图 5-30 所示。狭窄的阳光廊空间不能被有效利用，形成一个卫生的死角，且通过空气交换传递热量，引起各房间空气相互串通，易造成交叉感染。因此，应根据建筑的外观造型、使用性质、功能及热环境要求等，合理选择被动式太阳能集热方式，并对不同的被动式太阳能集热方式加以优化组合，形成高效的混合式集热系统。

(2) 混合系统规模估算

在各种被动式系统中，直接受益式系统的集热效率为 60%～75%，集热蓄热墙式系统的集热效率为 30%～45%，附加日光间系统的集热效率（指由公共墙收集向室内传送的热量）为 15%～30%，根据以上各种效率的比较，可总结出一个确定混合系统尺寸时的比例关系：即每 $1m^2$ 直接受益式系统的玻璃面积，等于 $2m^2$ 集热蓄热墙系统的集热墙面积，或等于 $3m^2$ 附加日光间系统的公共墙面积。

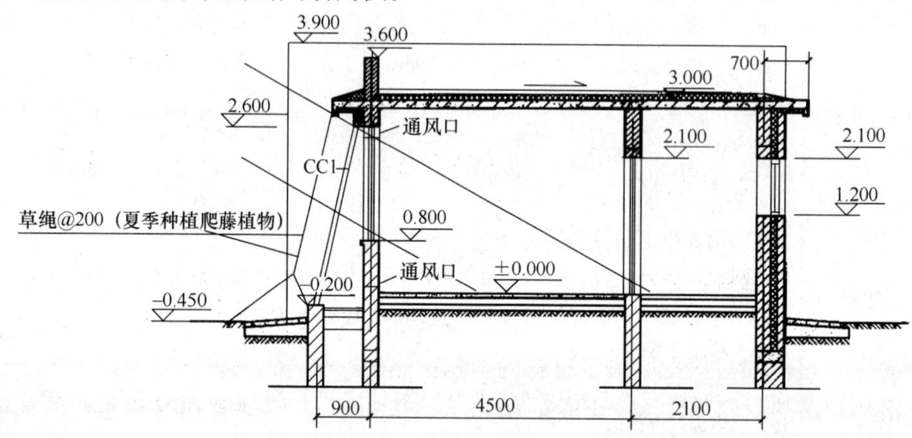

图 5-30 窄阳光廊与直接受益窗相结合系统

8. 蓄热体

1) 定义及工作原理

在被动式太阳房中需设置一定数量的蓄热体。它的主要作用是在有日照时吸收并蓄存一部分过剩的太阳辐射热；而当白天无日照时或在夜间（此时室温呈下降趋势）向室内放出热量，以提高室内温度，从而大大地减小室温的波动。同时由于降低了室内平均温度，所以也减少了向室外的散热。蓄热体的构造和布置将直接影响集热效率和室内温度的稳定性。对集热体的要求是：蓄热成本低（包括蓄热材料及储存容器）；单位容积（或重量）的蓄热量大；对储存器无腐蚀或腐蚀作用小；资源丰富，当地取材；容易吸热和防热；耐久性高。

被动式太阳能建筑是在建筑物当中设置一个热容量大的蓄热部分，通过控制该部分的蓄热和散热，减小室外太阳辐射变化的影响，得到稳定的室内热舒适效果。设计蓄热部分的关键在于做到集热、建筑物的隔热和热容量三者的平衡。即使前两个方面已经做得很好了，然而对于建筑整体热收支来说（图 5-31），如果蓄热体的热容量过大，室温会以低温稳定下来；如果过小，又会导致室温波动较大。建筑蓄热体将会产生室外气温变化和太阳能辐射变化的时间滞后现象，图 5-32 表示出了室温的变化情况：热容量小时，采暖开始后，室温马上上升，采暖结束后，延迟时间较短，适合于学校、办公室、医院门诊、预防保健室、医技等只在白天使用的建筑和空间类型；热容量大时，采暖开始后，室温缓慢上升，采暖结束后，延迟时间较长，适合于住宅、医院病房、急诊室、产房、手术室等全天使用的建筑和空间类型。

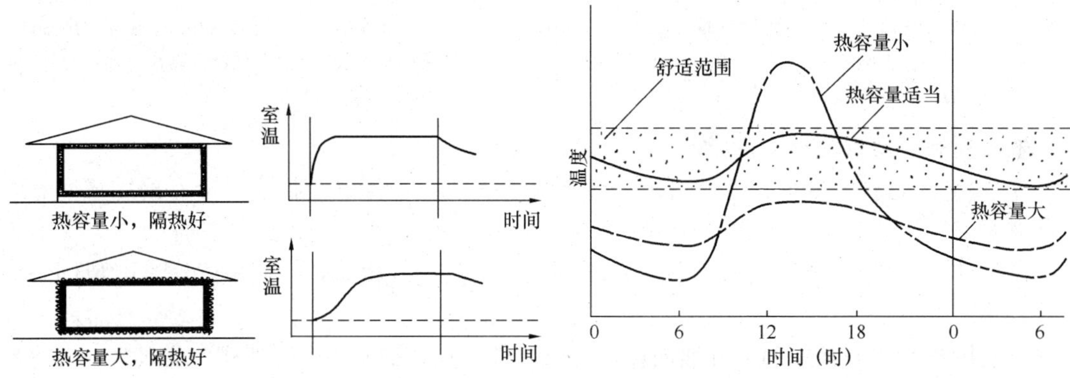

图 5-31　热容量和室温变化　　　　图 5-32　热容量不同引起的室温变化

此外，即使是相同的蓄热体，蓄热体的有效性会因是否直接受到太阳辐射、表面的太阳辐射吸收率的高低、厚度的大小等因素的不同而有差异。

2）蓄热体材料的分类及特点

蓄热材料分为显热和潜热 2 大类：

（1）显热类蓄热材料：显热是指物质在温度上升或下降时吸收或放出热量，在此过程中物质本身不发生任何其他变化。显热类蓄热材料有水、热媒等液体及卵石、砂、土、混凝土、砖等固体。它们的蓄热量取决于材料的容积比热值（$V\cdot C_p$）。

（2）潜热类蓄热材料（PCM—Phase Change Material）：潜热蓄热又称相变蓄热或溶解热蓄热，是利用某些化学物质发生相变时吸收或放出大量热量的性质来实现蓄热的。相变材料具有在一定温度范围内改变其物理状态的能力。

表 5-8　常用显热蓄热材料的某些性能

材料名称	表观密度 ρ_0 (kg/m^2)	比热 C_p (kJ/kg·℃)	容积比热 $V\cdot C_p$ (kJ/m^3·℃)	导热系数 λ (W/m·K)
水	1000	4.20	4180	2.10
砾石	1850	0.92	1700	1.20～1.30
沙子	1500	0.92	1380	1.10～1.20
土（干燥）	1300	0.92	1200	1.90

续表

材料名称	表观密度 ρ_0 (kg/m²)	比热 C_p (kJ/kg·℃)	容积比热 $V \cdot C_p$ (kJ/m³·℃)	导热系数 λ (W/m·K)
土（湿润）	1100	1.10	1520	4.60
混凝土块	2200	0.84	1840	5.90
砖	1800	0.84	1920	3.20
松木	530	1.30	665	0.49
硬纤维板	500	1.30	628	0.33
塑料	1200	1.30	1510	0.84
纸	1000	0.84	837	0.42

注：水的容积比热量大，且无毒无腐蚀，是最佳的显热蓄热材料，但需有容器。而卵石、混凝土、砖等蓄热材料的容积比热比水小得多，因此在蓄热量相同的条件下，所需体积就要大得多，但这些材料可以作为建筑构件，不需要容器或对这方面的要求较低。

相变材料一般有两种：

①固体 ⇔ 液体：物质由固态溶解成液态时吸收热量；相反，物质由液态凝结成固态时放出热量。

②液体 ⇔ 气体：物质由液态蒸发成气态时吸收热量；相反，物质由气态冷凝成固态时放出热量。

在实际应用中多使用第一种形式，因为第二种形式在物质蒸发时体积变化过大，对容器的要求很高。潜热蓄热体的最大优点是蓄热量大，即蓄存一定能量的质量少，体积小（如以重量比表示，潜热蓄热体为1时，水为5，岩石为25；如按容积比，则为1∶8∶17。缺点是有腐蚀性，对容器要求高，须全封闭，造价较高。国内采用的相变材料主要是10水硫酸钠（芒硝）$Na_2SO_4 \cdot 10H_2O$ 加添加剂。

以固—液相变为例，在加热到熔化温度时，就产生从固态到液态的相变，熔化的过程中，相变材料吸收并储存大量的潜热；当相变材料冷却时，储存的热量在一定的温度范围内要散发到环境中去，进行从液态到固态的逆相变。在这两种相变过程中，所储存或释放的能量称为相变潜热。物理状态发生变化时，材料自身的温度在相变完成前几乎维持不变，形成一个宽的温度平台，虽然温度不变，但吸收或释放的潜热却相当大。

相变材料主要包括无机PCM、有机PCM和复合PCM 3类。其中，无机类PCM主要有结晶水合盐类、熔融盐类、金属或合金类等；有机类PCM主要包括石蜡、醋酸和其他有机物；近年来，复合相变储热材料应运而生，它既能有效克服单一的无机物或有机物相变储热材料存在的缺点，又可以改善相变材料的应用效果以及拓展其应用范围。目前，采用的相变材料的潜热达到170J/g甚至更高，而普通建材在温度变化1℃时储存同等热量将需要190倍相变材料的质量。因此，复合相变建材具有普通建材无法比拟的热容，对于房间内的气温稳定及空调系统工况的平稳是非常有利的。研制复合相变储热材料已成为储热材料领域的热点研究课题。但是混合相变材料也可能会带来相变潜热下降，或在长期的相变过程中容易变性等缺点。

相变储能建筑材料兼备普通建材和相变材料两者的优点，能够吸收和释放适量的热能；能够和其他传统建筑材料同时使用；不需要特殊的知识和技能来安装使用蓄热建筑材料；能够用标准生产设备生产；在经济效益上具有竞争性。

相变储能建筑材料应用于建材的研究最早于 1982 年，由美国能源部太阳能公司开始。20 世纪 90 年代以 PCM 处理建筑材料（如石膏板、墙板与混凝土构件等）的技术发展起来了。随后，PCM 在混凝土试块、石膏墙板等建筑材料中的研究和应用一直方兴未艾。1999 年，国外又研制成功一种新型建筑材料——固液共晶相变材料，在墙板或轻型混凝土预制板中浇注这种相变材料，可以保持室内温度适宜。

相变材料与建筑材料的复合工艺：PCM 与建材基体的结合工艺，目前主要有以下几种方法：a. 将 PCM 密封在合适的容器内。b. 将 PCM 密封后置入建筑材料中。c. 通过浸泡将 PCM 渗入多孔的建材基体（如石膏墙板、水泥混凝土试块等）。d. 将 PCM 直接与建筑材料混合。e. 将有机 PCM 乳化后添加到建筑材料中。国内建筑节能建材企业已经成功地将不同标号的石蜡乳化，然后按一定比例与相变特种胶粉、水、聚苯颗粒轻骨料混合，配制成兼具蓄热和保温的可用于建筑墙体内外层的相变蓄热浆料。清华大学成功研制出相变温度在 20～60℃范围内、适用于太阳能建筑应用的系列定形相变材料，研制的定形相变地板，如图 5-33 所示，应用于清华大学超低能耗示范楼中，取得良好效果。

图 5-33　清华超低能耗楼定形相变地板

3）蓄热体的设计要点

（1）墙、地面蓄热体应采用容积比热大的材料，如砖、石、密实混凝土等；也可专设水墙或盒装相变材料蓄热。

（2）蓄热体应尽量使其表面直接接收阳光照射。

（3）蓄热体的厚度、面积应根据建筑整体的热收支、蓄热体位置、蓄热体表面性质和蓄热材料来决定。一般情况下，砖石构件厚度宜在 10cm 左右，混凝土的厚度为 15～30cm，泥土墙的厚度为 20～25cm，水墙的厚度在 15cm 以上为宜。采用直接受益窗时，蓄热体的表面积占室内总表面积的 1/2 以上为宜。

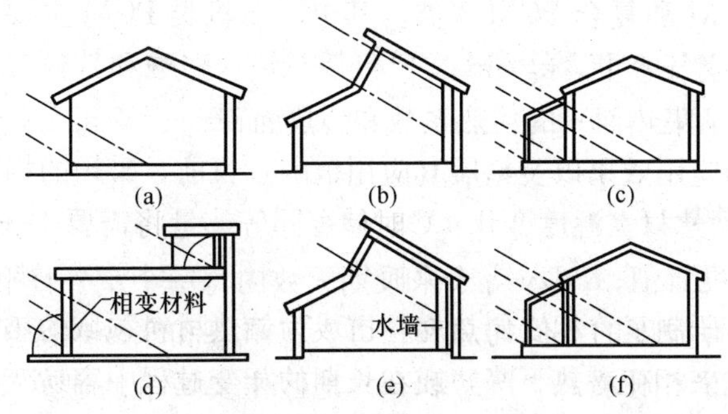

图 5-34　蓄热体位置

（a）地面蓄热；（b）墙体蓄热；（c）地面、公共墙体蓄热；（d）相变材料蓄热；（e）水墙蓄热；（f）地面、公共水墙蓄热

（4）蓄热地面及水墙容器应用黑、深灰、深红等深色。

（5）蓄热地面上不应铺整面地毯，墙面也不应挂壁毯。对相变材料蓄热体和公共墙水墙，应加设夜间保温装置。

（6）蓄热墙的位置应设在容易接受太阳照射到的地方（图 5-34）。因为根据一般经验，要储存同样数量的太阳能热量，非直接照射所需的蓄热体体积，要比直接照射的蓄热体大 4 倍。

9. 热工设计和性能评价

1）被动式太阳房热工设计简介

根据具体条件和要求不同，被动式太阳房的热工设计可分为精确法和概算法两种。

精确法是基于房间热平衡建立起的波动太阳房动态数学模型，逐时地模拟太阳房热工性能的方法。利用动态数学模型可以分析影响太阳房热工性能的因素，预测其长期节能效应，以及对太阳房的构件和整体进行优化设计。随着科学技术的进步，有很多软件都可以用来建立数学模型精确分析数值，因此这种方法常使用计算机软件进行模拟。

概算法是根据已知条件，通过查图表（这些图表是在某一特定条件下，将按标准计算方法得出的数据绘制成由参数变化的函数关系曲线图或表）和简单计算求得所需值。例如，已知太阳房所在地区的太阳能辐射值、采暖期度日值、太阳能集热方式、集热面积、保温构造、活动保温装置及其性能，以及蓄热特性等条件，可以通过查图表和简单计算的方法求得该太阳房的节能率 *SSF*。也可设定节能率 *SSF*，以同样的方式求得所需集热面积、采暖期内所需辅助热量。这种方法的优点是简洁易行，缺点是不够精确，有少量误差；且当条件不符合制定图表的有关规定时，无法利用图表。

负荷集热比（*LCR*）法是最常用的概算方法之一。负荷集热比是太阳房热负荷系数（*BLC*）与太阳房集热面积（*A*）两个数值之比。*LCR* 是影响太阳能供热总特性的一个最重要的可调参数，它影响在一定室外气象条件下的室内温度变化和太阳房的节能率。不同地区的 *LCR* 与 *SSF* 的关系是不同的，它取决于太阳入射量和采暖期度日值。此方法使用的图表主要是 *SSF* 与 *LCR* 的函数关系曲线图或表。

计算步骤：

（1）计算 *BLC*（太阳房热负荷系数）；

（2）计算 *LCR*（负荷集热比）；

（3）利用 *SSF*（太阳房的节能率）与 *LCR* 函数关系曲线或表，由 *LCR* 查出 *SSF* 值；

（4）由公式计算出采暖期内所需辅助热量 Q_f 的值；

各种值的计算公式如下：

$$BLC = (\Sigma KF + GC_\rho)24 \tag{5-1}$$

$$LCR = BLC/A \tag{5-2}$$

$$Q_f = (1 - SSF)DDy \cdot BLC \tag{5-3}$$

式中 $G=V\cdot n\cdot \gamma$——每小时室内换气量，kg/h；

n——房间换气次数；

γ——室外气温条件下的空气容量，kg/m^3；

K，F——外围护结构（不包括集热面）的传热系数和传热面积；

C_ρ——比热，kJ/kg℃；

V——房间体积，m^3；

DDy——某一地区的采暖期度日值；*DDy* 等于采暖期天数内每一个室外日平均温度低于室内设计温度的差值的总和。可查《严寒和寒冷地区居住建筑节能设计标准》附录 A “严寒和寒冷地区主要城市的建筑节能计算用气象参数”获得。

2）太阳房热性能评价指标

（1）太阳能保证率（太阳能贡献率）*SHF*：太阳房内为保持一定设计基准温度（指根

据人的舒适性指标和实际可达到的采暖水平而设定的室内最低温度）所需的热量（供热负荷）中，由太阳能获热量所占的百分率，计算公式（5-4）。

$$SHF = \frac{\text{太阳房总净太阳能得热值}}{\text{太阳房维持设计基准温度时的总耗热量}}\% \tag{5-4}$$

（2）太阳房节能率 *SSF*：太阳房与对比房在达到同等设计基准温度的条件下相比，太阳房总能量与对比房采暖符合总能量之间的百分比。对比房是在实际评价中为对比而选取的一栋与太阳房建筑面积、建筑布局相当的非太阳能采暖的常规房屋。在使太阳房与对比房控制在相同的设计基准温度的条件下，实际测量或计算所得出两者所消耗热量后，即可由公式（5-5）求得 *SSF*：

$$SSF = 1 - \frac{\text{太阳房辅助热量}}{\text{对比房的热负荷}} = \frac{\text{太阳房总节能量}}{\text{对比房的热负荷}}\% \tag{5-5}$$

（3）热舒适度：根据国际标准 ISO7730，热舒适被定义为，人对周围热环境所做的主观满意度评价。由于人的个体差异，一种满足所有人舒适要求的热环境是不可能存在的。因此，任何室内气候必须尽可能地满足大部分人群的舒适要求。根据 ISO7730 的规定，有以下三种方式来描述人对周围热环境的热舒适度（或热不舒适度）：

①*PMV*（Predicted Mean Vote）热环境综合评价指标；

②*PPD*（Predicted Percentage of Dissatisfied）不满意百分比的预测数；

③*DR*（Draught Rating）气流风险，指出了气流的紊流强度对于气流感知的重要性。

其中 *PMV* 和 *PPD* 用来表述整个人体的热舒适度（或热不舒适度），而 *DR* 则用来表述人体的某些特定区域的热舒适度（或热不舒适度）。大量研究成果表明，影响人体热感觉一共有以下 6 个因素：其中环境参数有 4 个，包括干球温度、空气相对湿度、风速、平均辐射温度；个体参数有 2 个，包括人体活动强度、衣着热阻。对于上述 6 个参数可使用测量仪表获得。测量仪表对最低及期望值要求全部作出了明确的规定。

3）太阳房经济性评价指标

常用来作为评价指标的有：太阳能采暖系统的年节能量（ΔQ_{save}）、寿命期内的总节能费（*SAV*）、系统费效比（*B*）、回收年限（*n*）和二氧化碳减排量（Q_{CO_2}），计算方法如下：

（1）太阳能采暖系统的年节能量可按下式计算：

$$\Delta Q_{save} = A_c \cdot J_T \cdot (1 - \eta_c) \cdot \eta_{cd} \tag{5-6}$$

式中　ΔQ_{save}——太阳能采暖系统的年节能量，MJ；

A_c——系统的太阳能集热器面积，m^2

J_T——太阳能集热器采光表面上的年总太阳辐射量，MJ/m^2；

η_{cd}——太阳能集热器的年平均集热效率，%

η_c——管路、水泵、水箱和季节蓄热装置的热损失率。

（2）太阳能采暖系统寿命周期内的总节能费可按下式计算：

$$SAV = PI(\Delta Q_{save} \cdot C_c - A \cdot DJ) - A \tag{5-7}$$

式中　*SAV*——系统寿命期内的总节能费用，元；

PI——折现系数；

C_c——系统评估当年的常规能源热价，元/MJ；

A——太阳能热水系统总增投资，元；

DJ——每年用于太阳能采暖系统有关的维修费用，包括太阳能集热器维护，集热系统管道维护和保温等费用占总增投资的百分率；一般取1%。

①折现系数 PI 可按下式计算：

$$PI=\frac{1}{d-e}\left[1-\left(\frac{1+e}{1+d}\right)^{n}\right]d\neq e \tag{5-8}$$

$$PI=\frac{n}{1+d} \quad d=e \tag{5-9}$$

式中 d——年市场折现率，此处为银行贷款利率；

e——年燃料价格上涨率；

n——分析节省费用的年限，从系统开始运行算起，取集热系统寿命（一般为10～15年）。

②系统评估当年的常规能源热价 C_c 可按下式计算：

$$C_c=C'_c/(q\cdot Eff) \tag{5-10}$$

式中 C'_c——系统评估当年的常规能源价格，元/kg；

q——常规能源的热值，kJ/kg；

Eff——常规能源水加热装置的效率，%。

(3) 太阳能采暖的费效比可按下式计算：

$$B=A/(\Delta Q_{save}\cdot n) \tag{5-11}$$

式中 B——系统费效比，元/kWh。

(4) 回收年限 $n=\dfrac{In[1-PI(d-e)]}{In\left(\dfrac{1+e}{1+d}\right)}$ (5-12)

回收年限 n，即为使资金节省计算公式中的 $SAV=0$ 时的 n 值，也即当 $PI=A/$（$CF\cdot LE-A\cdot DJ$）时，有折现系数计算公式求出的 n 值。

(5) 太阳能采暖系统的二氧化碳减排量可按下式计算：

$$Q_{CO_2}=\frac{\Delta Q_{save}\times n}{W\times Eff}\times F_{CO_2} \tag{5-13}$$

式中 Q_{CO_2}——系统寿命期内二氧化碳减排量，kg；

W——标准煤热值，29.308MJ/kg；

F_{CO_2}——二氧化碳排放因子，按表5-9取值。

表5-9 二氧化碳排放因子

辅助常规能源	煤	石油	天然气	电
二氧化碳排放因子（kg CO_2/kg 标准煤）	2.662	1.119	1.481	3.175

10. 应用实例

(1) 雷根斯堡住宅

德国的雷根斯堡住宅顺应周边环境面向花园，南侧倾斜的玻璃屋顶一直延伸到地面，形成的南向阳台和温室不但能够对太阳能直接利用，而且创造了联系内外环境的过渡空间。常用房间位于北部绝热性能好的较封闭的服务空间和南面能直接利用太阳能的缓冲区之间。可移动的玻璃隔断可使起居空间扩大至温室。厚重的楼地板和温室底部的砾石都能在白天储存热量，夜晚释放热量。过多的热量可通过通风口释放出去。院落中的大树夏季起到了遮阳的作用（图 5-35、图 5-36）。

（2）山西省榆社县东汇乡卫生院

2002 年起世界银行向我国提供了 75 万美元的赠款，实施了农村卫生院被动式太阳能采暖建筑全球环境基金项目。该项目在青海、甘肃和山西的国家级贫困县共建成 29 个被动式太阳能采暖乡镇卫生院，旨在改善卫生院条件，减少对环境的污染。图 5-37 为使用附加阳光间和集热蓄热墙的山西省榆社县东汇乡卫生院。

图 5-35　雷根斯堡住宅

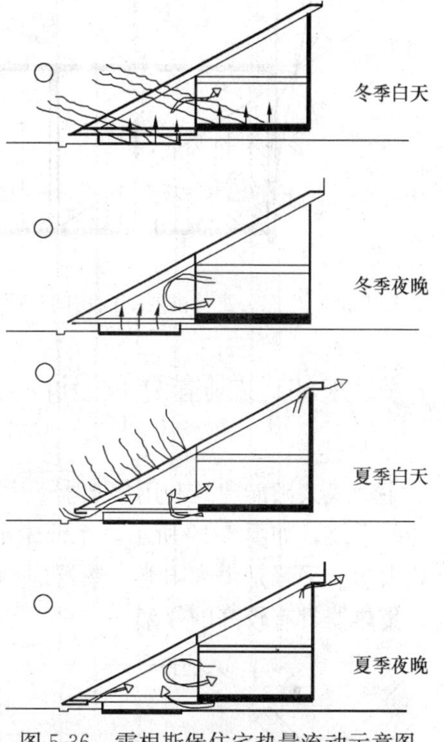

图 5-36　雷根斯堡住宅热量流动示意图

（3）山东建筑大学生态公寓南向房间的被动式太阳能采暖

充分考虑到被动式太阳能采暖各种形式的特点，山东建筑大学生态公寓在南向房间采用了直接受益式这种最简单便捷的采暖方式。南向房间采用了较大的窗墙面积比，外墙窗户尺寸由 1800mm×1500mm 扩大为 2200mm×2100mm，比值达到 0.39，以直接受益窗的形式引入太阳热能。通过图 5-38 和图 5-39 的日照分析能够计算得出，扩大南窗并安装遮阳板后，房间在秋分至来年春分的过渡季节和采暖季期间得到的太阳辐射量多于原设计，而在夏至到秋分这段炎热季节里得到的太阳辐射量少于原设计。另外，由于原方案中卧室通过封闭阳台间接获取光照，采暖季直接得热会折减。通过模拟，生态公寓的南向房间在白天可获得采暖负荷的 25%～35%左右。由于采用了低传热系数的塑料中空窗，增大的窗

图 5-37　山西省榆社县东汇乡卫生院

户面积在夜间只有有限的热量损失，加装保温帘进一步加强夜间保温效果会更好，而且挤塑板作外保温墙体也保证了建筑物耗热量不会增加。

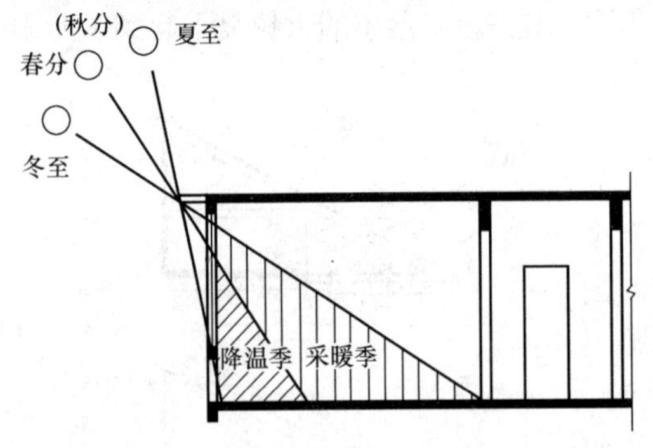

图 5-38　生态公寓标准层南向房间日照分析

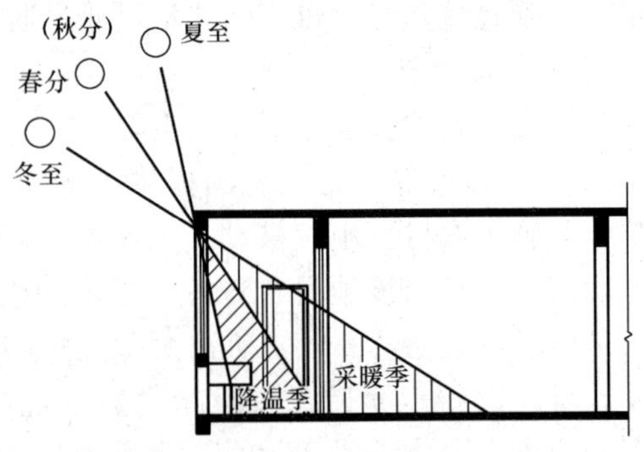

图 5-39　普通公寓标准层南向房间日照分析

5.2.2　主动式太阳能建筑设计

1. 概述

主动式太阳能建筑利用集热器、蓄热器、管道、风机及泵等设备来收集、蓄存及输配太阳能的系统，如图 5-40 所示，系统中的各部分均可控制以达到需要的室温。空气介质的主动式太阳能采暖是由太阳能集热器加热空气直接用来供暖，要求热源的温度比较低，50℃左右，集热器具有较高的效率。

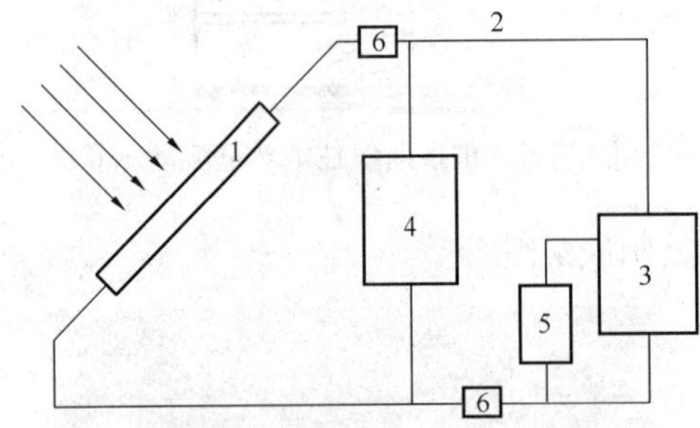

图 5-40　主动式太阳能采暖系统图

1—太阳能集热器；2—供热管道；3—散热设备；4—贮热器；5—辅助热源；6—风机或泵

目前，主动式太阳能空气采暖系统主要有强制对流环路式、OM 太阳能系统和太阳墙系统。强制对流环路式是传统的主动式太阳能空气采暖系统，OM 太阳能系统和太阳墙系统分别是日本和加拿大结合传统住宅和工业建筑，研发的新型的主动式太阳能空气采暖系统。

2. 强制对流环路式

强制对流环路式是在自然对流环路式的基础上发展而来，在建筑的向阳面设置太阳能空气集热器，用风机将空气通过碎石储热层送入建筑物内，并与辅助热源配合（图 5-28）。

储热器一般使用砾石固定床，砾石堆有巨大的表面积及曲折的缝隙。当热空气流过时，砾石堆就储存由热空气所携带的热量；当冷空气流过时，就能把储存的热量带走。这种直接换热具有换热面积大、空气流通阻力小及换热效率高的特点，而且对容器的密封要求不高，镀锌铁板制成的大桶、地下室、水泥涵管等都适合于装砾石。砾石的粒径以 2～2.5 较为理想，用卵石更为合适。但装进容器以前，必须仔细洗刷干净，否则灰尘会随暖空气进入建筑室内。砾石固定床既是储热器又是换热器，因而降低了系统的造价。

强制对流环路式的工作原理是利用风机驱动空气在集热器与储热器之间不断地循环。工作过程中，将集热器所吸收的太阳能热量通过空气传送到储热器存放起来，或者直接送往建筑物。建筑中的冷空气在风机的作用下加速循环，冷空气通过集热器直接加热或与储热器中的储热介质进行热交换加热，加热后的空气送回建筑内进行采暖。

窗户集热板式可以看做是强制对流环路式的变异，该系统由集热单元（玻璃盒子、百叶集热板）、蓄热单元、风扇和风管等组合而成（图 5-41）。玻璃夹层中的集热板把光能转换成热能，加热空气，空气在风扇驱动下沿风管流向建筑内部的蓄热单元。在流动过程中，加热的空气与室内空气完全隔绝。集热单元安装在向阳面，空气可加热到 30～70℃。集热单元的内外两层均采用高热阻玻璃，不但可以避免热散失，还可防止辐射过大时对室内造成不利影响。不需要集热时，集热板调整角度，使阳光直接入射到室内。夜间集热板闭合，减少室内热散失。蓄热单元可以用卵石等蓄热材料水平布置在地下，也可以垂直布置在建筑中心位置。适用于太阳辐射强度高、昼夜温差大的地区的低层或多层居住建筑和小型办公建筑。

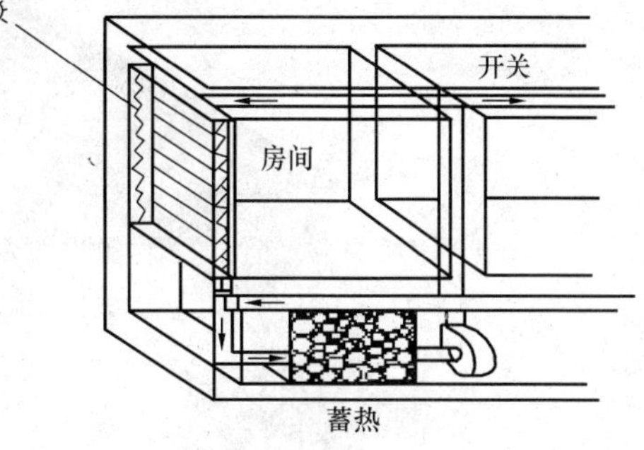

图 5-41　窗户集热板系统示意

3. OM 太阳能系统

(1) OM 太阳能系统的发展

OM 太阳能系统的设计方案是由建筑家奥村昭雄（东京艺术大学）名誉教授于 20 世纪 80 年代提出的，经过不断的改善，迄今为止已发展为一套完备的太阳能与建筑一体化系统。OM 太阳能系统与我们常说的太阳能热水器、被动式太阳能空气集热系统不同，是一种多功能的太阳能利用系统，能进行建筑采暖、降温和提供生活热水，可以与太阳能光电板相结合提供系统中水泵和风扇的动力。该系统与住宅有机地组合成为一个整体，其技术相对于其他常规被动式太阳能采暖系统（如直接受益、集热蓄热墙、日光间等）虽然较为复杂，但却使用简便，在日本已发展成为一项太阳能与建筑一体化的成熟技术。

(2) OM 太阳能系统的工作原理

①屋顶集热的采暖系统

OM 太阳能集热系统以空气为热媒，避免了以水为热媒时可能产生的荷载大和漏水现象。热量的收集是通过屋顶上的太阳能空气集热系统来完成的。屋面面层与底层之间留有狭窄的通风间层，面层靠近屋檐处采用深色金属吸热板覆盖空气间层，接近屋脊处则采用钢化玻璃盖板，室外空气从屋檐下的进风口引入，流经间层时首先被深色吸热金属板加热，空气向上流动温度逐渐升高，为减少热损失和提高集热效率，间层的上部采用钢化玻璃盖板形成类似特朗伯墙的集热方式，最后热空气上升进入屋顶最高处的屋脊集气道，进入空气控制箱。空气控制箱由进气闸、出气闸、热水盘管和风机组成，用来控制空气的流向，冬季打开进气闸可使热空气送入室内进行采暖，夏季打开出气闸可使加热热水盘管后的气流通过出气口直接排向室外。

整个系统的工作原理如图 5-42 所示，室外空气由进风口①进入，经过由金属吸热板③和玻璃板④覆盖的通风间层②加热后，上升到位于屋脊上的集气道⑤，通过空气控制箱⑥中风扇的带动进入房间内部风道⑧（空气控制箱中风扇的动力可来自于屋面上的太阳能光电板⑦），再由空气分配器⑨部分分配到室内各房间直接加热室内空气，而大部分热空气则进入垂直风道⑩中，一直送入位于首层地板下的架空储热空间。在此首先加热铺设于地层用于蓄

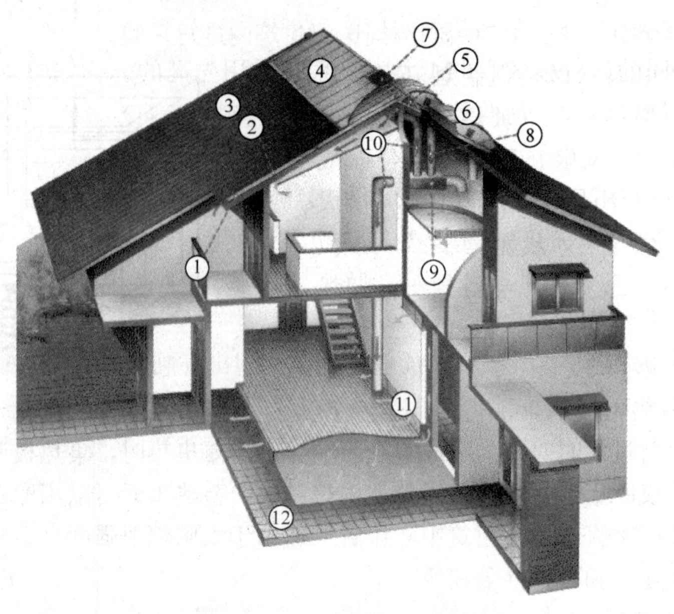

图 5-42 OM 太阳能系统示意图

①进风口；②空气间层；③金属吸热板；④玻璃板；⑤集气道；⑥空气控制箱；⑦太阳能光电板；⑧建筑内部风道；⑨空气控制箱；⑩垂直风道；⑪出风口；⑫蓄热的混凝土垫层

热的混凝土垫层⑫（有时也可送入砖或混凝土夹层内墙中蓄热，且蓄热量较大），再通过地板上的出风口⑪向室内送风。气流以 1m/s 的速度从分布在室内四周的出风口送出，形成的气流场使室内热空气分布比较均匀。夜晚，作为蓄热体的厚混凝土垫层（墙）开始向外释放热量，维持温暖的室温。

OM 空气加热系统的优点还在于供暖的同时取得了室内换气的效果，所得到的新鲜热空气的温度虽因所处地区气候、天气的不同而有差异，但即使在寒冷地区也可以使空气升温至 50～70℃。通过机械和自然换气能使室内换气次数达到每小时 1～2 次。采用地板出风的方式采暖能使热量分布较为均匀，并符合人体舒适性的要求。

另外，OM 太阳能空气加热系统在集热量不足的情况下，可采取一些辅助的采暖手段使室温达到使用要求。辅助采暖设施根据地域差别、采暖面积大小、期望达到的室温效果、建筑围护结构的保温隔热性能、气密性等条件因地制宜采用。如果当地气候、环境允许，可在建筑南向采用如直接受益窗、集热墙、温室等被动式太阳能采暖系统进行组合采暖。

②OM 太阳能热水供应系统

OM 太阳能系统不但能为建筑供暖，还可以提供生活热水。当热空气进入空气控制箱后，先吹过热交换盘管加热盘管中的热媒（通常为防冻液），通过热媒的循环加热储热水箱中的生活热水。热水的温度因天气和季节的不同而不同，在春夏秋三季，每天通常可以采集到 300L30～45℃ 的热水，供一般家庭淋浴及日常使用（图 5-43）。当冬季集热量有限时，所集热量优先用于采暖，控制系统会自动减少盘管中用于预加热热水的热媒循环量，并由辅助热源加热到使用温度。

（3）不同运行模式

OM 太阳能系统在一年四季都可以使用，在不同的季节，不同的时间有不同的运行模式。OM 太阳能系统采用先进的控制系统，可提供自动和手动两种操作方法。如果选择自动运行，系统将按照多数人的生活习惯进行不同模式间的切换；如果选择手动操作，用户可以按照自己对室内热环境的感受进行随意切换，不同模式的转变主要是通过空气控制箱中气闸的开闭来实现。

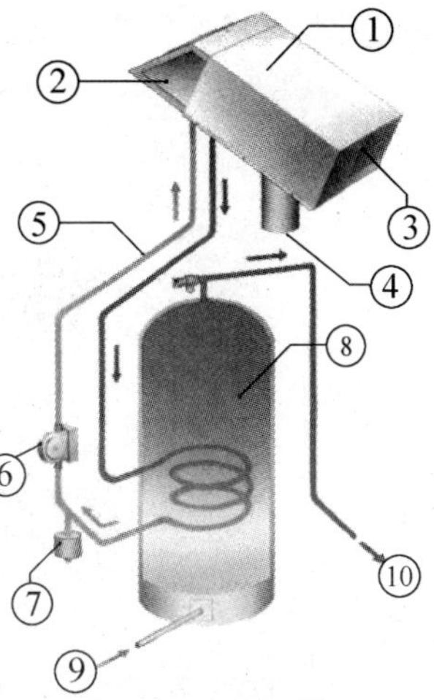

①冬季模式

白天（图 5-44）打开空气控制箱的进气闸，关闭出气闸，热空气经过屋顶加热以后通过空气控制箱进入室内风道，经过空气分配器部分热空气直接进入各房间，部分热空气被引入地层地板下的架空层加热厚水泥垫层，再由地板四周的出风口进入室内对室内进行加热。

夜晚（图 5-45）日落之后停止集热，由于位于地板下的厚水泥垫层和建筑采用的砖（混凝土）墙体都是良好的蓄热体，在夜间温度下降以后开始向室内释放热量，保持室内舒适的室温环境。

图 5-43　热水供应系统

①空气控制箱；②热空气进口；③出气闸；④进气闸；⑤热媒循环管；⑥水泵；⑦膨胀箱；⑧热水箱；⑨冷水进口；⑩热水出口

②夏季模式

白天（图 5-46）打开空气控制箱通向室外的出气闸，关闭进入室内的进气闸，使被屋顶加热的热空气不能进入室内，而是将热量传给热交换盘管内流动的热媒，通过热媒的不断流动加热水箱中的生活用热水，而后通过出气闸排向室外。

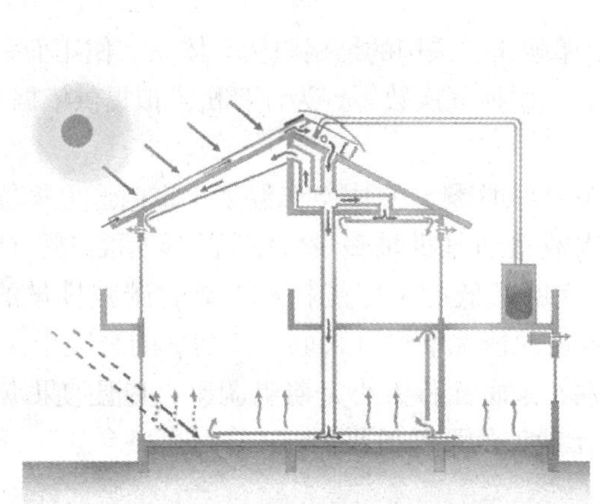

图 5-44　冬季白天工作模式

图 5-45　冬季夜晚工作模式

夜间（图 5-47）当屋面被充分自然冷却后，打开空气控制箱的进气闸，关闭出气闸，夜晚空气在流经金属板覆盖的夹层时，通过金属板向夜空的辐射冷却作用使空气温度降低，冷却后的空气通过室内风道进入室内，进而降低室内温度。

(4) 计算机辅助设计

为了使建筑设计方案能更高效地利用太阳能，日本 OM 太阳能协会相应开发了辅助设计计算机模拟软件 Sunsons Version5.0。该软件主要包括 4 个部分：

①AMeDAS气象资料数据库

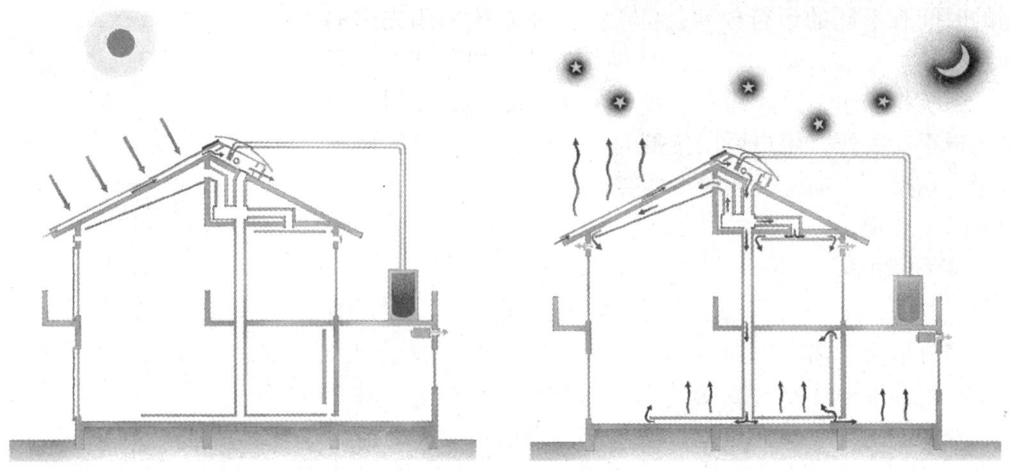

图 5-46　夏季白天工作模式　　　　图 5-47　夏季夜晚工作模式

在日本，有一个称为 AMeDAS 的庞大的气象资料数据库，这些数据是在全国范围内按 $20km^2$ 的网格采集的，在每个采样点经过统计分析每个月取有代表性的三天的气象数据作为模拟条件，其中包括气温、日照、风向、风速等。

②传热系数数据库

该数据库包含了常用建筑材料的传热系数，利用这个程序可以真实地模拟存在热桥的墙壁、地板、天花板等部位的热量传递情况。

③设计参数输入

输入待建房屋的相关数据如房屋所在地点、房屋朝向、采用的结构与构造体系、使用面积等和建造者要达到的要求，如室内气温、热水温度、室内换气次数等，为计算机模拟提供依据。

④模拟计算程序

经过计算，可以真实地模拟出屋顶集热量、热水供应量、室内空气温度、室内通风换气次数等详尽的数据结果，还可以帮助设计者确定如何配置辅助采暖设备以满足实际需要。计算结果还可以给出使用了 OM 太阳能系统后，住宅所降低的家庭能耗和二氧化碳减排量的百分比。

根据计算机模拟的结果，建筑师可以对设计方案做出必要的完善和调整，以便使 OM 太阳能系统有较高的运行效率，同时也向顾客展示设计的最佳效果。

（5）建筑实例

据统计，到 2010 年在日本已建成了 300 万栋采用 OM 太阳能系统的别墅，此系统不仅在住宅建筑中大量使用，在学校、办公楼、医院等公共建筑中也得到了广泛的应用。

实例 1：图 5-48 为 1997 年在日本北海道钏路举行的 PLEA（被动式低能耗建筑）国际大会的信息中心，此栋建筑为二层钢筋混凝土梁柱/板结构，占地面积 $182.8m^2$，采用 OM 太阳能系统为室内供暖，未启用辅助采暖设施，并进行了实地监测，以获得 OM 太阳能系统在寒冷条件下工作的实际效率，图 5-49 为实际监测数据曲线图。从图中可以看出，在室外平均－4.2℃的寒冷环境下，仅依靠 OM 系统使室温维持在 17℃以上，最高达到了 26℃，可见实际采暖的效果还是比较理想的。

图 5-48　PLEA 大会信息中心外观

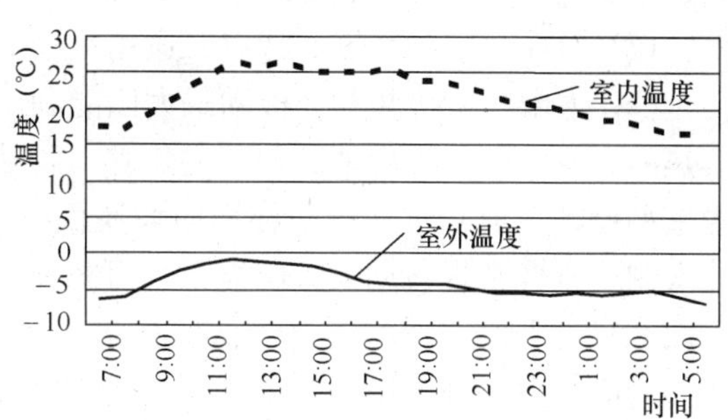

图 5-49　1997 年 1 月 9 日 7：00 至 10 日 6：00 实测数据

实例 2：图 5-50 是位于美国加利福尼亚州戴维斯的一栋应用了 OM 太阳能系统的住宅，使用面积 192m²，供一位 70 多岁的老年妇女居住。图 5-51 为 2003 年夏季三天的实测数据，图 5-52 为 2003 年冬季三天的实测数据。从图 5-51、图 5-52 中曲线可以看出，其夏季降温和冬季采暖的效果还是比较明显的，对室内的气温波动也起到了明显的平抑作用。冬季还可以获得 30℃以上的热水，节能效果明显。

（6）太阳能与建筑一体化设计

在大力提倡太阳能与建筑一体化的今天，OM 太阳能系统作为一种主/被动混合式利用太阳能的系统，真正做到了太阳能与建筑的一体化设计。

图 5-50　戴维斯城的 Allegra Silberstein 住宅

首先，建筑外观上系统与建筑有机地结合在了一起。OM 太阳能系统采用屋顶集热的方式，集热装置本身就是建筑的一部分，OM 太阳能系统在整个建筑内部运行，与建筑融为一体；其次，OM 太阳能系统的设计建造与建筑是同步进行的。这是建立在 OM 系统本身在设计之初就是以考虑建筑的基本要求为前提的，即系统是要在建筑上应用，必须与相应的安装部位、构配件相协调，必须与建筑进行整体考虑。相应的，建筑也要为系统的高效运作提供必要的环境，如设计最有利于集热的屋顶，最有利于保温和密闭的外围护结构等，在建造时管道与建筑同时施工，而不是建筑完工后将太阳能系统作为一种后置设备附加在建筑上，因

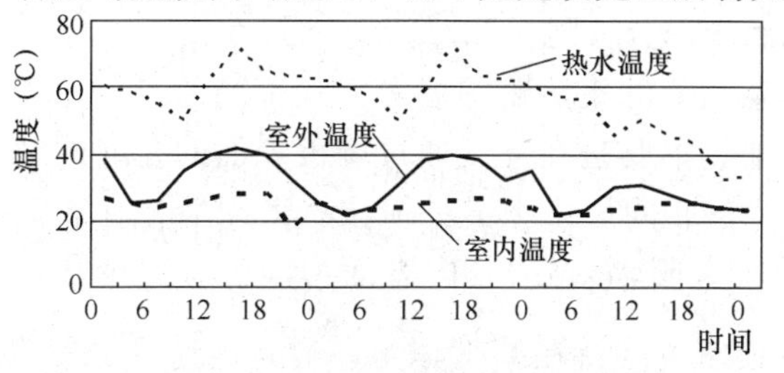

图 5-51　2003 年夏季 3 天实测结果

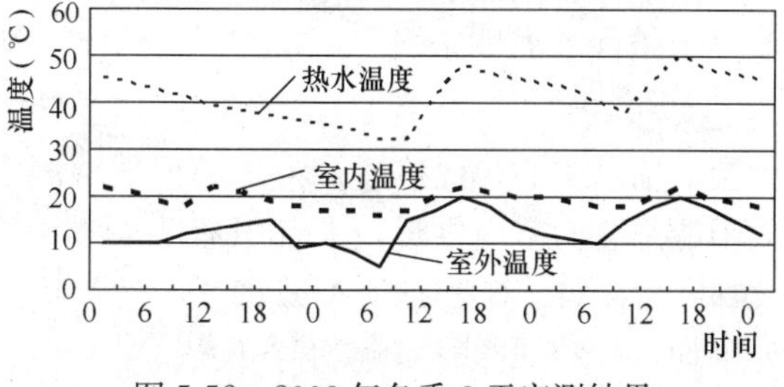

图 5-52　2003 年冬季 3 天实测结果

此也就不会造成对建筑整体形象的破坏。

(7) OM 太阳能系统的特点、适用范围

OM 太阳能系统与其他被动式太阳能利用系统相比，有其自身的特点。该系统采用屋顶集热的方式，与利用南墙面集热的集热（蓄热）墙相比，立面较为美观，不影响南墙面的建筑造型设计。但 OM 系统只在南向坡屋面上设置集热面，对于多层住宅其集热面积就受到了限制，不像常规被动式太阳能系统可随建筑增高的同时增加可利用作集热面的南墙面积，因此 OM 太阳能系统很适合于低层住宅运用。对于多层住宅，其系统就要进行相应的变通才能适应。由于城市用地的紧张，不可能大量发展低层建筑，故此 OM 太阳能系统较适合于在郊区别墅中应用。随着中国城市化进程的快速发展，中小城镇居民生活水平在不断提高，也可以尝试在城镇住宅和农村低层住宅中使用 OM 太阳能系统。

OM 的热水系统是在空气控制箱内设置换热盘管，通过空气集热器收集的热空气加热后，再进入储热水箱换热。经过两次热交换其集热效率和水温显然不如直接使用太阳能热水器提供热水的高。但其设备具有采暖和供生活热水的双重功能，整个系统也不太复杂，屋顶荷载比较小，维护也较为方便。基于这些特点，OM 太阳能系统应该更适用于采暖区的建筑。虽然 OM 系统在夏季夜间也能起到一定的降温作用，尤其在昼夜温差大的气候区效果会比较明显。但在南方炎热气候区，白天 OM 系统屋面间层中流动的高温空气流虽可制备充足的热水，但对室内的热环境却会产生负面的影响，尤其在昼夜温差较小的湿热气候区很难实现降温的目的。因此对于南方炎热地区，OM 系统并不适用。在这些地区，生活热水使用太阳热水器直接制备效率会更高，经济性也会更好。

OM 太阳能技术在我国的个别地区已进行了尝试性试点，并建成了试点建筑。作为一种在日本已实际应用的技术，它是有一定的适用范围的。应该根据所在地区的不同气候特点进行具体的分析、具体的设计和选择，不能盲目地应用，否则难以达到预想的效果。

4. 太阳墙系统

(1) 太阳墙系统的工作原理

太阳墙系统是由加拿大研发、通过建筑南向墙体上的太阳能集热板进行建筑新风加热的低温热利用系统。在入风口风机的作用下，金属穿孔集热板⑥与前衬板⑤之间的空腔内形成负压区，通过深色金属穿孔板上的小孔把室外空气吸入空腔，在流动过程中获得板材吸收的太阳辐射热，上升到上部的集气道⑨，经过入风口再通过室内风管分配到室内各个部分。夜晚，当风机运行时，通过外墙损失的热量又被空腔内流动的空气回收并再次分配到室内各个部分（图 5-53）。

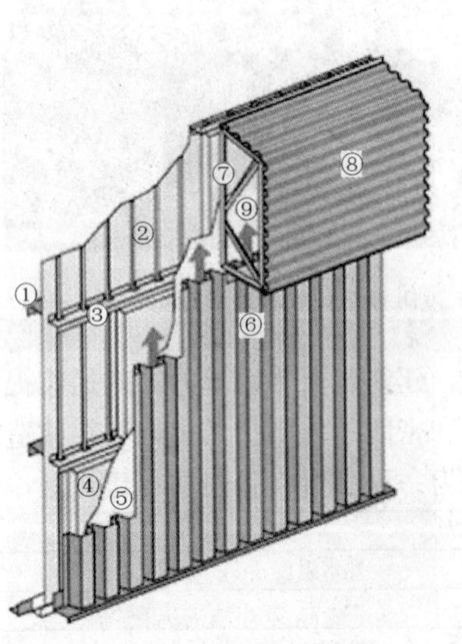

与传统意义上的集热蓄热墙等方式不同的是，太阳墙对空气的加热主要是在空气通过墙板表面的孔缝的时候，而不是空气在间层中上升的阶段。太阳墙板外表面为深色（吸收太阳辐射热），内表面为浅色（减少热损失）。

图 5-53　太阳能墙示意图

① 墙体钢龙骨；② 后衬板；③支撑、固定龙骨；④隔热层；⑤前衬板；⑥金属穿孔集热板；⑦集气道龙骨；⑧集气道金属盖板；⑨集气道

(2) 太阳墙系统的组成

太阳墙系统由集热和气流输送两部分系统组成，房间是储热器。集热系统包括垂直墙板、遮雨板和支撑框架。气流输送系统包括风机和管道。太阳墙板覆于建筑外墙的外侧，上面开有小孔，与墙体的间距由计算决定，一般在 200mm 左右，形成的空腔与建筑内部通风系统的管道相连，管道中设置风机，用于抽取空腔内的空气。

太阳墙板材是由 1～2mm 厚的压型镀锌钢板或铝板（图 5-54）构成，外侧涂层具有强烈吸收太阳热、阻挡紫外线的良好功能，一般是黑色或深棕色，为了建筑美观或色彩协调，其他颜色也可以使用，主要的集热板用深色，装饰遮板或顶部的饰带用补充色。为空气流动及加热需要，板材上打有孔洞，孔洞的大小、间距和数量应根据建筑物的使用功能与特点、所在地区纬度、太阳能资源、辐射热量进行计算和试验确定，能平衡通过孔洞流入的空气量和被送入距离最近的风扇的空气量，以保证气流持续稳定均匀，以及空气通过孔洞获得最多的热量。不希望有空气渗透的地方，例如顶部集气道处，可使用无孔的同种板材及密封条。板材由钢框架支撑，用自攻螺栓固定在建筑外墙上，如图 5-55、图 5-56 所示。

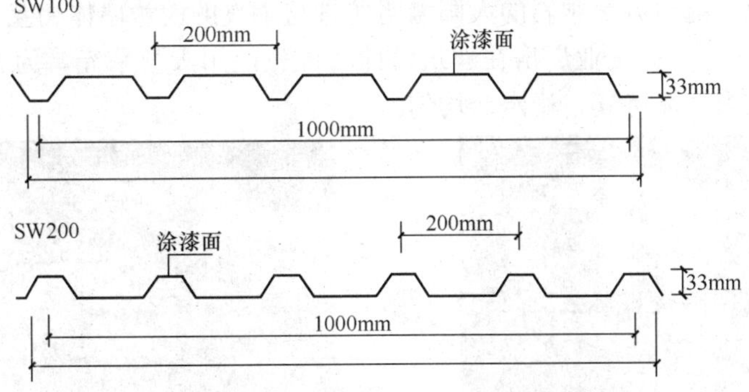

图 5-54　太阳墙两种类型的断面

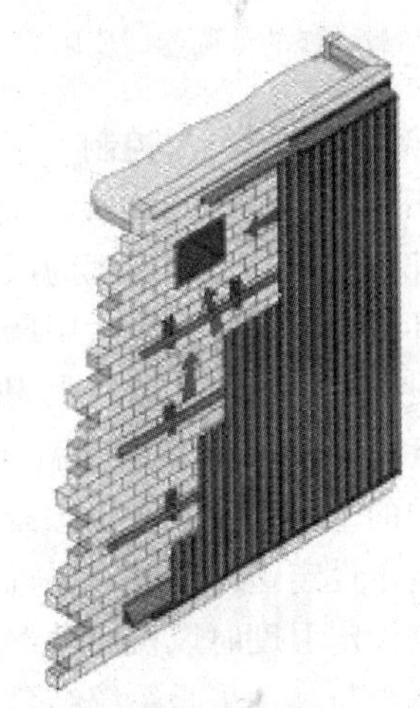

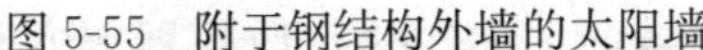

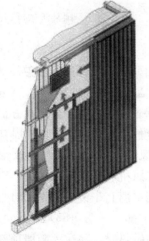

图 5-55　附于钢结构外墙的太阳墙　　图 5-56　附于砖结构外墙的太阳墙

太阳墙的设计应根据建筑设计要求来确定所需的新风量，尽量使新风全部经过太阳墙板；如果不确定新风量的大小，则应最大尺寸设计南向可利用墙面及墙窗比例，达到预热空气的良好效果。一般情况下，每平方米的太阳墙空气流量可达到 22～44m^3/h。

风扇的个数需要根据建筑面积计算决定。风扇由建筑内供电系统或屋面安装的太阳能光电板提供电能，根据系统出风口温度，智能或人工控制运转。

太阳墙理想的安装方位是南向及南偏东西20°以内，也可以考虑在东西墙面上安装。坡屋顶也是设置太阳墙的理想位置，它可以方便地与屋顶的送风系统联系起来。

学校、住宅、大型零售商场也开始使用太阳墙采暖或预热新风，结合民用建筑立面特点，太阳墙安装在窗间墙、窗槛墙、檐口等部位，并综合相应部位建筑构件的部分功能。日本的某栋学校教学楼，建筑师利用了窗槛墙的部分墙面设计了太阳墙系统，既可以在冬季为建筑输送热风又能在炎热的夏季为建筑遮挡强烈的阳光，取得了很好的节能和装饰效果（图5-57）。

相对于工业建筑，民用建筑墙体承担的美学方面的功能更为突出，在保证系统集热效率的前提下，系统与建筑在立面造型、质感、颜色等方面相互协调，形成和谐的建筑形象。美国大型的零售商店沃尔玛为解决通风供暖问题使用了750m^{2}的太阳墙，太阳墙墙板的深灰色与墙体的浅灰色搭配协调，倾斜的太阳墙明龙骨与垂直的大片墙体相互对比，形成独特的建筑立面效果（图5-58）。工业厂房在建筑设计时优先使用天窗采光，为太阳墙预留完整的墙面，以保证空腔内气流持续、稳定、均匀。

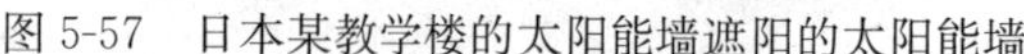

图5-57 日本某教学楼的太阳能墙遮阳的太阳能墙

图5-58 美国某沃尔玛超市外墙

（3）太阳墙系统的运行与控制

只依靠太阳墙系统采暖的建筑，在太阳墙顶部和典型房间各装一个温度传感器。冬季工况以太阳墙顶部传感器的设定温度为风机启动温度（即设定送风温度），房间设定温度为风机关闭温度（即设定室温），当太阳墙内空气温度达到设定温度，风机启动向室内送风；当室内温度达到设定室内温度后或者太阳墙内空气温度低于设定送风温度时，风机关闭停止送风，当室内温度低于设定室温送风温度高于设定送风温度时，风机启动继续送风。夏季工况，当太阳能中的空气温度低于传感器设定温度时，风机启动向室内送风；室温低于设定室温或室外温度高于设定送风温度时风机停止工作，当室温高于设定室温同时室外温度低于太阳能顶部传感器设定温度时风机启动继续送风。

当太阳墙系统与其他采暖系统结合，同时为房间供热时，除在太阳墙顶部和典型房间中安装温度传感器外，在其他采暖系统上也装设温控装置（如在热水散热器上安装温控阀）。太阳墙提供热量不够的部分由其他采暖系统补足。也可以采用定时器控制，每天在预定时段将热（冷）空气送入室内。

（4）太阳墙系统的冬、夏运行模式

冬季，白天室外空气通过小孔进入空腔，在流动过程中获得板材吸收的太阳辐射热，受热压作用上升，进入建筑物的通风系统，然后由管道分配输送到各层空间。板材底部不密封，保持了太阳墙内腔的干燥，同时起到排水作用（图 5-59）。夜晚，墙体向外散失的热量被空腔内的空气吸收，在风扇运转的情况下被重新带回室内。这样既保持了新风量，又补充了热量，使墙体起到了热交换器的作用（图 5-60）。

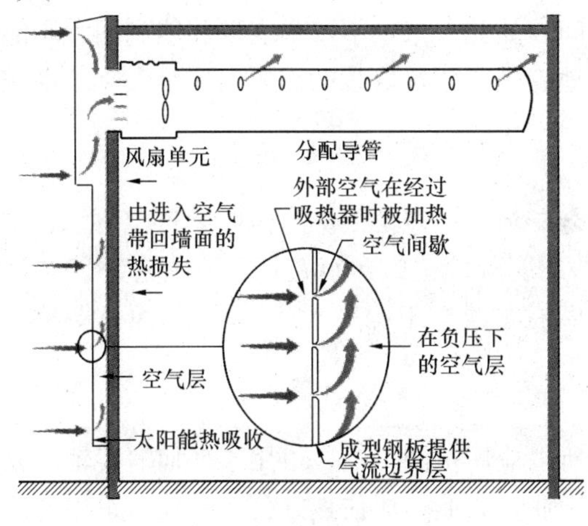

图 5-59　冬季白天运行模式

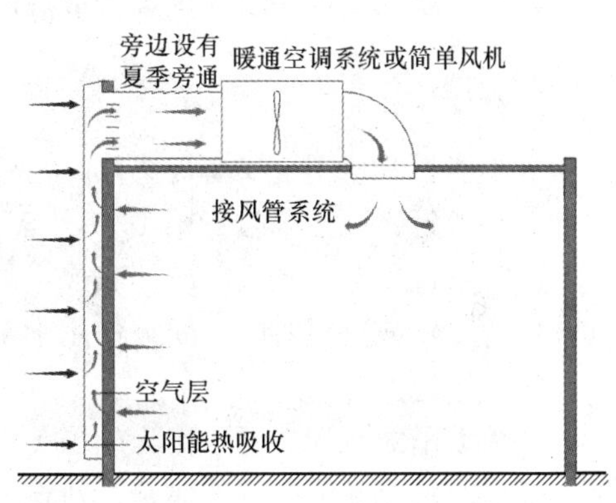

图 5-60　冬季夜晚运行模式

夏季，室外热空气可从太阳墙板底部及孔洞进入，从上部流出，热量不会进入室内，因此不需要特别设置排气装置（图 5-61）。

（5）太阳墙系统的特点

太阳墙使用多孔波形金属板集热，并与风机结合，与用传统的太阳能空气集热系统相比，有自己独到的优势和特点。

①热效率高

一般认为，风会带走金属太阳墙板吸收的大部分热量。为了检验这种不同于用玻璃作集热构件的做法，研究者们使用风洞、红外线自动温度记录仪、计算机模拟以及实际安装做试验，结果表明，大部分热量被金属集热板表面吸收，只有很薄的一层热空气被风带走。实际上，风可以把空气推向集热板，有利于增加热量。

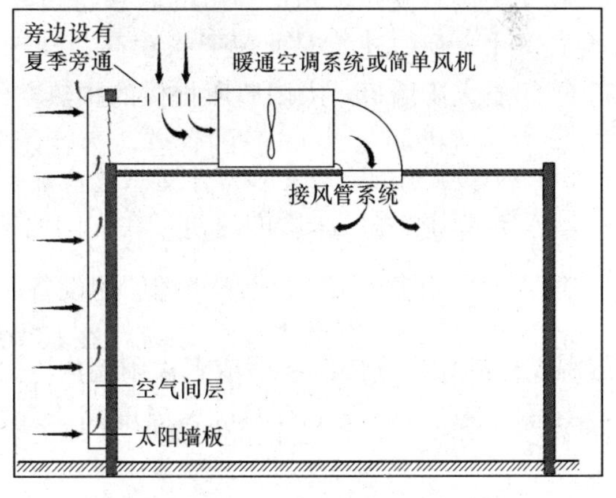

图 5-61　夏季运行模式

研究表明，与有玻璃盖板的太阳能集热器相比，太阳能系统的集热效率更高。因为玻璃会反射掉大约 15%的入射光，削减了能量的吸收，而用多孔金属板能捕获可利用太阳能的 80%，每年每平方米的太阳墙能得到 2GJ 的热量。另外，根据房间不同用途，确定集热面积和角度，可达到不同的预热温度，晴天时能把空气预热到 30℃以上，阴天时能吸收漫射光所产生的热量。

②良好的新风系统

目前对于很多密闭良好的建筑来说，冬季获取新风和保持室内适宜温度很难兼得。而太阳墙可以把预热的新鲜空气通过通风系统送入室内，通风与采暖有机结合，有效提高了室内空气质量，保持室内环境舒适，有利于使用者身体健康，与传统的集热蓄热墙相比，这也是优势所在。

太阳墙系统与通风系统结合，不但可以通过风机和气阀控制新风流量、流速及温度，还可以利用管道把加热的空气输送到任何位置的房间。如此一来，不仅南向房间能利用太阳能采暖，北向房间同样能享受到太阳的温暖，更好地满足了建筑取暖的需要，这是太阳墙系统的独到之处。

③经济效益好

太阳能系统使用金属薄板集热，与建筑外墙合二为一，造价低。与传统燃料相比，每平方米集热墙每年减少采暖费用 10～30 美元。另外还能减少建筑运行费用、降低对环境的污染，经济效益很好。太阳能的回收成本的周期在旧建筑改造工程中为 6～7 年，而在新建建筑中仅为 3 年或更短时间，而且使用中不需要维护。

④应用范围广

因为太阳能设计方便，作为外墙美观耐用，所以应用范围广泛，可用于任何需要辅助采暖、通风或补充新鲜空气的建筑，建筑类型包括工业、商业、居住、办公、学校、军用建筑及仓库等，还可以用来烘干农产品，避免其在室外晾晒时因雨水或昆虫而损失。另外，该系统安装简便，能安在任何墙体的外侧及墙体现有开口的周围，便于旧建筑改造。

（6）太阳墙系统的应用实例

位于美国科罗拉多州丹佛市的联邦特快专递配送中心（FedEx），因工作需要有大量卡车穿梭其中，所以建筑对通风要求很高。在选择太阳能集热系统时，中心在南墙上安装了 465m^2 铝质太阳墙板，太阳墙所提供的预热空气的流量达到 76500m^3/h。这些热空气通过 3 个 5 马力的风机进入 200m 长的管道，然后分配到建筑的各个房间。该系统每年可节省大约 7 万 m^3 天然气，节约资金 12000 美元。另外，红色的太阳墙与建筑其他立面上的红色色带相呼应，整体外观和谐美观（图 5-62）。

加拿大多伦多市 ECG 汽车修理厂的设备需要大量新鲜空气来驱散修理汽车时产生的烟气。该厂使用了太阳能加热空气系统，在获得所需新鲜空气的同时也节省了费用。ECG 的太阳墙通风加热系统从 1999 年 1 月开始运行，评估报告表明该系统使公司每年天然气的使用量减少 11000m^3，相当于至少减少 20 吨二氧化碳的排放量，运行第一年就为公司节省了 5000～6000 美元（图 5-63）。

图 5-62　美国丹佛市联邦特快专递配送中心

图 5-63　加拿大多伦多市 ECG 汽车修理

纽约中心公园动物医院旧建筑改造，在南墙面上安装了 95m^2 的太阳墙板，可预热空气达到 17～30℃，并通过 3 套风机系统使诊室的换气量达到每小时 4 次，手术室每小时 8 次，满足了使用要求，每年能节省费用 2000 美元（图 5-64）。

奥地利 Karnten 城木材加工厂为了干燥木材，在南向屋面上安装了呈 45°倾角的太阳墙板，面积达 100m^2。木材放在室内带孔金属板上，预热的空气通过管道被输送到金属板下方，由孔溢出。管道内风扇达到 7200m^3/h 的输送能力，可提供的烘干温度超过 60℃，烘干效果很好（图 5-65）。

图 5-64　纽约中心公园动物医院

图 5-65　奥地利 Karnten 城木材加工厂木材烘干车间

图 5-66 和图 5-67 分别是采用了太阳墙系统的公寓和住宅建筑。

图 5-66　加拿大多伦多温莎公寓

图 5-67　加拿大居住建筑

加拿大学校多伦多 West Prep 学校原有教室的空气环境质量导致了学生的过敏和易发流感，急需对空气环境进行改造，因此使用太阳墙进行通风和采暖改造（图 5-68、图 5-69）。学校采用 15m^2 的太阳能板，最大预热空气的流量达到 340m^3/h，出风口新风温度比环境温度提高大约 30℃。图 5-70 是实际监测数据曲线图，从图中可以看出，在室外最低气温－15.3℃的寒冷环境下，仅依靠太阳能系统就能使室温维持在 12.5℃

图 5-68　在教室外墙设置太阳墙板

以上，最高达到21.5℃。

图5-69　在教室天花设置的通风管道（直径150mm）

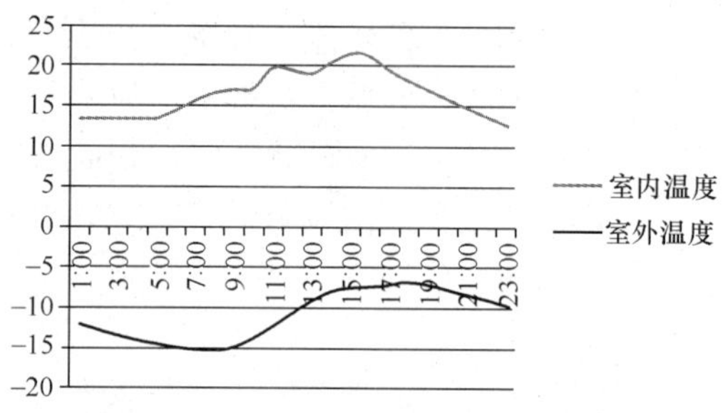

图5-70　改造后教室的热工数据日

5.3　太阳能热水采暖技术

太阳能热水采暖通常是指以太阳能为热源，通过集热器汲取太阳能，以水为热媒，进行采暖的技术。与太阳能生活热水系统一样，都是低温太阳能热利用系统，其集热、蓄热部分的基本原理相同，用热末端不同。由于热媒是温度为30～60℃的低温热水，太阳能采暖系统多采用辐射采暖末端，按照使用部位的不同，可分为太阳能顶棚辐射采暖、太阳能地板辐射采暖、太阳能体辐射采暖等几类，本书仅介绍目前使用较为普遍的太阳能地板辐射采暖。

5.3.1　太阳能热水地板辐射采暖

1. 特点

传统的供热方式主要是散热器采暖，即将暖气片布置在建筑物的内墙上，这种供暖方式存在以下几方面的不足：

（1）影响居住环境的美观程度，减少了室内空间。

（2）房间内的温度分布不均匀。靠近暖气片的地方温度高，远离暖气片的地方温度低。

（3）供热效率低。

（4）散热器采暖的主要散热方式是对流，这种方式容易造成室内环境的二次污染，不利于营造一个健康的居住环境。

（5）在竖直方向上，房间内的温度分布与人体需要的温度分布不一致，使人产生头暖脚凉的不舒适感觉。

与传统采暖方式相比，太阳能地板辐射采暖技术主要具有以下几方面的优点（图5-71）：

（1）降低室内设计温度

影响人体舒适度的因素之一为室内平均辐射温度。当采用太阳能地板辐射采暖时，由于室内围护结构内表面温度的提高，所以其平均辐射温度也要加大，一般室内平均辐射温度比室温高2～3℃。因此要得到与传统采暖方式同样的舒适效果，室内设计温度值可降低2～3℃。

（2）舒适性好

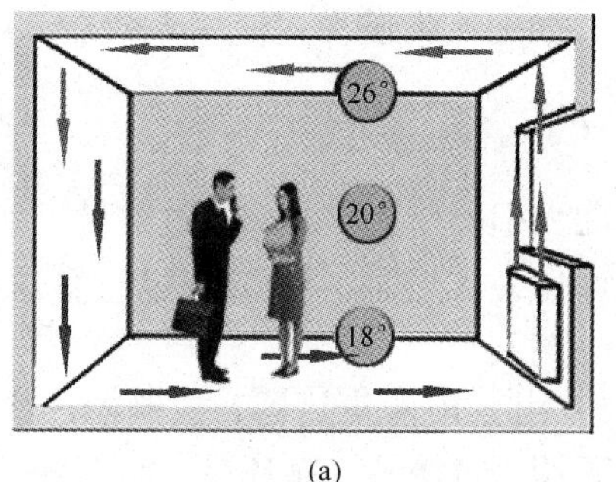

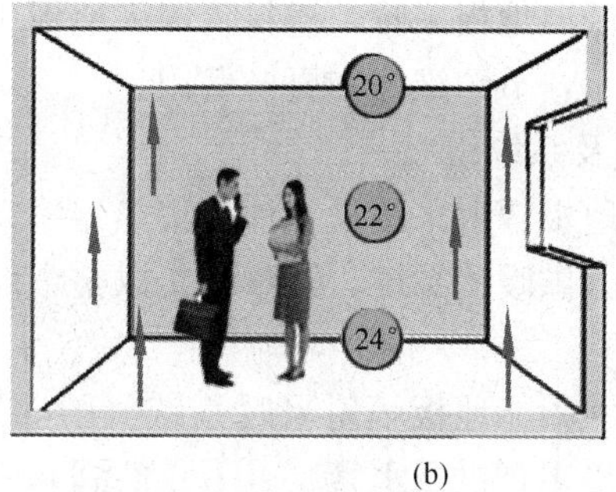

(a)　　(b)

图 5-71　传统采暖方式与地板辐射采暖室内温度分布对比

(a) 传统采暖；(b) 地板辐射采暖

以地板为散热面，在向人体和周围空气辐射换热的同时，还向四周的家具及外围护结构内表面辐射换热，使壁面温度升高，减少了四周表面对人体的冷辐射。由于具有辐射强度和温度的双重作用，使室温比较稳定，温度梯度小，形成真正符合人体散热要求的热环境，给人以脚暖头凉的舒适感，可使脑力劳动者的工作效率提高。

(3) 适用范围广

解决了大跨度和矮窗式建筑物的采暖需求，尤其适用于饭店、展览馆、商场、娱乐场所等公共建筑以及对采暖有特殊要求的厂房、医院、机场和畜牧场等。

(4) 可实现分户计量

目前我国采暖收费基本上是采用按采暖面积计费的方法。这种计费方法存在很多弊端，导致能源的极大浪费。最合理的计费方法应该是按用户实际用热量来核算。要采用这种计费方法，就必须进行单户热计量，而进行单户热计量的前提是每个用户的采暖系统必须能够单独进行控制，这点对于常规的散热器采暖方式来说是不容易做到的（必须经过复杂的系统改造)。而太阳能地板辐射采暖一般采用双管系统，以保证每组盘管供水温度基本相同。采用分、集水器与管路连接，在分水器前设置热量控制计量装置，可以实现分户控制和热计量收费。

(5) 卫生条件好

室内空气流速较小，平均为 0.15m/s，可减少灰尘飞扬，减少墙面或空气的污染，消除了普通散热器积尘面挥发的异味。

(6) 高效节能

供水温度为 30～60℃，使得利用太阳能成为可能，节约常规能源。室内设计温度值如 (1) 所述，可降低 2～3℃。根据有关资料介绍，室内温度每降低 1℃可节约燃料 10 %左右，因此太阳能地板辐射采暖可节约燃料 20%～30%。如 (4) 所述，若采用按热表计量收费来代替按采暖面积收费，据国外资料统计，又可节约能源 20 %～30 %。

(7) 扩大了房间的有效使用面积

采用暖气片采暖，一般 100m^2 占有效使用面积达 2m^2 左右，而且上下立横管诸多，给用户装修和使用带来诸多不便。采用太阳能地板辐射采暖，管道全部在地面以下，只用一个分集水器进行控制，解决了传统采暖方式的诸多问题。

(8) 使用寿命长

太阳能低温地板采暖，塑料管埋入地板中，如无人为破坏，使用寿命在50年以上，不腐蚀、不结垢，节约维修和更换费用。

2. 原理及系统组成

太阳能地板辐射采暖是一种将集热器采集的太阳能作为热源，通过敷设于地板中的盘管加热地面进行供暖的系统，该系统是以整个地面作为散热面，其辐射换热量约占总换热量的60%以上。

典型的太阳能地板辐射采暖系统（图5-72）由太阳能集热器、控制器、集热泵、蓄热水箱、辅助热源、供回水管、若干止回阀、三通阀、过滤器、循环泵、温度计、分水器、加热器组成。

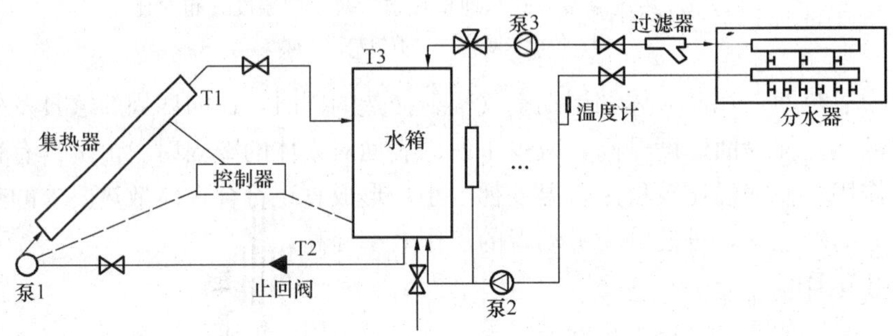

图5-72　太阳能地板辐射采暖系统图

当T1＞50℃时，控制器就启动泵1，水进入集热器进行加热，并将集热器的热水压入水箱，水箱上部温度高，下部温度低，下部冷水再进入集热器加热，构成一个循环。当T1＜40℃，水泵停止工作，为防止反向循环及由此产生的集热器的夜间热损失，则需要一个止回阀。当蓄热水箱的供水水温T3＞45℃时，可开启泵3进行采暖循环。和其他太阳能的利用一样，太阳能集热器的热量输出是随时间变化的，它受气候变化周期的影响，所以系统中有一个辅助加热器。当阴雨天或是夜间太阳能供应不足时，可开启三通阀，利用辅助热源加热。当室温波动时，可根据以下几种情况进行调节。①如果可利用太阳能，而建筑物不需要热量，则把集热器得到的能量加到蓄热水箱中去；②如果可利用太阳能，而建筑物需要热量，把从集热器得到的热量用于地板辐射采暖；③如果不可利用太阳能，建筑物需要热量，而蓄热水箱中以储存足够的能量，则将储存的能量用于地板辐射采暖；④如果不可能利用太阳能，而建筑物又需要热量，且蓄热水箱中的能量已经用尽，则打开三通阀，利用辅助加热器对水进行加热，用于地板辐射采暖。尤其需要指出，蓄热水箱存储了足够的能量，但不需要采暖，集热器又可得到能量，集热器中得到的能量无法利用或存储，为节约能源，可以将热量供应生活用热水。

蓄热水箱与集热器上下水管相连，供热水循环之用。蓄热水箱容量大小根据太阳能地板采暖日需热水量而定。在太阳能的利用中，为了便于维护加工，提高经济性和通用性，蓄热水箱已标准化。目前蓄热水箱以容积分为500L和1000L两种，外形均为方表。容积500L的水箱外形尺寸为：778mm×778mm×800mm，容积为1000L的水箱外形尺寸为：928mm×928mm×1300mm。太阳能集热器的产水能力与太阳照射强度、连续日照时间及背景气温等密切相关。夏季产水能力强，大约是冬季的4～6倍。而夏季却不需要采暖，洗浴所需的热水也较冬季少。为了克服此矛盾，可以尝试把太阳能夏季生产的热水保温储存下来留在冬季及阴雨季节使用，这不仅可以发挥太阳能采暖系统的最佳功能，而且还可以大大降低辅助能的使用。在目前技术条件下，最佳的方案就是把夏季太阳能加热的热水就地回灌储存于地下含水岩层中。不过该技术还需进一步研究和探讨。

3. 地板结构形式

地板结构形式与太阳能地板辐射采暖效果息息相关，这里从构造做法和盘管辐射方式两方面进行阐述。

(1) 构造做法

按照施工方式，太阳能地板辐射采暖的地板构造做法可分为湿式和干式两类。

① 湿式太阳能地板采暖结构形式

图 5-73 为湿式太阳能地板采暖结构的示意图。在建筑物地面基层做好之后，首先敷设高效保温和隔热的材料，一般用的是聚苯乙烯板或挤塑板，在其上铺设铝箔反射层，然后将盘管按一定的间距固定在保温材料上，最后回填豆石混凝土。填充层的材料宜采用 C15 豆石混凝土，豆石粒径宜为 5～12mm。盘管的填充层厚度不宜小于 50mm，在找平层施工完毕后再做地面层，其材料不限，可以是大理石、瓷砖、木质地板、塑料地板、地毯等。

② 干式太阳能地板采暖结构形式

图 5-74 为另外一种地板结构形式，被称为干式太阳能地板采暖构造。此干式做法是将加热盘管置于基层上的保温层与饰面层之间无任何填埋物的空腔中，因为它不必破坏地面结构，因此可以克服湿式做法中重度大、维修困难等不足，尤其适用于既有建筑的太阳能地板辐射采暖改造，从而丰富和完善了该项技术的应用，是适应我国建筑条件和住宅产品多元化需求的有益探索和实践。

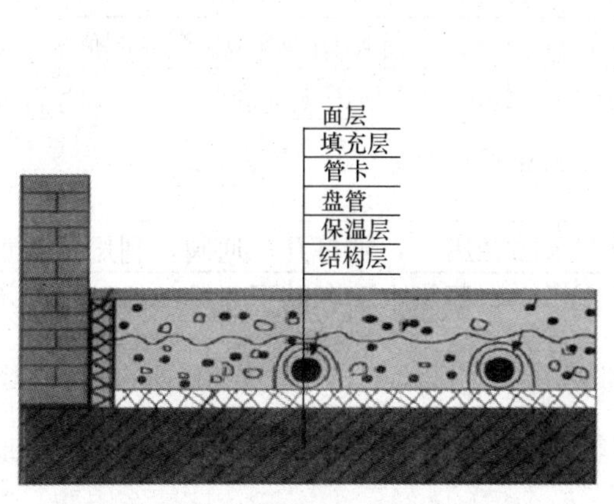

图 5-73　湿式太阳能地板采暖地板构造示意图

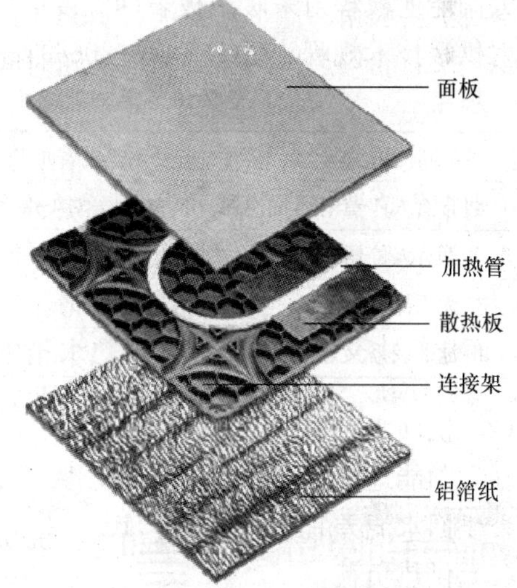

图 5-74　干式太阳能地板采暖地板

(2) 盘管敷设方式

如图 5-75 所示，太阳能地板辐射采暖系统盘管的敷设方式分为蛇型和回型两种，蛇型敷设又分为单蛇型、双蛇型和交错双蛇型敷设 3 种；回型敷设又分为单回型、双回型和双开双回型敷设三种。

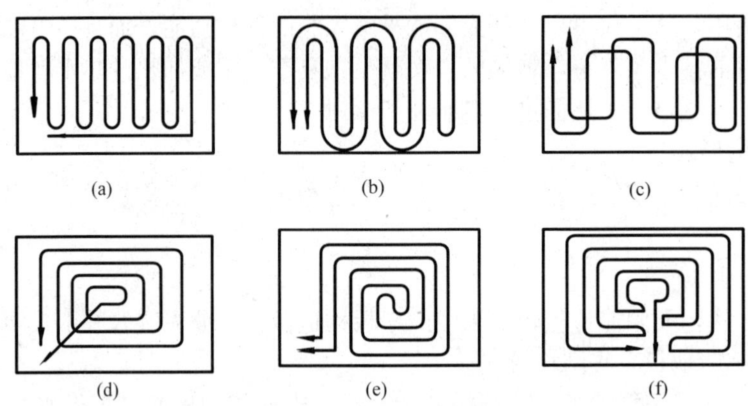

图 5-75　盘管敷设方式

(a) 单蛇型；(b) 双蛇形；(c) 交错双蛇形；(d) 单回型；(e) 双回型；(f) 双开双回型

影响盘管敷设方式的主要因素是盘管的最小弯曲半径。由于塑料材质的不同，相同直径盘管最小弯曲半径是不同的。如果盘管的弯曲半径太大，盘管的敷设方式将受到限制。而满足弯曲半径的同时也要使太阳能地板辐射供暖的热效率达到最大。对于双回形布置，经过板面中心点的任何一个剖面，埋管是高低温管相间隔布置，存在"零热面"和"均化"效应，从而使这种敷设方式的板面温度场比较均匀，且铺设弯曲度数大部分为 90°弯，故敷设简单，也没有埋管相交问题。

4. 主要设计参数的确定

(1) 地板表面平均温度

太阳能地板辐射采暖地板表面温度的确定是根据人体舒适感、生理条件要求，参照《地面辐射供暖技术规程》(JGJ 142—2004) 来确定的，具体推荐数值见表 5-10：

表 5-10　太阳能地板辐射采暖的地板表面温度取值

不同使用情况	地板表面平均温度	地板表面平均温度最高限值
1. 经常有人停留的地面	24～26℃	28℃
2. 短期有人停留的地面	28～30℃	32℃
3. 无人停留的地面	35～40℃	42℃
4. 泳池及浴室地面	30～35℃	35℃

(2) 供回水温度

在太阳能地板辐射采暖设计中，从安全和使用寿命考虑，民用建筑的供水温度不应超过 60℃，供回水温差宜小于或等于 10℃。

(3) 供热负荷

太阳能地板辐射采暖系统是由盘管经地面向室内散热，由于受到填充层、面层的影响，提高了传热热阻，大大降低了盘管的散热量。一般来讲，同种地板装饰层的厚度越小，地板表面的平均温度就越高，但均匀性越差；厚度越大，地板表面的平均温度将会降低，同时均匀性得到了加强。地面散热量则随着厚度的增加而有所下降，但下降的数额较少。因此，在确定热负荷时要适当考虑这些因素的影响。

另一方面，由于太阳能地板辐射采暖主要以辐射的传热方式进行供暖，形成较合理的温度场分布和热辐射作用，可有2～3℃的等效热舒适度效应。因此供暖热负荷计算宜将室内计算温度降低2℃，或取常规对流式供暖方式计算供暖热负荷的90%～95%，也就是说，可以适当降低建筑物热负荷。

另外，对于采用集中供暖分户热计量或采用分户独立热源的住宅，应考虑间歇供暖、户间建筑热工条件和户间传热等因素，房间的热负荷计算应增加一定的附加量。因此，在设计计算热负荷时应对以上问题综合加以考虑，确定符合工程实际的建筑热负荷。

据地板辐射采暖的设计经验：

① 全面辐射采暖的热负荷，应按有关规范进行。对计算出的热负荷乘以0.9～0.95修正系数或将室内计算温度取值降低2℃均可。

② 局部采暖的热负荷，应再乘以附加系数（表5-11）。

表5-11　局部采暖热负荷附加系数

采暖面积与房间总面积比值	0.55	0.40	0.25
附加系数	1.30	1.35	1.50

（4）管间距

加热管的敷设管间距，应根据地面散热量、室内计算温度、平均水温及地面传热热阻等通过计算确定。

（5）水力计算

盘管管路的阻力包括沿程阻力和局部阻力两部分。由于盘管管路的转弯半径比较大，局部阻力损失很小，可以忽略。因此，盘管管路的阻力可以近似认为是管路的沿程阻力。

（6）埋深

厚度不宜小于50mm；当面积超过30m^{2}或长度超过6m时，填充层宜设置间距不大于5m，宽度不小于5mm的伸缩缝。面积较大时，间距可适当增大，但不宜超过10m；加热管穿过伸缩缝时，宜设长度不大于100mm的柔性套管。

（7）流速

加热管内水的流速不应小于0.25m/s，不超过0.5m/s。同一集配装置的每个环路加热管长度应尽量接近，一般不超过100m，最长不能超过120m。每个环路的阻力不宜超过30kPa。

（8）太阳能热水器选择

我国北方寒冷地区的冬季最低温度可达－40℃，因此，选择太阳能热水器应考虑其安全越冬问题。目前国内生产的全玻璃真空管和热管式真空管已经解决了这个问题。

5.设计计算

（1）供暖所需热水量的计算

单位建筑面积采暖所需的小时循环热水流量G可按公式（5-14）计算，

$$G=0.86Q/(Cp\cdot\Delta T) \tag{5-14}$$

式中　G——单位建筑面积采暖所需的小时循环热水流量，kg/(m^2·h)；

Q——单位建筑面积供暖热指标，kJ/(m^2·h)；

Cp——水的定压比热容，4.18kJ/(kg·℃)；

ΔT——采暖供回水温度差，℃。

(2) 太阳能集热器出水量的计算

全玻璃太阳能真空集热管的能量平衡方程（总集热量＝有效太阳得热量－热量损失）可按公式（5-15）计算：

$$MC_{p}\Delta T=\tau\alpha HAa-U_{L}\Delta T\Delta tAL \tag{5-15}$$

式中 M——单支真空集热管出水量，kg/d；

C_p——水的定压比热容，4.18kJ/（kg・℃）；

ΔT——采暖供回水温差,℃；

τ——真空集热管的太阳透射比；

α——真空集热管涂层的太阳吸收比；

H——太阳辐射量，kJ/（m^2・d）；

Aa——真空集热管的采光面积，m^2；

U_L——真空集热管的热损系数，W/（m^2・℃）；

Δt——累计辐射时间，h；

A_L——单支真空集热管散热面积，m^2。

由式（5-15）得单支全玻璃真空集热管的出水量为

$$M=（\tau\alpha HAa-U_{L}\Delta T\Delta tA_{L}）/（Cp\cdot\Delta T）$$

(3) 太阳能集热器面积的计算

根据《民用建筑太阳能热水系统应用技术规范》(GB 50364—2005)，

① 直接系统集热器总面积可根据公式（5-16）计算：

$$A_{c}=\frac{Q_{w}C_{w}(t_{end}-t_{i})f}{J_{T}\eta_{cd}(1-\eta_{L})} \tag{5-16}$$

式中 A_c——集热器总面积，m^2；

Q_w——日平均用水量，kg；

C_w——水的定压比热容，4.18kJ/（kg・℃）；

t_{end}——储水箱内水的设计温度,℃；

t_i——水初始温度,℃；

f——太阳能保证率，宜为30%～80%；

J_T——当地集热器采光面上的年平均日太阳辐照量，kJ/（m^2・d）；

η_{cd}——集热器年平均及热效率，0.25～0.50；

η_L——储水箱和管路的热损失率，0.20～0.30。

② 间接系统集热器面积可根据公式（5-17）计算，

$$A_{IN}=A_{c}\left(1+\frac{F_{R}U_{L}A_{c}}{U_{hx}A_{hx}}\right) \tag{5-17}$$

式中 A_{IN}——间接系统集热器面积，m^2；

F_RU_L——集热器总热损系数，W/(m^2・℃)；对平板型集热器，宜取4～6 W/(m^2・℃)；对真空管集热器，宜取 1～2 W/(m^2・℃)；具体数值应根据集热器产品的实际检测结果而定；

U_{hx}——换热器传热系数，W/（m^2・℃）；

A_{hx}——换热器换热面积，m^2。

6. 施工过程

太阳能地板辐射采暖系统的施工安装工作，如果组织不当，会对使用效果造成很大影响。太阳能地板辐射采暖具体施工步骤应当严格划分 3 个阶段：施工前准备阶段、施工安装阶段和压力试验阶段（图 5-76）。

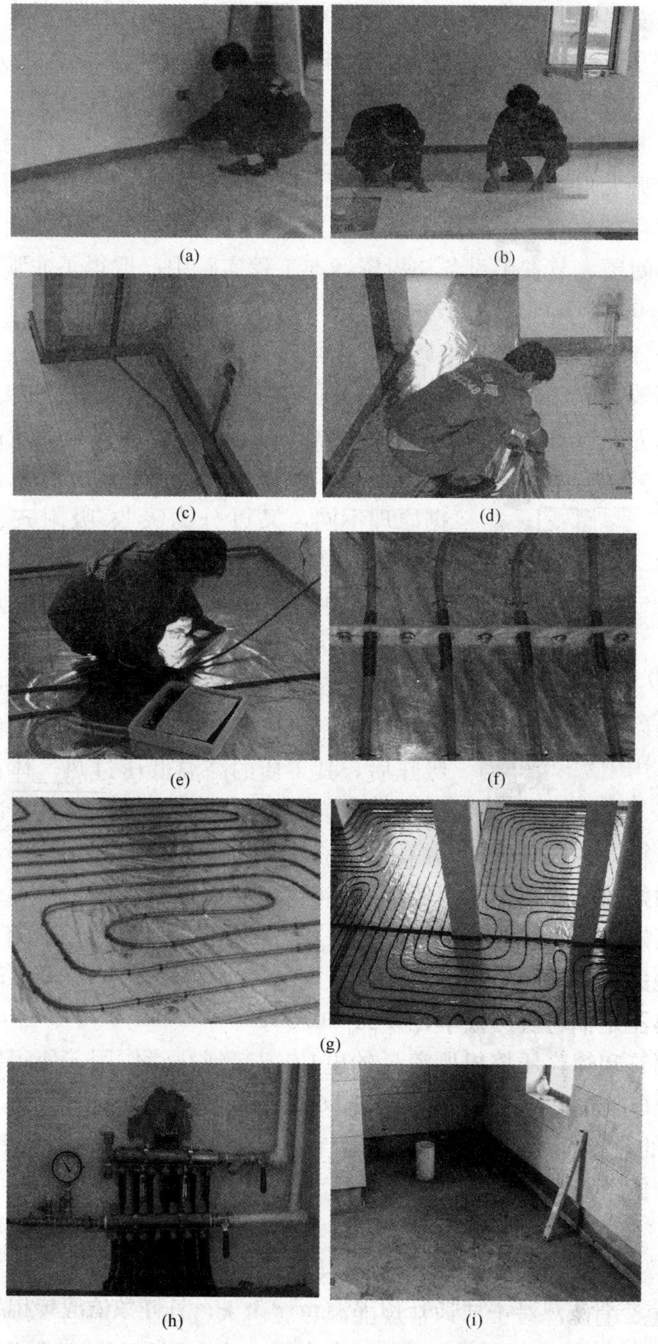

图 5-76　地板辐射采暖的施工过程

(a) 设置墙柱伸缩缝；(b) 设保温层；(c) 处理电路套管；(d) 铺设反射层；(e) 铺设盘管；(f) 伸缩缝设置；(g) 盘管铺设完成；(h) 压力实验；(i) 豆石混凝土回填

5.3.2 太阳能热泵

由于太阳能受季节和天气影响较大，能量密度较低，在太阳辐照强度小、时间少或气温较低、对供热要求较高的地区，普通太阳能采暖系统的应用受到很大限制，存在诸多问题。如：白天集热板板面温度的上升导致的集热效率下降；在夜间或阴雨天没有足够的太阳辐射时，无法实现的连续供热，如采用辅助加热方式，则又要消耗大量的常规能源；启动速度慢，加热周期较长。为克服太阳能利用中的上述问题，人们不断探索各种新的更高效的能源利用技术，热泵技术在此过程中受到了相当的重视。将热泵技术与太阳能装置结合起来，可扬长避短，有效提高太阳能集热器集热效率和热泵系统性能，充分利用两种技术的优势，同时避免了两种技术存在的问题，解决了全天候供热问题，同时实现了使用一套设备解决冬季采暖和夏季制冷的问题，节省了设备初投资，在工程实践中已取得了非常好的实用效果。

1. 热泵概述

热泵技术是一种很好的节能型空调制冷供热技术，是利用少量高品位的电能作为驱动能源，从低温热源高效吸取低品位热能，并将其传输给高温热源，以达到泵热的目的，从而转能质系数低的能源为能质系数高的能源（节约高品位能源），即提高能量品位的技术。根据热源不同，可分为水源、地源、气源等形式的热泵；根据原理不同，又可分为吸收/吸附式、蒸汽喷射式、蒸汽压缩式等形式的热泵。蒸汽压缩式热泵因其结构简单，工作可靠，效率较高而被广泛采用，其工作原理如图 5-77 所示。

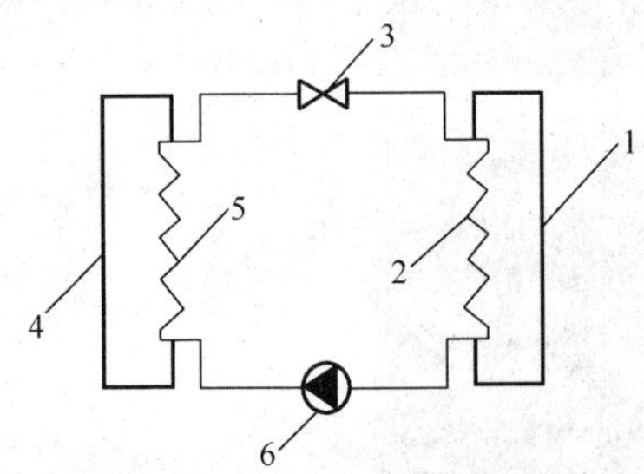

图 5-77 蒸汽压缩式热泵示意图

1—低温热源；2—蒸发器；3—节流阀；4—高温热源；5—冷凝器；6—压缩机

如图 5-77 所示，热泵可以看成是一种反向使用的制冷机，与制冷机所不同的只是工作的温度范围。蒸发器吸热后，其工质的高温低压过热气体在压缩机中经过绝热压缩变为高温高压的气体后，经冷凝器定压冷凝为低温高压的液体（放出工质的汽化热等，与冷凝水进行热交换，使冷凝水被加热为热水供用户使用），液态工质再经降压阀绝热节流后变为低温低压液体，进入蒸发器定压吸收热源热量，并蒸发变为过热蒸汽完成一个循环过程。如此循环往复，不断地将热源的热能传递给冷凝水。

根据热力学第一定律，有：$Q_g=Q_d+A$

根据热力学第二定律，压缩机所消耗的电功 A 起到补偿作用，使得制冷剂能够不断地从低温环境吸热（Q_d），并向高温环境放热（Q_g），周而复始地进行循环。因此，压缩机的能耗是一个重要的技术经济指标，一般用性能系数（Coefficient Of Performance，简称 COP）来衡量装置的能量效率，其定义为：

$$\mathrm{COP}=Q_g/A=(Q_d+A)/A=1+Q_d/A$$

显然，热泵 COP 永远大于 1。因此，热泵是一种高效节能装置，也是制冷空调领域内实施建筑节能的重要途径，对于节约常规能源、缓解大气污染和温室效应起到积极的作用。

所有形式的热泵都有蒸发和冷凝两个温度水平，采用膨胀阀或毛细管实现制冷剂的降压节流，只是压力增加的形式不同，主要有机械压缩式、热能压缩式和蒸汽喷射压缩式。根据热源形式的不同，热泵可分为空气源热泵、水源热泵、土壤源热泵和太阳能热泵等。国外的文献通常将地下水热泵、地表水热泵与土壤源热泵统称为地源热泵。

2. 太阳能热泵概述

蒸汽压缩式热泵在实际应用中遇到了一定的问题，最为突出的就是当冬天的大气温度很低时，热泵系统的效率比较低。既然太阳能热利用系统中的集热器在低温时集热效率较高，而热泵系统在其蒸发温度较高时系统效率较高，那么可以考虑采用太阳能加热系统来作为热泵系统的热源。太阳能热泵是将节能装置——热泵与太阳能集热设备、蓄热结构相联接的新型供热系统，这种系统形式不仅能够有效地克服太阳能本身所具有的稀薄性和间歇性，而且可以达到节约高位能和减少环境污染的目的，具有很大的开发、应用潜力。随着人们对生活用热水、建筑采暖的要求日趋提高，具有间断性特点的太阳能难以满足全天候供热。热泵技术与太阳能利用相结合无疑是一种好的解决方法。

这种太阳能与热泵联合运行的思想，最早是由 Jordan 和 Threlkeld 在 20 世纪 50 年代提出的。在此之后，世界各地众多的研究者相继进行了相关的研究，并开发出多种形式的太阳能热泵系统。早期的太阳能热泵系统多是集中向公共建筑或民用建筑供热的大型系统，比如，20 世纪 60 年代初期，Yanagimachi 在日本东京、Bliss 在美国的亚利桑那州都曾利用无盖板的平板集热器与热泵系统结合，设计了可以向建筑供热和供冷的系统，但是由于效率较低、初投资较大等原因没有推广开来。后来，出现了向用户供应热水的太阳能热泵系统，特别是近些年来，供应 40～70℃中温热水的系统引起了人们广泛的兴趣，相继有众多研究者都对此进行了深入的研究。

按照太阳能和热泵系统的连接方式，太阳能热泵系统分为串联系统、并联系统和混合连接系统，其中串联系统又可分为传统串联式系统和直接膨胀式系统。

传统串联式系统如图 5-78 所示：

在该系统中，太阳能集热器和热泵蒸发器是两个独立的部件，它们通过储热器实现换热，储热器用于存储被太阳能加热的工质（如水或空气），热泵系统的蒸发器与其换热使制冷剂蒸发，通过冷凝将热量传递给热用户。这是最基本的太阳能热泵的连接方式。

直接膨胀式系统如图 5-79 所示。

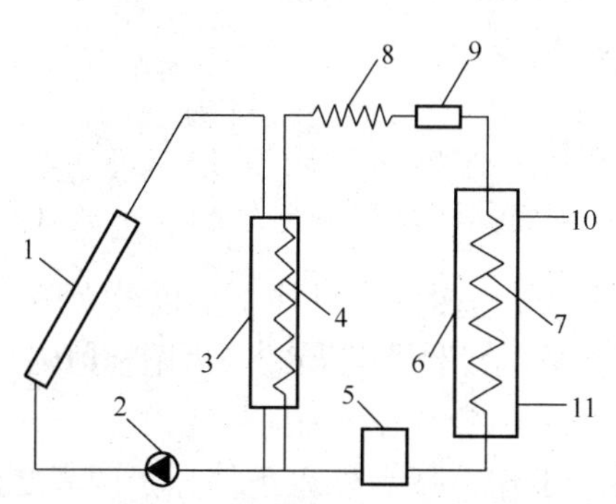

图 5-78　传统串联式太阳能热泵系统

1—平板式集热器；2—水泵；3—储热器；4—蒸发器；5—压缩机；6—水箱；7—冷凝盘管；8—毛细管；9—干燥过滤器；10—热水出口；11—冷水入口

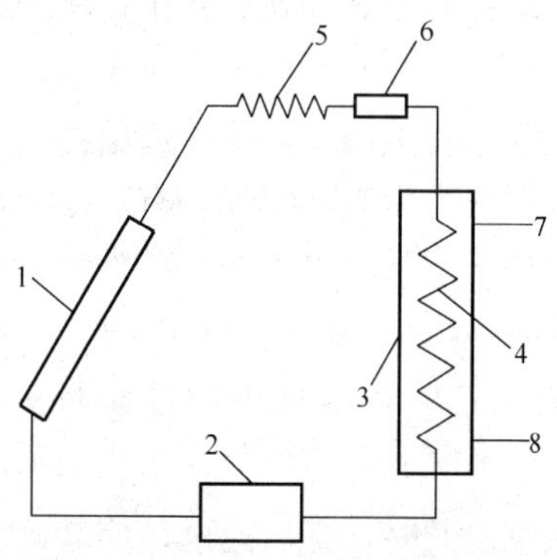

图 5-79　直接膨胀式太阳能热泵系统

1—平板集热器；2—压缩机；3—水箱；4—冷凝盘管；5—毛细管；6—干燥过滤器；7—热水出口；8—冷水入口

该系统的太阳能集热器内直接充入制冷剂，太阳能集热器同时作为热泵的蒸发器使用，

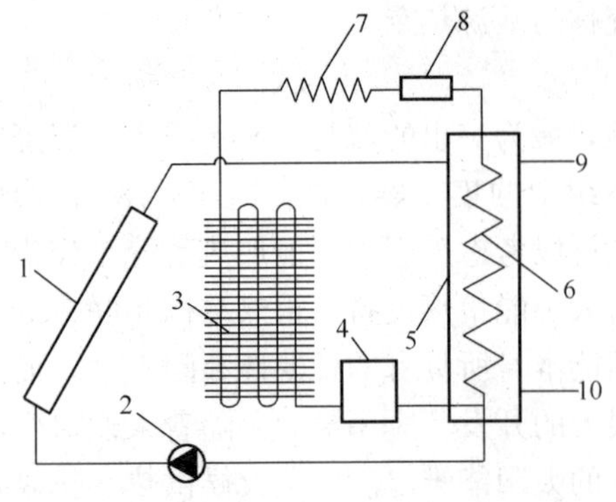

图 5-80　并联式太阳能热泵系统

1—平板集热器；2—水泵；3—蒸发器；4—压缩机；5—水箱；6—冷凝盘管；7—毛细管；8—干燥过滤器；9—热水出口；10—冷水入口

集热器多采用平板式。最初使用常规的平板式太阳能集热器；后来又发展为没有玻璃盖板，但有背部保温层的平板集热器；甚至还有结构更为简单的，既无玻璃盖板也无保温层的裸板式平板集热器。有人提出采用浸没式冷凝器（即将热泵系统的冷凝器直接放入储水箱），这会使得该系统的结构进一步简化。目前直接膨胀式系统因其结构简单、性能良好，日益成为人们研究关注的对象，并已经得到实际的应用。

并联式系统如图 5-80 所示：

该系统是由传统的太阳集热器和热泵共同组成，它们各自独立工作，互为补充。热泵系统的热源一般是周围的空气。当太阳辐射足够强时，只运行太阳能系统，否则，运行热泵系统或两个系统同时工作。

混合连接系统也叫双热源系统，实际上是串联和并联系统的组合，如图 5-81 所示。

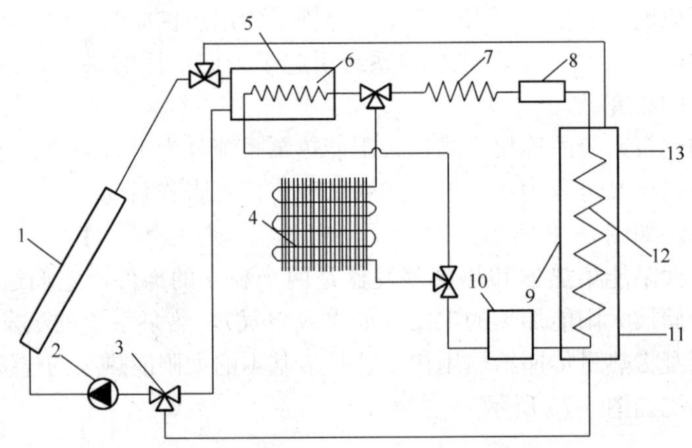

图 5-81　混合式太阳能热泵系统

1—平板集热器；2—水泵；3—三通阀；4—空气源蒸发器；5—中间换热水箱；6—以太阳能加热的水或空气为热源的蒸发器；7—毛细管；8—干燥过滤器；9—水箱；10—压缩机；11—冷水入口；12—冷凝盘管；13—热水出口

混合式太阳能热泵系统设两个蒸发器，一个以大气为热源，另外一个以被太阳能加热的工质为热源。根据室外具体条件的不同，有三种不同的工作模式：①当太阳辐射强度足够大时，不需要开启热泵，直接利用太阳能即可满足要求；②当太阳辐射强度很小，以至水箱中的水温很低时，开启热泵，使其以空气为热源进行工作；③当外界条件介于两者之间时，使热泵以水箱中被太阳能加热的工质为热源进行工作。

3. 太阳能热泵设计要点

集热器是太阳能供热、供冷中最重要的组成部分，其性能与成本对整个系统起着决定性作用。为此，常在 10～20℃低温下集热，再由热泵装置进行升温的太阳能供热系统，是一种利用太阳能较好的方案。即把 10～20℃较低的太阳热能经热泵提升到 30～50℃，再供热。

解决好太阳能利用的间歇性和不可靠性问题。太阳能热泵的系统中，由于太阳能是一个强度多变的低位热源，一般都设太阳能蓄热器，常用的有蓄热水槽、岩石蓄热器等。热泵系统中的蓄热器可以用于储存低温热源的能量，将由集热器获得的低位热量储存起来，蓄热器有的分别装在热泵低温侧（10～20℃）和高温侧（30～50℃）两边，有的只装在低温侧。因为只在高温侧一边设置蓄热槽，热泵热源侧的温度变化大，影响热泵工况的稳定性。日照不足的过渡季可简单地用卵石床蓄热。

设计太阳能热泵集热系统时，以下两个主要设计参数是必需计算的，一个是太阳能集热器面积；另一个是太阳能集热器安装倾角。

太阳能集热系统设计原则：

（1）太阳能集热器在冬季必须具有良好的防冻性能，目前各类真空管太阳能集热器可基本满足要求，但其他类型的集热器则应配备防冻功能。

（2）太阳能集热器的安装倾角，应使冬季最冷月（1 月份）集热器表面上接收的入射太阳辐射量最大。

（3）确定太阳能集热器面积时，应对设计流量下适宜的集热器出水温度进行合理选择，避免确定的集热器面积过大。

（4）必须配置可靠的系统控制设施，以在太阳能供热状态和辅助热源供热状态之间做灵活切换，保证系统正常运行。

（5）在太阳能集热器的选型上，要合理确定冬季热泵供热用太阳能集热量和夏季生活热水用热量以及冬季辅助加热量，作到投资运行最佳效益。

4. 工程应用

太阳能热泵系统凭借其出色的冬季工况表现近年来开始应用在建筑采暖及生活热水制备等领域，取得了良好效果。

图 5-82　北京天普新能源示范楼

位于北京天普太阳能集团工业园的新能源示范大楼（图 5-82）是一座集住宿、餐饮、娱乐、展览、会议、办公等多种功能为一体的综合楼，总建筑面积 8000m^2。新能源示范大楼的太阳能热泵系统的目标是满足大楼夏季空调、冬季供暖的需要。经过夏季试运行及采暖季节运行考验表明，系统工作稳定，可靠性强，达到了初期的设计目标，完全可以满足采暖和空调的要求。该太阳能/热泵采暖空调系统主要有以下特点：①将集热器预制成安装模块，实现了与建筑的良好结合；②利用地源换热器作为太阳能热泵系统的辅助系统，简化了太阳能系统的构成，增加了太阳能空调采暖系统的可靠性；③系统设置大容积地下蓄能水池，使太阳能系统实现全年工作，也降低了蓄能的损失；④新能源利用率高，具有较强的节能优越性。在采暖季节，利用太阳能和废热的蓄热量接近总蓄热量的 80%，能耗比达到 3.54；⑤环境效益明显，具有污染物排放量很少的环保优势。

系统主要由太阳能集热器阵列、溴化锂制冷机、热泵机组、蓄能水池和自动控制系统等部分组成，优先使用太阳能集热器向蓄能水池存储能量。冬季，通过板式换热器将集热系统收集的热量储存在蓄能水池；夏季，吸收式制冷机以太阳能集热系统收集的热水为热源，制造冷冻水，作为储能水池的冷源。热泵作为太阳能空调的辅助系统。冬季，当水池温度低于33℃时或在用电低谷期启动，向蓄能水池供热；夏季，当太阳能制冷无法维持池中水温在18℃以下时，热泵向蓄能水池供冷，保持水池的温度。

在过渡季节，系统选用不同的工作模式自动启动太阳能部分制冷、制热。春季，系统在蓄冷模式下工作，吸收式制冷机向蓄能水池提供冷冻水，降低蓄能水池的温度为夏季供冷做准备；秋季，系统转换成蓄热模式，太阳能集热系统向蓄能水池供热，提高水池的温度为冬季供暖做准备。不论是冬季还是夏季，空调水系统的热水和冷冻水均由蓄能水池供给。冬季，室内温度低于18℃时供能泵开启向大楼供暖，当室内温度高于20℃ ，供能泵关闭；夏季，室内温度高于27℃时供能泵向大楼供冷，当室内温度低于23℃，供能泵关闭。建筑全年采用自然通风。

太阳能集热系统采用U型管式真空管集热器和热管式真空管集热器，采光面积812m^2。考虑到与建筑一体化问题，集热器在安装前被预制成不同的模块，U型管集热器和热管集热器由直径58mm、长1800mm的真空管分别预制成4m×1.2m和2m×2.4m的安装模块。集热器布置在大楼南向坡屋顶，各排集热器并联连接，安装倾角38°左右。这样布置集热器不仅可以满足集热器的安装要求，又能够保证建筑物造型美观，充分体现出太阳能与建筑一体化的特色。在夏季，与建筑结合为一体的集热器还有隔热效果，达到了节能目的。由于太阳能的能量密度低，而且还要受时间、天气等条件的限制，要使空调系统能够全天候地工作，辅助系统是必不可少的。本系统采用了1台GWHP 400地源热泵机组作为辅助系统(制冷能力464kW，制热能力403kW)。这样设置主要有以下优点：热泵既能制冷也能制热，不用同时增加锅炉和制冷机，降低了系统的复杂程度，简化了系统设计；热泵的启动和停止迅速，冬夏运行工况转换方便，便于控制。

为了最大限度地利用太阳能，根据建筑空调的特点，系统设置了储能水池。储能水池容积为1200m^3，比通常的太阳能系统的储水箱要大得多，这是本系统设计的一大特点。大容积蓄能水池能保证水池的蓄能量，可满足建筑的需要；在建筑不需要空调的过渡季节，水池可提前蓄冷、蓄热，为空调季节做准备。蓄能水池能根据季节的要求进行蓄热和储冷，集热器全年工作，利用率大大提高。蓄能水池设置在地下，传热温差远远小于与环境的温差，有利于减少储能的损失。

新能源示范大楼的生活热水供应，采用了独立的太阳能热水系统，这样可以避免生活热水系统与空调水系统之间的切换，降低系统复杂程度。太阳能生活热水系统的储热式全玻璃真空管集热模块安装在建筑物的南立面，共安装48个集热模块，总集热面积206m^2。模块与建筑融为一体，取消了常规的框架和水箱，模块也起到了良好的隔热保温效果。

将本方案与几种典型热源方案比较，来进行经济性分析。燃煤锅炉使用普通燃煤（热值为20.9MJ/kg)，燃油锅炉以柴油为燃料（热值42MJ/kg)，燃气锅炉以天然气为燃料（热值为49. 5MJ/kg)；燃煤锅炉、燃油锅炉和燃气锅炉的效率分别取0.58、0.88和0.88。对各种方案的运行费用比较，只针对热源，不包括输配系统和终端设备。为简单起见，不计管理费用和维修费用。按照初期设计热负荷234950W，冬季热负荷指标取30 W/m^2。使用燃煤、燃油和燃气供暖方案的运行天数以75天计，每天24 h运行。用电的价格以高峰、平段和低谷分别为 0.5 元/kWh、0.4 元/kWh 和 0.3 元/kWh。

通过比较可知，太阳能/热泵系统的供暖费用稍高于燃煤锅炉，低于燃油锅炉和燃气锅炉，如表 5-12 所示。由于环境保护的需要，城市中小型燃煤锅炉逐步退出民用建筑供暖领域已是必然趋势，因此太阳能/热泵系统供暖在经济运行方面已显示出优势和潜力。

表 5-12　几种典型供暖方案经济性比较

供暖方案	太阳能/热泵	燃煤锅炉	燃油锅炉	燃气锅炉
能源价格（元）	—	0.22	2.8	1.40
燃料耗量 [kg/（m^2·a）]	—	16.0	5.3	4.46
冬季供暖费用（元/m^2）	3.57	3.53	14.84	8.68

在采暖期内，各种采暖方案单位面积排放 CO_2 的数量如下：燃煤锅炉 59.2kg/m^2，燃油锅炉 16.54kg/m^2，燃气锅炉 12.27kg/m^2，太阳能/热泵系统方案不排放 CO_2。该方案对环境是最友好的。太阳能/热泵系统的运行只使用电能，而其他方案除消耗电能外，均要产生 CO_2 等温室气体，尤其是燃煤锅炉产生的 NO_2、SO_2 等污染物是不容忽视的。由此可见，太阳能/热泵系统用于空调采暖避免了对大气的污染，其环保优势是其他几种方案所不能比拟的。

思　考　题

5-1　太阳能采暖系统的定义及分类？

5-2　与太阳能热水采暖系统相比，太阳能空气采暖系统的优缺点是什么？

5-3　什么是被动式太阳能建筑设计？其基本思想是什么？

5-4　被动式太阳房能建筑如何分类？

5-5　什么是主动式太阳能建筑？主动式太阳房能建筑如何分类？

5-6　什么是太阳能热水采暖？

5-7　简述五种被动式太阳能空气采暖技术的优缺点。

5-8　简述蓄热体材料的分类及特点。

5-9　太阳房热性能的评价指标有哪些？

5-10　简述 OM 太阳能系统的工作原理、运行模式、特点和适用范围。

5-11　简述太阳墙系统的工作原理、运行模式和特点。

5-12　与传统采暖方式相比，太阳能地板辐射采暖技术主要具有哪些方面的优点？

5-13　典型的太阳能地板辐射采暖系统如何组成？

5-14　设计太阳能热泵集热系统时，太阳能集热系统设计原则是什么？

第 6 章　太阳能建筑通风降温设计

据美国能源部统计：采暖和空调能耗占美国居住建筑总能耗的 44%。在我国，这一比例更高。在太阳能建筑中，大部分的采暖能耗能够通过多种主被动措施解决，不能满足的部分可由多种辅助能源系统提供。实际上，同采暖一样，太阳能建筑的冷负荷也可通过被动设计手法部分地解决。通过精心的建筑设计、良好的建造施工以及适宜的材料选择能使几乎所有地区通过被动降温措施实现建筑的通风降温，大幅度地减少建筑的空调制冷能耗。

另外，太阳能建筑除了使用多种主动式太阳能采暖技术在冬季提供采暖以外，通常还通过大面积开窗、设计阳光间、使用集热蓄热墙以及加强房间集热蓄热能力等被动式措施来有效地吸收太阳辐射热能，对室内进行加热。但是，在炎热的夏季，这些措施往往会对室内热环境造成不利影响。因此，为了防止夏季过热，以及在过渡季节有效利用自然通风降温，也有必要对太阳能建筑进行合理的被动式通风降温设计，以营造四季皆宜的室内环境。

与被动式太阳能采暖一样，被动降温设计手法也是根据建筑所在地区的气候特点确定的，需要根据当地白天、夜晚的室外空气温度、空气湿度、风速及风向、夏季太阳辐射强度等气候参数以及建筑选址、方位、使用功能等多种因素综合考虑。在设计方法上，我们主要从控制建筑冷负荷以及通风降温两方面解决。

6.1　建筑冷负荷的控制

建筑冷负荷主要由外扰和内扰组成。因此控制建筑冷负荷包括减少内热源、减少围护结构传热量。

6.1.1　减少建筑内热源

在夏季，冷负荷部分来自于内部热源，如人体散热、电气设备散热、炊事散热等。因此，减少冷负荷，很重要的一点就是减少内部热量的产生。其中，人体散热是不可控制的，下面我们将主要就照明散热和电器散热两方面做分别说明。

1.　照明散热控制

最常见的室内热源就是照明灯具。以白炽灯为例，这种灯泡的光效率极低，光效仅为 5%～10%，其余的电能转化成了热能，因此白炽灯又被称为热灯泡。使用高效的节能型荧光灯、新型的 LED 光源都可以有效地降低照明散热量。

另一个可以有效降低照明散热量的措施是局部照明的合理使用。在房间内照明使用频率高的区域或工作区单独配置照明装置，使得居住者可以有选择地打开房间内的部分灯，避免了在只需要对局部区域进行照明时却要照亮整个房间。另外，减少不必要的低效率装饰照明也是降低照明产热量的有效途径。充分利用自然光源同样可以减少由电光源产生的照明散热量。

2. 电器设备散热的控制

选择节能型低散热量的电器产品可以有效降低电器设备产热。另外，将产热量大的电器布置于相对隔离的区域也可以减少设备产热对室内热环境的影响。

6.1.2　减少围护结构传热量

围护结构传热是冷负荷的主要组成部分，控制围护结构传热也是减少冷负荷的基本途径。围护结构得热主要包括太阳辐射热量、建筑周围空气与围护结构的对流换热以及空气渗透得热。

因为来自外部的热量能显著增大冷负荷，因此在被动降温的设计中减少围护结构得热是至关重要的。通过合理的设计可以有效减少围护结构得热，避免不必要的制冷负荷，下面我们从方位的选择和窗口的布置等 7 个方面介绍如何减少围护结构传热。

1. 方位的选择和窗口的布置

减少围护结构得热最有效的方法之一是选择合适的方位。将北半球的被动式太阳房的东西轴（长轴）尽可能面向（垂直于）南向放置，可使夏季辐射得热量最小。房屋的方位偏离正南越多，房屋的太阳辐射得热量越大，其冷负荷也越大。

2. 慎重使用过高的窗户和天窗

夏季围护结构的大部分辐射得热都是来自透明的玻璃窗，过高的窗户和天窗通常比较难处理（图 6-1）。

在被动式太阳房中，为了在冬季获得尽可能多的太阳辐射热，多采用通高的窗户，如图 6-1，窗户上部可以由悬挑出的屋檐提供夏季遮阳，而窗户底部却没有任何遮挡，这种情况往往会导致夏季过多的太阳光进入室内。

在这种情况下，我们可以采取在其中间高度设置遮阳装置的方法来解决底部窗户的遮阳问题，如图 6-2 所示，可将上部的墙体向外悬挑作为遮阳板，另外，出挑

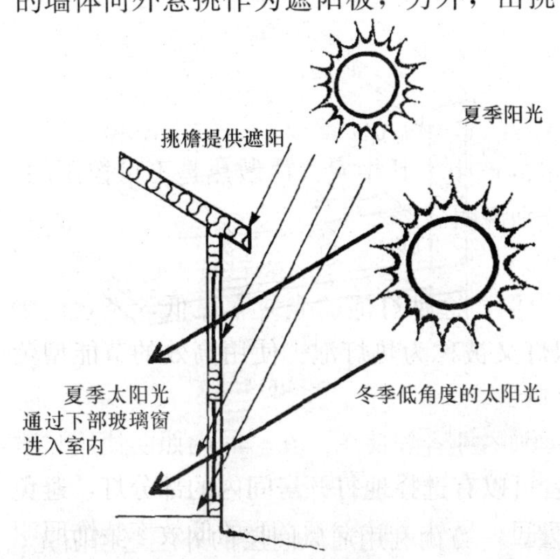

图 6-1　通高窗户冬、夏季的太阳辐射得热

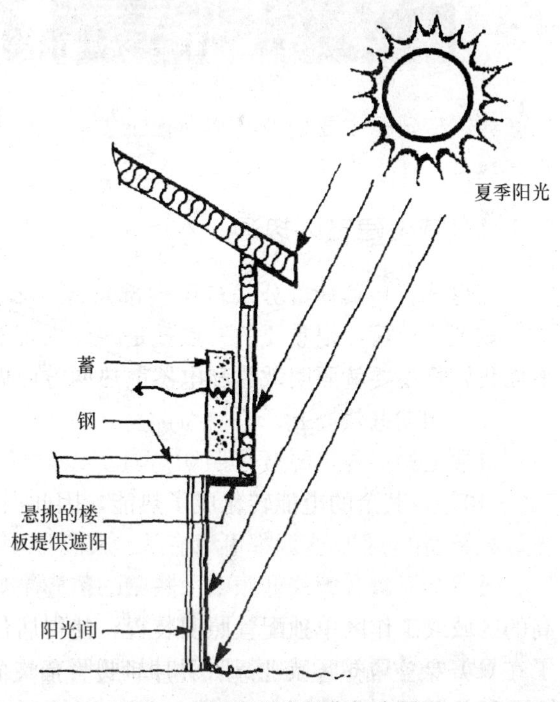

图 6-2　通高窗户的中间遮阳

图 6-3 挑出的阳台作为水平遮阳

的阳台也可以作为水平遮阳构件，如图 6-3 所示。

天窗在冬季虽然可以获得更多的直射阳光，并可以把阳光引入进深较大的区域，并为自然通风的组织提供了有利条件，但夏季会加大室内冷负荷，而且冬季通过天窗的热损失也相当大，因此在天窗的使用上要慎重，并保证有足够的措施来避免其不利的影响。

3. 屋顶隔热设计

平屋顶的隔热可采用架空隔热屋面、蓄水隔热屋面、种植隔热屋面和反射降温屋面。

1）架空隔热屋面

（1）概念：架空隔热屋面（图 6-4）是指在屋顶中设置通风间层（图 6-5），使上部架空板起着遮挡阳光的作用，利用风压和热压作用把间层中的热空气不断带走，以减少传到室内的热量，从而达到隔热降温的目的。

图 6-4 架空隔热屋面

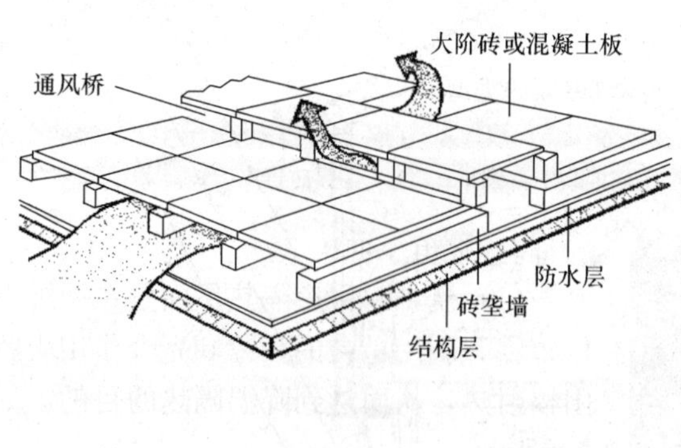

(a)

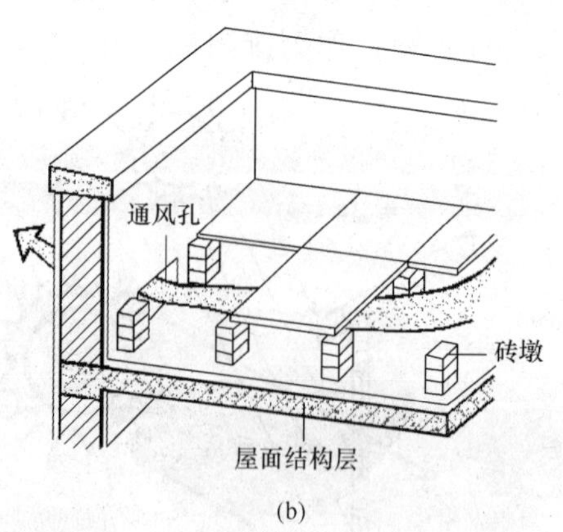

(b)

图 6-5 架空隔热屋面通风间层

（a）架空隔热小板与通风桥；（b）架空隔热小板与通风孔

（2）架空隔热屋面原理：在屋顶设置通风间层，一方面利用通风间层的外层遮挡阳光，使屋顶变成两次传热，避免太阳辐射热直接作用在围护结构上；另一方面利用风压和热压的作用，尤其是自然通风，带走进入夹层中的热量，从而减少室外热作用对内表面的影响。这种隔热措施起源于南方沿海地区的民居，应用于平屋顶时采用大阶砖架空层，在这些地区应用隔热效果相当显著。后来推广到长江中下游地区，并用细石混凝土板取代大阶砖，通风层一般设在防水层之上，对防水层也有一定的保护作用。据实测，设置合理的屋面架空隔热板构造可使屋顶内表面的平均温度降低 4.5～5.5℃。架空隔热屋面具有白天隔热，夜晚散热的优点，成为我国当前应用较为广泛的屋面隔热形式。

（3）构造做法：架空隔热屋面做法是在楼板上设架空的大阶砖和水泥板，楼板应做好保温和绝热，通常在间层下部铺设一层聚苯乙烯泡沫板、聚乙烯板等绝热材料，增加楼板的热阻，或在间层上部的大阶砖面贴敷铝箔来限制大阶砖向楼板的高温辐射。

架空隔热屋面宜在通风较好的建筑物上采用，不宜在寒冷地区采用。设置通风屋顶时，架空屋面的坡度不宜大于 5%；通风屋顶的风道长度不宜大于 10m，当屋面宽度大于 10m 时，架空屋面应设置通风屋脊；架空隔热层高度宜为 100～300mm，架空板与女儿墙的距离不宜小于 250mm，如图 6-6 所示。架空隔热层的进风口宜设置在当地炎热季节最大频率风向的正压区，出风口宜设置在负压区。图 6-7 为架空隔热屋面的类型。

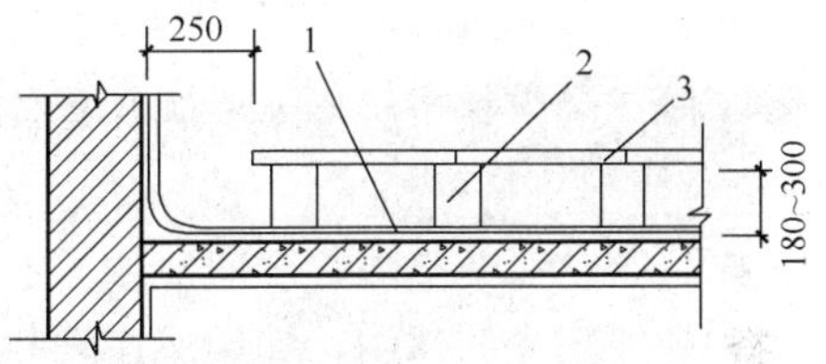

图 6-6　架空隔热屋面构造

1—防水层；2—支座；3—架空板

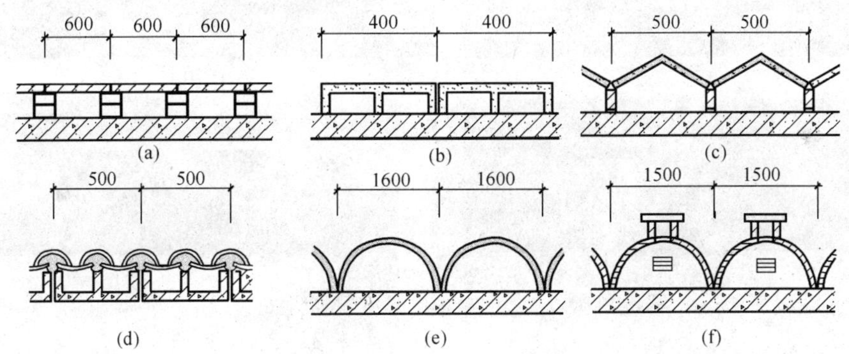

图 6-7　架空隔热屋面的类型

（a）架空预制板（或大阶砖）；（b）架空混凝土山形板；（c）架空钢丝网水板；（d）倒槽板上铺小青瓦；（e）钢筋混凝土半圆拱；（f）1/4 厚砖拱

2）种植屋面

（1）概念：种植隔热屋面是在屋顶上种植植物，利用植被的蒸腾和光合作用吸收太阳辐射热，从而达到降温隔热的目的，如图 6-8 所示。

（2）种植屋面原理：利用植被茎叶的遮阳作用，可以有效地降低室外的综合温度，减少屋面的温差传热量；植物光合作用消耗太阳能；植被基层的土壤或水体的蒸发消耗太阳能。因此，种植屋面是一种十分有效的

图 6-8　种植屋面

隔热节能屋面，灌木种植屋面，更加有利于固化二氧化碳，释放氧气，净化空气，发挥出良好的生态功效。另外屋顶在紫外线的照射下，随着时间的增加，会引起防水材料的老化，使屋面寿命缩短，而屋面种植使屋面和大气隔离开来，屋面内外表面的温度波动小，减小了由于温度变化而产生裂缝的可能性；阻隔了空气，使屋面不直接接受太阳的直射，延长了防水材料的使用时间，增加了屋面的寿命。

（3）分类：种植屋面按种植植被的不同，主要分为 3 种：一是地毯式，针对承载力较弱、没有预先进行绿化设计的轻型屋面，采用种植土层较薄的草种密集种植；二是花园式，针对承受力较强的屋面，种植乔灌木树种；三是“组合式”，主要是在屋顶四角和承重墙边，用缸栽、盆栽方式布置。如图 6-9 所示。

图 6-9　种植屋面的类型

（a）地毯式；（b）花园式；（c）组合式

按建筑结构与屋顶形式，种植屋面分为坡屋面绿化和平屋面绿化两类。按种植介质的厚度和重量，分为轻质种植屋面和重质种植屋面，图 6-10 所示。考虑到斜面的下滑，坡屋顶上不建议使用重质种植屋面，一般种植草本、低矮灌木等种植土层较薄的植被。平屋面不受种植土层荷载的限制，适合轻质、重质种植屋面，因此平屋顶绿化更为普遍。但在设计时，仍需从屋顶结构的经济性出发，合理选择植被种类，确定种植屋面土层的厚度和荷载。

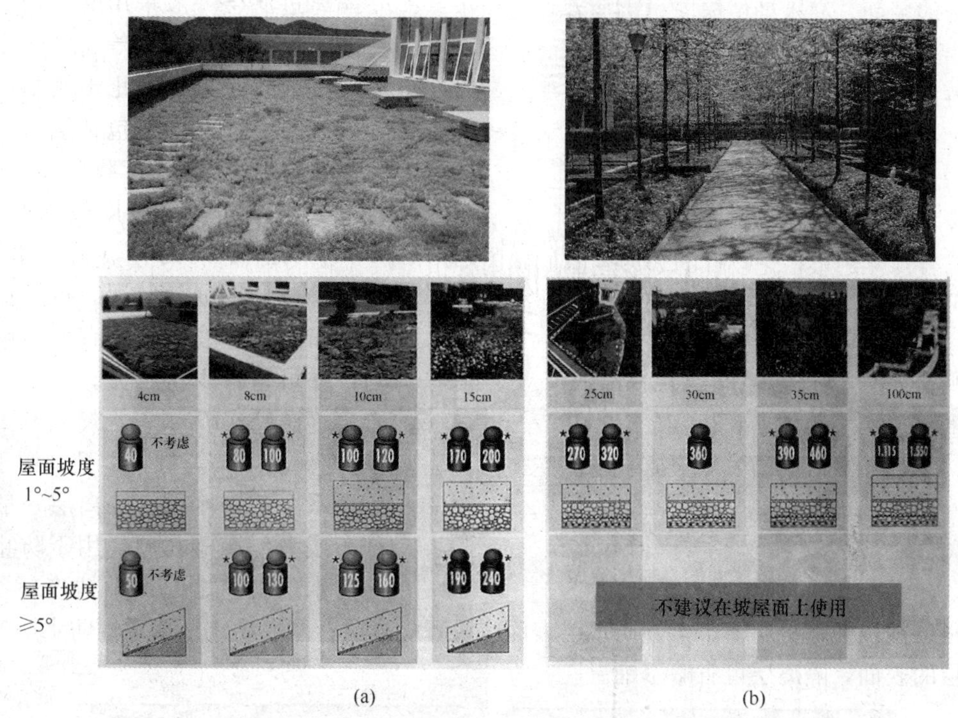

(a)　　(b)

图 6-10　轻质种植屋面与重质种植屋面

（a）轻质种植屋面；（b）重质种植屋

（4）种植屋面的构造组成：种植屋面的构造是分解、压缩自然状态的植被土层，将其复制到建筑的屋顶，并考虑屋顶结构的特殊性，因此种植屋面由植被层、基质层、排水蓄水层和隔离层四部分构成，如图 6-11 所示。图 6-12 是具体的构造做法，种植屋面由上到下由植被层、基质层、隔离过滤层、排（蓄）水层、隔根层、隔离层、防水层等组成。

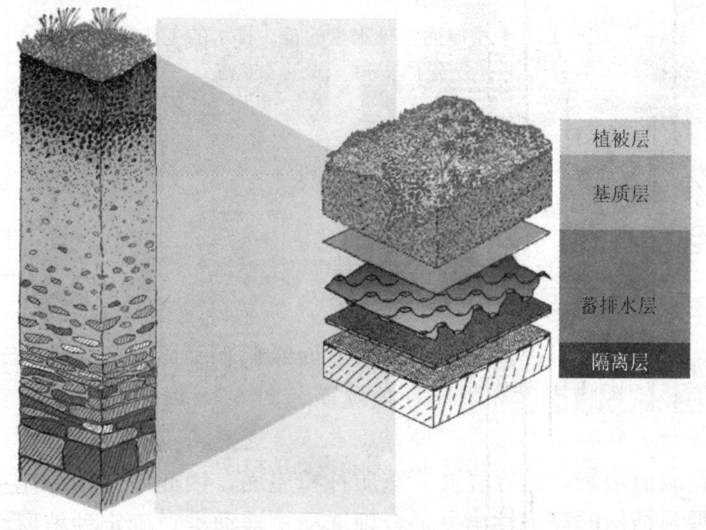

图 6-11　种植屋面的构造层次

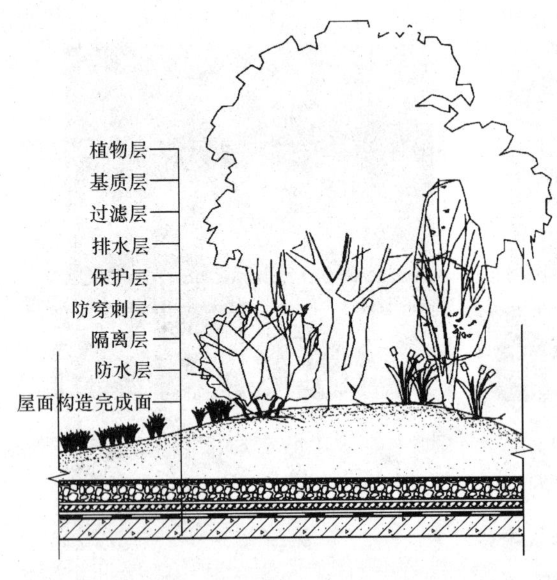

图 6-12　种植屋面的具体构造做法

隔离过滤层一般采用既能透水又能过滤的聚酯纤维无防布等材料，用于阻止基质进入排水层，防止土壤基质的流失。排（蓄）水层一般包括排（蓄）水盘（图 6-13）、陶砾（荷载允许时使用）和排水管（屋顶排水坡度较大时使用，图 6-14）3 种不同的排（蓄）水形式，用于改善基质的通气状况，迅速排出多余水分，防止植物烂根，有效缓解瞬时压力，并可蓄存少量水分。隔根层一般有合金、橡胶、PE（聚乙烯）和 HDPE（高密度聚乙烯）等材料类型，用于防止植物根系穿透防水层。隔离层一般采用玻纤布或无纺布等材料，用于防止隔根层与防水层材料之间产生粘连现象，一般隔离层铺设在隔根层下。柔性防水层表面应设置隔离层；刚性防水层或柔性防水层的刚性保护层的表面，隔离层可省略不铺。

图 6-13　种植屋面蓄排水盘的蓄、排水的工作原理

(a) 保持水分；(b) 排水顺畅

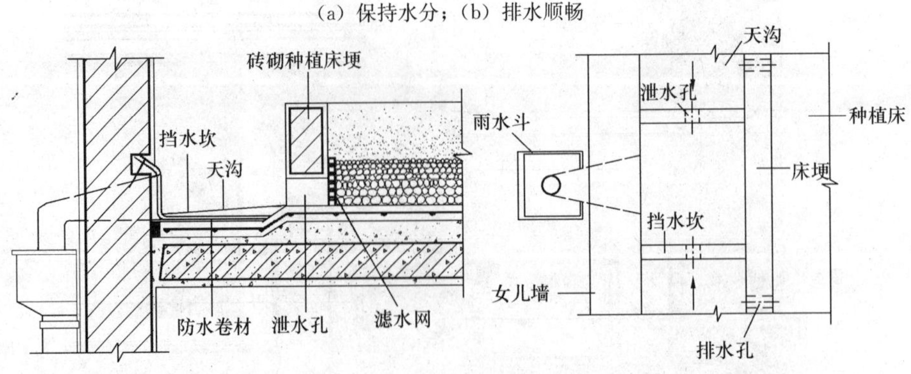

图 6-14　种植屋面的构造

3）蓄水屋面

（1）概念：蓄水屋面（图 6-15）是指在屋顶蓄积水层，水蒸发时需要大量的汽化热，

从而大量消耗照射到屋面的太阳辐射热，以减少屋顶吸收的热量，达到降温隔热的目的。

(2) 蓄水屋面原理：在屋面上蓄水，水吸收太阳辐射热的 90%，水温升高，由于水的比热较大，1kg 水升高 1℃需 1000cal 的热量，这使蓄水层传到屋面上的热量要比太阳辐射热直接作用到屋面上的热量少得多。另外，屋面蓄水层每 1kg 水汽化需吸收热量 580kcal，蓄水屋面的水在蒸发时，带走大量的热量，这也有助于屋面散热，以降低室内温度。

图 6-15　蓄水屋面

同时蓄水屋面对防水层和屋盖结构起到有效的保护，延缓了防水层的老化。但它要求屋面防水有效和耐久，否则引起的渗漏很难修补，所以蓄水屋面的最上面一道防水宜选用刚性细石混凝土防水层。

(3) 分类：蓄水屋面分为深蓄水、浅蓄水、植萍蓄水和含水屋面。深蓄水屋面蓄水深宜为 500mm，浅蓄水屋面蓄水深为 200mm，植萍蓄水一般在水深 150～200mm 的浅水中种植浮萍、水浮莲、水藤菜、水葫芦及白色漂浮物，含水屋面是在屋面分仓内堆填多孔轻质材料，积蓄水分，上面覆盖预制混凝土板块。

蓄水屋面的最大问题是及时的水源补给，当炎热干旱季节，城市用水最紧张的时候，也是水分蒸发量最大、最需要补水的时候，如不及时补水，就会造成屋面蓄水干涸，一旦蓄水干涸，就会使刚性防水层开裂，再充水裂缝也不能愈合而发生渗漏水。含水屋面是利用多孔材料积蓄的雨水，由于多孔材料保水性好，水分蒸发速度慢，多孔材料又有隔热作用，所以具有良好的保温隔热效果。

蓄水屋面宜采用整体现浇混凝土，其溢水口的上部高度应距分仓墙顶面 100mm，过水孔设在分仓墙底部，排水管应与水落管连通，如图 6-16 所示。

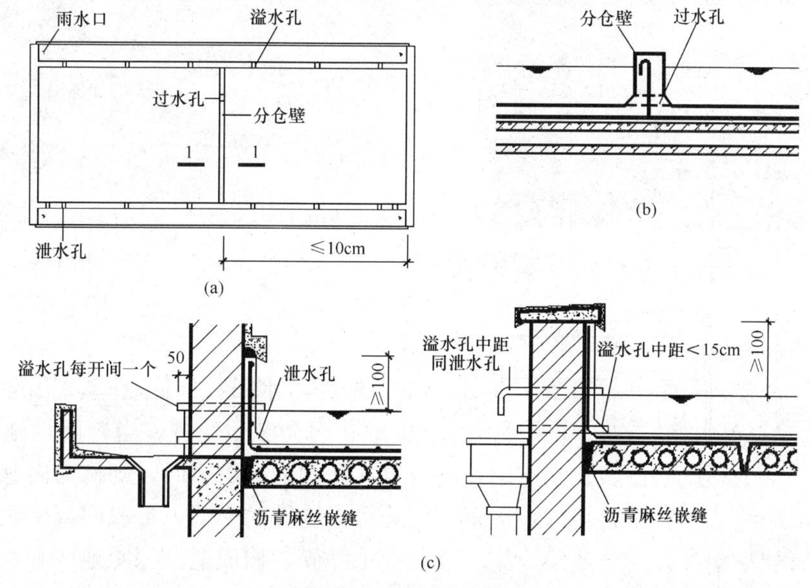

图 6-16　蓄水屋面构造

4）反射降温屋面

屋面受到太阳辐射后，一部分辐射热量被屋面材料所吸收，另一部分被反射出去，反射的辐射热与入射热量之比称为屋面材料的反射率（用百分数表示）。这一比值的大小取决于屋面表面材料的颜色和粗糙程度，色浅而光滑的表面比色深而粗糙的表面具有更大的反射率。反射降温屋面就是利用材料的这一特性，采用浅颜色的砾石铺面，或在屋面上涂刷一层白色涂料或铝粉，对隔热降温均可起到显著作用（图 6-17）。

图 6-17　反射降温屋面

4. 遮阳设计

1）建筑遮阳设施分类

作为控制调节室内热环境和光环境的一个古老而可靠的方法，随着科技和生产工艺的日益进步，建筑遮阳设施日益呈现出五彩缤纷的产品和丰富多样的设计手法，遮阳设施分类依据的多元化日趋明显。

（1）按照遮阳设施主体的分类

按照遮阳设施的主体，遮阳设施可以分为人工遮阳设施和自然遮阳设施，图 6-18、图 6-19。目前在建筑中比较流行的植物遮阳就属于自然遮阳设施，采用人工产品进行遮阳的设施可以定义为人工遮阳设施。

图 6-18　自然遮阳设施

图 6-19　人工遮阳设施

（2）按照放置位置的分类

按照放置位置，遮阳设施可以分为外遮阳设施、内遮阳设施和自遮阳设施（图 6-20～图 6-22）。这种分类方法一般以建筑外围护结构的孔洞为参照位置。当遮阳设施放置在孔洞的室外侧时，称为外遮阳设施。当遮阳设施放置在孔洞的室内侧时，则称为内遮阳设施。近几年来，将遮阳结构放置于窗户（玻璃幕墙结构等）构件的中间，形成内部带遮阳功能的新型窗户，这种遮阳构件称为自遮阳设施。在玻璃上贴膜，构成适应寒冷地区和炎热地区使用的镀膜玻璃，也是典型的自遮阳设施。

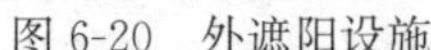

图 6-20　外遮阳设施

图 6-21　内遮阳设施

图 6-22　自遮阳设施

（3）按照系统可调性能的分类

按照系统的可调性能，遮阳系统可以分为固定遮阳系统和活动遮阳系统图 6-23、图 6-24。遮阳设施安装之后，不能对其进行任何调节的系统称为固定遮阳系统，建筑外窗上的水平挑檐是典型的固定遮阳系统；遮阳设施安装后，可以根据室内环境控制要求进行调节的系统称为活动遮阳系统。

图 6-23　固定遮阳设施

图 6-24　活动遮阳设施

（4）按照产品材料特性的分类

按照产品的材料特征，遮阳设施可以分为柔性遮阳设施和刚性遮阳设施（图 6-25、图 6-26）。由各种纺织面料加工生产的遮阳产品属于典型的柔性遮阳设施；由金属材料、木材、石材、陶瓷等硬性材料加工生产的遮阳产品属于典型的刚性遮阳设施。

图 6-25　柔性遮阳设施

图 6-26　刚性遮阳设施

（5）按照遮阳设施使用时间的分类

按照遮阳设施的使用时间，遮阳设施可以分为临时性遮阳设施、季节性遮阳设施和永久性遮阳设施，图 6-27～图 6-29。临时性遮阳设施是根据环境控制的要求而搭建的临时设施，使用结束后马上拆除。例如海滩上、酒吧外临时搭建的各种遮阳伞就是典型的临时性遮阳设施。季节性遮阳设施主要由植物构成，冬季落叶的大阔叶植物形成的遮阳作用随着树叶的凋落逐渐失去遮阳意义，从而构成了季节性遮阳设施。永久性遮阳设施是建筑设计和建造过程中的一个组成元素，在其寿命周期内与建筑同在。例如现在比较流行的翻板建筑外遮阳设施。通过专业人员的设计与安装，与建筑有机结合，体现建筑立面效果和建筑遮阳双重作用。

图 6-27　临时遮阳设施

图 6-28　季节遮阳设施

图 6-29　永久遮阳设施

常用的窗户遮阳措施主要包括内遮阳、玻璃及透明材料的自遮阳和外遮阳等几种形式。衡量窗户遮阳效果的好坏，主要采用遮阳系数的概念，同时还要保证窗户玻璃的可见光透过率，以满足窗户采光的基本要求。表 6-1 是几种主要遮阳措施的遮阳系数比较。

表 6-1　各种遮阳措施遮阳系数比较

遮阳设施位置和种类		遮阳系数
位置	种类	
自遮阳	普通玻璃	0.76
	双层普通玻璃	0.64
	吸热玻璃	0.47
	热反射玻璃	0.26
内遮阳	深绿色塑料百叶	0.62
	白色活动软百叶	0.46
	白色窗帘	0.41
	白色棉麻百叶	0.30
外遮阳	白色百叶，45 度倾角	0.14
	深绿色小型百叶片	0.13

尽管内遮阳装置更便于调节，但遮阳效率要低于外遮阳装置，而且内遮阳只是遮挡了直射阳光，大量的辐射热量实际上已经进入室内（图 6-30），结果是大量的热空气会蓄存在内

遮阳装置与玻璃之间的空隙内。这些热量绝大部分将会进入室内，增加制冷负荷。因此，在选择遮阳装置时一定要认真比较后合理选取。

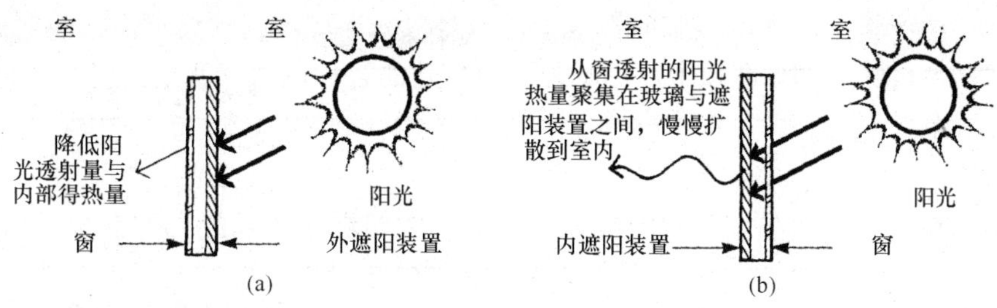

图 6-30　外遮阳装置

注：(a) 在降低直射阳光得热量与内部得热量方面比内遮阳装置更有效，如图 (b) 所示

2）外遮阳

外遮阳指采用各种窗外遮挡物遮挡太阳（图 6-31）。在欧洲，提到建筑遮阳，大部分为建筑外遮阳，因为如果采用建筑物内遮阳，实际上是仅仅挡住光线，并不能挡住热量，当光线遇到内遮阳产品时，其辐射热已经透过玻璃进入室内，并会使玻璃的温度升得很高，从而达不到建筑节能的目的。对外遮阳而言，只有透过的那部分阳光会直接达到窗玻璃外表面。一般来讲，明色室内百叶只可挡去 17％太阳辐射热，而室外南向仰角 45°的水平遮阳板，可轻易遮去 68％的太阳辐射热，两者间的遮阳效果相差甚远。

一般的固定式外遮阳设施，在夏季可使外窗的太阳得热显著降低，减少空调能耗，但在冬季也减少了透过窗户进入室内的太阳辐射热，增加了采暖能耗。故在条件允许的情况下，应优先采用活动式的外遮阳设施，如图 6-32 所示。外遮阳的形式有水平式、垂直式、综合式、挡板式 4 种类型；构造上又有固定和活动之分；材料可分为透光和不透光两种。

图 6-31　外遮阳形式

图 6-32　活动式外遮阳设施

遮阳的需求随气候和房屋朝向而变化，不同的外窗朝向应采用不同的外遮阳形式：

① 向外窗由于年中有较长时间的日照，需要遮阳时间也较长，可以考虑设置永久性的固定遮阳板。②对于北立面，正确设计的屋檐是最简单最经济的遮阳方法。③对于东西立面可调节式遮阳是特别见效的，且垂直式的效果大于水平式。因为太阳的低角度，固定的遮阳设备难以有合适的安装方式，而可调节式遮阳有更大的可控性，可任意调节和转换太阳光的

强度和视野（表 6-2）。此外，还可结合建筑本身构件特点，使其产生遮阳效果，比如通过加宽挑檐、外走廊、凹凸阳台、漂移屋顶的设计等。

表 6-2 不同朝向外遮阳种类的基本规则

朝向	建议的遮阳种类
北向	出檐适度的屋檐
东向和西向	可调节垂直遮阳
南向	固定水平遮阳板

3）内遮阳

虽然内遮阳在遮阳、节能效果方面远不如外遮阳，但其保护隐私和装饰室内的作用是不可替代的，因此内外遮阳同时使用，效果将会更好。内遮阳具有安装方便、安全，不破坏建筑外立面的优点（图 6-33）。内遮阳系统的遮阳效果不仅与控制、使用方式有关，与内遮阳的材料颜色也有很大关系。浅色窗帘比深色的遮阳效果好，因为浅色产品反射的热量更多，吸收的更少（表 6-3）。

图 6-33 室内遮阳卷帘

表 6-3 室内遮阳设施的遮阳系数

内遮阳类型	颜色	遮阳系数
白窗帘	浅色	0.50
浅蓝布帘	中间色	0.60
深黄、紫红、深绿布帘	深色	0.65
活动百叶帘	中间色	0.60

内遮阳设施安装和拆卸方便，调节灵活，投资成本低，是目前建筑尤其是住宅建筑中使用最多的遮阳措施。常见的内遮阳系统有顶部遮阳帘和立面遮阳帘两种。

图 6-34 顶部遮阳帘

（1）顶部遮阳帘

顶部遮阳帘，如图 6-34 所示，顾名思义，主要适用于水平、垂直、倾斜或弯曲的玻璃幕顶。幕帘的开启通过电机控制。帘布可以在设计好的轨道中运动，以确保帘布处于紧绷状态，更贴近建筑结构，充分反映原有的建筑设计风格；或者完全依靠重力绷紧帘布，对顶部空间形成若隐若现的遮挡效果。

顶部遮阳帘根据产品自身的结构不同，可以分为 FCS 顶棚帘、FSS 顶棚帘、FTS 顶棚帘以及双轨折叠式顶棚帘。

（2）立面遮阳帘

立面遮阳帘，如图 6-35 所示，顾名思义，主要适用于建筑立面。根据遮阳帘的安装位置和空间尺寸幕帘的开启通过电动机控制，也可以通过人工手动实现。前者主要用于公共建筑的大玻璃幕墙、人无法触及的区域，后者主要用于面积比较小、独立控制的窗洞口。

4）本体遮阳

本体遮阳指通过玻璃本身的选择或者着色涂膜或贴膜处理，降低材料的遮阳系数，达到遮阳目的。比如镀膜玻璃和彩釉玻璃用在东面或西面的立面上就是很好的遮阳措施。与平板玻璃相比，彩色玻璃可以减少 60%的太阳辐射。但是必须注意的是，在北向的窗户上禁止使用彩色的玻璃以确保冬季阳光的射入。

图 6-35　立面遮阳帘

Low-E 玻璃是在玻璃表面均匀地镀上特殊的金属膜而形成的。根据用途 Low-E 玻璃主要分为以下两种类型：高透型 Low-E 玻璃和遮阳型 Low-E 玻璃。

①高透型 Low-E 玻璃具有传热系数低和反射远红外热辐射的特点，它可将冬季室内散热器、家用电器和人体发出的热量反射在室内，并降低玻璃的热传导，从而获得极佳的保温效果。这种玻璃适用于北方寒冷地区使用，具有相对较高的太阳能透过率，可使太阳中近红外热辐射进入室内而增加室内的热量。同时，还具有很低的表面辐射率，无论白天和夜晚，都能阻止室内热量向室外散失。

②遮阳型 Low-E 玻璃除具有传热系数低和反射远红外热辐射的特点外，还具有反射太阳中近红外热辐射的特性。这种玻璃只允许太阳光中的可见光进入室内而阻挡其中的红外线热辐射，因而特别适合于南方地区和过渡地区使用。

另外，本体遮阳还有一种中间遮阳方式，如图 6-36 所示。中间遮阳设施通常平行于玻璃面，位于玻璃系统的内部或两层门窗、幕墙之间，和玻璃系统或两层门窗、幕墙组合成为整体，一般是由工厂一体化生产成型的。当双层玻璃中间配合有效通风时，这类遮阳设施融合了内遮阳与外遮阳设施的优点，不仅能够发挥遮阳设施的优点，遮挡太阳直射辐射，而且能够将吸收的热量通过通风排到室外。同时双层玻璃幕墙的两层玻璃可以使安装于空腔内的遮阳设施免受室外天气的影响，降低运行维护成本，延长使用寿命。

图 6-36　中间遮阳方式（德国柏林阿德勒霍夫科技经济园区建筑）

5）植物遮阳

对低层建筑来说，利用绿化不失为一种有效又经济的遮阳方式。选择性地种植不仅可以

图 6-37 植物遮阳设施

遮挡窗口，还可以遮挡整个立面和屋顶，继而降低了热传导和热辐射。在夏季最热的时候，由树木或灌木遮挡的墙体表面的温度可以降低高达15℃，攀爬植物可以降低达 12℃。植被可以通过蒸发作用产生凉爽，也能提高周围的适应环境和产生舒适的过滤光线（图 6-37）。

在建筑附近或上面种植树木、攀缘植物、灌木，并与一些建筑结构如藤架、梁结合形成屋顶绿化、垂直绿化等，夏季可以充分利用植被在建筑表面形成有效遮挡，降低建筑表面和周围微环境的温度。

植物的遮阳效果主要决定于植物的类型、品种和年龄，即取决于树叶的类型和植被的密度。一般而言，落叶树木可以在夏季提供遮阳，常青树可以整年提供遮阳。建筑朝向对于树种和树形的选择也很重要，一般需要根据遮阳时段的太阳方位角和高度角确定。至于树的位置除满足遮阳的要求外，还要尽量减少对通风、采光和视线阻挡的影响。

植物会以下面几种方式影响室内温度和室内负荷：

①高的树木和藤架位于距离墙和窗口较近的地方时，将能提供很好的遮阳，同时不会降低通风。

②墙上的攀缘植物和离墙近的灌木将不仅提供遮阳，而且降低墙附近的风速。

③植物将降低外墙表面附近的空气温度，从而减少建筑传导和渗透风得热。

④建筑周边的草坪植物将降低反射辐射和长波辐射，从而降低太阳辐射得热和长波辐射得热。

⑤空调冷却器附近的植物将降低周边的温度，因而可提高系统的 COP，以至于可减少用于制冷使用的电能。

⑥建筑东、西两侧的植物能够在夏季有效地阻挡太阳得热。

⑦通过植物遮挡墙体时，由于墙体对外的长波辐射也被降低了，所以预期的降温效果将会大打折扣。此时，墙体的颜色和植物与墙体的距离都是非常重要的影响因素。

相关的实测结果表明，植物遮阳系统可使室内环境温度较室外环境温度低约 3～9℃，室外环境温度可降低约 4℃；可减少空调负荷约 12.7%；在中午高温时刻，峰值温降作用更为明显，可达到 6℃，减少空调负荷 20%。

6）活动遮阳的控制方式

建筑遮阳的应用不仅需要考虑建筑所在的地理位置、建筑朝向、建筑物类型、使用用途、技术经济指标等因素，其应用效果还与遮阳系统的凋节、控制有关，不同的调节控制方式对室内空调能耗的影响很大，尤其是对活动外遮阳系统的使用效果影响非常大。

活动外遮阳系统有人工遮阳系统与智能遮阳系统两种。人工遮阳系统，并不是用人力拉动遮阳系统，而是由人手按动电钮控制电机转动，实现遮阳设施的启闭。手动控制一般在电控箱上设置正转、反转、停三档位置。根据使用要求，确定遮阳“开启”“关闭”或“停”的位置要求，用手按动相应控制按钮操纵电机的正转、反转或停止运转，来控制遮阳设施。这种调节方式简单、经济，尤其适用于调节频率低或者要求不高的场合，是目前使用非常广泛的一种控制手段。

智能遮阳系统（图 6-38），根据其自身特点，可分为人工电动控制及感应智能控制。人工电动控制可以人为根据一天内太阳光的照射角度及强弱对遮阳系统进行角度的调节。而感应智能控制则是通过探头对太阳照射高度位置、方向及太阳光强弱的感应而自动调节遮阳板的遮阳方向、角度、位置、遮阳面积大小等，以达到遮阳的目的。智能遮阳系统是建筑智能化系统不可或缺的一部分，能够根据季节、气候、朝向、时段等条件的不同进行阳光跟踪及阴影计算，自动调整遮阳系统运作状态，系统由遮阳设施、电机及控制系统组成。

目前国外比较成功的智能遮阳控制系统有以下两种：①时间电机控制系统，这种控制器储存了太阳升降过程的记录，而且可以根据太阳在不同季节的不同起落时间做出调整，能够利用阳光热量感应器进一步自动控制遮阳设施的工作状态，实现最佳环境控制效果与节能效果。②气候电机控制系统，这种控制器是一个完整的气象站系统，安装有太阳、风速、雨量、温度感应器，此控制器在工厂已经输入基本程序，包括光强弱、风力、延长反应时间的数据。这些数据可以根据建筑地点和建筑需要而随时更换。

图 6-38　智能遮阳设施（阿拉伯世界研究中心）

7）现代建筑遮阳设计方法

很多当代建筑大师的经典建筑中都有遮阳的身影，可见遮阳设计在建筑立面处理中的历史地位。随着建筑技术日臻成熟，建筑遮阳设计呈现新的发展趋势。

（1）遮阳构件与建筑外墙面结合，设计一体化与复合化。结合建筑整体设计，合理设置屋檐、阳台、外廊、墙面的遮阳板等遮阳构件。造型上，强调板面结合、虚实对比，使遮阳构件与建筑浑然天成。

在 20 世纪 30 年代，遮阳板设计曾经作为建筑国际化的重要标志风靡一时，虽然受到不少批判，但时至今日，在欧洲日照强烈的国家，如荷兰、法国、德国，遮阳板仍经久不衰。柯布西耶的马赛公寓（图 6-39）在立面处理上，以富于韵律感的网格构图而为人们称赞，同时也获得了很好的遮阳效果。这栋建筑打破原有建筑功能构件框架的遮阳综合设计，集遮阳、通风、排气、检修等物理功能和外廊、阳台等过渡空间于一身的思维模式，是建筑遮阳主要发展方向，得到了大多数建筑师的认同。图 6-40 中就利用了屋顶挑檐进行遮阳设计。

图 6-39　马赛公寓

图 6-40　屋顶挑檐遮阳

(2) 遮阳构件作为一种独立的设计元素，与建筑外墙面分开，力求全新的艺术形式和设计理念。在扩大开窗面积、增设开敞或半开敞空间的建筑中，利用色彩鲜艳的外遮阳构件或支撑起曲面形遮阳布，在风中跳跃、摇曳，使建筑动静结合，感性与理性并存，甚至称之为“双层立面”形式。德国的 RWE 大楼（图 6-41），是世界上较早应用双层表皮系统的建筑之一。大楼一层是建筑物本身的立面，另一层则是动态的遮阳状态的立面形式。这种具有动感的建筑物双层表皮的形式不是建筑立面的时尚需要，而是现代技术解决人类对建筑节能和享受自然需求而产生的新的建筑形态，实现单层立面不能满足的物理功能和使用功能。福斯特设计的弗雷尤斯职业学校。（图 6-42），也是利用的这种表皮遮阳系统，双层表皮通过特殊处理的玻璃和附加机械系统，实现了自然通风、遮挡辐射、减少能耗（包括热负荷和冷负荷）、隔绝噪声等功能。

图 6-41　德国 RWE 办公大楼

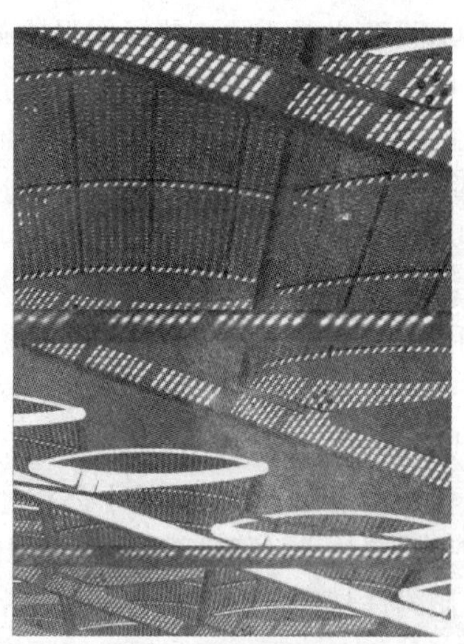
图 6-42　弗雷尤斯职业学校遮阳系统

6.2 通风降温

建筑通风包括从室内排出污浊空气和向室内补充新鲜空气，前者称为排风，后者称为送风。为实现排风和送风所采用的设备装置总体称为建筑通风系统。按动力来源，建筑通风技术分为机械通风和自然通风两大类。

自然通风是一种比较经济的通风方式，它不消耗动力，简单易行，节约能源，有利于环境保护，被广泛应用于工业和民用建筑中。自然通风是当今生态建筑中广泛采用的一项技术措施。与其他相对复杂、昂贵的生态技术相比，自然通风技术已比较成熟并且廉价。采用自然通风可以取代或部分取代空调制冷系统，从而降低能耗与环境污染，同时更利于人的身体健康。因此在以被动式设计为主的太阳能建筑中，自然通风应该是主要的夏季室内降温方式。

自然通风的作用：节能；排除室内废气污染物，消除余热余湿；引入新风，维持室内良好的空气品质；更好地满足人体热舒适等优点；实行有效的被动式制冷。

6.2.1　自然通风的原理

自然通风的原理是利用建筑内部空气温度差所形成的热压和室外风力在建筑外表面所形成的风压，从而在建筑内部产生空气流动，进行通风换气。如果在建筑物外围护结构上有一开口，且开口两侧存在压力差，那么根据动力学原理，空气在此压力差的作用下将流进或流出该建筑，这就形成了自然通风，此压力差由室外风力或室内外温差产生的密度差形成。

1. 热压作用下的自然通风：

是利用建筑内部空气的热压差，即通常讲的“烟囱效应”来实现建筑的自然通风。利用热空气上升的原理，在建筑上部设排风口可将污浊的热空气从室内排出，而室外新鲜的冷空气则从建筑底部被吸入。热压作用与进、出风口的高差和室内外的温差有关，室内外温差越大，进出风口高度差越大，则热压作用越强。在建筑设计中，可利用建筑物内部贯穿多层的竖向空腔——如楼梯间、中庭、拔风井等满足进排风口的高差要求，并在顶部设置可以控制的开口，将建筑各层的热空气排出，达到自然通风的目的。热压作用下的自然通风更能适应常变的外部风环境和不良的外部风环境。

位于日本横滨的东京煤气公司总部（TOKYO GAS EARTH PORT）的中庭就是利用热压通风原理（图 6-43）。该中庭贯通整个建筑（图 6-44），办公空间的通风就是利用中庭热空气上升的拔风效应来取得的。在中庭拔风的效应下，外界的空气通过底层和与中庭相通的各层办公楼进入中庭，最后从屋顶的通风塔排出（图 6-45）。

图 6-43　日本横滨东京煤气公司总部实景图

图 6-44　日本横滨东京煤气公司总部中庭实景图

2. 风压作用下的自然通风

在具有良好的外部风环境的地区，风压可作为实现自然通风的主要手段。在我国大量的非空调建筑中，利用风压促进建筑的室内空气流通，改善室内的空气环境质量，是一种常用的建筑处理手段。风洞试验表明：当风吹向建筑时，因受到建筑的阻挡，会在建筑的迎风面产生正压力。同时，气流绕过建筑的各个侧面及背面，会在相应位置产生负压力。风压通风就是利用建筑的迎风面和背风面之间的压力差实现空气的流通。风压差的大小与建筑与风的夹角有关，随着夹角的变化，流经房屋的气流会在房屋周围引起不均匀分布的正压区和负压区（图 6-46）。屋顶背风面的气压总是负压，但迎风面的气压状况则取决于屋顶的倾斜程度（图 6-47）。当风垂直吹向建筑的正立面时，迎风面中心处正压最大，在屋角和屋脊处负压最大。我们常说的“穿堂风”就是利用风压的自然通风。

意大利建筑师伦佐·皮阿诺（Renzo Piano）1991～1998 年在南太平洋小岛新卡利多尼

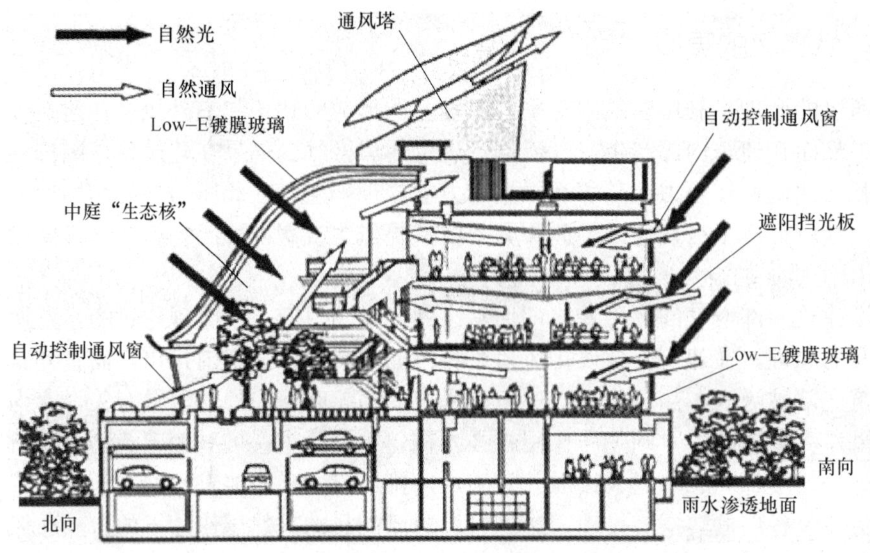

图 6-45　日本横滨东京煤气公司总部热压通风原理图

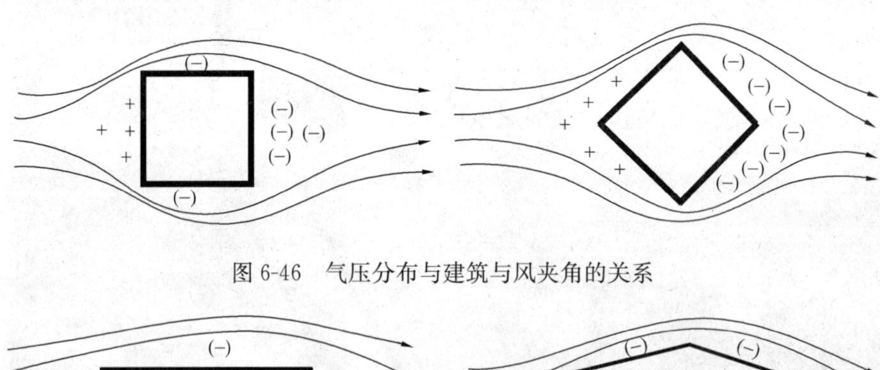

图 6-46　气压分布与建筑与风夹角的关系

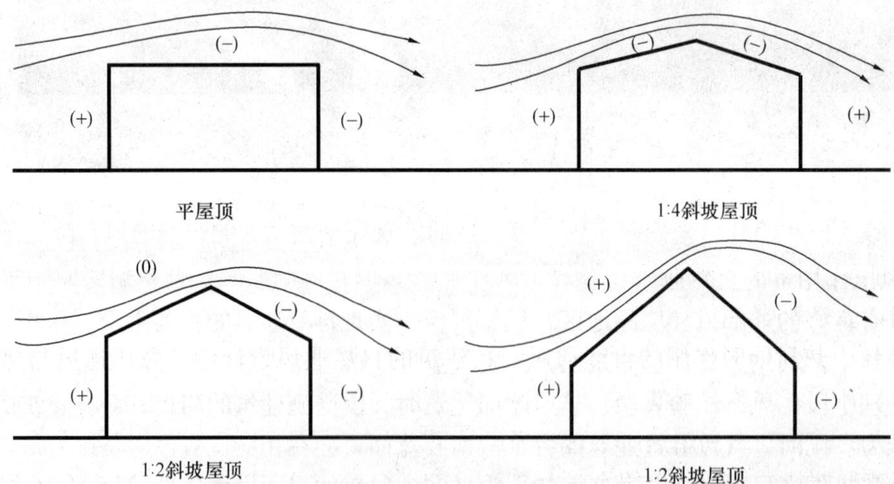

图 6-47　迎风面的气压与屋顶的倾斜角度的关系

亚设计的特吉巴奥文化中心（Jean Marie Tjibaou Cultural Center）是利用风压通风的代表作（图 6-48）。南太平洋气候炎热潮湿，常年多风。皮阿诺受当地传统棚屋建筑形式的启发，设计了 10 个平面接近圆形的半蛋壳状“编织壳”，形成在下风处的强大负压，再通过调

(a)

(b)　　(c)

图 6-48　特吉巴奥文化中心

节不同方向上百叶的开合来控制室内气流，从而实现完全被动式的自然通风、降温降湿，达到了节约能源的目的。“编织壳”经过多次计算机模拟和风洞实验，并根据实验结果对形状加以改进，最终形成。

3. 风压、热压同时作用的自然通风：在建筑的自然通风设计中，风压通风与热压通风往往是互为补充、密不可分的。一般来说，在建筑进深较小的部位多利用风压来直接通风，而进深较大的部位则多利用热压来达到通风效果。

英国莱彻斯特的德蒙特福德大学女王馆（The Queens Building，De Montfort University，1989～1993），建筑师是肖特·福特及其合作伙伴（Short Ford & Associates），是利用风压、热压同时作用自然通风的例子（图 6-49）。建筑面积 1 万多平方米，由于建筑比较庞大，因此建筑师将建筑分成一系列小体块，既在尺度上与周围古老的街区相协调，又能形成一种有节奏的韵律感，同时也可以进行自然通风。建筑进深较小的实验室、办公室利用风压通风；而进深较大的报告厅等房间则依靠热压效应（烟囱效应）进行通风（图 6-50）。

图 6-49　德蒙特福德大学女王馆

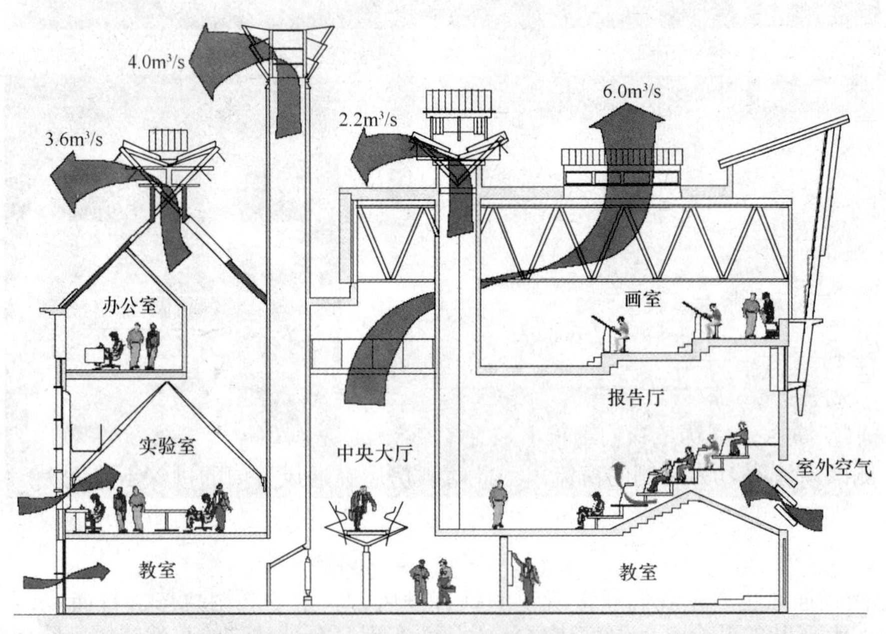

图 6-50　德蒙特福德大学女王馆通风原理图

4. 机械辅助式自然通风：对于一些大型体育场馆、展览馆、商业设施等，由于通风路径（或管道）较长，单纯依靠自然的风压、热压往往不足以实现自然通风；而对于空气和噪声污染比较严重的大城市，直接自然通风不利于人体健康。在以上情况下，常常采用一种机械辅助式自然通风系统，该系统有一套完整的空气循环通道，辅以符合生态思想的空气处理手段（如土壤预冷、预热、深井水换热等），并借助一定的机械方式加速室内通风。

诺曼·福斯特（Norman Foster）设计的位于德国柏林的德国新议会大厦（New German Parliament，1993～1999）采用的就是机械辅助自然通风的方式（图 6-51）。为了避免汽车尾气等有害气体进入建筑内部，建筑的进风口设置在建筑的檐口位置，排气口位于玻璃穹顶的顶部。图 6-52～图 6-54 为德国新议会大厦议会厅实景。

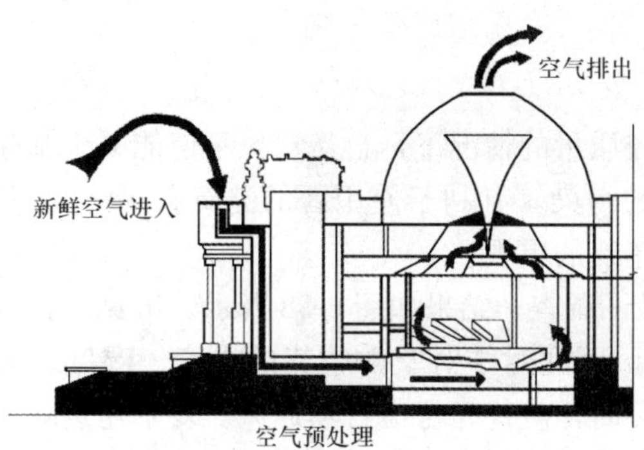

图 6-51　德国新议会大厦通风示意图

图 6-52　德国新议会大厦议会厅内景

图 6-53　德国新议会大厦

图 6-54　德国新议会大厦穹顶

6.2.2　自然通风的方式

1. 穿越式通风：也就是我们常说的“穿堂风”。它是利用风压来进行通风的。室外空气从房屋一侧的窗流入，另一侧的窗流出。此时，房屋在通风方向的进深不能太大，否则就会通风不畅。进气窗和出气窗之间的风压差大，房屋内部空气流动阻力小，才能保证通风流畅（图 6-55）。

2. 烟囱式通风也就是我们通常所说的垂直拔风，它主要利用热压进行通风，可以有效解决房间进深较大，无穿堂风时的通风问题（图 6-56）。

3. 单侧局部通风：局限于房间的通风。空气的流动是由于房间内的热压效应、微小的风压差和湍流。因此，单侧局部通风的动力很小，效果不明显（图 6-57）。

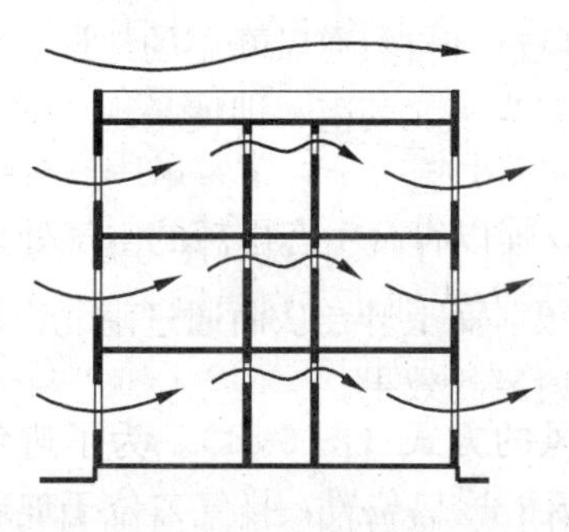

图 6-55　穿越式通风

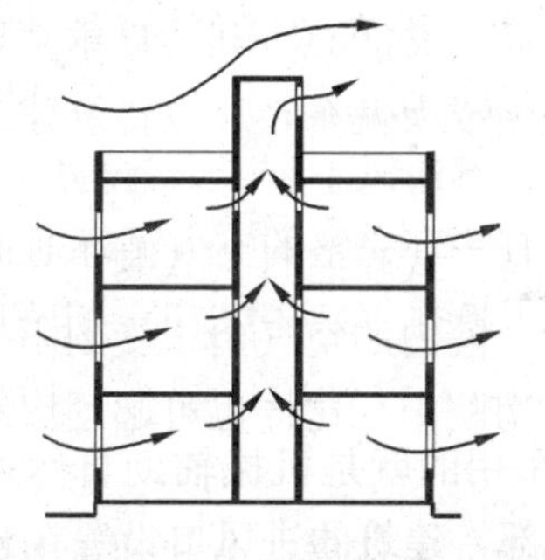

图 6-56　烟囱式通风

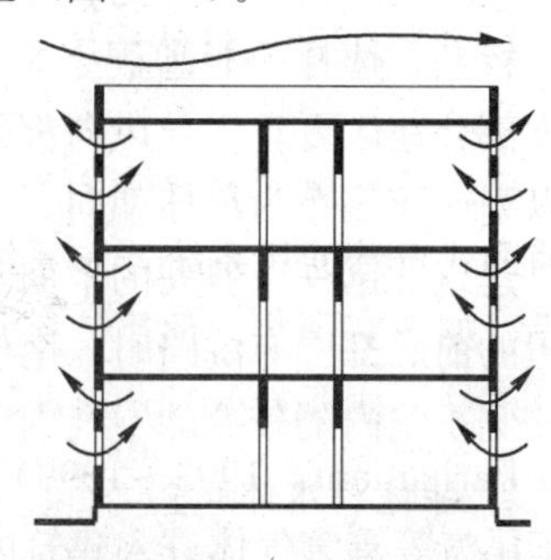

图 6-57　单侧局部通风

6.2.3 自然通风的设计

自然通风与机械通风相比，在同等室内空气质量的情况下，自然通风不但能减少基建投资和运行费用，而且可降低能耗，减少对环境的污染，有利于使用者的健康和疾病的预防，因此自然通风技术日益受到绿色建筑或可持续建筑的重视。

美国 J·Roben 对采用不同通风系统房屋做了调查，结果如图 6-58 所示。可见，自然通风效果最好，机械通风次之，全空调效果最差。因此对于对室内空气的温度、湿度、清洁度、气流速度均无严格要求的场合，在条件许可时，应优先考虑自然通风。夏季建筑降温最古老最合理的方法就是良好的自然通风，利用夜间凉爽的通风使室内材料降温，从而降低房间温度；通风时气流直接吹到人体上，在湿热的环境中，通过蒸发作用，加大人体散热量，也可以起到降温的效果。

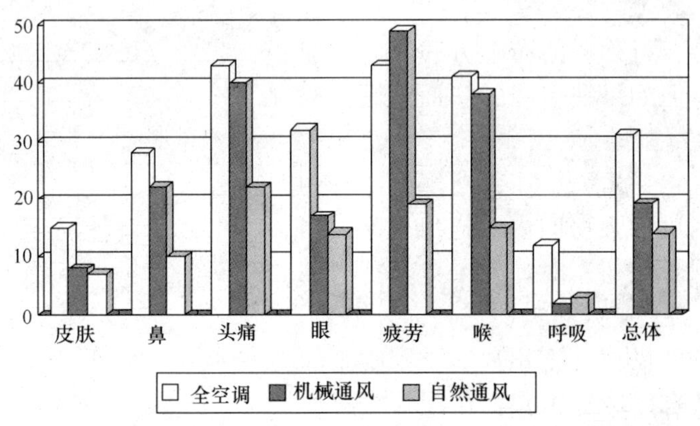

图 6-58 不同通风情况下发生病态建筑综合症的建筑数量

设计自然通风时要注意两方面的问题，一是建筑周边风环境的组织，对建筑、植被、水体等基地内的所有因素都要加以组织、利用，不影响夏季主导风吹向建筑物，并尽量减少冬季主导风的影响，以最简洁经济的方式改善室外环境，创造良好的室外风环境。二是建筑本身的风环境设计，通过对建筑尺寸、建筑洞口、建筑构件等建筑本身相关因素的设计，创造良好的室内风环境。

1. 朝向、布局

自然通风设计，首先应考虑建筑选址和朝向。从大环境出发，充分考虑主导风向和基地地形特点，选择既能遮蔽冬季寒风，又能充分利用夏季主导风进行自然通风降温的地址。我国大部分地区夏季主导风向都是南或南偏东，所以传统建筑多为坐北朝南，即使是现代建筑也以南或南偏东为最佳朝向。

建筑群错列、斜列的平面布局形式较之行列式与周边式有利于自然通风（图 6-59）。当房屋的前后都围有院路时，南侧小院内的空气由于受到阳光照射而上升，从而通过南北窗户把北侧小院内的较凉的空气引向南院来，这样也可起到房间通风的效果。

2. 绿化、水体布置

室外的绿化、水体对用地的微气候环境调节起到重要的作用，良好的室外空气质量也增加了建筑利用自然通风的可能性。进风口附近如果有水面和绿化，在夏季其降温效果是显著

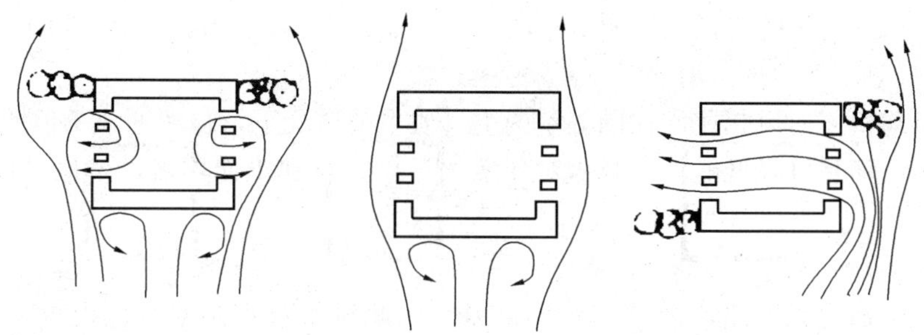

图 6-59　沿房屋长向种植树木来加强其通风效果示意图

的。当风流过室外的绿化带或水面时，风被降温，风速被减弱，同时风流动的路线也可以被改变，这在南方引凉风入室中能起到很重要的作用。

房间周围树木的布置位置往往也能在一定程度上引导风的方向。行列树的布置方式有利于建筑物的自然通风，但如果在房屋的三面都围以树木，房屋的通风效果则会大受影响。当在沿房屋的长向迎风一侧种植树木时，如果树木在房屋的两端向外延伸，则可加强房间内的通风效果。当沿房屋长向的窗前种植树木时，如果树丛把窗的檐口挡住，则往往会使吹进房内的风引向顶棚去。但如果树丛离开外墙尚有一定距离时，则吹来的风有可能大部分或全部越过窗户而从屋顶穿过房子。当在迎风一侧的窗前种植一排低于窗台的灌木时，则当灌木与窗的间距在 4.5～6m 以内时，往往可使吹进窗去的风的角度向下倾斜而有利于促进房间通风的效果（图 6-59）。

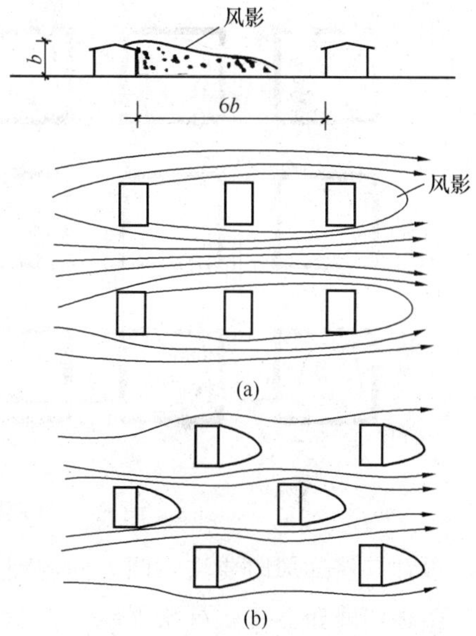

图 6-60　行列式和错列式布局风影的影响
（a）行列式布置；（b）错列式布置

3. 开间进深

房间的通风效果与房屋的开间、进深有密切关系。一般情况下，建筑平面进深不超过楼层净高的 5 倍（一般以小于 14m 为宜），以便易于形成穿堂风（Through-Draught），单侧通风的建筑进深最好不超过净高的 2.5 倍。

4. 建筑洞口（窗、门）的相对位置

由于夏季自然通风的主要目的是将室外的自然风引入到室内，到达人体位置，同时保证风速适当，借此提高室内的舒适度。因此开窗的位置无论是在平面上还是在立面上均会影响到室内气流的路径，从而影响自然通风的效果。

风吹到一面中央设窗的墙体时的状况，原有的正压区一分为二，但是房间无出气口，所以室内的空气很快达到饱和（图 6-61a），随后恢复到原有的正压状态，因没有出气洞口，房间内没有明显的通风行为，只有在外部风压发生变换时，为平衡气压，室内的空气才会发生换气行为。如果在下侧墙开洞口，则随即产生通风（图 6-61b）；若将进气窗上移，那么因为迎风墙的两部分气压不等，下半部墙的部分气压正压较上部大，会把气流挤向室内的右上角，最终的结果是气流的路径比前图所示的要长（图 6-61c）。由此可以看出图 6-61c 的通风效率高于图 6-61b。

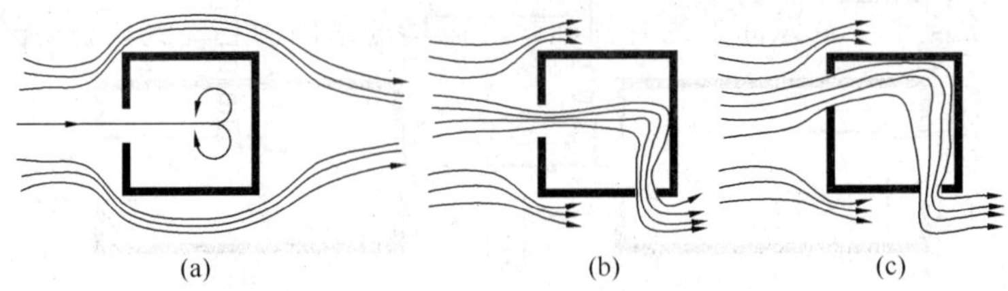

图 6-61　建筑平面洞口位置对建筑通风的影响

同样，立面和剖面也是一样，开窗的相对位置都会直接影响气流路线。图 6-62 为几种建筑开口位置对室内气流影响的示意图（图 6-62a 为剖面图，图 6-62b 为平面图）。

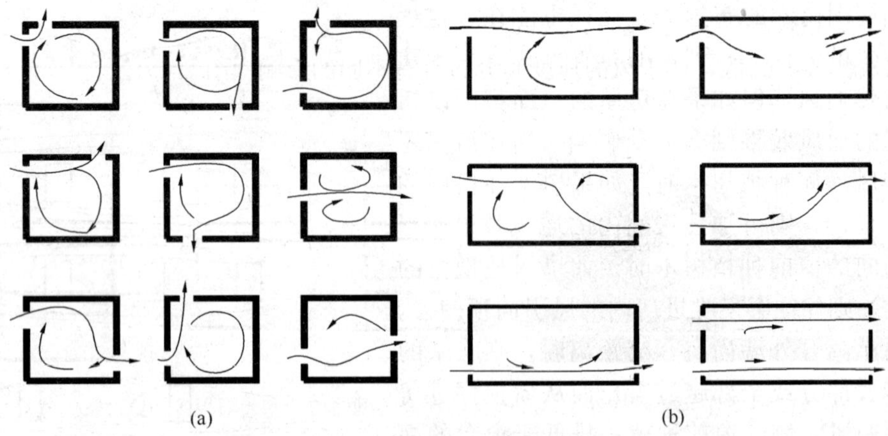

图 6-62　建筑开口位置对室内气流的影响

(a) 剖面图；(b) 平面图

窗户形式也会影响气流的流向，当采用悬窗形式时，会迫使气流上吹至顶棚，不利于夏季的通风要求，因此除非是作为换气之用的高窗，不宜在夏季采用这种类型的窗户。窗扇的开启形式不仅有导风的作用，还有挡风的作用，设计时要采用合理的窗户形式。比如一般的平开窗通常向外开启 90°，这种开启方式的窗，当风向的入射角较大时，会将风阻挡在外，如果增大开启的角度，则可有效地引导气流。此外，落地长窗、漏窗、漏空窗台等通风构件有利于减低气流的高度，增大人体的受风面，在炎热地区是常见的构造措施。

5. 建筑洞口（窗、门）的面积

夏季通风室内所需的气流速度为 0.5～1.5m/s，下限为人体在夏季可感觉到的气流的最低值，上限为室内作业的可以允许的最高值（非纸面作业的室内环境不受此限制）。一般夏季户外平均风速为 3m/s，室内所需风速是室外风速的 17%～50%。但是在建筑密度较高的区域，室外平均风速往往为 1m/s 左右，是室内要求风速的 1～2 倍。所以开窗除了换气的作用之外，更要确保室内的气流达到一定的风速。房间开口尺寸的大小将直接影响到风速和进气量。开口大，则气流场较大。缩小开口面积，流速虽然相对增加，但是气流场缩小。因此开口大小与通风效率之间并不存在正比关系。根据测定，当开口宽度为开间宽度的 1/3～2/3，开口面积为地板面积的 15%～20%时，通风效率最佳。

风的出口和入口的大小影响室内空气流速，出风口面积小于进风口面积，室内空气流速增加；出风口面积大于进风口面积，室内空气流速降低（图 6-63）。因此建筑在主导风向迎风面开窗面积，不应小于背风面上的开窗面积，以增加室内的空气流动。

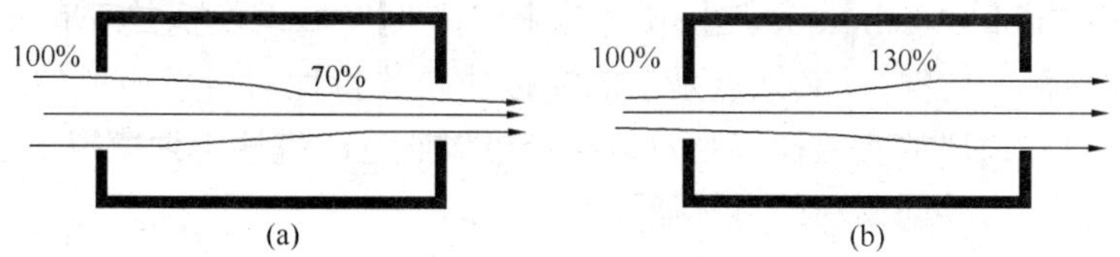

图 6-63　风的出口和入口的相对大小对室内空气流速的影响

6. 建筑构件

各种建筑构件，如导风板、遮阳板和屋檐等直接影响建筑室内气流分布。我国南方民居建筑中宽大的遮阳檐口（图 6-64），檐口离窗上口距离较小，这样强化了通风的效果，窗口上方遮阳板位置的高低，对于风的速度和分布也有不同的影响（图 6-65）。

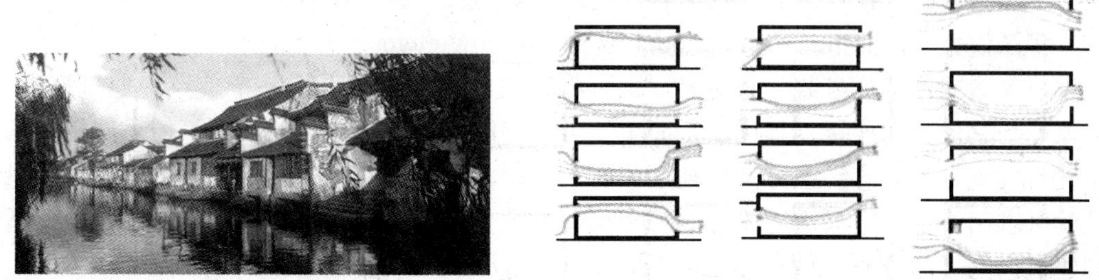

图 6-64　宽大的屋檐作为导风构件　　图 6-65　窗户的剖面位置和遮阳板等构件对室内气流场的影响

6.2.4　建筑通风分析研究方法

建筑在设计通风的时候，必须采用一些方法来分析通风设计的效果。常用的分析方法有实验法和数值模拟法，现在常使用计算机软件来模拟通风状况。

1. 实验法

（1）风洞模型实验法

风洞实验的原理是相似性原理，它应用于自然通风中主要是模拟建筑表面及建筑周围的压力场和速度场，以及确定风压系数，预测自然通风性能 。

（2）示踪气体测量法

示踪气体测量法可以预测建筑通风量和气流分布。有两种测量方法：定浓度法和衰减法。所谓定浓度法，就是在测试期间，保持所有测试房间的示踪气体浓度不变，而改变示踪气体注射量，它可用来处理驱动力发生改变的通风问题。而衰减法指向测试房间注入一定量的示踪气体，随着示踪气体在测试房间的扩散，示踪气体的浓度呈衰减趋势。在自然通风中可用该方法来预测自然通风量。

（3）热浮力实验模型技术

用热浮力实验模型技术模拟热压驱动的自然通风的物理过程比较直观。目前主要有 4 种技术：带有加热装置的气体模拟法（the gas modeling system，以空气或其他气体作为流动介质，热浮力由固定的加热装置产生）；带有加热装置的水模型系统（ the water modeling system，以水作为介质，有固定的加热装置）；盐水模拟法（ the brine water modeling，利用盐水的浓度差产生类似于热羽的流动，已被广泛接受，但需大蓄水池和不断补充盐水）；气泡技术（a fine bubble technique，由电路的阴极产生气泡以模拟热羽运动，可以模拟点源、线源及垂直热源的情况）。其缺点是不能模拟建筑热特性对自然通风的影响。对风压与热压共同驱动的自然通风的实验模拟则较复杂，可以通过改进这 4 种模拟法或综合这 4 种模拟法，使之能模拟二力共同驱动的自然通风。

2. 数值模拟法

（1）流体力学计算（Computational Fluid Dynamics，CFD）方法

CFD 方法应用相当广泛，该方法就是将房间划分为小的控制体，把控制空气流动的连续的微分方程组通过有限差分或有限元方法离散为非连续的代数方程组，并结合实际的边界条件在计算机上求解离散所得的代数方程组，只要划分的控制体足够小，就可认为离散区域的离散值代表整个房间内空气分布情况。由于分割的控制体可以很小，所以它可详细描述流场，但由于求解的问题往往是非线性的，需进行多次迭代，故较耗时。

（2）多区模型方法（multi-zone model 或 single-flow element model）

假设每个房间的特征参数分布均匀，则可将建筑的一个房间看作一个节点，通过窗户、门、缝隙等与其他房间连接。其优点是简单，可以预测通过整个建筑的风量，但不能提供房间的温度与气流分布信息。该方法是利用伯努利方程求解开口两侧的压差，根据压差与流量的关系就可求出流量。它只适用于预测每个房间参数分布较均匀的多区建筑的通风量，不适合预测建筑内的气流分布。

（3）区域模型方法（zonal model 或 multi-flow elements model）

多区模型方法过分简化了系统，容易产生误差，尤其在处理热压驱动的自然通风等室内温度产生明显分层的情况时误差很大。区域模型方法则是将房间划分为一些有限的宏观区域，认为每个区域的相关参数如温度、浓度等相等，而区域间存在热质交换；建立质量和能量守恒方程，并充分考虑区域间压差和流动的关系来研究房间内的温度分布及流动情况。该方法比多区模型方法复杂和精确，但比 CFD 简单。

3. 模拟软件

在自然通风研究与设计过程中，现在常借助于流体流动分析软件，目前可应用于分析自然通风系统的通风特性和热特性的常见软件分别有：Fluent，BREEZE，BLAST，EnergyPlus，DOE2 等。

在自然通风设计中，CFD 模拟工具可以起到非常好的辅助设计作用，虽然 CFD 反映的流场状况不是完全精确的，但用来做定性分析、辅助设计，完全可以起到良好的效果。彩图 1 所示即山东建筑大学太阳能学生公寓在设计阶段进行的通风模拟，图中显示了通风窗在强化宿舍床面高度通风的有效性，并为通风窗的尺寸和定位提供了设计依据。

6.2.5 强化通风设计

1. 风帽

风帽是自然进排风系统的入口或出口，它是利用风力或温度差造成的正压或负压，加强进排风能力的一种装置。风帽可以装在需要局部通风的地方，也可以装在屋顶上，促进全面

进排风。

①进风型风帽　进风型风帽是在外界风压的作用下，能向内部空间引风的风帽。它的特点是能利用任何方向吹来的风，将室外气流导向内部空间，如图 6-66 所示。

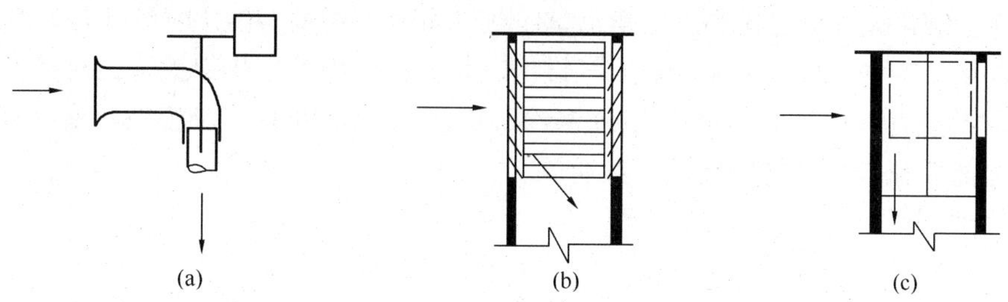

图 6-66　进风型风帽

（a）风口迎风式自动转向风帽；（b）四面设倒装 60 度百叶风帽；（c）四面设孔加十字挡风板风帽

进风型风帽主要是利用导向器的导风原理制成。图 6-66a 是迎风式随风转向风帽，在风向标的作用下，进风口始终迎向风吹来的方向，导向器是风向标和喇叭口式的 90°弯头；图 6-66b 是四面设有倒装 60°百叶的风帽，导向器就是倒装的 60°百叶；图 6-66c 是加十字型挡板的四面设窗风帽，导向器是十字型挡板。这三种风帽以迎风式随风转向风帽的性能最佳。倒装 60°百叶型风帽次之。

②排风型风帽　在外界风压的作用下，风帽本身产生负压，从空间内部向外排风，这种风帽称为排风型风帽。特点是从任何水平方向吹来的风作用在风帽上，风帽都产生吸力，向外排风，如图 6-67 所示。

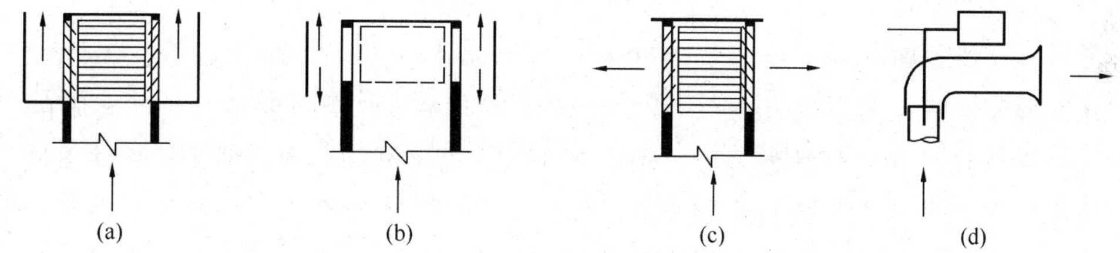

图 6-67　排风型风帽

（a）G 型风帽；（b）方筒型风帽；（c）四面设正装 30°百叶型风帽；（d）随风转向型风帽

这种风帽是将排风口设在风帽的负压区，因而产生排风效果的原理研制而成的。图 6-67 中 a 图和 b 图是将排风口设在风帽挡风板之后的负压区。图 6-67c 是四面设正装 30°百叶窗风帽，30°百叶将吹来的气流导向上，对井内空气有一定引射作用，再加上两侧窗和背面窗都在负压区，所以排风口在负压控制之下，是排风型风帽；图 6-67d 在风向标的导向下，风口始终背向风吹来的方向，处在负压区，是排风型风帽。

在英国伦敦南部的萨顿区，有一个独特的社区格外引人注意。与仅有一墙之隔的英国普通住宅区有所不同，这里的建筑都是约 40m 高的棕褐色“板楼”，共有 5 栋。每栋楼的屋顶南侧铺着大片的太阳能板，北侧种着大片的绿色植物，中间则竖立着一排排五颜六色的风帽。这个小区的全称是“贝丁顿零化石能源发展生态社区”。该社区由英国零能耗工厂创办者、世界著名低碳建筑设计师比尔·邓斯特一手设计，2002 年完工，吸引了约百户居民入住，是英国最大的低碳可持续发展社区，如今已成为世界低碳建筑领域的标杆式先驱。贝丁顿零能耗社区（BedZed）的自然通风系统得到了精心的设计，BedZed 屋顶上矗立着一排排色彩鲜艳、外观奇特的热压风帽，它们是一种自然通风装置，设有进气和出气两套管道。源源不断的新鲜空气通过风帽被送入房间，这种被动式通风装置完全由风力驱动，可随风向的改变而转动，利用风压给建筑内部提供新鲜空气，排出室内的污浊空气。此外，其内部设有热交换器，室外冷空气进入和室内热空气排出时，会在其中发生热交换，交换器可回收排出废气中的 50%～70%的热量来预热室外寒冷的新鲜空气，因此可以节约供暖所需的能源，如图 6-68、图 6-69 所示。

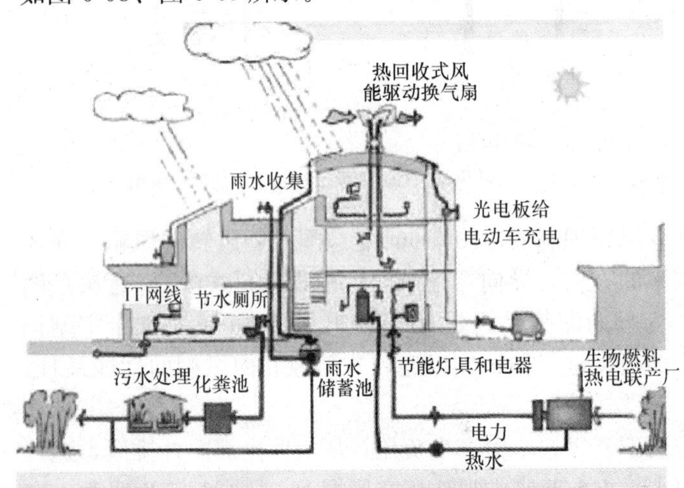

图 6-68　贝丁顿社区工作原理

图 6-69　贝丁顿社区屋顶风帽

迈克尔·霍普金斯（Micheal Hopkins）设计的诺丁汉大学朱比利校区，这是在一片废弃的自行车制造厂旧址上为诺丁汉大学扩建的新校区。建筑沿湖面排列，形成了独特的滨水景观。沿湖的教学楼有 8 个圆柱形的楼梯间，楼梯间顶部是一个 3.5m 高的金属风帽，金属风帽可自由旋转，通过其旋转可确保排出气流总是朝下风向，从而形成最大的正负压差，加强抽风效果，如图 6-70、图 6-71 所示。通过低速风洞试验证明，即使在风速只有 2m/s 时风

图 6-70　朱比利校区教学楼风帽

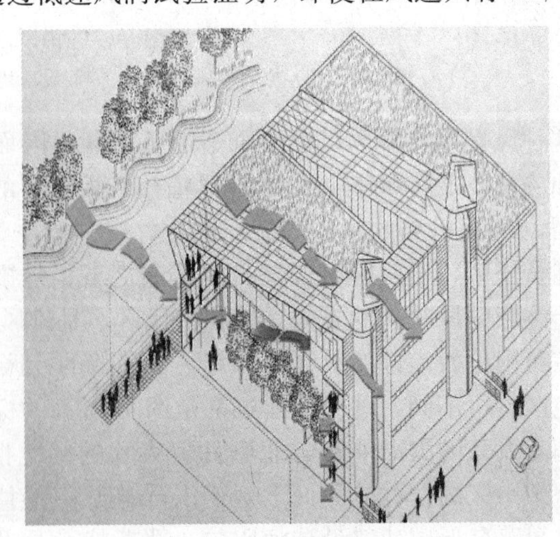

图 6-71　风帽进出风示意图

帽也能转动，最大受风力可达 40m/s。金属风帽进、出风循环路径是：新鲜的空气通过处于风塔上部的机械抽风和热回收装置，顺着排风井道向下流入各个楼板 350mm 高的空气夹层，然后通过地面上的低压扩散器释放到室内；而废气的排出是通过走道和楼梯间的低压抽风作用，随楼梯井直接上升至风塔上部，再经过热回收或蒸发冷却装置，通过风帽排出室外。

风帽在我国较广泛地应用是在地下建筑中和工业厂房中。特别是在厕所、厨房以及一些产生有害气体的车间或房间，容易出现有害气体向清洁区域的扩散和蔓延的状况，这势必影响空气环境。利用风帽进行定向自然通风则可以解决这一问题。

在上海世博会城市最佳实践区北侧，占地 $2500m^2$ 的零碳馆显得有些低调，其中最吸引人眼球的是屋顶 22 个色彩鲜艳的三角形风帽。上海世博会中的零碳馆，如图 6-72 所示，源于伦敦贝丁顿零碳生态社区，却又高于其原型，它所用到的低碳技术和理念，在上海世博会零碳馆中几乎都有体现，并且经过这些年的技术发展，世博会零碳馆在某些方面更为领先。

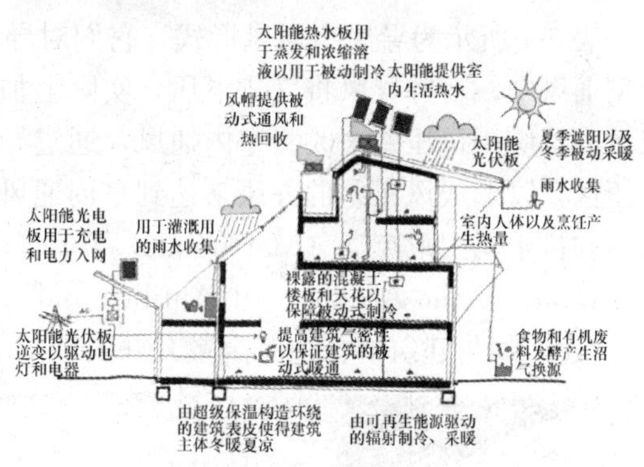

图 6-72　上海世博零碳馆

零碳馆由两栋前后相连的四层楼建筑组成。两栋建筑外观一模一样，每栋房子的屋顶各安装着 11 个五颜六色的风帽，跟随风向灵活转动。风帽是风动储能保温除湿双向通风帽的简称，它分成自然通风和机械通风。自然通风是通过外界的自主风力寻向装置确定建筑周边风力的主要方向，并且将室外风动力转化为室内建筑通风的动力，从而免去了传统空调通风系统的能耗。机械通风在外界风力不足时启动，通过来自光电板收集的能量进行通风。这种通风方式使得能耗降低为常规系统的 1/5，大大减低了通风成本。与此同时，灵活转动的风帽利用风能驱动室内的通风和热回收。由风帽和吸收式制冷系统相结合的体系同时提供循环风的解决方案，提高访客的热舒适度。

2. 导风板

通过一定规则的导风板设置，使室外风流经导风板引入室内，能够增加建筑通风的正压功能。现代高层建筑常可以看到变化多端、极富装饰性的外墙导风板，材料有不锈钢、高强塑料、玻璃钢等，这些不同规格的导风板给建筑选型带来了无限生机。但其除了装饰意义外，品位高的设计还要使其包含一定的功能与技术意义，即使导风板充分起到导风与遮阳作用。有时是仅考虑遮阳或者风，有时是综合考虑，利用导风板做通风改善构件主要有表 6-4 中的几种基本形式。

表 6-4　导风板通风形式的特征

名称	简图	通风效果图	特　征
集风型			1. 一组挡板共同使用 2. 导风显著 3. 立面影响较大
挡风型			1. 置于迎风一侧 2. 导风显著 3. 室内风向影响较大
百叶型			1. 导风方向可以按需要调整 2. 与遮阳板结合较好 3. 有效改善室内通风效果
双重型			1. 以一组挡风板共同使用 2. 形成风压差显著 3. 不佳朝向的有效改善方法

表 6-4 所示为导风板通风形式，它们对导风和室内通风均有显著的改善作用。例如，百叶型通风中，百叶导风将气流下压，实际上加大了洞口计算高差值，改善了热压通风效果；双重型是应用风压差来改善室内通风，通过导风板的不同位置，形成进风的正压区和出风的负压区，以形成风压差的方法来达到室内通风的目的。

在位于马提尼克岛（Martinique）Fort－de－France 的安的列斯群岛及圭亚那主教学院（Rectorate of the Academy of Antilles and Guiana）中就采用了导风策略（图 6-73，图 6-74）。建筑师将建筑的长边完全敞开并安装活动百叶。在气候持续热湿的加勒比海地区，建

图 6-73　安的列斯群岛及圭亚那主教学院

图 6-74　竖直板的室内效果

筑设计采用大开口的方式，在室内风速变化的情况下，让大量的空气流入室内而保持较小流速，这样既能给办公室降温而又不致于吹散纸张。

德国北部城市汉诺威是德国和欧洲的展览中心，以举办各种大规模的博览会闻名于世。由 Herzog Partner 事务所设计的 26 号展厅被认为是所有的展厅设计中最具代表性的一个。该展厅的设计充分体现了独具艺术性的结构造型和可持续发展的设计观念的完美结合。该建筑的设计充分体现出建筑形式、技术与功能的统一。悬挂式屋面结构为建筑提供了大面积的无柱空间，剖面设计保证建筑的空间高度可以摆放大尺度的展品。而坡起的造型具备很好的拔风效果，利于组织室内自然通风。在立面 4.7m 处设置了通风口，凉爽的新鲜空气进入室内后均匀散布到地面，经人流活动等加热后上升到屋脊处排出。屋脊处的通风口设有可开启的导风板，并可根据不同的风向调整角度，以确保有效通风。由于合理的通风设计使该建筑在空调方面的投资费用节省了 50%（图 6-75）。

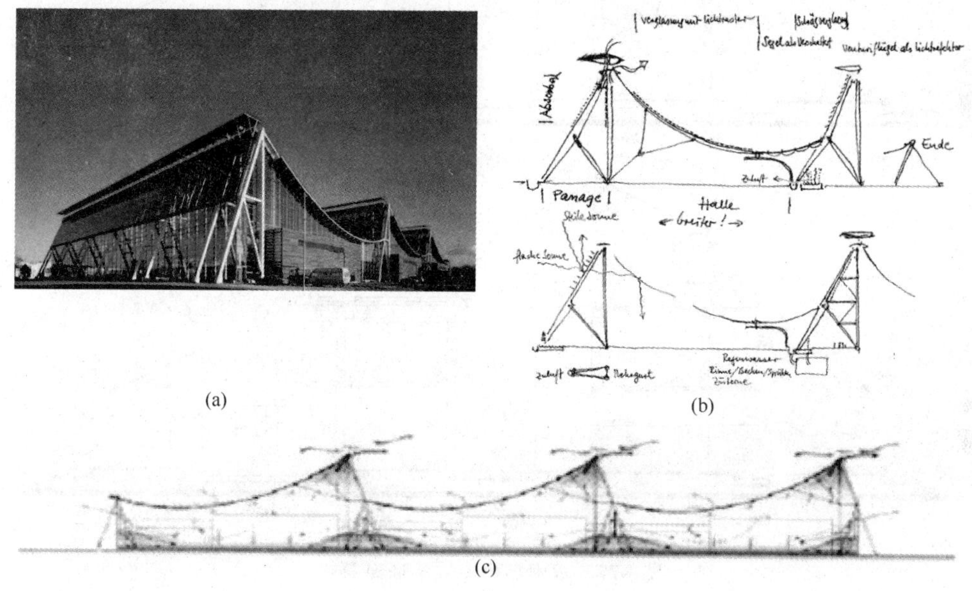

图 6-75　汉诺威博览会 26 号展厅

（a）26 号展厅；（b）自然通风设计草图；（c）自然通风示意图

3. 文丘里管

伯努利效应：气流速度的增大，会使它的静压力减少。由于这一现象的存在，所以在文丘里管的细腰处，就会出现负压（图 6-76a）。飞机机翼的横断面就像是半个文丘里管，人字形的屋顶也像是半个文丘里管，因此，屋脊附近任何形式的开口，都会使空气被吸出室内（图 6-76b）。如果把屋顶设计成一个完整文丘里管的形状，伯努利效应就会表现得更为强烈（图 6-76c）。这儿还有另外一种现象在产生作用。随着高度增加，风速越来越快，屋顶脊部的压力，就比靠近地面的窗户附近的压力要低。因此，即使没有文丘里管一样的几何结构的帮助，伯努利效应也会通过屋顶上的开口，把空气排出屋内（图 6-77）。

张家港双山岛生态农宅是由清华大学吴良镛教授、尹稚教授主持的中英合作研究项目“张家港双山岛生态农村建设研究”的子项目。该项研究从生态系统结构框架角度出发，在生物气候理论的指导下，针对当地的气候条件、传统建筑模式，对这一地区生态农宅进行了

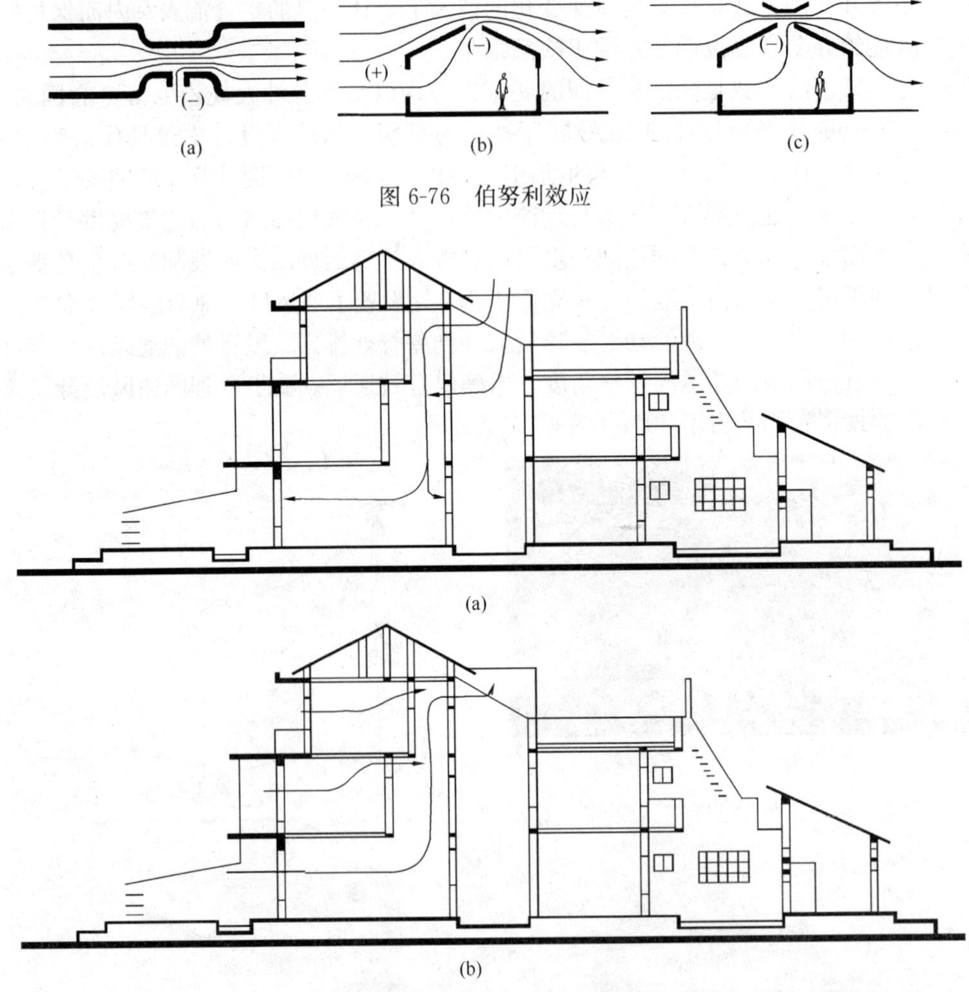

图 6-76　伯努利效应

图 6-77　双山岛生态农宅通风分析

(a) 室内白天通风状况；(b) 室内夜晚通风状况

典型设计。在建筑通风设计上采用了文丘里管的渐缩断面加快空气流动，加强住宅通风[8]（图 6-77）。

查尔斯·柯里亚的建筑作品处处了体现了建筑设计与当地气候的结合。孟买干城章嘉公寓是他的代表作，变化的断面设计是一大特点。正是这种断面形式，巧妙地利用了文丘里管，加强了住宅的自然通风（图 6-78）。

4. 太阳能烟囱

烟囱效应：烟囱效应可以通过自然对流把空气排到室外。只有当室内两个竖直通风口之间的温差，大于这两个通风口之间室外的温差时，烟囱效应才会把空气排出室内（图 6-79）。烟囱效应总的来说比较弱，为了增加它的效果，通风口应当尽可能的大，彼此之间的垂直距离应当尽可能的远。

太阳能烟囱：太阳能烟囱是对烟囱效应进行了改进之后的产物。由于烟囱效应是温度差的函数（$\Delta p=0.043h\Delta t$，Δp、h、Δt 分别是进排风口之间的压力差、垂直距离和温度差），

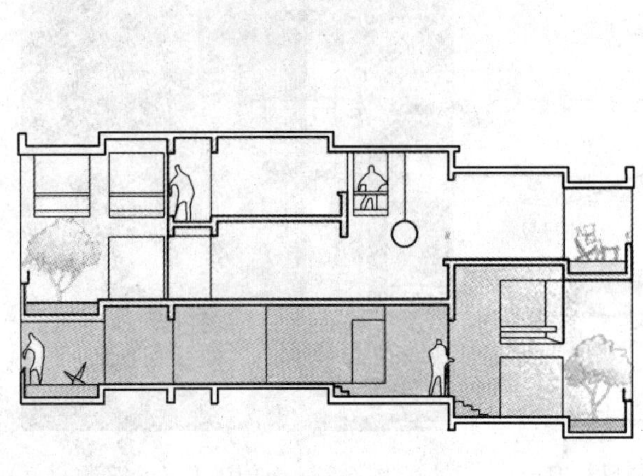

图 6-78　孟买干城章嘉公寓

因此，加热室内的空气可以加速空气的流动。当然，这会与我们给室内空气降温的目标冲突。因而，太阳能烟囱是在空气离开房屋之后再对其加热。结果是，烟囱效应的效果增强了，而室内也没有额外地增加热量。

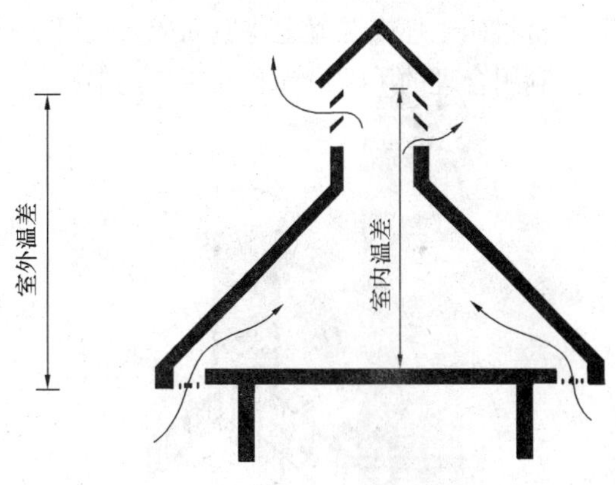

图 6-79　烟囱效应原理图

太阳能烟囱的原理：太阳光晒热太阳能烟囱上部的结构，蓄存在上部的热量加热风塔内的空气，空气受热后上升，形成热虹吸；在热虹吸的作用下，热空气被抽到顶部排向室外，凉爽的空气从房屋冷侧的窗口流进补充。到了傍晚，烟囱在白天吸收并蓄存的热量继续促成这种向上的通风，将室内的热空气排向室外。为阻止不必要的热损失，太阳能烟囱通常还设有可以开闭的风门，在无需通风的时候可以关闭。

在西方，很多建筑都使用太阳能烟囱，即风塔内面向太阳的墙是透明的。让阳光透射到塔井内，加热对面的重质墙，塔内热量的积聚会增强塔内的烟囱效应，使空气上升得更快，如图 6-80 所示。值得注意的是，在使用太阳能烟囱时，不要使透射入底层房间的太阳光线过多，以免增加制冷负荷。

迈克尔·霍普金斯（Michael Hopkins）设计的英国诺丁汉税务部（Nottingham Tax Office，1993～1995）就是很好的烟囱通风例子。该建筑为院落式布局，高度为 3～4 层，周边风速较小，为了更好地实现自然通风，设计师首先控制建筑进深为 13.6m，以利于自然采光和通风，然后设计了一组顶帽可以升降的圆柱形玻璃通风塔作为建筑的入口和楼梯间（图 6-81、图 6-82 ）。玻璃通风塔可以最大限度地吸收太阳的能量，提高塔内空气温度，从而进一步加强烟囱效应，带动各楼层的空气循环，实现自然通风。

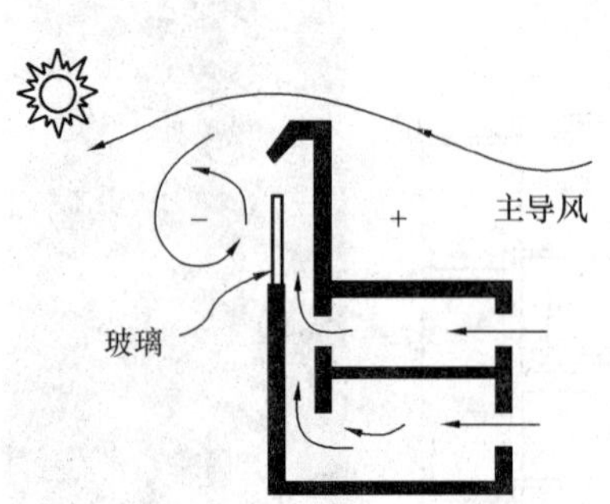

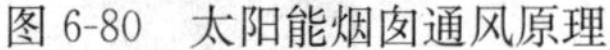
图 6-80 太阳能烟囱通风原理

图 6-81 英国诺丁汉税务部

清华超低能耗楼在楼梯间设置通风竖井，楼梯间顶端设计玻璃烟囱，如图 6-83 所示，利用太阳能强化热压通风，竖井每层设百叶进风口，负责不同楼层的热压通风。太阳能烟囱既可由重质材料如土坯或混凝土建造而成，也可由轻薄的金属板材制成。太阳能烟囱突出屋面一定高度，利用合理的风帽设计和捕风口朝向在烟囱口形成负压，能将室内热气及时排出。

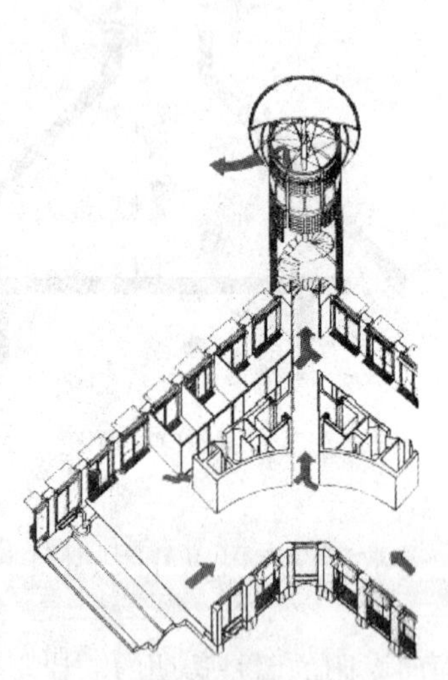
图 6-82 英国诺丁汉税务部通风

图 6-83 清华大学超低能耗楼太阳能烟囱

山东建筑大学太阳能学生公寓同样通过一个太阳能烟囱充分利用太阳能和风力强化烟囱效应，为自然通风提供了动力保证（如图 6-84、彩图 2 所示）。太阳能烟囱位于公寓西墙，与走廊通过窗户连接；烟囱外壁开大窗为走廊提供采光，内部设有框架，烟囱由涂成深色的金属板制成，金属板被太阳晒热后，加热烟囱中的空气从而增大热压，同时烟囱顶部由于外部风速较大使烟囱效应大大强化，以保证房间一定的气流速度。太阳能烟囱高出屋面 5500mm 以保证足够的压力。走廊的窗户为下悬窗，在采光的同时起到风阀的作用，夏季开启，冬季关闭即可，不会因烟囱效应使冷风渗透增大。太阳能烟囱顶部设有铁丝网，防止鸟飞入。

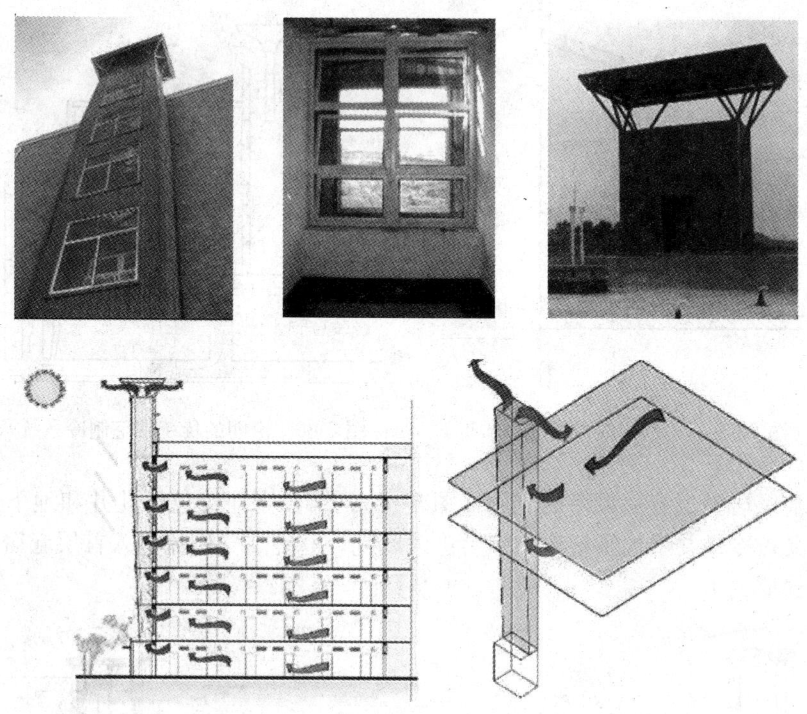

图 6-84　山东建筑大学太阳能学生公寓太阳能烟囱

5. 捕风冷却塔

传统技术中的捕风窗、冷却塔和风塔在建筑中的应用，是干热地区居民结合风能与蒸发降温原理而独创的一种通风降温方式，这种方式不但能够避免密集的建筑聚落对风流动产生的不利影响，而且在不借助于任何机械设备的情况下，实现对室内空气的降温、加湿，改善室内热环境。

(1) 传统捕风冷却塔技术的应用

在埃及传统农村建筑中，捕风窗与蒸发冷却装置的结合形成了一套有效的蒸发降温新风系统，捕风窗捕获的室外新风在进入室内的过程中，首先通过装有冷水的陶壶，陶壶因低温烧制而成具有良好的洇水性，洇渗出的水分在蒸发时会带走部分汽化热，对空气进行一次降温加湿，陶壶中渗出的水滴落在活性炭格栅上，空气在通过潮湿的木炭格栅时被二次降温加湿，最后经过底部的接水槽时被第三次冷却加湿，经三次冷却加湿后的室外新鲜空气被源源不断地输送入室内空间，这就为室内创造了舒适的微气候环境（图 6-85）。

位于中东地区的伊朗，捕风塔是当地传统住宅蒸发冷却降温的重要手段。考虑到主导风向，在风塔的两侧背靠背地设置采风口和进风口。塔的下部为附属房间，具有除尘过滤通道。除此之外，还另有一个经过地下冷却的进气通道，从这个通道把经过加湿冷却后的空气送入室内。进气口在建筑物的外面，室外空气一直被引进到有地下水流的地下空洞内，在空洞内被冷却加湿后，就被自然地吸引到室内。室内就是一个自然空调系统。它把来自风塔的高温低湿空气和来自地下的低温高湿空气进行混合。自然风是空气流动的原动力，地下水使空气冷却降温和空气加湿（图 6-86）。在伊朗的亚兹德地区有世界上最高的捕风塔，高出地面 32m，从塔底流出的风速一般为 7m/s。

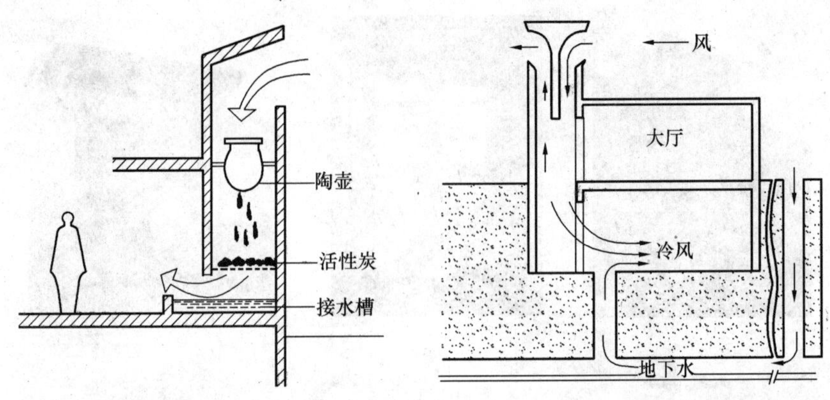

图 6-85　埃及捕风窗的蒸发冷却　　　　图 6-86　伊朗的传统住宅制冷系统

我国新疆民居中也有捕风塔的应用（图 6-87）。结合当地特色坎儿井和地下室，空气被压入塔中后又被冷却并增加了湿度，然后进入庭院。庭院空气倒流进入首层起居室时，便能让使用者感到凉爽了。

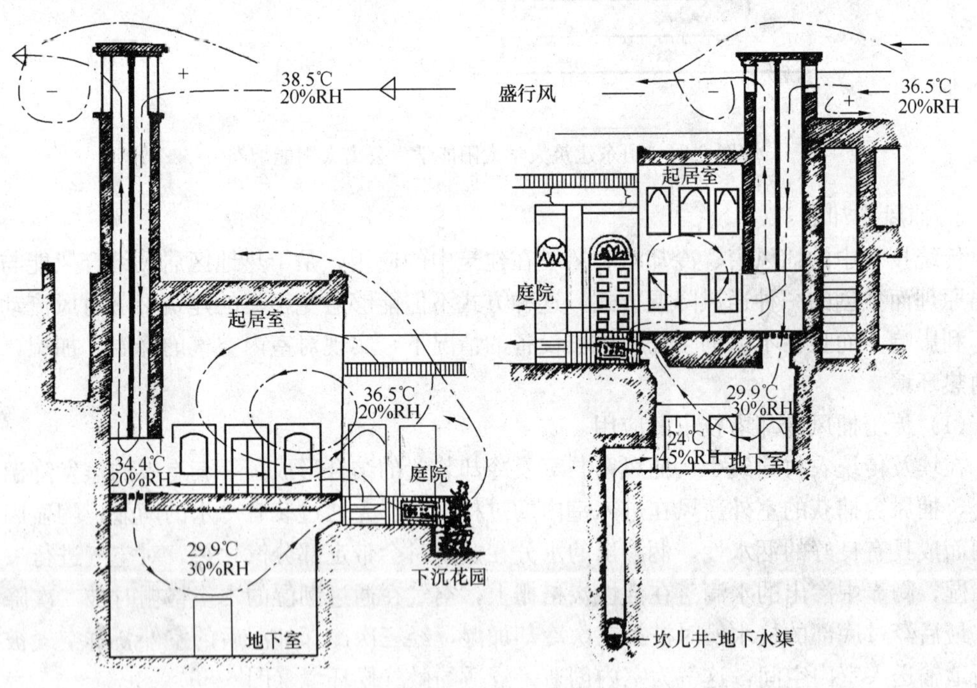

图 6-87　新疆民居通风原理图

（2）传统捕风冷却塔技术的继承

埃及著名建筑师哈桑·法赛对传统的捕风窗进行了改造与创新，以提高通风和冷却效率。在埃及卡拉布沙的总统行宫设计中，法赛对传统的捕风窗进行了改进，增加了捕风窗的尺寸以增大进气量，同时在导风通道中由上至下悬挂多组用金属网包裹的木炭，木炭经喷水浸润后可以对进入的干热空气进行梯级的冷却加湿，最后通过底部的喷泉瀑布加大进入空气与水的接触面积，这样既可以增加空气的流速又可以提高冷却效率（图 6-88）。位于行宫接待大厅中间部分较高的穹顶设置有木格板的窗口，利用通风塔的拔风作用将积聚在周围的热空气排出，被冷却加湿后的冷空气代替了室内的热干空气，这部分冷空气受热后上升再由穹顶顶部窗口排出，如此便形成了室内外空气的交换并达到了降温加湿的目的（图 6-89）。

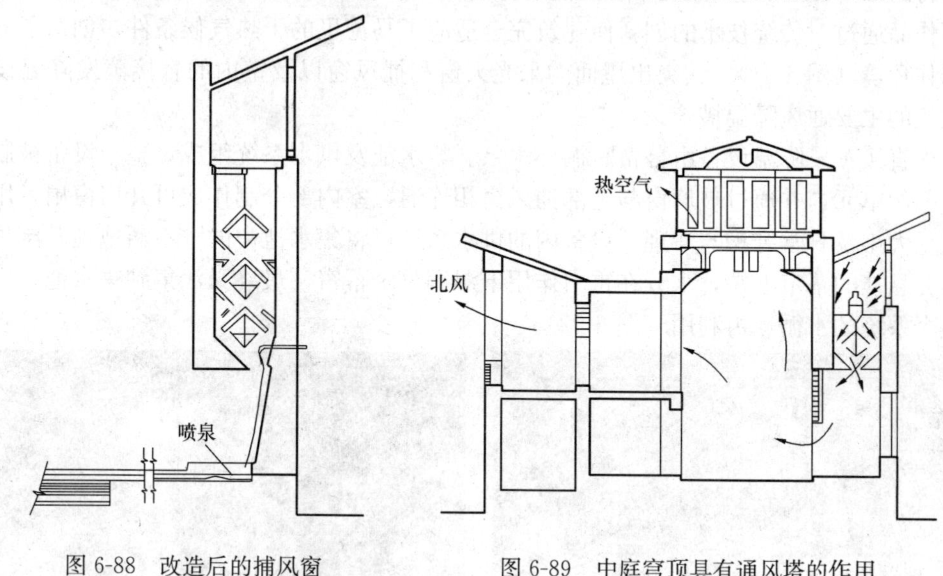

图 6-88　改造后的捕风窗　　　　图 6-89　中庭穹顶具有通风塔的作用

（3）传统捕风冷却塔技术的发展

传统捕风冷却塔技术发展最好的例子是以色列沙漠建筑研究中心（图 6-90）。在这里，向位于建筑物中心的塔内喷水，使空气降温，产生向下的拉动力，从而使塔内温度从上而下降温达 16℃。冷却塔将冷空气导入底部建筑空间中，同时热空气从建筑物与塔毗连的墙顶部散发出去。

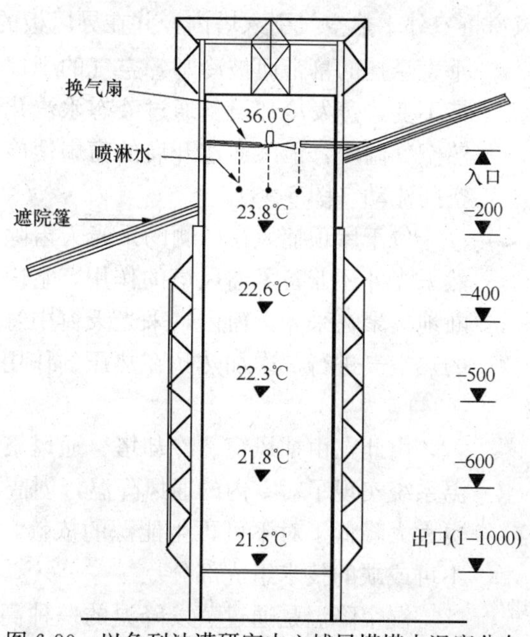

图 6-90　以色列沙漠研究中心捕风塔塔内温度分布

(4) 传统捕风冷却塔技术的演绎

随着时代的发展，“零能耗”建筑被认为是目前节能建筑发展的终极目标。在西班牙马德里举行的2010欧洲“太阳能十项全能”竞赛（SDE2010）的团队中，德国斯图加特大学的竞赛作品通过对传统技术的创新使建筑完全适应了马德里的干热气候条件，创造了舒适的室内居住环境（图6-91）。其突出屋面的采光天窗和捕风窗以及室内的直接蒸发降温设备成为该建筑的主要通风降温措施。

室内直接蒸发降温设备由幕帘、循环水泵、集水池及供水系统组成，整个设备被制作成一个完整的单元，并通过玻璃窗与上部捕风窗相连通，室内部分制作成可开启窗扇，用于调节出风量大小及日常维护与清理。设备内的供水系统可将集水池中的水不断地提升至顶部均匀喷洒在悬挂的幕帘上端，水分在重力作用下湿润整个幕帘，最终又汇集到集水池中，由此形成整个系统的水循环再利用（图6-92）。

图6-91　德国斯图加特大学竞赛作品

图6-92　室内直接蒸发降温设备（位于房间中间，外观类似橱窗）

位于建筑顶部的捕风窗将室外干热空气引入塔内，并在导风板的引流作用下使空气流过垂直悬挂的幕帘而被冷却，空气的干球温度降低而湿球温度保持不变，蒸发冷却设备通过液态水汽化吸收汽化潜热来降低干热空气温度，最终通过开启的窗扇使冷却后的空气在室内底层空间流动（图6-93）。

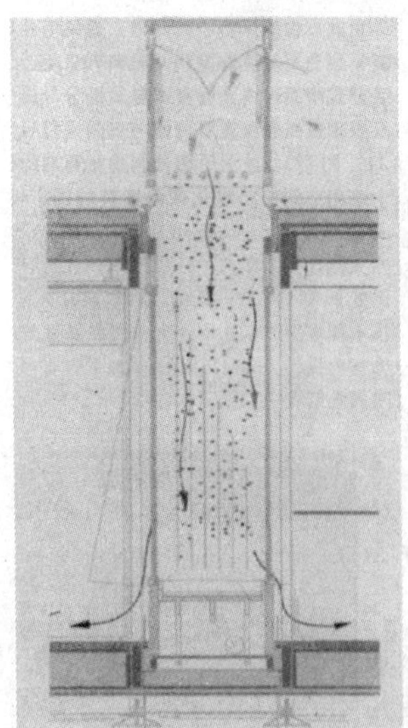

图6-93　捕风窗与冷却塔运行示意图

位于屋顶捕风窗两侧的采光天窗除了为室内提供充足的天然采光外还兼备了通风塔的作用，室内热空气在上升过程中不断地集聚在采光天窗内，采光天窗中悬挂的吸热片对集聚于此的热空气进行二次加热，在热压的作用下被加速排到室外（图6-94）。

由此，由捕风窗、冷却塔、通风塔共同组成的室内通风降温系统实现了对室内的通风降温，创造了舒适的室内居住环境，也大大降低了对不可再生能源的依赖，成为“零能耗”建筑中不可或缺的技术组成部分。

湿帘降温是通过蒸发降温的一种高效经济的降温方式。干热空气通过湿帘进入室内，由于湿帘内孔壁均匀布满水膜，这

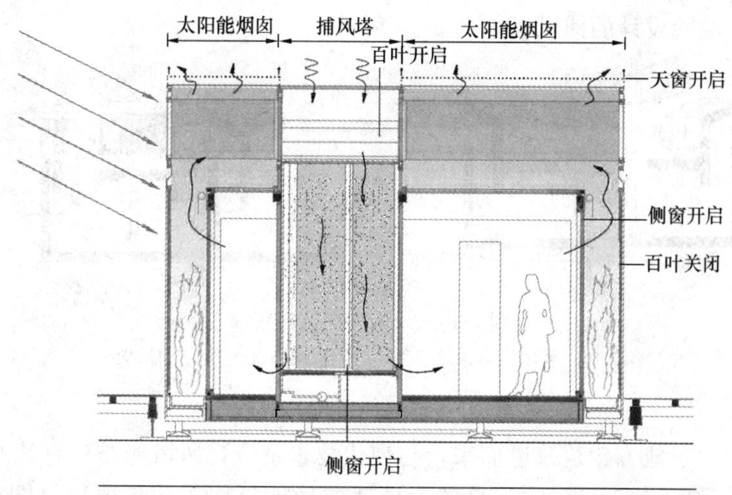

图 6-94　室内通风示意图

样室外新鲜空气穿过湿帘时，湿帘上的水会吸收空气中的热量并产生蒸发现象，使新鲜空气温度下降，湿度增加，完成降温过程，从而使房间空气变得凉爽、湿润，图 6-95。安装后可使房间内的温度迅速下降，并将温度保持在 26～30℃，但在应用中应注意控制好房间湿度。

图 6-95　湿帘降温

另一种常见的水帘降温方式是在大面积的玻璃窗或玻璃幕墙外侧设置水帘，通过水泵将水提升至玻璃顶端形成水帘，水帘流过玻璃将玻璃降温，在起到一定遮阳效果的同时能有效降低室内温度，同时营造出一种温馨浪漫的室内效果。在太阳能建筑中，使用光伏电池作为水泵的动力源，即可利用太阳能带动水帘工作，达到太阳能降温的目的。

捕风冷却塔起源于干热地区，在温和地区也有一定的应用，也可用于其他不同的气候带中，但必须完全领会这个地区的热舒适度的要求和气候情况才能得到有效的通风。在非干热地区，尤其是温和地区，捕风冷却塔不需要降温冷却功能，只是将新风引入室内即可，称之为捕风塔更确切一些。捕风塔内空气上升或下降的方向，取决于盛行风的方向和风塔上部通风口的朝向。凭经验设计的捕风塔如图 6-96 所示。

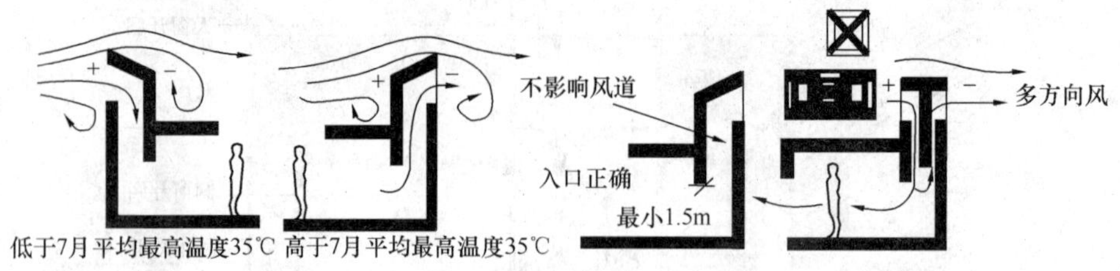

图 6-96　风塔方向选择规律

注：7 月最高平均温度超过 35℃时，风塔在烟囱效应作用下，塔内空气上升，只能达到微量通风，起不到降温作用。

现代风塔由中东地方建筑改进而来，与现代技术结合，风塔能非常有效的带动自然通风系统。在英国，爱奥尼克（Ionica）总部大楼就成功地使用了现代风塔（图 6-97）。在这个项目中，贝特-麦卡锡事务所引入了互动的立面设计、带有风塔的中庭、由下层送风的空心楼板以及使用监控装置的整体能耗控制策略，这些措施的综合应用使办公环境既舒适又解决空调使用带来的能耗问题。

古老的风塔原理也被用来制造高效率捕风设施，这类设施能有效地把风引入低处、穿过室内空间。英国肯特郡的布鲁沃特购物超市（Bluewater Shopping Mall）便为成功一例（图 6-98）。贝特-麦卡锡事务所采用了风塔设计，令室内自然通风，使购物超市既具备明媚阳光下室外商业街的所有益处，又没有街道上所有令人厌烦之处。

图 6-97　爱奥尼克（Ionica）总部大楼

图 6-98　布鲁沃特购物超市

6. 双层玻璃幕墙

风作用于建筑形成风场，在主导风作用下建筑表面形成静风压，建筑物迎风面处于正压区，背风面处于负压区，侧面处于分离区，风压系数为负压。高层建筑周围的风场更为复杂，建筑表面的风压系数随建筑高度的增长而增大，同时高空乱流作用于上层建筑表面形成无规律的脉动风压，乱流脉动风压是静风压的 3～7 倍，有时甚至达到 10 倍以上，因此高层建筑上层建筑表面风压很大，直接对外开窗会引入使人不舒服，甚至具有强破坏力的高速气流。高层建筑的自然通风问题主要是指高层建筑上层部分由于风压过大，无法实现自然通风。双层玻璃幕墙为高层建筑的自然通风提供了可能，从图 6-99 中可以看出，外层玻璃能够有效地减小脉动风压的波动幅度，使空气间层的气流变得适量、平缓，通过打开的内层玻璃窗获得舒适的气流，实现室内自然通风。

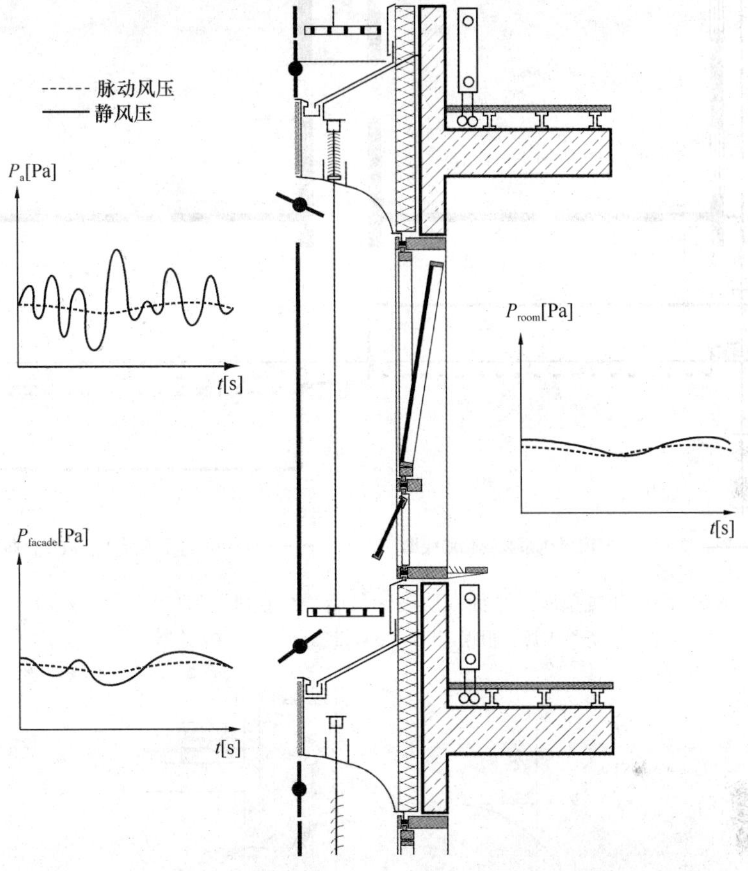

图 6-99　高层建筑双层玻璃幕墙自然通风原理

双层玻璃幕墙的空气间层作为高层建筑风压的“缓冲层”，能够提供相对于室外平稳的气流，但建筑的迎风面、背风面产生的风压差较大，即使在空气间层的缓冲作用下，流经室内的“穿堂风”风速仍然较大，影响建筑空间的正常使用，甚至出现关闭的门打不开或开启的门砰然关上的现象，图 6-100，因此，建筑师基本上不采用“穿堂风”的高层建筑自然通风方式。图 6-101 是可行的高层建筑的自然通风方式，风压和热压在建筑外层幕墙的上、下开口形成适度的压力差，室外新鲜空气从底部开口进入，室内污浊空气从上方开口排出，通过空气间层实现室内空间自然通风。统计显示，在建筑周围 10m 以上的高度，无风情况（风速小于 0.5m/s）只占全年的 1%～5%，而且相对风压来说热压比较弱，因此高层建筑自然通风的关键就是“适度的风压差”。所谓“适度的风压差”是指外层幕墙的上、下或不同部位开口之间的风压差不能过大也不能过小。过大，空气间层的气流过量，间层不能有效地起到缓冲风压的作用；过小，空气间层中的气流动力不足，无法实现室内的自然通风。因此，高层建筑自然通风的设计要点就是如何在外层幕墙的上、下或不同部位设置的开口之间获得适度的风压差。从建筑师的角度，要获得适度的风压差，在高层建筑设计过程中要考虑三方面的因素，折线平面、通风中庭和机械辅助自然通风。

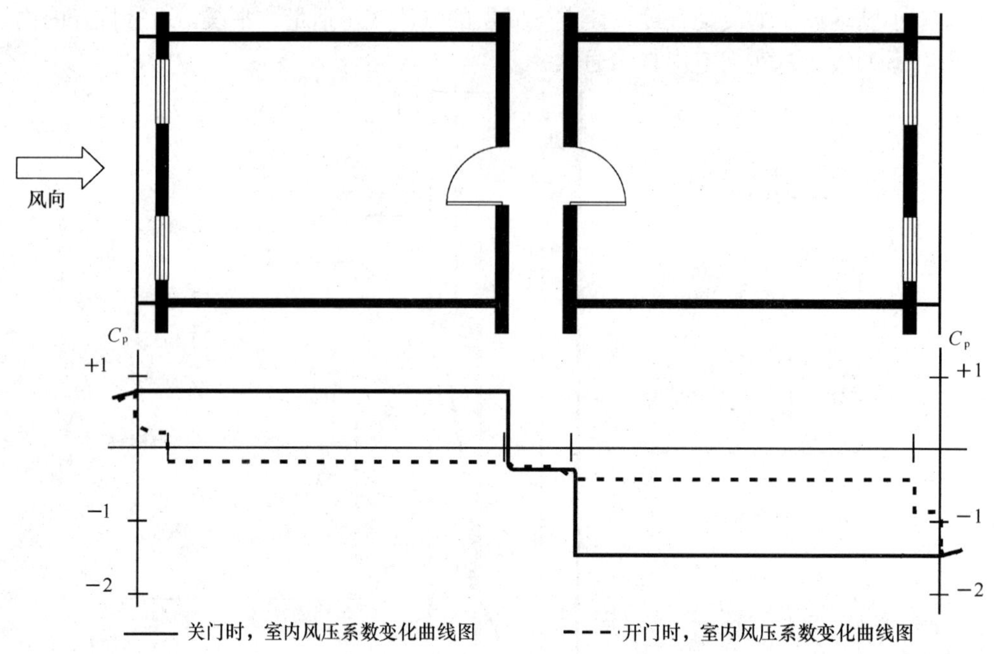

图 6-100　高层建筑单廊式平面双层玻璃幕墙“穿堂风”室内风压系数变化曲线

（资料来源：根据《Double-skin facades》P107 绘制）

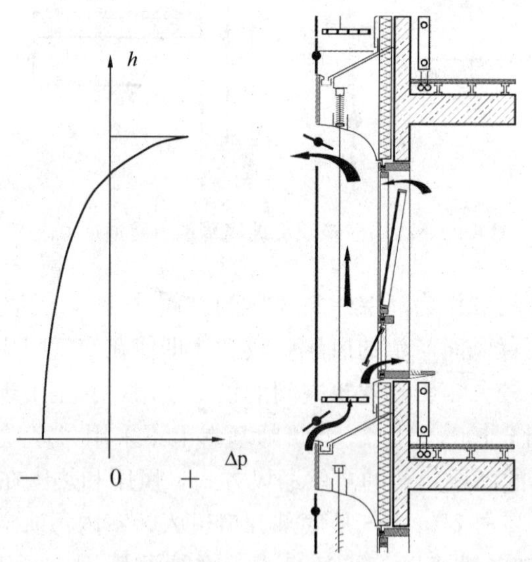

图 6-101　高层建筑双层玻璃幕墙适度压差下的自然通风

（资料来源：根据《Double-skin facades》P12 绘制）

1）折线平面

通过大量的风洞实验，可以得出方形、矩形、Y 形、三角形、圆形平面高层建筑风压分布的两条基本规律：①方形、矩形、三角形、Y 形平面的转角部位，是负风压系数的峰值区；圆形平面虽然没有转角，在风向柱面法线两侧 70°～100°的弧面上，出现负压力峰值，其值超过折线形建筑转角处的最大负压（图 6-102）；②方形和矩形平面的风压系数随风向的变化较小；三角形和 Y 形迎风面的风压系数随风向变化较大。圆形平面的风压系数不随风

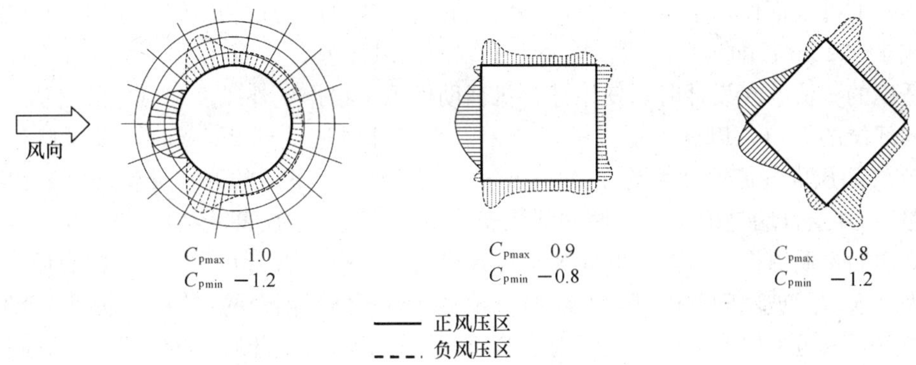

图 6-102　方形、圆形平面的风压分布

（资料来源：根据《Double-skin facades》P114 绘制）

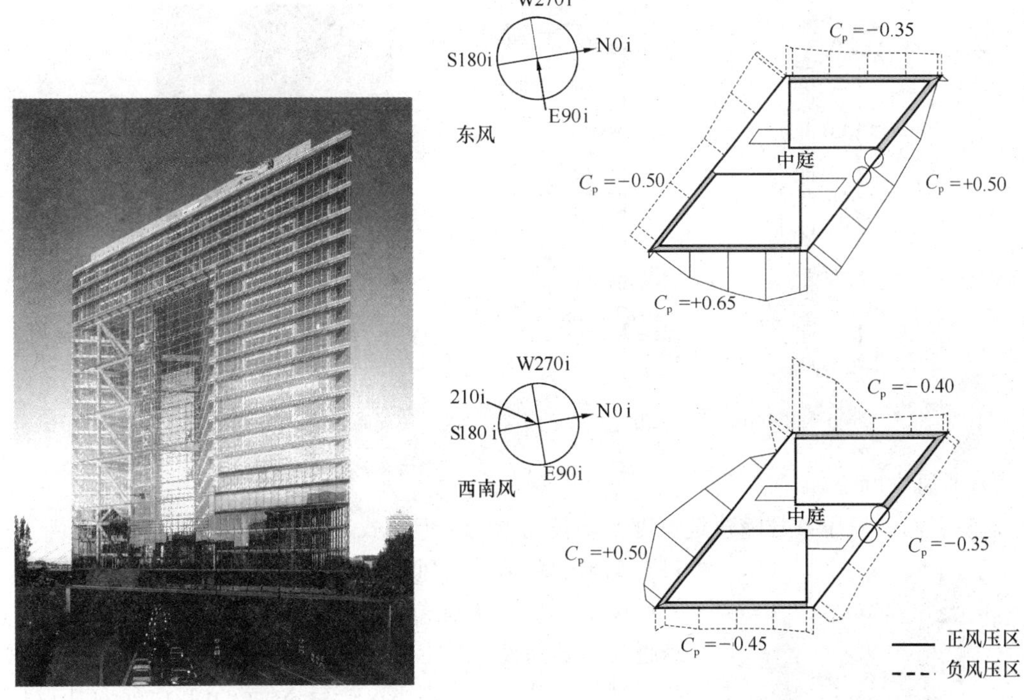

图 6-103　杜塞多夫的“城市之门”　　图 6-104　“城市之门”在主导风向的作用下的风压分布

向变化。总之，折线形平面在水平方向上比流线形平面风压系数变化大。走廊式双层玻璃幕墙是以层为单位水平划分，每层按照需要垂直间隔为一个或几个区段，每个区段沿建筑表面跨越一定的距离，能够捕获水平方向的风压差。德国“城市之门”就是折线平面+走廊式双层玻璃幕墙实现高层建筑自然通风的典型案例。

“城市之门”位于德国杜塞多夫，建筑高度 80m，两栋 16 层高的塔楼建于城市公路隧道上，上部三层顶楼相连。整个建筑以玻璃幕墙外皮包裹，在两栋楼之间形成了一个 50m 高的中庭，同时也赋予了建筑大门的特征，如图 6-103 所示。从图 6-104 中可以看出在城市主导风向的作用下，平行四边形平面的转角与中间部位在水平方向有适度的风压变化。因此，塔楼和顶楼的外立面使用了走廊式双层幕墙，并且在建筑的转角和中间部位将每层的双层幕墙分隔成 4 个 20m 长的水平区段，捕获水平方向的风压差，从而在 90～140cm 宽的空气间层产生适度的气流。在设计时，使用计算机辅助模拟，根据室外风速和风压的变化，开启或关闭不同部位的开口，以获得适度的风压差。当外部风速达到 9m/s 时，进风口的风速是 5m/s，空气间层的气流速度大约在 2～3m/s。外层幕墙上下层的开口交错布置，以避免气流“短路”。外层幕墙是由 12mm 厚的强化安全玻璃制成，内层幕墙结构是安装 Low-E 夹层玻璃的高性能木质窗框，每两个开间装有可开启的玻璃门，以使办公空间获得通风。这些门也可让人进入双层玻璃间层内部，双层皮走廊实际上起到了阳台的作用。高反射率的铝制遮阳百叶设置于靠近外层玻璃处，这样内层幕墙的门扇可以自由开启，也不会妨碍人进入间层（图 6-105）。在冬季或夏季最不利的气候条件下，办公空间内的气温由空调调节，同时机械通风系统可以提供每小时 2 次的通风换气率。第一年的运行数据显示全年 70%～75%的时间可以自然通风。

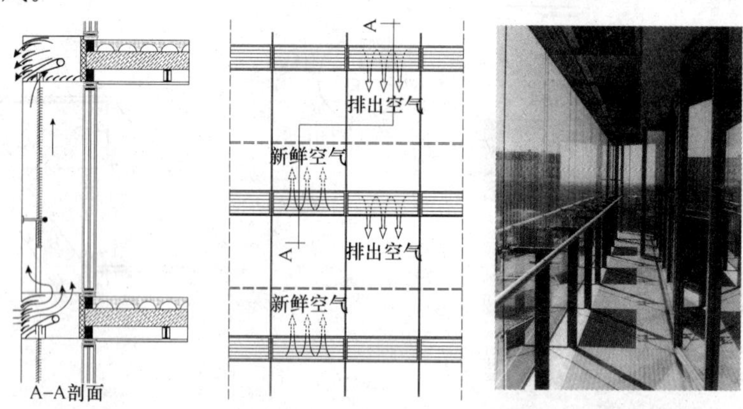

图 6-105 “城市之门”的走廊式双层玻璃幕墙通风方式

2）通风中庭

建筑表面的风压系数随建筑高度的增长而增大，但箱式双层玻璃幕墙相邻的上、下开口只有几米的距离，其风压值并不会有太大的变化，由此引发的通风也较小。井箱式、多层式双层玻璃幕墙在垂直方向上跨越几层的高度，其上、下开口处的风压变化显著，足以引起适度的自然通风。由 RKW 与 Norman Foster 合作设计的 ARAG 2000 办公塔楼就是采用井箱式双层玻璃幕墙实现自然通风。位于德国杜塞多夫的 ARAG 2000 办公塔楼，高 120m，双层玻璃幕墙在垂直方向被分为四组，每一组含有 8 个楼层，竖井贯通这 8 个楼层（图 6-106）。内部玻璃采用传统推拉窗，铝制窗框，装有 Low-E 玻璃。竖井部位的内层窗只在有维护需要时才被打开。在两层幕墙之间大约有 70cm 宽的间层，在间层外侧 1/3 处安装有竖向的活动百叶。井箱式双层玻璃幕墙的热压辅助作用，比走廊式双层玻璃幕墙明显，可以加强无风天气的自然通风。不同层高箱形窗的进气口与竖井顶端的排气口之间不同的高度差，可以捕获垂

图 6-106 ARAG 2000 办公塔楼

直方向上的风压差。每一个箱形窗都有一个 15cm 高的可开启的进气口，同时在侧面开有连通竖井的排气口，排气口的尺寸要根据其在竖井中的位置确定。从下往上，连通竖井的排气口的尺寸越来越大，以调节进气口与竖井顶端的排气口之间不同的压力差。空气由外部进入箱型窗，然后进入排气井，最后由排气井顶端排出（图 6-107)。冬季为了最大程度地利用太阳热能，可以关闭进气口和排气口，以使空气间层产生温室效应。进气口可以调节开启大小，以限制过量的气流。由于安全原因，当风速达到 8m/s 时，由电动机械控制的进气口会完全关闭。在设计阶段的模拟试验表明每年有 50%～60%的时间可以利用自然通风。在极端不利的气候条件下，同样可以利用机械通风获得较高的热舒适。井箱式、多层式双层玻璃幕墙的空气间层空间较小，缓冲风压的能力有限，当高层建筑外部风速较高的时候，双层玻璃幕墙不能正常工作。空气间层空间扩大，形成中庭提供足够的缓冲空间，实现大风条件下高层建筑的自然通风。瑞士再保险总部大楼和诺曼·福斯特设计的汇丰银行就是利用中庭实现自然通风。

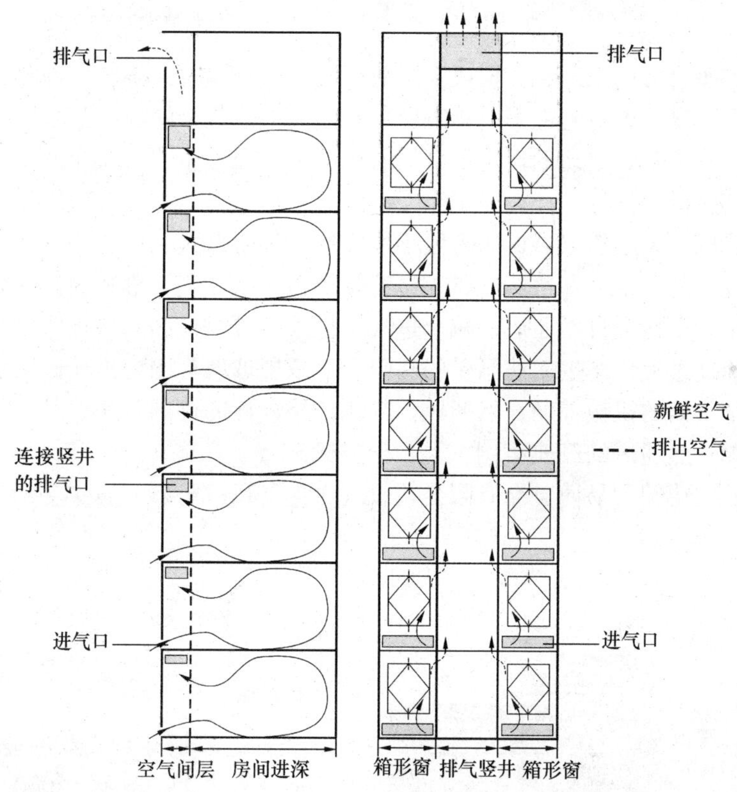

图 6-107　ARAG 2000 办公塔楼 8 层高井箱式双层玻璃幕墙通风方式

位于伦敦圣玛丽阿克斯大街 30 号的瑞士再保险总部大楼，获得 2004 年的 RIBA 斯特林大奖。大楼高 180m，楼层 50 层，每层的直径随大厦表面的曲度而改变，直径由 162～185in（17 层），之后逐渐收窄，建筑平面每层偏移 5°，如图 6-108 所示。从图 6-109 可以看出，建筑流线外形在建筑周围对气流进行引导，产生平缓的水平气流；风压沿建筑表面水平和垂直方向不断变化。2 层或 6 层的螺旋中庭可以看作是一个扩大的空气间层缓冲空间，中庭的上、下部位各设置进、排气口。由于中庭垂直方向的扭转，造成进、排气口在水平方向上偏

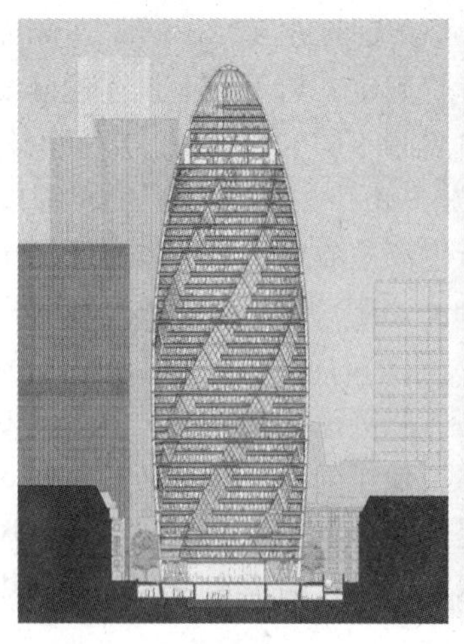

图 6-108　瑞士再保险总部大楼剖面、六层中庭轴测图

移 10°或 30°，在垂直方向上跨越 2 层或 6 层的高度，可以同时获得水平方向和垂直方向的风压差，增加获得适度风压差的机率。建筑周边气流被中庭幕墙的开启扇所捕获之后，在中庭上下开口之间的风压差的驱动下，实现自然通风。预计全年 40％的时间可以实现自然通风。

3）机械辅助自然通风

完全依靠热压和风压的双层玻璃幕墙不能实现全年的自然通风。这主要是由于冬、夏季室外气温过低或过高，不适合自然通风；过渡季节在大风天气，幕墙捕获的风压差过大，空气间层气流过量，不适合自然通风；减小进气口尺寸，可以控制间层气流过量，但同时会引起进气口气流速度过大，产生无法忍受的啸鸣音。双层玻璃幕墙与机械通风系统相结合，能够实现全年、全气候的机械辅助自然通风。赫尔佐格设计的德国贸易博览会有限公司管理大楼就是机械辅助自然通风的经典案例。

位于汉诺威的德国贸易博览会有限公司管理大楼（1997—1999 年），如图 6-110 所示，

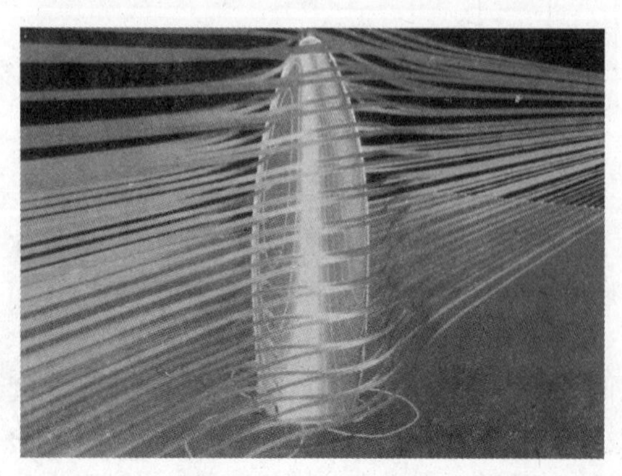

图 6-109　瑞士再保险总部大楼风压

图 6-110　德国贸易博览会有限公司管理大楼

大楼的平面布局为一个 24m×24m 中心工作区和 2 个偏向侧面的交通核心区，北面的交通核心体上有一个 30m 高的通风塔，中心工作区四周的双层玻璃幕墙的空气间层在水平方向是贯通的。通过外部感应装置和计算机系统控制外层玻璃幕墙开口的开启和关闭，实现全年、全气候的自然通风。冬季，利用双层玻璃幕墙实现机械通风，废气中 85%的热量可用于预热新鲜空气。外层玻璃幕墙上的进气口全部关闭，新鲜空气从通风塔的进气口进入，与排出废气进行热交换，通过中央管道系统，从窗下的送风口进入室内；混浊的废气从室内隔墙上部的回风口抽出，通过中厅的回风管和中央管道系统，与新鲜空气热交换后，从通风塔排气口排出。过渡季节，利用双层玻璃幕墙实现自然通风，正压区外层玻璃幕墙上的进气口打开，通过开启的内层推拉窗，新鲜空气进入室内；废气的排出途径与冬季基本相同，只不过不需要进行热交换。废气的排出方式是利用通风塔提供克服管道系统风阻的动力。夏季，利用建筑表面水平方向上的风压差，将间层的热空气迅速排出，不增加建筑的空调负荷，如图 6-111～图 6-113 所示。

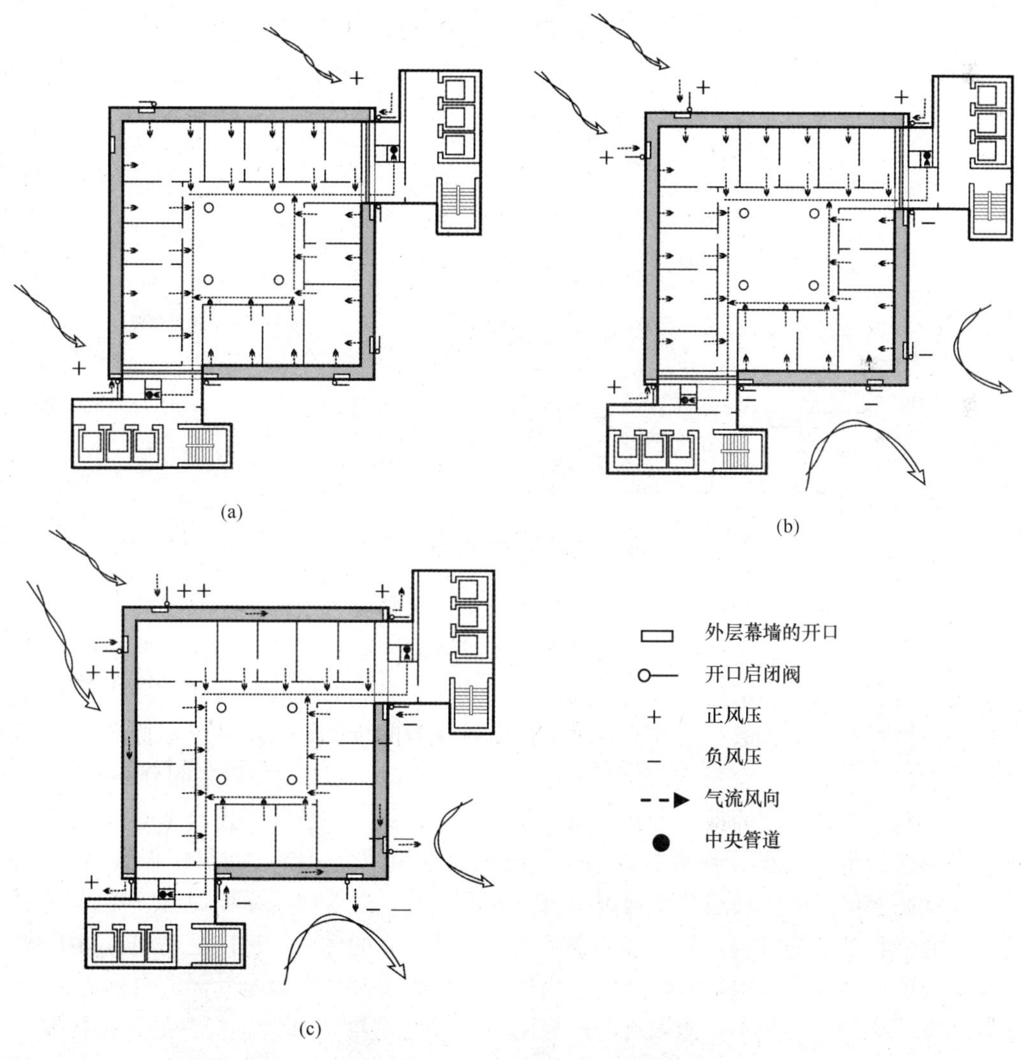

图 6-111　德国贸易博览会有限公司管理大楼通风方式

(a) 冬季；(b) 过渡季节；(c) 夏季

图 6-112　中庭通风

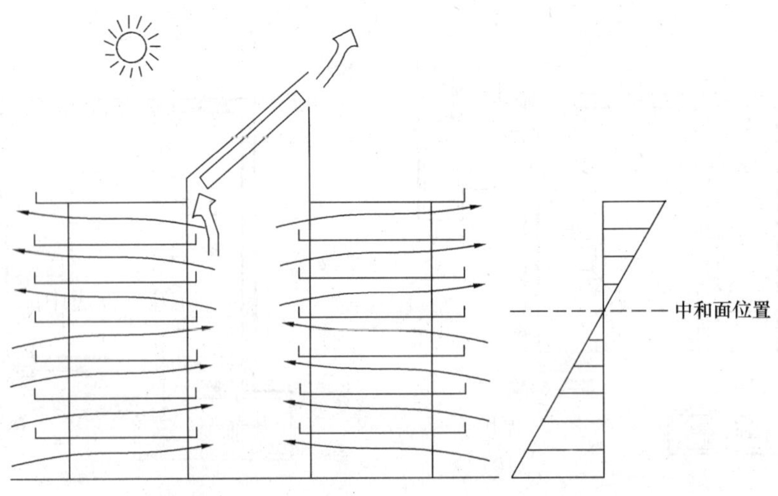

图 6-113　考虑中和面效应的中庭自然通风示意图

折线形平面、通风中庭和机械辅助自然通风是建筑师要关注的影响双层玻璃幕墙自然通风的基本问题。在建筑的设计阶段，通过对上述三方面因素的考量、选择，根据建筑所在地区的主导风向和风速，确定高层建筑自然通风模式——自然通风或机械辅助自然通风，确定建筑的平面形状——折线形或流线形，确定捕获风压差的维度——水平或垂直方向，从而选择双层玻璃幕墙的类型，获得空气间层上、下或不同部位设置的开口之间获得适度的风压差。走廊式双层玻璃幕墙捕捉水平方向风压差，适合转角多的折线形建筑平面，其中的特例——水平贯通的走廊式双层玻璃幕墙适合与机械通风相结合，空气间层仅作为通风的进风口。井箱式、多层式双层玻璃幕墙捕捉垂直方向风压差，适合建筑平面简洁、流线形的建筑平面，中庭作为其中的特例，具有缓冲空间大、天然采光的优点，被广泛使用。与机械通风系统相结合的双层玻璃幕墙，适合任何平面形式，可以实现全年、全气候的自然通风。双层玻璃幕墙进、排气口的大小，遮阳百叶的风阻，间层的宽度，进、排气口的智能控制等等，都会影响高层建筑自然通风的效果，但是这些是细节的问题，需要在设计深入阶段与结构、暖通工程师合作解决。

7. 中庭通风

自 1967 年约翰·波特曼在亚特兰大的海特摄政旅馆首次引入现代意义上的中庭建筑形式之后，在世界范围内掀起了一股建造中庭的热潮，在各种类型的公共建筑中都出现了中庭。中庭作为公共建筑整体的一部分，其构成的共享空间具有某种开放感和自由感，使得室内空间具有室外感，迎合了人们热爱自然的天性，因而得到了广泛的应用。中庭通常具有不同于一般建筑形式的特点：大体量、高容积以及大面积的玻璃屋顶或者玻璃外墙，图 6-114。

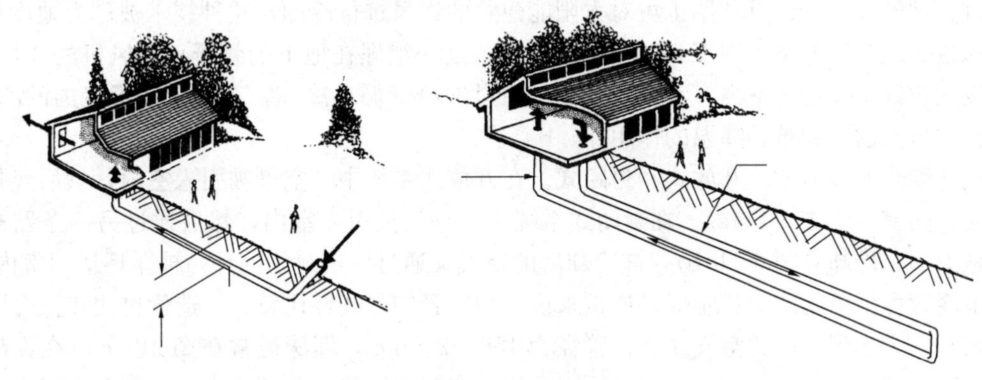

图 6-114　地冷管

(a) 开放式；(b) 封闭式

烟囱效应是由于中庭较大的得热量而导致中庭和室外温度不同而形成中庭内气流向上运动。为了维持中庭良好的物理环境，夏季应利用烟囱效应引导热压通风，中庭底部从室外进风，从中庭顶部排出。同时注意，要避免室外新风通过功能房间进入中庭，否则将导致该功能房间新风量增大而导致冷负荷大幅度增加。过渡季，当室外温度较低时（如低于 25℃时候），则应充分利用中庭的烟囱效应拔风，带动各个功能房间自然通风，及时带走聚集在功能房间室内和中庭的热量。

在中庭热压自然通风设计中，换气量和中和面的位置是其中关键的考虑因素，尤其对于后者而言，设计不当会导致中庭热空气在高处倒灌进入主要功能房间的情况发生，严重影响高层房间的热环境。

过渡季节利用中庭的烟囱效应可实现其相邻房间的自然通风，然而，热压通风存在一个物理现象——中和面效应。理论上，在中庭垂直方向上，存在一点，此处中庭空间的内外大气压力相同，通过该点的水平面，物理学上称之为中和面。中和面以下的空间，中庭外空气压强大于中庭内空气压强，新鲜空气由室外流经主要功能房间进入中庭并由顶部排出；中和面以上空间，室外空气压强小于中庭内空气压强，污浊空气由中庭回灌到相邻房间，如图 6-113 所示。也就是说，在设计不当的情况下，利用中庭的烟囱效应，只可对建筑的一部分下层房间实现自然通风，上层房间为避免污浊空气的回灌，相邻中庭的窗户应关闭。

8. 自然冷源的有效利用

①夜间冷源的利用

在夏季，虽然白天的气温较高，但在夜间，室外空气往往能降到较低的温度。此时，如在室外低洼处设置引风口，将室外冷风送入室内，并置换掉室内热空气，在太阳能建筑中，由于围护结构保温性能比较好，这一措施可以有效地抵消一部分白天制冷负荷，减少空调开机时间 2～3 个小时。

在山东建筑大学太阳能学生公寓中，太阳墙采暖通风系统设置了夏季夜晚工况。在夏季，调整温度控制器在室外气温低于 28℃时启动风机，将夜间凉风送入室内，有效地改善了夏季白天的室内热环境。

②地下冷源的利用

土壤是最好的天然蓄热体。在夏季，土壤温度往往会大大低于室外空气温度。因此，我们通过合理的设计，即可利用土壤对太阳能建筑的送风进行冷却，这种技术被称为地冷管或地下风道。地冷管最早出现于 20 世纪 70 年代，是一组埋在地下的管子，在风机的作用下，室外空气被预冷后送入室内，室内空气也可通过地冷管循环冷却，有效保证了室内的凉爽，起到提供自然通风和被动降温的作用。

地冷管有两种形式：开放式和封闭式。在开放式系统中，空气被引入室内，然后经打开的窗户排向室外（图 6-114a）。在封闭式系统中，空气被引入室内，然后通过另一条路被泵送回地下加以冷却（图 6-114b），被冷却后的空气又通过一个封闭的环路被循环送回室内。

地冷管可由金属或塑料制成。通常来说，塑料管的耐久性比较好，造价也比较低，因此应用较多。为达到最佳的空气流速，管径为 150～200mm，埋深通常在 2m 以下，在炎热的气候地区，埋设深度应更深。埋深问题应根据地点和现场情况合理确定，否则会出现土壤不是冷却反而加热管内空气的情况。

另外，地冷管系统需要设置干燥和过滤装置，尤其是在湿热地区。地冷管内可能会产生霉菌，霉菌孢子会随空气进入室内，对居住者的健康非常不利，也会带来发霉的气味。同时还需注意防止昆虫或动物从室外采风口进入。

③季节性的蓄冷和利用（图 6-115）

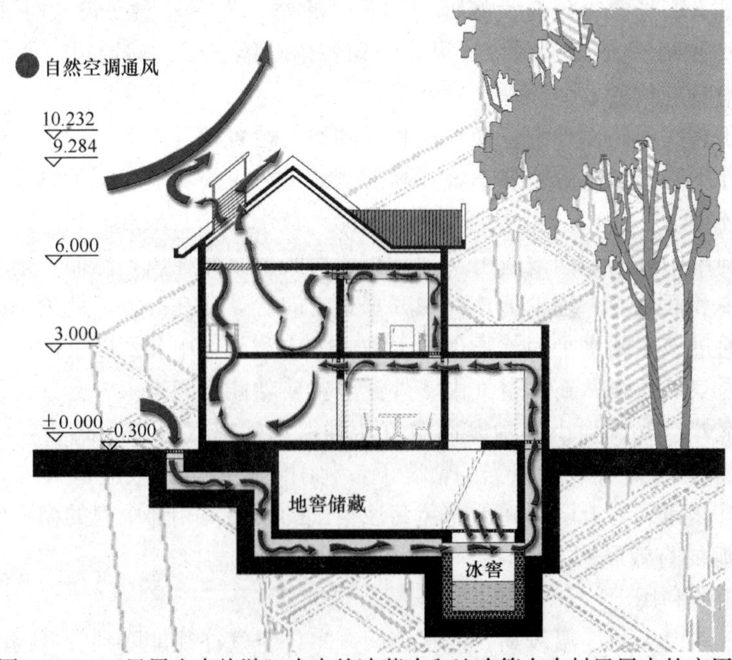

图 6-115 《民居生态旅游》中自然冰蓄冷和地冷管在农村民居中的应用

在北方地区，冬季最低气温多在0℃以下，是非常巨大的天然冷源，如果我们能将冬季的冷量蓄存起来在夏季使用，可以有效降低夏季制冷费用。山东胶东地区的渔民，就是在冬季将海冰收集储藏后留到夏季供海产品冷藏使用。由于太阳能建筑的围护结构保温性能要远远好于传统建筑，因此使用冬季冰蓄冷，来保证夏季制冷是完全可行的。在2005年举行的全国首届太阳能建筑设计竞赛中，山东建筑大学的《人居·生态·旅游》方案便采用了地下冰蓄冷的方式，将冬季冰块放入保温冰窖中冷藏，供夏季制冷使用，该方案得到了评委专家的认可，被评为技术专项奖。

思 考 题

6-1 建筑冷负荷控制包括哪些方面?

6-2 如何减少围护结构传热，应从哪几个方面进行?

6-3 屋顶隔热设计可采取哪几种措施?

6-4 架空隔热屋面的原理是什么?

6-5 种植屋面的原理是什么，它有哪些优点?

6-6 种植屋面的种类有哪些?并图示种植屋面的构造组成。

6-7 蓄水屋面的原理是什么，当炎热干旱季节，城市用水紧张时，宜采用哪种蓄水屋面?

6-8 建筑遮阳设施分类有哪些?

6-9 建筑外遮阳设计有哪些种类，不同朝向外遮阳种类的基本规则是什么?

6-10 针对不同的建筑类型和功能要求，如何选择遮阳方式?试举例说明

6-11 现代建筑遮阳设计方法有哪些，举例说明

6-12 自然通风的原理是什么，有哪几种通风方式，举例说明。

6-13 自然通风的方式有哪些?

6-14 设计自然通风时应注意哪些问题?

6-15 建筑通风分析研究方法有哪些?

6-16 风帽的原理是什么，有哪些类型，举例说明。

6-17 导风板的原理是什么，导风板做通风改善构件有哪几种形式?

6-18 什么是伯努利效应，图示文丘里管。

6-19 什么是烟囱效应，什么是太阳能烟囱?

6-20 太阳能烟囱的原理是什么，举例说明。

6-21 传统捕风冷却塔技术是怎么实现通风降温的?

6-22 湿帘降温是怎么实现的?

6-23 双层玻璃幕墙的原理是什么?

6-24 高层建筑自然通风的设计要点是什么?

6-25 中庭通风不同于一般建筑形式的特点是什么?

6-26 自然冷源的有效利用有哪几种?

第 7 章　建筑天然采光技术

从人类进化发展史上看，天然光环境是人类视觉工作中最舒适、最亲切、最健康的环境。天然光还是一种清洁、廉价的光源。利用天然光进行室内采光照明不仅可以有益于环境，而且在天然光下人们在心理和生理上感到舒适，有利于身心健康，提高视觉功效。利用天然光照明，是对自然资源的有效利用，是建筑节能的一个重要方面。

7.1　概　　述

采用天然光照明有诸多的优点，但是未经处理的天然光会为建筑室内环境带来诸多的问题。如不恰当的天然采光会使室内在夏季由于直射阳光过多而升温，增加制冷能耗，而在冬季由于窗户保温性能差而散热，增加采暖能耗。此外，直射阳光还会带来眩光和紫外线，影响室内环境的舒适性和功能性；采光范围受到采光口的限制，建筑深处的空间天然光照度不足，光线均匀度欠佳；采光效果受到季节、云量等气候条件和建筑周边环境的限制，光照不稳定等等。

可持续的建筑天然采光设计应该解决上述涉及的诸多问题，充分利用天然光的各种优势，做到最大化、最优化利用天然光进行照明。当代高度发展的科学技术为天然光的可持续利用提供了一个新的平台，使建筑的天然采光朝着科学化方向发展，室内光环境亦变得越来越舒适。

7.1.1　天然采光的设计要求

对天然光的使用，要注意掌握天然光稳定性差，特别是直射光会使室内的照度在时间上和空间上产生较大波动的特点。设计者要注意合理地设计房屋的层高、进深与采光口的尺寸，注意利用中庭处理大面积建筑采光问题，并适时地使用采光新技术。天然采光技术的出现主要是解决以下三方面的问题：

1. 解决大进深建筑内部的采光问题

由于建设用地的日益紧张和建筑功能的日趋复杂，建筑物的进深不断加大，仅靠侧窗采光已不能满足建筑物内部的采光要求。

2. 提高采光质量

传统的侧窗采光，随着与窗距离的增加，室内照度显著降低，窗口处的照度值与房间最深处的照度值之比大于 5∶1，视野内过大的照度对比容易引起不舒适眩光。

3. 解决天然光的稳定性问题

天然光的不稳定性一直都是天然光利用中的一大难点所在，通过日光跟踪系统的使用，可最大限度地捕捉太阳能，在一定的时间内保持室内较高的照度值。

7.1.2 天然采光的设计策略

1. 采用有利的朝向

由于直射阳光比较有效，因此朝南的方向通常是进行天然采光的最佳方向。无论是在每一天中还是在每一年里，建筑物朝南的部位获得的阳光都是最多的。在采暖季节里这部分阳光能提供一部分采暖热能，同时，控制阳光的装置在这个方向也最能发挥作用。

对天然光最佳的第二个方向是北向，因为这个方向的光线比较稳定。尽管来自北方的光线数量比较少，但却比较稳定。这个方向也很少遇到直接照射的阳光带来的眩光问题。在气候非常炎热的地区，朝北的方向甚至比朝南的方向更有利。另外，在朝北的方向也不必安装可调控光遮阳的装置。

最不利的方向是东面和西面，不仅因为这两个方向在每一天中，只有一半的时间能被太阳照射，而且还因为这两个方向日照强度最大的时候，是在夏天而不是在冬天。然而，最大的问题还在于，太阳在东方或者西方时，在天空中的位置较低，因此会带来非常严重的眩光和阴影遮蔽等问题。图 7-1d 画出了一个从建筑物的方位来看，最理想的楼面布局。

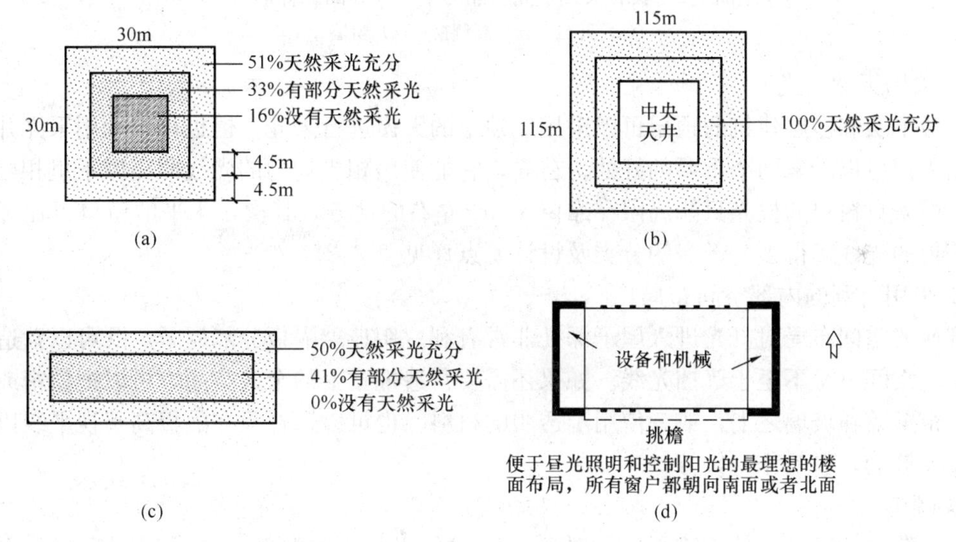

图 7-1　不同平面布局下的天然采光效率

确定方位的基本原则是：

(1) 如果冬天需要采暖，应采用朝南的侧窗进行天然采光。

(2) 如果冬天不需要采暖，还可以采用朝北的侧窗进行天然采光。

(3) 用天然采光时，为了不使夏天太热或者带来严重的眩光，应避免使用朝东和朝西的玻璃窗。

2. 采用有利的平面形式

建筑物的平面形式不仅决定了侧窗和天窗之间的搭配是否可能，同时还决定了天然采光口的数量。一般情况下，在多层建筑中，窗户往深 4.5m 左右的区域能够被日光完全照亮，再往里 4.5m 的地方能被日光部分照亮。图 7-1a～图 7-1c 中列举了建筑的三种不同平面形式，其面积完全相同（都是 $900m^2$）。在正方形的布局里，有 16%的地方日光根本照不到，另有33%的地方只能照到一部分。长方形的布局里，没有日光完全照不到的地方，但它仍然有大面积的地方，日光只能部分照得到，而有中央天井的平面布局，能使屋子里所有地方都能被日光照到。当然，中央天井与周边区域相比的实际比例，要由实际面积决定。建筑物越大，中央天井就应当越大，而周边的表面积越小。

现代典型的中央天井，其空间都是封闭的，其温度条件与室内环境非常接近。因此，有中央天井的建筑，即使从热量的角度一起考虑，仍然具有较大的日光投射角。中央天井墙壁的反射率，以及其空间的几何比例（深度与宽度之比）。使用实物模型是确定中央天井底部得到日光数量的最好方法。当中央天井空间太小，难以发挥作用时，它们常常被当作采光井，可以通过天窗、高侧窗（矩形天窗）或者窗墙来照亮中央天井（图7-2）。

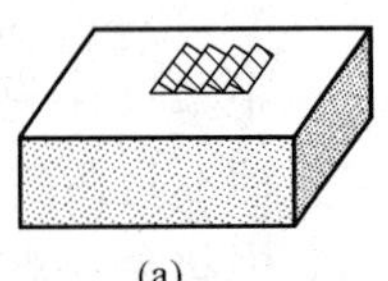

(a)

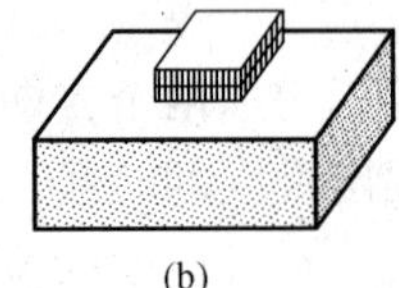

(b)

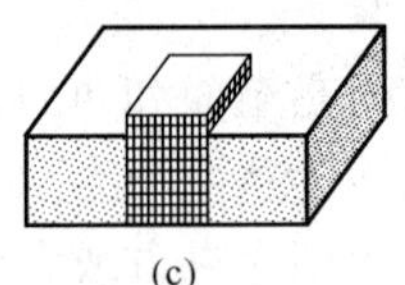

(c)

图7-2　具有天然采光功能的中央天井的几种形式

（a）天窗；（b）高侧窗；（c）窗墙

3. 采用天然采光

一般单层和多层建筑的顶层可以采用屋顶上的天窗进行采光，但也可以利用采光井。建筑物的天窗可以带来两个重要的好处。首先，它能使用相当均匀的光线照亮屋子里相当大的区域，而来自窗户的昼光只能局限在靠窗4.5m左右的地方。其次，水平的窗口也比竖直的窗口获得的光线多得多。天窗的分类及设计要点详见7.2.2。

4. 采用有利的内部空间布局

开放的空间布局对日光进入屋子深处非常有利。用玻璃隔板分隔屋子，既可以营造声音上的个人空间，又不至于遮挡光线。如果还需要营造视觉上的个人空间，可以把窗帘或者活动百叶帘覆盖在玻璃之上，或者使用半透明的材料。也可以选择只在隔板高于视平线以上的地方安装玻璃，以此作为代替。

5. 颜色

在建筑物的里面和外面都使用浅淡颜色，以使光线更多更深入地反射到房间里面。同时，使光线成为漫射光。浅色的屋顶可以极大地增加高侧窗获得的光线的数量。面对浅色外墙的窗户，可以获得更多的日光。在城市地区，浅色墙面尤其重要，它可以增加较低楼层获得日光的能力。

室内的浅淡颜色不仅可以把光线反射到屋子深处，还可以使光线漫射，以减少阴影、眩光和过高的亮度比。顶棚应当是反射率最高的地方。地板和较小的家具是最无关紧要的反光装置。因此，即使具有相当低的反射率（涂成黑色）也无妨。反光装置的重要性依次为：顶棚、内墙、侧墙、地板和较小的家具。

7.1.3　天然采光技术的发展

1. 天然采光的设计工具

数字化的天然采光设计工具有助于建筑师快速而准确地预测天然采光效果和照明质量，

从而进行恰当的采光设计。这也意味着在建筑设计的方案构思阶段，就要考虑天然采光设计的效果。

在计算机技术普及之前，多将建筑实体模型放在人工天穹下来分析天然采光情况，这是一种简便、快捷而经济的方法。用这种方法，可以模拟不同的天空状况，对采光效果进行定性分析，常使用建筑学的语言（如光的艺术、心理效果等）来描述采光效果。但是这一方法却很难进行精确的数量化研究。

随着人们对室内环境质量要求的提高以及计算机技术的发展，基于计算机技术的天然采光分析评价模型应运而生，可以提供比实体模型更加精确、细致的数据分析。目前国外数字化的天然采光分析模型的研究成果颇多，这里简要介绍几种。SkyCalc 是一款由微软公司推出的、以 Excel 为平台、针对建筑顶部天窗设计而开发的天然采光分析模块，能够结合气候和建筑情况计算出建筑的采光节能曲线。在照明分析方面，AGI32 和 Lumen De-singer 这两款照明设计软件可以结合家具对室内天然采光进行精确的计算。Radiance 设计软件则不仅可以精确地进行天然采光计算，而且可以提供相应的场景模拟和演示，用图像表现采光效果。这些设计软件在建筑设计中已经得到了极富价值的应用。

由皮阿诺设计的位于美国德克萨斯州达拉斯市的纳西尔雕塑中心（Nasher Sculpture Center，图 7-3），在设计时通过对达拉斯一年中太阳运动轨迹的精确分析与计算，确定了阳光的三维遮挡曲线，从而生成了一种贝壳状的铝铸件，图 7-3a。这些特制的贝壳规整地排列在屋顶上，共有 50 万个，开口朝北，引入北向的散射阳光，阻止直射阳光及其带来的热量和紫外线进入室内，避免了阳光中的有害成分对展品的破坏。在贝壳屋面之下是拱形的玻璃天花，光线可直接进入室内，在室内还可以看到室外的天空。该博物馆在白天几乎全部采用

(a)　(b)　(c)

图 7-3　美国德克萨斯州达拉斯市的纳西尔雕塑中心

（a）贝壳状的铝铸件；（b）屋顶采光；（c）室内玻璃天花

天然光照明，光照均匀而稳定，消除了展品因光照不均而产生的阴影。

2. 天然采光的实时监控和自动调节

对天然采光影响最大的莫过于太阳，太阳在一天、一年中的变化，都会影响建筑天然采光的照度和均匀度。直射阳光带来的热量会增加空调在夏季的制冷能耗，但就提供相同的照度而言，天然光带来的热量仍少于大多数人工光源的发热量。为保证室内光环境、热环境的舒适性与稳定性，人们在天然采光系统中采用一系列的技术手段来实时控制天然光及热的摄入量。

首先是在采光材料上出现了革新，采光材料能够自己感知光与热的变化从而调节采光量。现已研制出多种类型的调光玻璃，这些调光玻璃与吸热玻璃、热反射玻璃不同，它们能够随着外界光、热条件的变化而变，从而实现对阳光射入量的控制，为建筑提供理想的光、热环境。目前的调光玻璃主要有四种类型：光致变色、电致变色、温致变色和压致变色。美国新墨西哥州的一家太阳能技术公司在 2003 年 3 月发明了一种能够自动控制热量和阳光射入量的预制屋顶和墙板构件。这种构件内含有一层由水溶性碳水聚合物制成的透明薄膜，只要调整聚合物中各种成分的比例，就可以改变薄膜对阳光的射入和反射性能，从而可使室内温度控制在 15.5～65.6℃范围内的任一值。

其次，就是基于传感器和计算机的智能监测调控技术。德国波茨坦能源中心的中庭采用可调节的帘幕遮阳装置，在一天中随着时间的变化，帘幕能自动开闭，以调节阳光的进入。让·努维尔设计的阿拉伯世界研究中心（图 7-4）采用了像光圈一样的技术来调节天然采光量。此外，利用感应装置控制电光照明的开关，在天然光不足的时候提供辅助照明，既有助于提高照明的质量，保持稳定的光照环境，还可以通过减少不必要的人工照明来节省能耗。

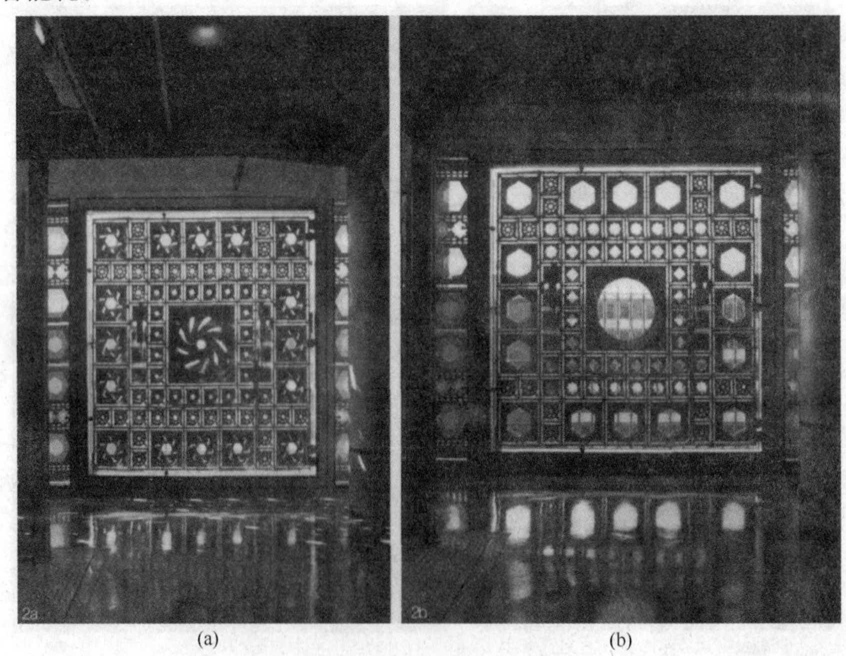

(a) (b)

图 7-4 阿拉伯世界研究中心窗户

（a）关闭时；（b）开启时

英国伦敦达威奇区的圣经戴勒学校（图 7-5）中庭采光设计，是一个天然采光实时控制的优秀案例。在该方案中，建筑设计团队模仿欧普艺术的原则，采用了新型的材料和技术，设计了一个独一无二的阳光遮挡装置，衍生了动态的、三维的天然光控制理念，创造了高品质的光环境。该校将一座三层楼高的露天庭院改造成一个室内的多功能大厅，集交通、公共活动、表演、聚会、图书馆为一体，总面积为 3200m^2（40m×80m）。屋顶材料使用的是透明的四氯乙烯 EFTE，它像皮肤一样覆盖在大厅上空。通过采用动态的热量分析软件对天然光和自然通风的分析和控制，这个屋顶可以根据照明和热量的需要进行收缩变化。在一般情况下，可让 55%的天然光进入大厅，在炎热的季节则只让 5%天然光进入，最高温度控制在 35℃左右。大厅及其周围的教室都可以获得良好的光照，并且解决了眩光问题。更神奇的是，如果需要进行表演，屋顶大部分收缩，在 30～45min 内就可以实现亮、暗之间的转换。

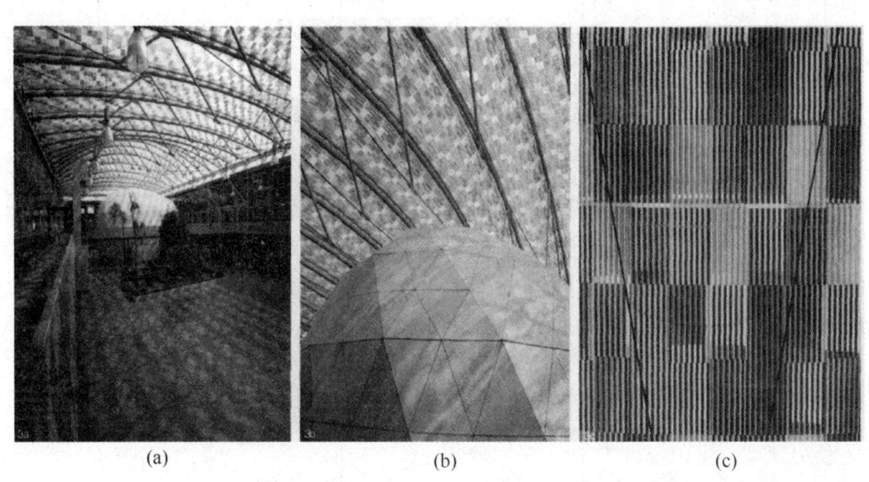

(a)　(b)　(c)

图 7-5　圣经戴勒学校中庭

(a) 太阳光进入较多时；(b) 太阳光进入较少时；(c) EFTE 的细部

3. 天然光照明范围的扩大

建筑中的天然采光常常受到各种条件限制，如建筑内部功能要求（展览馆、恒温工作空间等）、建筑自身形体限制等，在这些地方就须使用电光源照明。显然，这和节约能源的可持续发展思想相悖。当前可持续建筑设计的焦点之一就是鼓励在建筑中尽量使用天然光，减少电光源照明。目前，主要从两个方面来研究如何扩大天然光的照明范围，一方面是被动式的建筑采光设计，另一方面是主动的阳光跟踪采光技术。

被动式采光主要通过建筑的侧窗、中庭和天窗等采光口采光，因此建筑设计与天然采光量的多少密切相关。建筑物在总平面布局上不应有阳光的遮挡；建筑长边轴线沿东西向设置可以减少日出和日落时的眩光；对光环境要求高的房间安排在外围以利用窗户采光；房间的进深不宜过大；合理确定采光口的位置和形式；考虑室内墙面和家具的反光程度等等。总之，最好就是做到所有的房间都能够自然采光。对于大体量的建筑，常用的办法是结合建筑空间造型用采光中庭解决建筑中心位置天然光不足的问题。对于进深较大的房间，常用反光板将光线反射到房间的深处，这还可以提高房间光照均匀度。

此外，一些新的阳光跟踪采光技术扩大了天然采光的范围，展现了乐观的利用前景，一旦能全面进入市场，在白天将不再需要电光照明。目前，这些技术主要包括光导纤维、棱镜导光装置、管状天窗、人造日光和导光管，它们都可以将光线导入建筑特定的空间中去。日本阳光大楼的中庭通过一组光纤把阳光引入室内，内部照明效果还不错。澳大利亚采用棱镜装置把光送到房间 10m 进深的位置，英国则用这个方法解决了地下和无窗建筑的采光问题。柏林国会大厦采用一个高近 20m、由 360 块镜面组成的倒锥体将光线导入内部的议会大厅。管状天窗多用在单层建筑，人造日光是将太阳光和硫灯组合应用的照明系统。

在这些新的采光技术中，较为引人注目的是导光管的应用。导光管是近几年新兴的一种天然光传输方法，它的传输距离远，能够将光线传输至距光源十几米甚至几十米的地方；光线照射面积大，能将光线较均匀地分配于较大面积的区域，还能够通过调节出光口的位置来实现对某些特定位置的照明；易于安装和维护、使用寿命长，是一种比较理想的天然光照明方式。

7.2 被动式天然采光

被动式天然采光主要指白天充分利用阳光来为空间照明进行工作、生活与生产的传统的节能方式，通过利用不同类型的建筑窗户进行采光。主要分为侧窗采光、天窗采光和中庭采光。侧窗采光在满足采光需求的同时还可以提供建筑使用者的视线观赏需求，但当建筑进深较大时室内照度不足。天窗采光可以提供均匀的照明，眩光可能也最小，但无法提供对外的视线。中庭采光可以解决大进深空间的天然采光，但是中庭高宽比等会影响中庭对相邻空间的照明效果。

7.2.1 侧窗采光

1. 定义及分类

侧窗采光是一种最为常用的技术，自然光从位于楼板高度之下的窗户进入室内，为墙体附近的空间提供照明并允许使用者看到外面的景色。

侧窗优点：①构造简单、布置方便、造价低；②光线方向性强，有利于形成阴影；③扩大视野。

侧窗缺点：①照度沿进深方向下降很快，分布不均匀（图 7-6）；②采光深度不超过窗高的 1.5 倍（图 7-7）。

根据采光进深方向墙面的数量，可将侧窗分为单侧窗和双侧窗（图 7-8）。

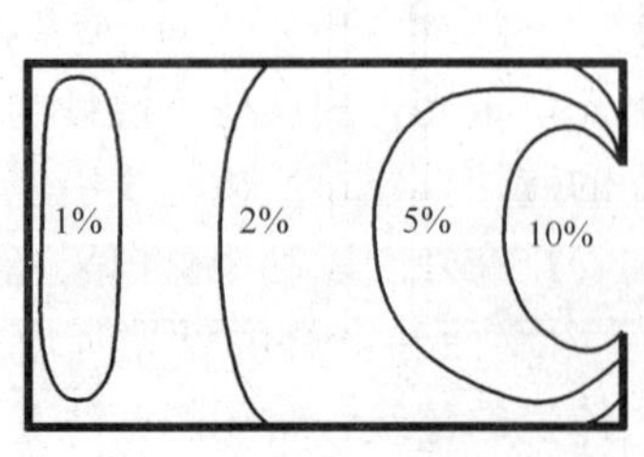

图 7-6 侧窗照度的不均匀分布

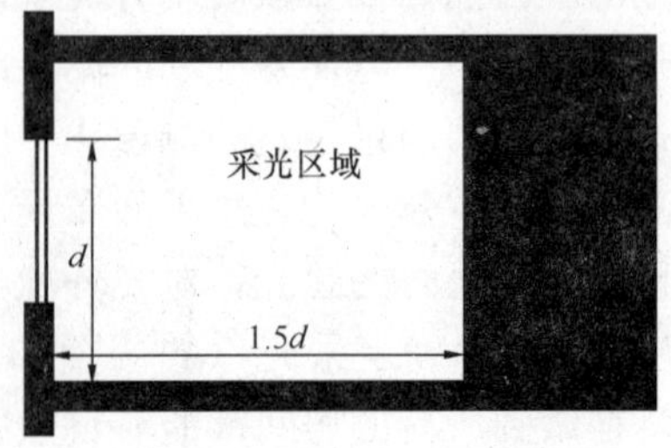

图 7-7 侧窗的采光区域

采光窗可以看作侧窗的特例，是一种非常好的使日光深入内部空间的方法（图 7-9）。

根据形状不同，可将侧窗分为水平带形窗和竖向窗（图 7-10）。

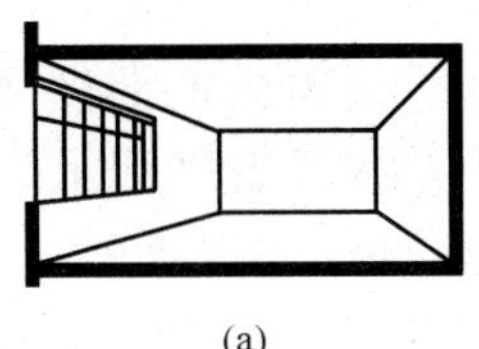

(a)

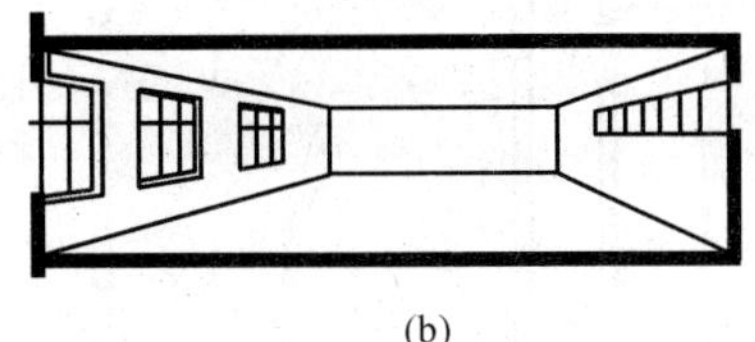

(b)

图 7-8　单侧窗与双侧窗

(a) 单侧窗；(b) 双侧窗

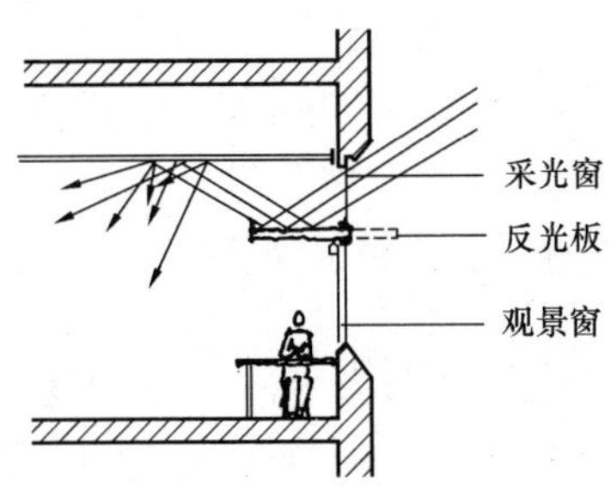

图 7-9　观景窗与采光窗

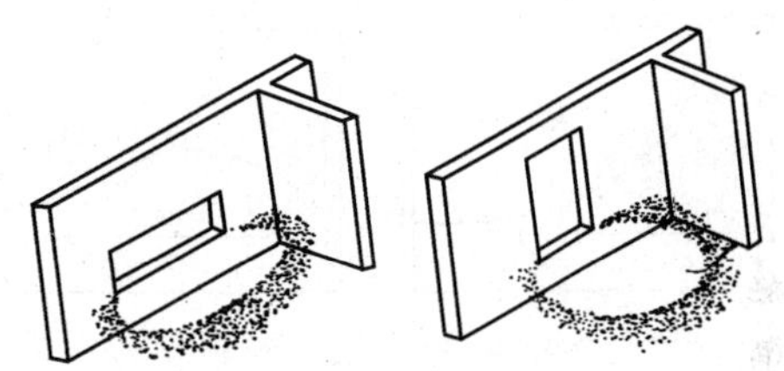

图 7-10　不同形状侧窗的光线分布

2. 设计要点

设计时，房间进深、侧窗的形状、位置、窗台高度、窗上沿高度、玻璃类型、窗口形状、采光板等会影响室内的采光效果。

(1) 房间进深

一般房间的窗洞上口至房间深处的连线与地面所成的角度不小于 26°，则可以保证房间进深方向的均匀性（图 7-11）。

(2) 侧窗的形状

水平带形窗在开间方向上的采光均匀度要优于竖向窗，而竖向窗在进深方向上的采光均匀度要好于水平带形窗，如图 7-12 所示。

(3) 侧窗的位置

提高窗位置高度（高侧窗，窗台高 2m 以上），可在进深方向改善采光的均匀性，但近窗一侧的照度会下降，如图 7-13 所示。

(4) 窗台高度

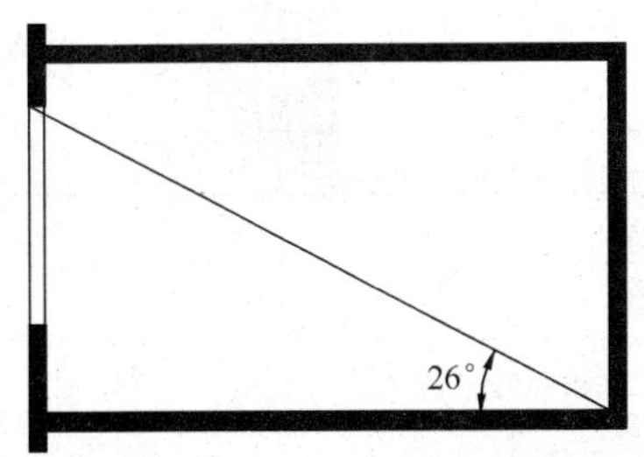

图 7-11　窗洞上口与房间进深的关系

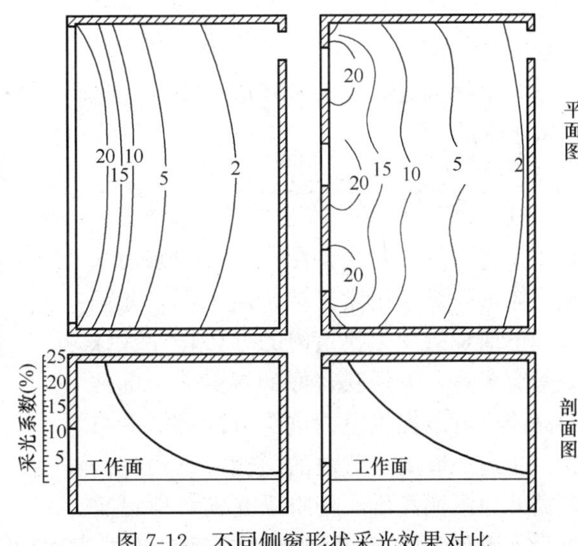

图 7-12　不同侧窗形状采光效果对比

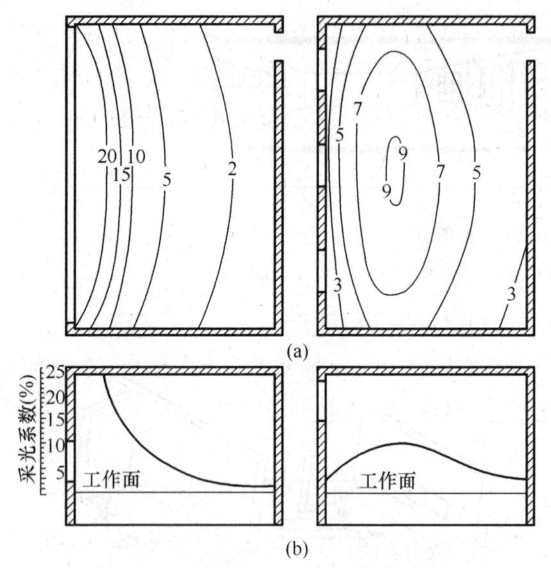

图 7-13 不同侧窗位置采光效果对比
(a) 平面图；(b) 剖面图

窗台高度变高时，室内深处的照度变化不大，近窗处的照度变化很大，而且出现拐点，如图 7-14 所示。

(5) 窗上沿高度

窗台高度不变，窗的上沿高度降低时的室内照度变化，近窗处照度变小，离窗远处照度的下降明显，如图 7-15 所示。

(6) 玻璃类型

使用扩散透光材料（乳白玻璃、玻璃砖等)、定向折射玻璃等可以在一定程度上提高房间深处的照度，如图 7-16 所示。

(7) 窗口形状

窗口形状可做成喇叭口状以改善室内采光情况：采光口内侧设计成喇叭口，可增加光线的反射和扩散，增加室内照度的均匀度（图 7-17)；采光口外侧设计成喇叭口，可增加进入室内的天然光的数量，提高室内天然光的照度，如图 7-18 所示。

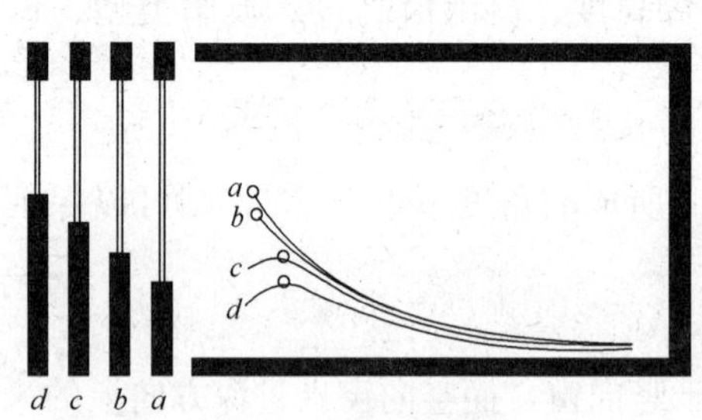

图 7-14 窗台高度变化对室内采光的影响

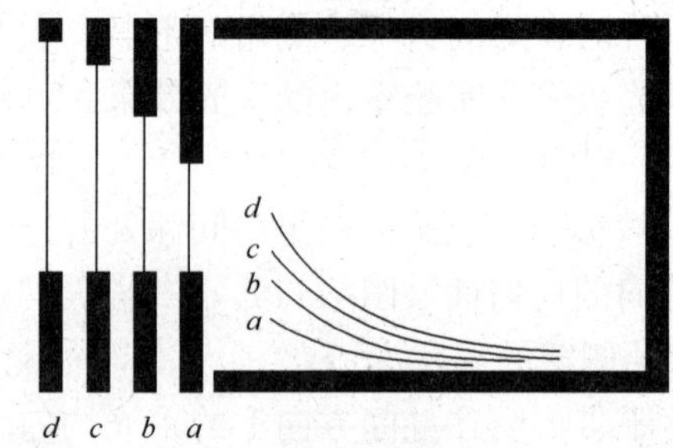

图 7-15 窗台沿高度变化对室内采光的影响

(8) 采光板

采光板对大进深建筑的采光效果改善明显，将在本章 7.3.5 节中详细介绍。

3. 应用实例

图 7-19 是位于美国马里兰州贝塞斯达市的国家健康研究所综合体中的 50 号楼实验区和工作区的剖面与实景图。图中的侧面采光窗户体系就是采用紧密结合的上部采光高侧窗和下部观景窗，建筑内的办公作业区挨着观景窗布置，方便获得好的视野。上部两层的高侧窗可以提供室内进深方向足够的自然光。建筑外墙周边弯曲的顶棚一方面提高了近窗处的顶棚高度，使得采光窗可以设置得更高，类似于前面提到的倾斜顶棚做法；

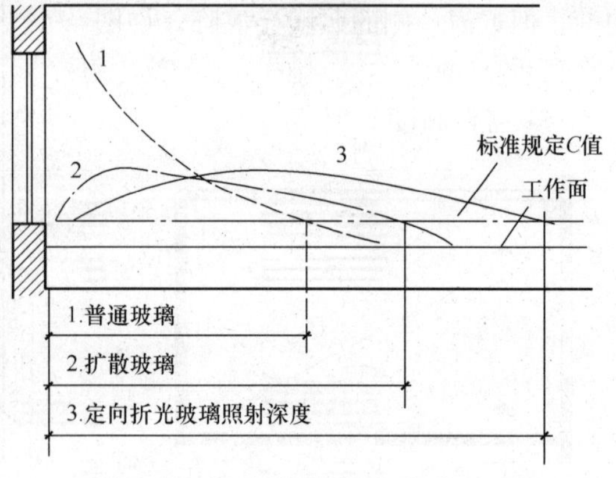

图 7-16 不同类型玻璃的采光效果

另一方面弧形面把进入室内的光线向下反射到办公作业区，以获得柔和的间接光照明。

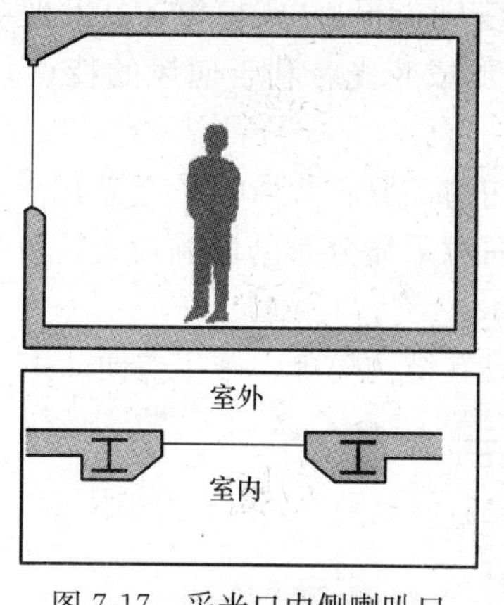

图 7-17　采光口内侧喇叭口

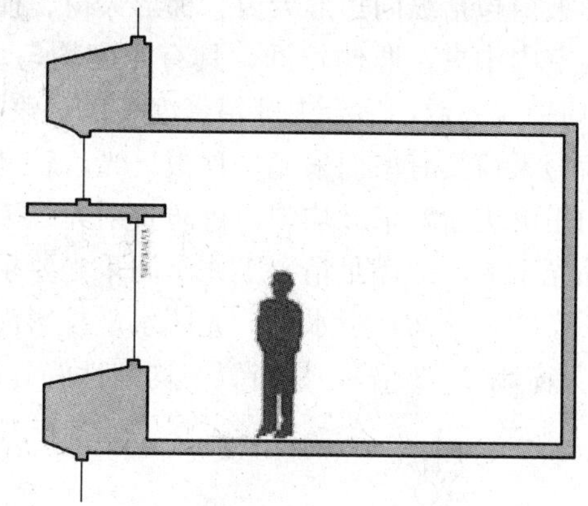

图 7-18　采光口外侧喇叭口

图 7-19　美国国家健康研究所实验室剖面（上）与实景

7.2.2　天窗采光

1. 定义及分类

如果建筑物从上部获取自然光，通常就称为顶部采光，其采光口就是天窗。

根据天窗的形状，可将天窗分为矩形天窗、锯齿形天窗和平天窗，如图 7-20 所示。

矩形天窗包括纵向矩形天窗、梯形天窗、横向矩形天窗和井式天窗等，其采光系数最高值一般在室内中央，两侧较低，具有照度均匀、不宜形成眩光、利于通风的特点。可保证 5%的平均采光系数，适合中等精密度工作，兼顾通风。

锯齿形天窗具有单面采光，顶板反光，较高侧窗均匀，方向性强的采光特点。采光效率高于纵向矩形天窗，采光均匀，可防直射光。天窗朝向对采光分布的影响较大，可保证 7%的平均采光系数，能满足精密工作车间采光要求。

平天窗的玻璃面接近水平，光照水平投影面大，具有结构简单、施工方便、采光效率高（比矩形天窗高 2～3 倍），易布置，均匀性好等优点。

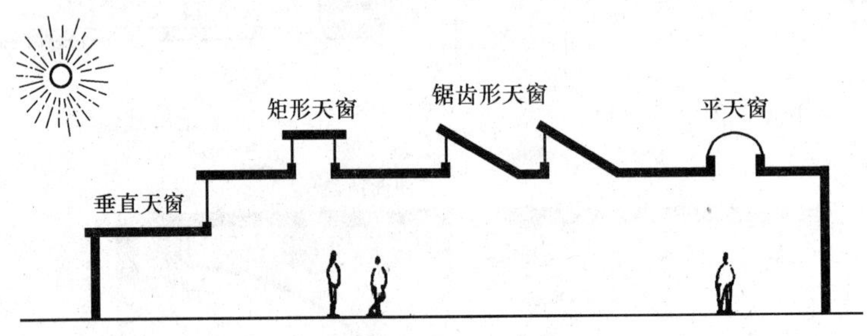

图 7-20　天窗的类型

不同形状的天窗采光效率比较：

采光效率：平天窗＞梯形天窗＞锯齿形天窗＞矩形天窗

采光均匀度：矩形天窗＞分散平天窗＞梯形天窗＞锯齿形天窗＞集中平天窗

根据天窗玻璃的位置是水平或近于水平、垂直或近于垂直，可以将天窗分为平天窗和垂直天窗。这一划分更多地是考虑到平天窗和垂直天窗给建筑带来的能源性质差异，以及由此带来的在天窗设计上需要注意的问题。

垂直天窗在能源性质上完全等同于前文提到的采光高侧窗，各个朝向上只有南向在冬天得到的太阳辐射热多于夏天。同时，在所有接受太阳辐射的垂直表面上，南向在夏天得到的辐射最少，冬天则最多。因此，不同朝向上垂直天窗的设计问题可以完全参考侧面采光高侧窗。

平天窗的能源性质则完全不同，在所有可以接受太阳辐射的表面上，水平面是夏天接受太阳辐射热最多的一个方向，尤其是在有直射太阳光的情况下。这意味着对于平天窗而言，减少夏天的太阳辐射得热将是设计中的一个大问题。基于此，平天窗最适宜的气候条件应该是阴天占主导的地区，对于晴天较多的地区使用平天窗就必须加强对天窗的遮阳处理。

2. 设计要点

当然，天窗采光策略只能在单层建筑或者多层建筑的顶层使用。它们不能提供对外的视野，因此顶部采光策略只限于不需要视野的场所，或者必须与侧面采光相结合。

天窗可以看成是一个雕塑，就像人工照明中的吊灯所表现的一样。天窗采光系统以自己的方式，成为了一个独特的美学对象和空间视觉中心。然而，天窗采光系统需要对其进行具体而理性的技术分析，例如眩光控制（适度的亮度）、整体性能（引入的光通量及其在空间中分布的均匀性）和能源效益，进而对其做出合理的设计，以满足在视觉标准方面、室内作业要求、使用者的舒适度方面的要求。

(1) 天窗的位置

任何一面墙壁，特别是北侧的墙壁，是天窗良好的漫射反射板，利用来自屋顶上部的自然光，照亮内部的墙体，形成“洗墙”灯的照明效果（图 7-21）。房间里的墙体特别是北侧墙采用洗墙顶部采光，可以平衡来自南向侧窗的自然光，照亮整个室内空间，使之看起来更加宽敞。被照射的墙体上部应该做成浅色（>70%反射系数）以反射更多自然光，墙体不应该有突起以避免投下阴影，墙上也不应该悬挂深色的物品。图 7-22 右侧设有侧面采光窗，同时左侧的天窗利用白色墙体反射获得漫射光间接照明，二者一起平衡室内的照度均匀性，图中曲线表示照度值。

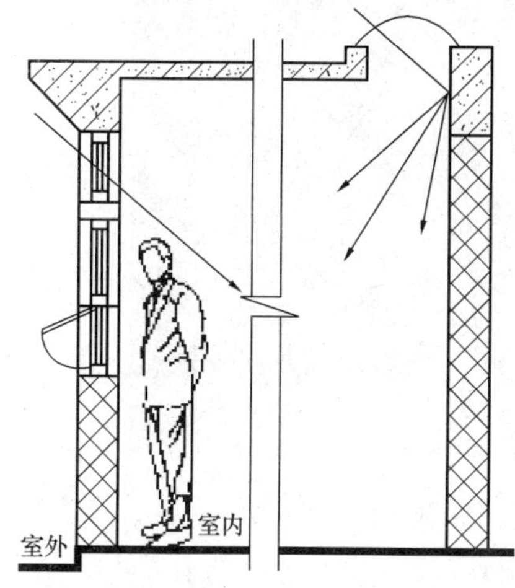

图 7-21 “洗墙”天窗示意图

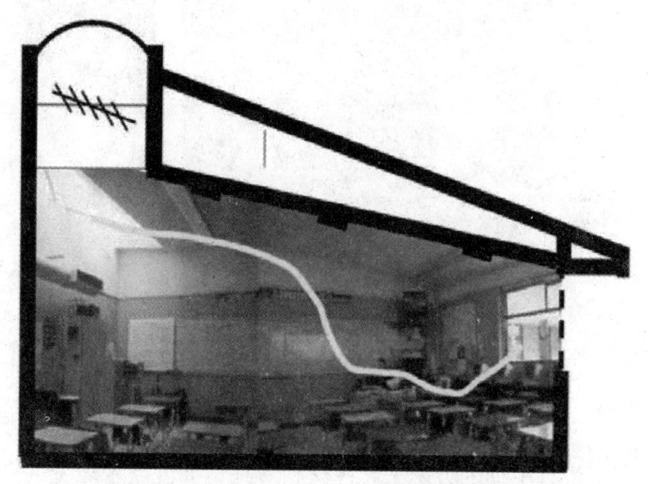

图 7-22 侧窗结合“洗墙”天窗照明

(2) 天窗的间距

通过布置合理的间距，它可以在空间中提供最均匀的照明，同时由于其较高的位置使得潜在的眩光可能也最小。

对于同样的天窗面积，需要在相互离得远的大天窗和相互离得近的小天窗之间做出取舍。间距大的大天窗通常安装费用是最经济的，但是会导致天窗正下方过亮，而天窗之间相对较暗，这种不均匀的照度分布会减少节能效益，也可能带来眩光。相反，靠得近的小天窗可以提供更加均匀的照明情况和更大的能源效益，但是安装费用更高。

天窗的间距大多是天花高度的函数，通常的经验是平天窗间距等于 1.0～1.5 倍的天花高度，最靠墙壁的天窗距墙 0.5 倍的天花高度，但是若墙体上设有窗户，则离墙距离应提高到 2 倍左右的天花高度（图 7-23）。

垂直天窗的间距同样是顶棚高度的函数，其具体的间距一般按照图 7-24 所示就可以基本满足室内光线均匀度的要求。

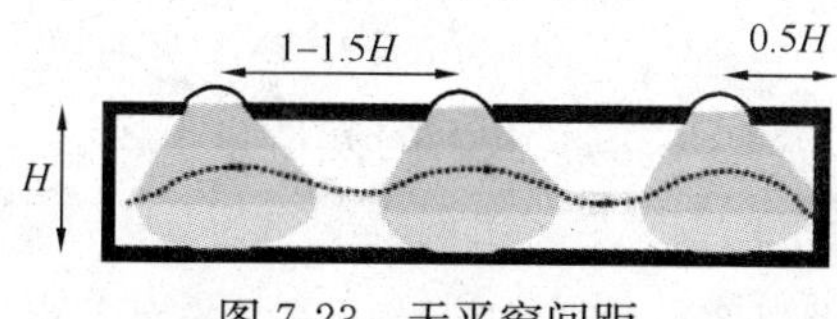

图 7-23 天平窗间距

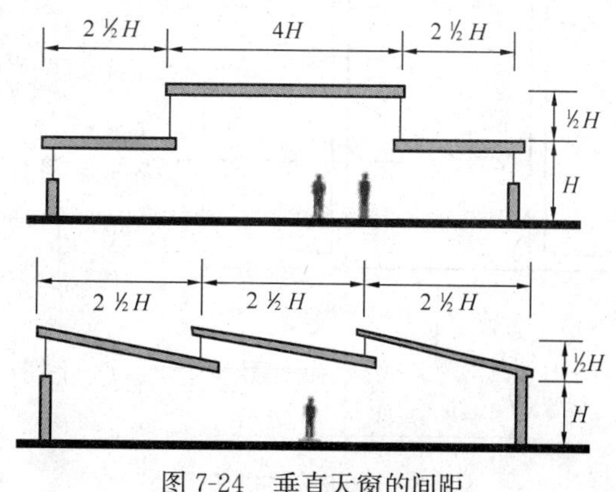

图 7-24 垂直天窗的间距

（3）挡板

挡板是设置在天窗采光井下部的一组反光板，它们能够为室内提供柔和的漫射光，将在本章 7.3.6 节中详细介绍。

（4）采光井的设计

① 采光井的构造形状和材料

最简单的是垂直井道，在垂直井道下端设置张开八字形的或者倾斜的井壁可以使自然光在空间中更有效地分布，如图 7-25 所示。

图 7-25　采光井在图书馆中的应用

没有吊顶的天窗采光井材料多是钢筋混凝土之类的结构材料；有吊顶的除了最上方的结构层之外，下方的材料基本上同吊顶材料类似，有木材、石膏板、吸声板和其他的建筑装修材料。

② 采光井的深度和井壁反射系数

对于井道宽度较小的平天窗，1.5～2 倍井道宽度的深度通常可以提供足够的扩散反射以获得无眩光的光线（图 7-26）。采光井壁必须是高反射性的，一般大于 80%的反射系数是比较合适的，建议采用白色无光涂料粉刷井壁。

3. 应用实例

伦佐·皮亚诺设计的位于美国休斯敦的曼尼尔博物馆是屋顶采光。整个屋顶都是平天窗，其采光的核心组件是称之为“叶片”的异形挡光板（图 7-27）。“叶片”的形状是根据对光线

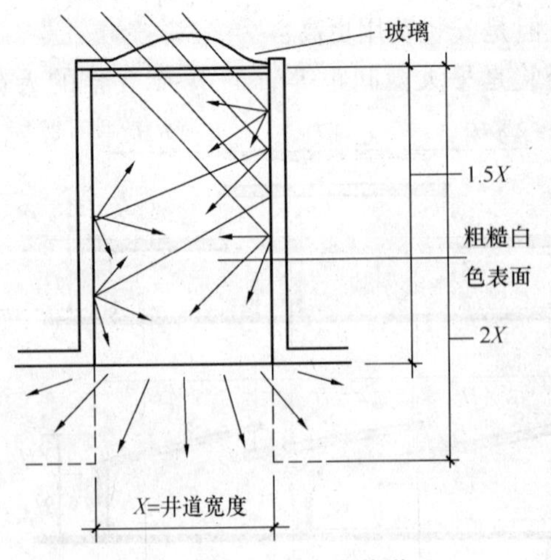

图 7-26　无眩光的井道

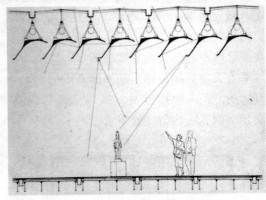

图 7-27　曼尼尔博物馆的屋顶采光

的模拟、计算得到的，能有效地阻止直射光的进入，同时将进入的光线进行反射和漫射。“叶片”重复排列，形成了树冠顶篷的采光效果，实现光线随外界变化而稳定变化，达到普通博物馆的采光标准。

柏林大学图书馆采用屋顶采光，整个屋顶（图 7-28）由铝板和双层玻璃窗相互交替组成，充分引入自然光，并在室内的大部分表面覆盖一层硅树脂涂层的玻璃纤维织物，这层“白色的玻璃纤维布”，不仅使入射光变的柔和起来，而且能将其均匀扩散，创造出一种平静、明朗的阅览环境，如图 7-28 所示。

图 7-28　柏林大学图书馆的屋顶采光

7.2.3　中庭采光

1. 原理

现代建筑中的中庭作为缓冲空间，在为相邻空间提供与自然环境交流的同时又隔避自然带来的不利条件。其中，中庭最大的贡献是解决大进深空间的天然采光问题，提供优良的光线和射入到平面最大进深处的可能性，允许进深较大的建筑能够天然采光，本身则成为一个天然光的收集器和分配器。至于庭院、天井和建筑凹口可以看作中庭的特殊形式。

从图 7-29 可以看出，中庭起了一个“光通道”的作用，将天空直射光线和反射光线、漫反射光线通过窗户照射到中庭相邻空间工作面上。

2. 设计要点

中庭的光环境设计是一个复杂的问题，涉及到中庭顶部的透光性、中庭空间的几何比例、中庭墙壁和地面的反射

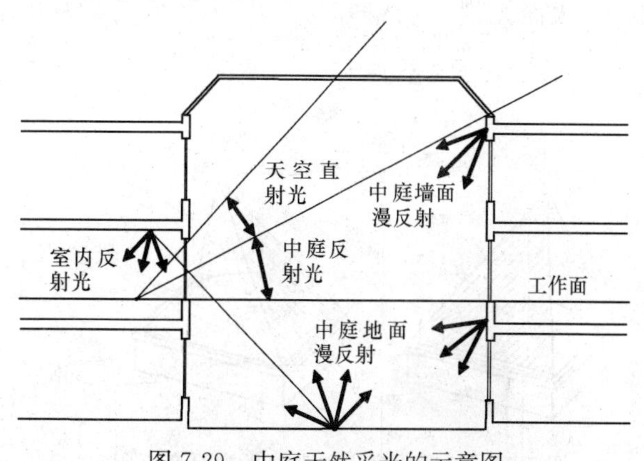

图 7-29　中庭天然采光的示意图

率、窗户位置及尺寸等一系列因素。

(1) 中庭顶部的透光性

中庭顶部光线的透过率直接影响中庭收集到的天然光的数量，顶部的透过率越高，经由中庭到达中庭底部和相邻空间的光线越多。夏季进入过多的太阳光线，可能引起中庭过热，需要进行遮阳处理。遮阳措施会降低中庭顶部的透光量，在冬季中庭底部甚至需要人工照明来补充不足的照度水平。解决这一矛盾的办法就是使用可移动的遮阳控制中庭顶部的透光量随季节的变化而变化。1981 年建成的位于科罗拉多州落的科罗拉多山地学院的天窗遮阳经过精巧的设计，如图 7-30 所示，夏天遮阳板遮蔽强烈的太阳光线，冬季将遮阳板翻转，内侧可以反射更多的太阳光线进入室内。

通过不同表面的透光材料进入中庭的太阳光线的性质不同。太阳光线透过普通玻璃、Low-E 玻璃等表面光滑的透光材料，直射到中庭四周墙壁甚至地面上和相邻空间内，但有产生眩光的可能，而且中庭水平面的光线分布不均匀；太阳光线透过磨砂玻璃、透明膜结构等表面粗糙的透光材料，均匀地漫射到中庭内部，避免眩光的产生，但进入中庭的光线总量大大减少，中庭垂直面的光线分布不均匀。光滑和粗糙表面的透光材料产生不同的中庭光环境，进而影响相邻空间的天然采光效果。在实际工程中，根据影响中庭光环境的其他因素，尤其是中庭空间的几何比例，综合考虑选择合适的透光材料。德国的布劳恩办公楼的中庭顶部采用充气的透明膜结构，使中庭获得均匀、充足的天然采光，为相邻办公空间提供良好的光环境，见图 7-31。

(2) 中庭空间的几何比例

从图 7-31 可以看出，随着中庭高度的增加，到达相邻空间直射光线的进深迅速减小。因此，为了保证中庭地面和相邻空间能够获得足够的天然采光，在确定中庭的高宽比值时，仅考虑天空直射光线，而忽略反射光线和漫反射光线的贡献。英国剑桥大学马丁研究中心研究了大量建筑实例，认为中庭高宽比的最大值是 3∶1。中庭高宽比在 3∶1 数值范围以内，中庭相邻空间就能得到符合办公建筑照度要求的足够的天然光线。

(3) 中庭墙壁的反射

进入相邻空间的天然光线除了直射光线外，另一个重要组成部分是反射光线和漫反射光线，对中庭地面和底部相邻空间的天然采光尤其重要。中庭墙壁经过设计后可以反射、漫反射、重新分配天然光线，具有调节和控制天然光的作用。表面光滑的墙壁容易产生反射眩光，因此中

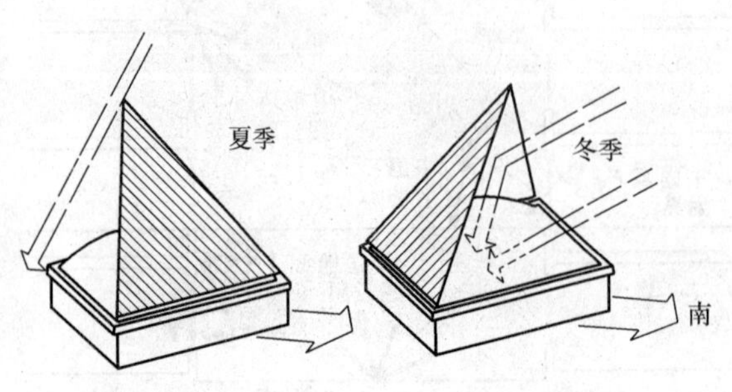

图 7-30　科罗拉多山地学院天窗可变遮阳

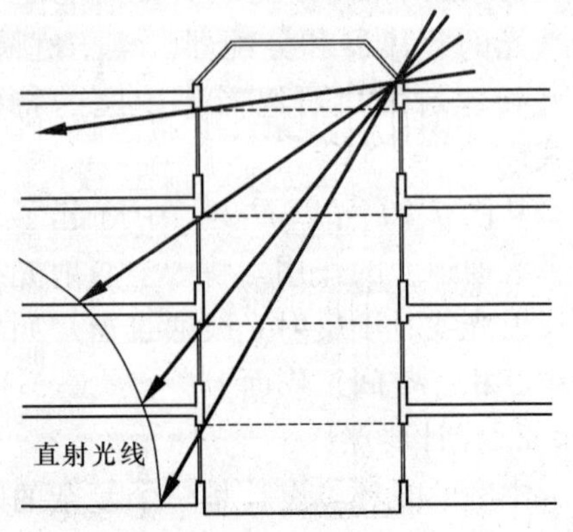

图 7-31　中庭高宽比例与相邻空间直射光线进深的关系

庭墙壁表面应粗糙，漫反射光线使中庭内光环境均匀、柔和。中庭墙壁可以采用素混凝土、浅色粉刷、石膏板、麻面石材、麻面砖等表面粗糙的材料，尽量避免使用大理石、釉面砖等表面光滑的材料。如果需增加特定部位的天然采光量，可通过在中庭墙壁上安装可调节的镜面，向下定向反射天然光线，解决局部天然光线不足的问题。

（4）窗户位置及尺寸

对于依靠中庭墙壁反射光线采光的底层部分，对面的反射墙就是它的“天空”，若该墙为一从顶到地的玻璃或完全是敞开的，则很少一部分光线会经过它的反射而传到下面各层。相反，若该墙没有窗户和开口，则大部分光线经墙面反射到中庭底层，就如同光线在光导管中反射的一样，光线强度减弱极少。理论上，光线应该按所需量进入每一层相邻空间，其余经墙面反射再向下传递。因此，为了使中庭每一层相邻空间都获得良好的天然采光，中庭墙壁每一层窗户的面积应该不同，顶层仅需极少的窗，增加反射墙面，往下逐层增加窗户面积，减少反射墙面，直至底层全部都是窗户。

窗户在墙壁上的位置影响光线的分布、空间感受、人工照明的位置等许多因素。低窗、中等高度的窗户、高窗进入室内的光线分布离窗户由近而远，中庭相邻空间多采用双侧采光，多选择低窗、中等高度的窗户。低窗可以利用地面的反射，使光线进入室内空间深处，弥补光线分布不均匀的缺点。因此设计时近靠近低窗处的地面应为浅色。

3. 应用实例

充分考虑影响中庭光环境设计的以上四个主要因素，建筑师创造出许多中庭天然采光的杰出作品，其中美国菲利普·埃克塞特大学图书馆中庭、德国的布劳恩办公楼中庭和美国剑桥市的辉瑞中心就是三个很成功的经典案例。

在菲利普·埃克塞特图书馆的设计中，我们可以看到高密度多层建筑所采用的经典的中庭天然光设计方法（图 7-32）。埃克塞特图书馆由光影大师路易斯·康设计，1971 年建成，平面为 33.8m×33.8m 的正方形，建筑面积 1144.6m²，内部 9 层，从外部看只有 5 层。平面中央是一个宽 15.25m，高 21.35m 的正方形中庭，高宽比为 1.4∶1。中庭相邻的建筑平面像洋葱一样分为三个层次，图书馆大约 450 个座位分布在内外两个层次内，书库安排在中间层次内。图书馆外墙侧窗引入天然光线，为外圈阅览空间提供充足的采光；顶部侧窗引入天空直射光线和

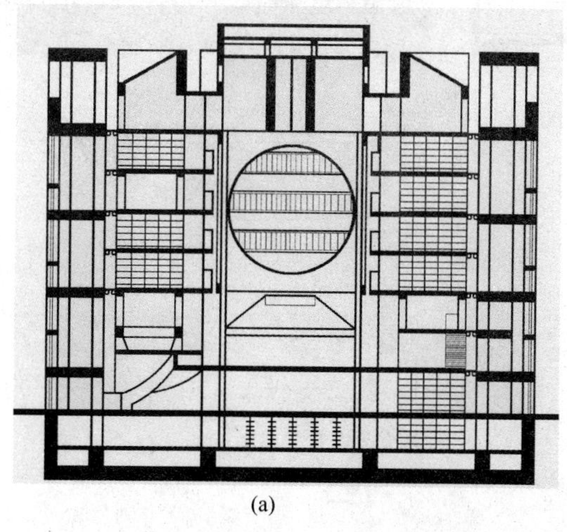
(a)

(b)

图 7-32　菲利普·埃克塞特图书馆中庭采光

漫射光线，经素混凝土十字交叉梁、墙壁的漫反射，为中庭和内圈的阅览空间创造一种均匀、柔和的采光效果。中庭墙壁被设计成四个巨大的圆形孔洞，以获得尽可能多的中庭漫射光线，但书库的天然采光照度不能满足查阅图书时的要求，需设置必要的人工照明。

相对与菲利普·埃克塞特图书馆传统的中庭天然采光设计手法，德国的布劳恩办公楼的中庭（图 7-33）采用的是现代的设计元素、灵活的设计思路。布劳恩办公楼位于法兰克福附近克隆贝格（Kronberg），U 形建筑平面，地上三层，地下一层，中庭位于平面中间，建筑面积大约 5700m^2。中庭高宽比接近 1∶1，顶部采用三层充气的透明膜结构，均匀地将天

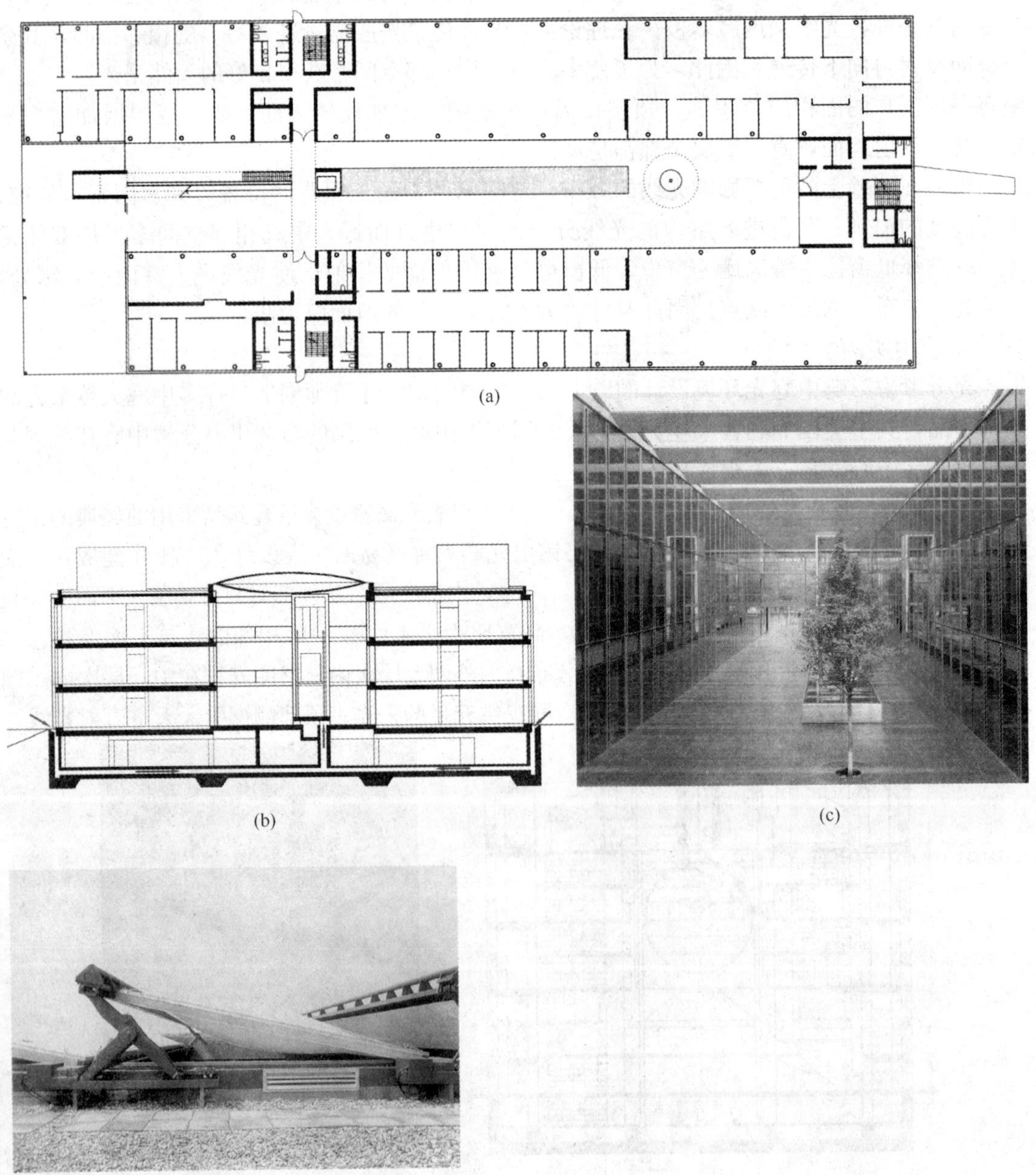

图 7-33　德国布劳恩办公楼平面图、中庭采光、中庭、屋顶膜结构

然光线漫射到中庭的每一个角落。为最大限度接收、利用来自中庭的漫射光线，中庭墙壁全部采用双层中空玻璃墙面，为相邻办公空间提供充足的天然光线；相邻办公空间使用360mm厚的大跨度预应力混凝土板，减少进深中间的一排柱子，采用开放式大空间办公模式，充分利用获得的天然光线。中庭透明膜结构完美地解决了布劳恩办公楼的天然采光问题，但是同时带来夏季过热问题。通过中庭组织自然通风。有效地降低夏季中庭内部温度。室外空气通过地下室下部夹层空间的冷却，清凉的空气经由中庭水池池壁四周的进气口进入中庭，逐渐上升，从中庭顶部排出，带走大量的天然光热量。中庭透明膜结构屋顶可自动开启，两侧设有可调节通风百叶孔，顶部通过智能控制实现自然通风。晴好天气时，膜结构开启，通风孔自动关闭；风雨天气时，膜结构关闭，通风孔自动开启。

位于美国马萨诸塞州剑桥市的辉瑞中心（图7-34），德国建筑师Behnisch设计，12层，建筑面积32515m^2。建筑平面近似矩形，中央设有中庭，其高宽比远大于3：1的比例，但Behnisch通过一系列的设计和技术方法，在中庭内营造出令人激动的“光瀑布”，不但满足中庭底部天然光照度要求，而且为相邻办公空间提供足够的天然光线，如图7-34所示。首先，建筑屋顶北侧的七台循迹太阳光反光镜，追踪反射太阳光经由屋顶南侧固定的镜面的反射，以固定角度向下进入中庭。吊装在中庭顶部的16组768块反光金属板，根据固定角度的不同，升降其自身高度，将进入中庭的光线反射到中庭底部和相邻的办公空间。然后，中庭内南侧的墙面被设计成“光墙”，表面金属质感的垂直百叶由电脑控制，根据入射天然光角度和天空状况，自动调节上下位置，反射光线到北侧办公空间和中庭底部。另外，中庭顶部Low-E玻璃下的可调节角度的棱镜百叶，将漫射太阳光线引入中庭，而将直射太阳光线反射出去，避免中庭夏季过热。

在进行中庭天然采光设计时，应该结合建筑平面、剖面设计，综合考虑影响中庭采光效果

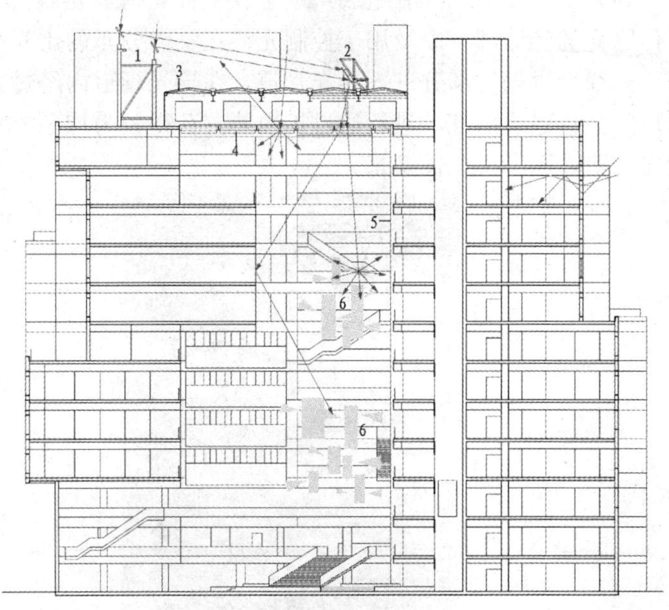

图7-34　辉瑞中心中庭采光

1—循迹太阳光反光镜；2—固定镜面；3—Low-E玻璃；

4—可调节角度的棱镜百叶；5—南端“光墙”；6—反光金属板

的四大因素，即：中庭顶部的透光性、中庭空间的几何比例、中庭墙壁的反射、窗户位置及尺寸。灵活运用各种设计手法，将天然光引入建筑内部，改善人们的视觉效果，提高工作效率，增强空间的显色性，节约人工照明能耗，减少环境污染，追求可持续的建筑光环境设计。

7.3 主动式天然采光

主动式天然采光法是利用集光、传光和散光等装置与配套的控制系统将自然光传送到需要照明部位的采光法。主动式天然采光的方法比较适合用于无法自然采光的空间（如地下室）、朝北的房间以及识别有色物体或对防爆有要求的房间。它既能改善室内光环境质量，同时可以减少人工照明能耗、节约能源。

目前已有的主动式天然采光方法主要有以下 5 类：①镜面反射采光法；②利用光导系统的采光法；③利用棱镜组传光法；④利用卫星反射镜法；⑤利用特殊光学材料制作的辅助采光构件等。在建筑中经常采用的是②和⑤，下面分别进行介绍。

7.3.1 导光管采光

导光管的构想据说最初源于人们对自来水的联想，既然水可以通过水管输送到任何需要的地方，打开水龙头水就可以流出，那么光是否也可以做到这一点。对导光管的研究已有很长一段历史，至今仍是照明领域的研究热点之一。最初的导光管主要传输人工光，20 世纪 80 年代以后开始扩展到天然采光。

1. 组成及分类

导光管主要由三部分组成：用于收集日光的集光器；用于传输光的管体部分以及用于控制光线在室内分布的出光部分。光线通过聚光部分进入导光管道，在导光管道内经过多次反射到达建筑内部，最后通过扩散装置获得较为均匀的自然光照明，图 7-35～图 7-37。

图 7-35　导光管采光

图 7-36　导光管应用于住宅

图 7-37　导光管应用于运动场

集光器有主动式和被动式两种：主动式集光器通过传感器的控制来跟踪太阳，以便最大限度地采集日光；被动式集光器则是固定不动的。

根据光线传播的基本物理效应，导光管的传光管体可以分为四种基本结构，即金属涂层镜面反射导光管、透镜导光管、多涂层导光管和棱镜导光管，它们分别是基于镜面反射、折射、不完全反射和全反射的原理而制成的。

2. 设计要点

与平天窗相似，导光管的采光量受太阳高度角的影响很大，冬季太阳高度角很小时，集光器只能捕获少量的日光，如果在导光管集光器的北侧设置一块反射板，或者在集光器下方内表面设置朝南的 1/2 球体形状的反射体（但这样会阻挡一部分夏季的太阳光线）则可将更多的太阳光反射到传光管体内（图 7-38）。在多阴天的地区，则要采用全透明的集光器。

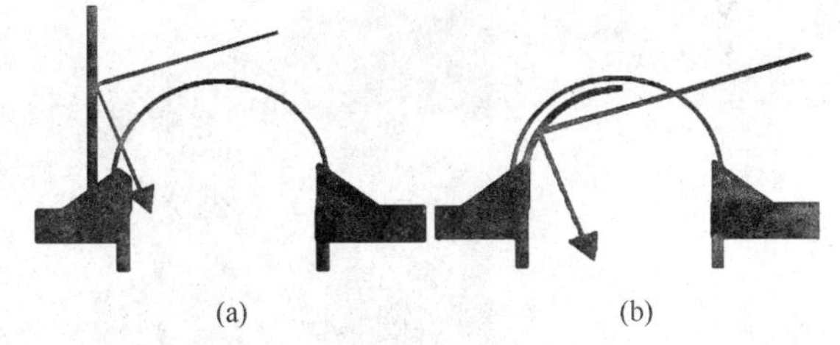

图 7-38

(a) 设置在集光器北侧的反射板；
(b) 设置在集光器内侧的反射体

导光管的利用还要受到气候的影响，它适合天然光丰富、阴天少的地区使用。在利用导光管采光的屋顶上，必须保证没有被其他建筑物或者树木所遮挡。此外，由于天然光的不稳定性，导光管必须与可调节的人工光结合使用，以便在日光不足的时候作为补充。

由于管道越长，被传输下去的光线越少，导光管道深度在 2.4m 以内是比较合适的。导光管是允许转弯的，但过多的转弯会减少光线的传输效率，因此导光管道应尽量减少转弯次数。

对于平屋顶而言，管状天窗的构造相对简单；而对于坡屋顶中的管状天窗需要穿越人字形屋顶的阁楼空间，还要处理好坡屋面的防水问题，构造相对复杂。在构造设计上要注意其防水处理，避免漏水。位于天花板下方的导光管出光口应采用透射扩散材料，以获得均匀的光线。图 7-39 是带有转弯的导光管道在坡屋顶中的构造示意图。

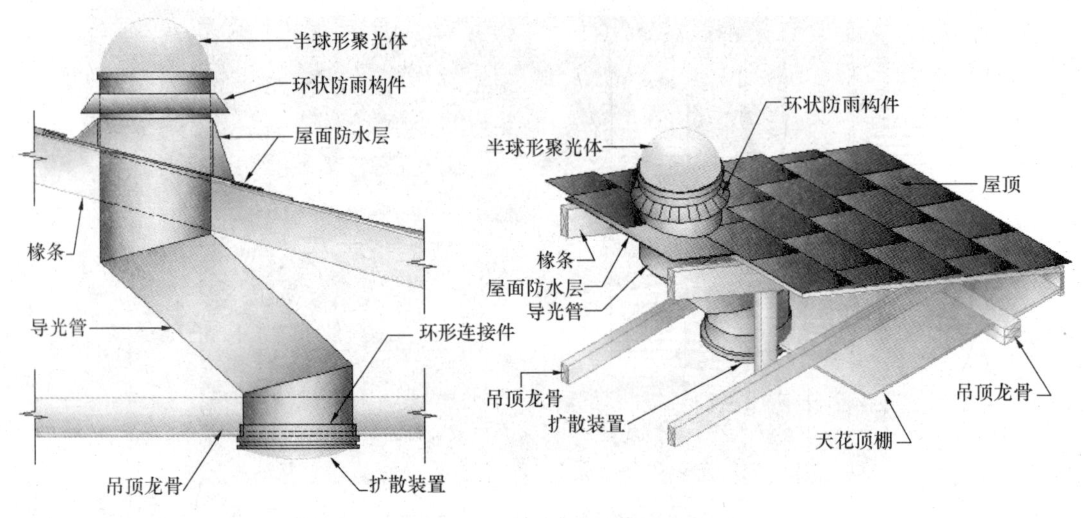

图 7-39
(a) 横断面图；(b) 轴侧图

3. 应用实例

结构简单的导光管在一些发达国家已经开始广泛使用，德国柏林波茨坦广场上使用的导光管，直径约为 500mm，顶部装有可随日光方向自动调整角度的反光镜，管体采用传输效率较高的棱镜薄膜制作，可将天然光高效地传输到地下空间，同时也成为广场景观的一部分（图 7-40）。

图 7-40 德国柏林波茨坦广场上的导光管

美国华盛顿地区的摩根·刘易斯国际法办公总部的照明采用了导光管技术使这个 14 层、140 英尺（约 42.7m）高的大楼以仅仅 8 英尺（约 2.4m）宽的狭窄中庭空间获得了充足的天然光照明。这套导光管装置在屋顶有一个日光反射装置，可以追随阳光而改变方向，将阳光引入到导光管中。导光管的中心是由棱镜玻璃组成的锥体，能够向外折射阳光。导光管外层是合成弹力纤维制作的表，引入的光线透过这一表皮发散到中庭的墙面和窗户上，最后还在底层休息厅的地面上投下美丽的放射状图案（图 7-41）。

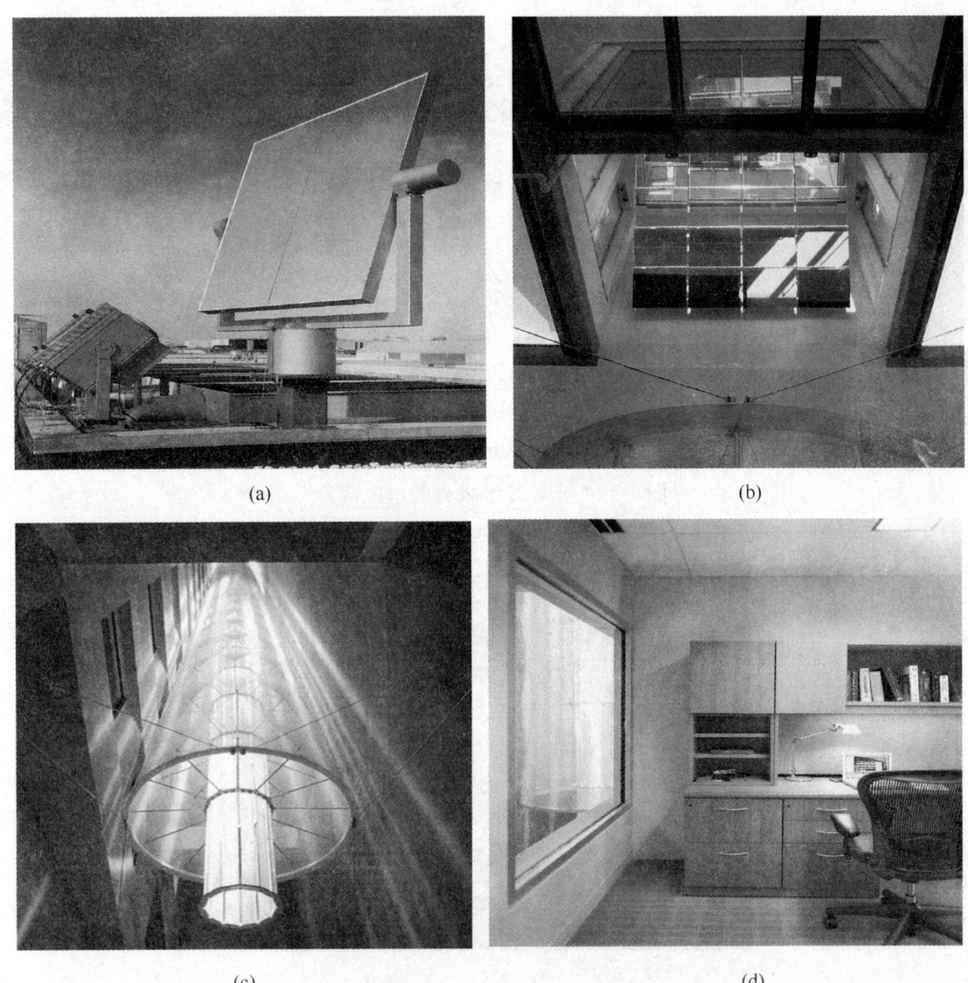

(a)　(b)　(c)　(d)

图 7-41　摩根・刘易斯国际法办公总部

(a)、(b) 随阳光移动和固定的日光反射装置；(c)、(d) 从中庭仰视、中庭四周房间的采光效果

7.3.2　光导纤维采光

光导纤维是 20 世纪 70 年代开始应用的高新技术，最初应用于光纤通信，80 年代开始应用于照明领域，目前光纤用于照明的技术已基本成熟。

1. 组成及分类

光导纤维天然采光系统一般也是由聚光部分、传光部分和出光部分三部分组成（图 7-42）。聚光部分将光线聚焦在光导纤维上，一般配备太阳自动跟踪系统（图 7-43），出光部分再将光线扩散。传光部分的光导纤维一般用塑料制成，直径在 10mm 左右。光导纤维的传光原理主要是光的全反射原理，光线进入光纤后经过不断地全反射传输到另一端。出光部分包括终端附件和灯具，可根据不同的需要使光按照一定规律分布。

常见的光导纤维有以下两种：

(1) 点发光光纤（端点发光）（图 7-44）

点发光是将光束传到端点后通过尾灯进行照明，光纤其外有一层不透明的包层，既防止

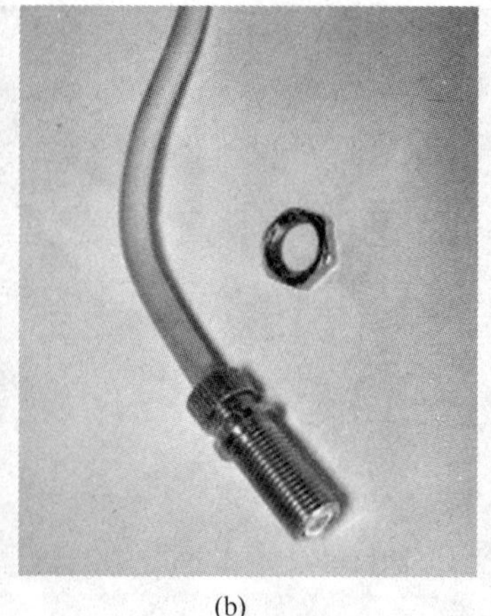

(a) (b) (c)

图 7-42 光导纤维采光的组成部分

(a) 聚光部分；(b) 传光部分；(c) 出光部分

图 7-43 太阳自动跟踪的聚光器

光线外泄，又用于保护和支撑光纤，并需配有发光终端附件，其外径规格有 4mm、6mm 及 8mm 三种。

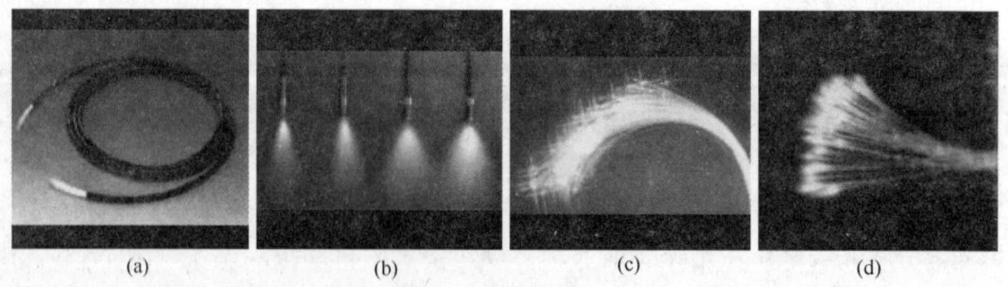

(a) (b) (c) (d)

图 7-44 点发光光纤

(2) 体发光光纤（侧面发光）

体发光（图 7-45）指光纤本身就是发光体，形成一根柔性光柱。光纤采用特殊结构可通长发光，其外可以包覆一层 PVC 透明保护套，该透明的衬层起保护和支撑光纤的作用，无需配有发光终端附件，其外径规格有 8mm、12mm、16mm 及 20mm 四种。

(a)
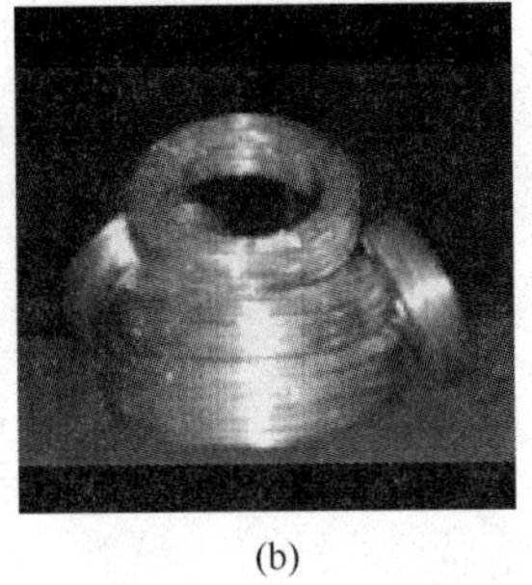
(b)
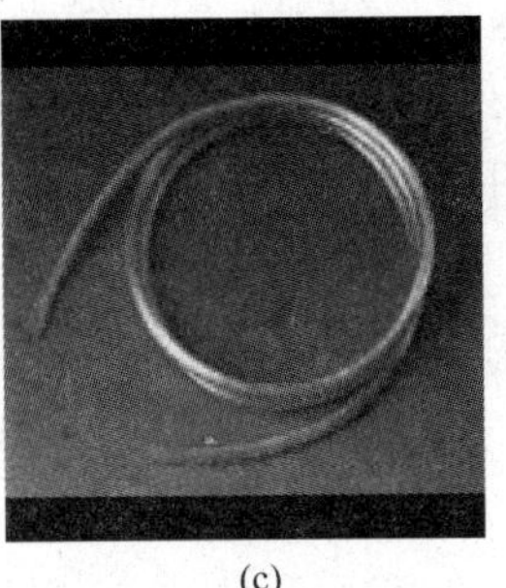
(c)

图 7-45　体发光光纤

2. 设计要点

对于一幢建筑物来说，光纤可采取集中布线的方式进行采光。把聚光装置（主动式或被动式）放在楼顶，同一聚光器下可以引出数根光纤，通过总管垂直引下，分别弯入每一层楼的吊顶内，按照需要布置出光口，以满足各层采光的需要，如图 7-46 所示。

因为光纤截面尺寸小，所能输送的光通量比导光管小得多，但它最大的优点是在一定的范围内可以灵活地弯折，而且传光效率比较高，因此同样具有良好的应用前景。

图 7-46　光导纤维采光系统示意图

3. 应用实例

在清华的超低能耗楼中，采用了一种被称作“向日葵”的光纤导光技术为地下室采光，这是一种由集光机、光纤和终端照明器具组成的采光系统，其设计原理是利用特殊的透镜聚集太阳光，再通过光导纤维把聚焦的太阳光传送到远处。所谓特殊透镜是一种“非球面透镜”，与凸透镜的工作原理相同。“向日葵”内设有光传感器和微型计算机控制系统，能保证始终对太阳进行高效自动的追踪。非球面镜聚集到的阳光通过光导纤维能够实现远距离传送，其采光效果优于一般的光纤导光方式（图 7-47）。

(a)
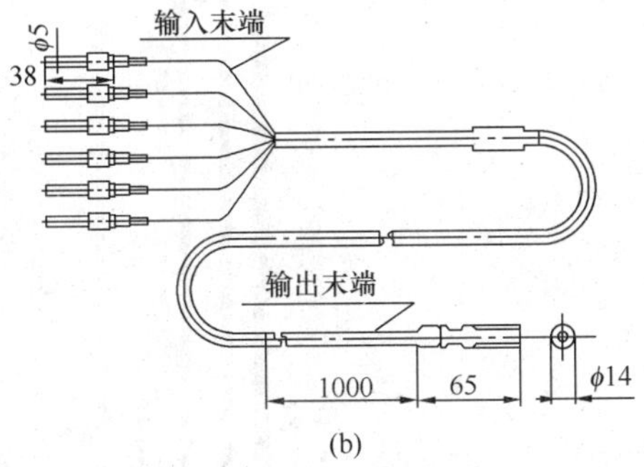

(b)

(c)

图 7-47　名为“向日葵”的光纤导光系统的集光机、光纤和终端照明器具
（a）集光器；（b）光纤；（c）终端照明器具

7.3.3　镜面反射采光

1. 原理

此种采光方式是通过平面镜、曲面镜和透镜，将自然光通过一次或多次反射，传送到室

内需要的地方，实现利用自然光照明。若在此基础上再安装具有跟踪太阳功能的太阳光收集器，就能够做到更好地将太阳光传送到地下所需处，营造出更好的光环境。

2. 应用实例

在清华大学的超低能耗楼工程中，就采用了利用反射式采光机和平面镜反射传输，将太阳光送到地下室进行照明的做法，其原理是先利用抛物面的反射镜将平行的太阳光汇集，再利用一面小的凸透镜把汇聚起来的太阳光还原为平行光，然后再利用平面镜将光线导入到地下。该系统整体的光传输效率是30%左右，且造价较光导管和光纤便宜，跟以往不使用太阳光收集器的镜面反射采光相比，所占空间也较少，取得了不错的采光效果（图7-48）。

另一个使用镜面反射采光的成功例子是明尼苏达州立大学的土木/采矿工程大楼，这栋建筑95%的部分处于地下，为了能将阳光导入其中，建筑光学设计师David Eijadi设计了一套采集、汇集和传送太阳光的系统，它利用潜望镜的原理，运用包括北面天光镜、反光镜镜面、回路反射器等几部分组成的被动式太阳辐射镜面反射系统，将天然光传送至地下33.5m深处，成为地下建筑采光的经典案例（图7-49）。

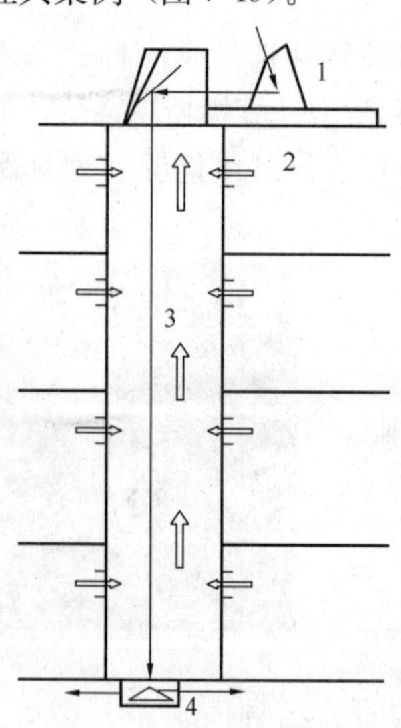

图7-48　超低能耗楼地下室采光原理示意图

1—太阳光收集器；2—各层通风，由楼梯间竖井排出；3—汇聚的太阳光束；4—地下室与一层接口处的光束分配器，主要为四棱镜结构

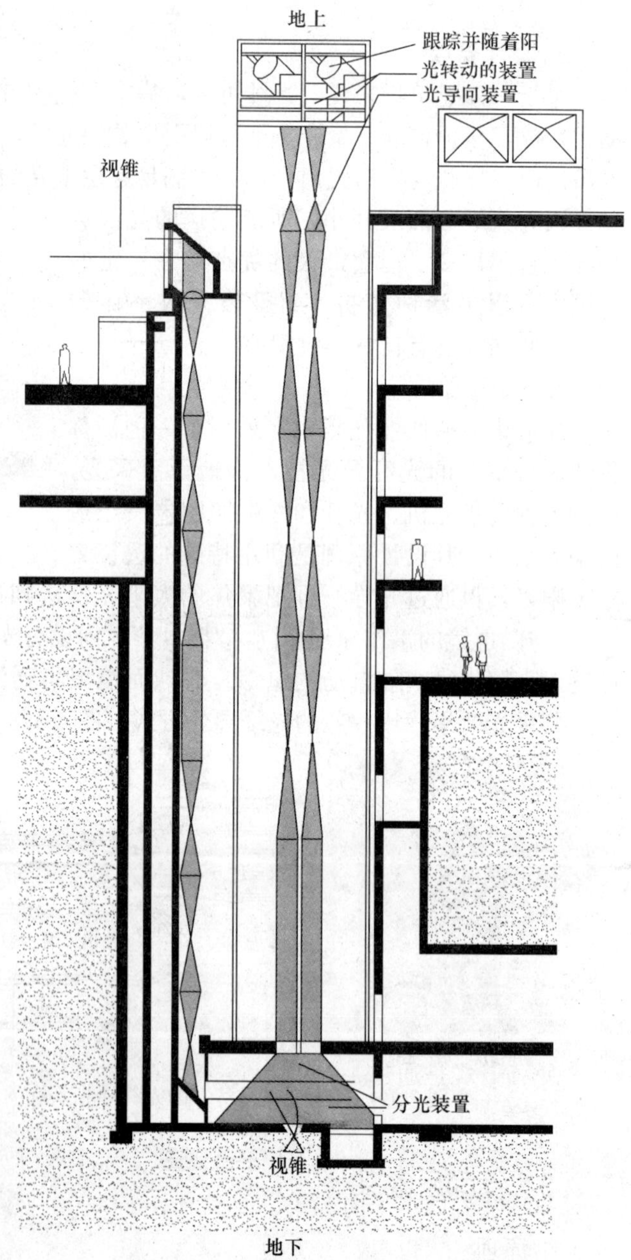

图7-49　明尼苏达州立大学的土木/采矿工程大楼地下采光

德国国会大厦穹顶核心部分是覆盖着360个各种角度镜子的锥体，锥体最大直径15m（图 7-50），可以向下反射水平天然光线进入议会大厅。穹顶上还设有一个可旋转的 12m 高的遮阳装置按照太阳运行的轨迹转动，防止夏季过热和眩光的产生。

图 7-50　德国国会大厦镜面锥体

日本松下公司办公楼采用等腰梯形剖面的中庭，如图 7-51 所示，为解决中庭下部空间的采光问题，在中庭顶部两侧各安装两列圆形境面，向下反射天然光线，提高中庭地面的天然光照度。镜面反射采光由于做法简单，易于实施，且造价是几种主动采光方式中最低的，因此应用前景较广。但由于此种方式光在反射中损耗较大，故采光效率不太高，最多只能用于几十米浅层和中层的地下空间采光。

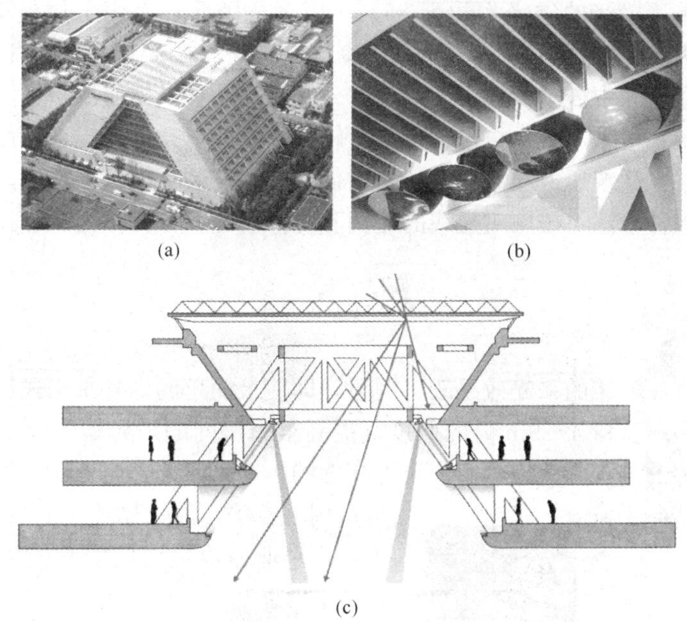

(a)　(b)　(c)

图 7-51　日本松下公司办公楼、中庭反光镜、中庭采光示意图

7.3.4　棱镜组传光

此种方式是通过一组折光棱镜，将集光器收集到的太阳光通过棱镜的多次反射传送到所需地点的方式。其原理是通过旋转两块平板棱镜，通过四次光的折射，改变光的方向，将之垂直的向下传输。一种新开发的平面镜加棱镜的导光系统利用了此原理进行采光。这套系统通过两块安装在水平面上的、可围绕中心轴在水平面上转动的棱镜折射太阳光，将其引至所需的地方。每块板由 2mm 厚的压制成型的 PVC 塑料薄片制成，有棱角的一面朝下，上面一块和下面一块的角度分别是与水平面成 42°和 52°（图 7-52）。为了能够理想地控制入射

光，每块板的旋转角度可以分别调节。当太阳高度角低时，两块板转动到相互平行的状态，以改变太阳光的角度将之折射向下；当太阳高度角高时，两块镜转动为方向相对，以便在更大的范围内有效地接收太阳光。因此不管太阳的方位角和高度角如何变化，光线都能够被改变方向引入到所需的地方（图 7-53）。

图 7-52　平面镜加棱镜的导光系统

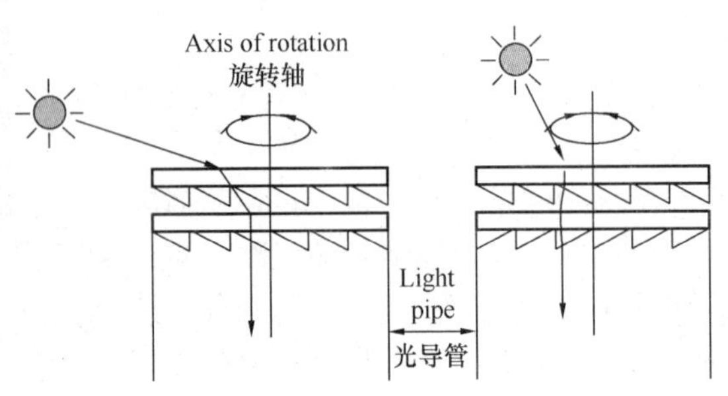

图 7-53　导光原理分析图

一般来说，单片棱镜的透光率约为 85%～95%，因此，使用上述棱镜导光系统导光，其光的透过率约为 72.3%～90.3%，导光效率高，可用于中层或深层地下空间。其局限性在于光只能直线在竖井中传输，且占用屋顶部分面积大，在具体使用中灵活性不够。

在现实情况中，可采用一些技术含量相对较高、构造复杂的采光系统增强或改善自然采光的效果。这些采光系统通常被制作成建筑构件的形式安装在窗户上或室内。辅助的自然采光系统包含了很多种方法，按照对光线的遮挡和传播的途径分为采光板和挡板两大类。

7.3.5　采光板

1. 原理

采光板对大进深建筑的采光效果改善明显，即使最简单的内外平板式采光板，也能全天有效地增加室内距离窗口 4～9m 处的照度，提高整个房间的采光均匀性。通常情况下，自然光能够到达室内的进深为地板到窗户顶部高度的 1.5 倍，采光窗下面如果安装反光板后则可达到 2.0 倍左右，如图 7-54 所示。如果反光板上部水平面做成镜面反射面的话，日光入射进深可达 2.5 倍以上。在室外自然光照度较低的清晨、傍晚以及夏季太阳高度角较高时，效果尤为明显。与普通建筑相比，安装采光板的建筑室内采光效果更好，自然光线的利用率更高。

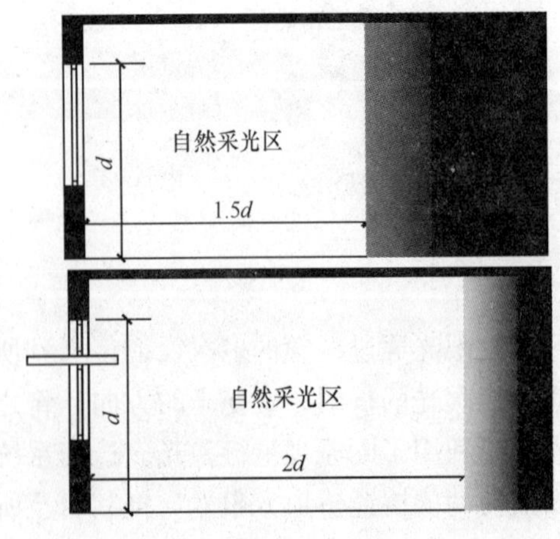

图 7-54　设置反光板前（上）、后室内自然采光深度对比

采光板的作用在于利用较小的窗户开口将室外及窗口附近的太阳光通过反射引入室内较深的地方，其工作原理见图 7-55。通常条件下，直射辐射强度是散射辐射强度的 4～7 倍，采光板主要利用直射光线。室外直射辐射通过较小的上部窗户开口被采光板反射到室内顶棚，经过顶棚的散射反射，均匀地照亮离窗口较远处。在窗口面积

不变的情况下，离窗口较远的地方得到充分的照明，提高了室内采光的均匀度，提高了视觉舒适度；上部开口的面积较小，虽然有反射辐射进入，但不会严重地增大市内的空调负荷；而且室外的采光板在一定程度上起到了外遮阳的作用，有利于提高窗户附近的热舒适性，减小了空调负荷及直射眩光。

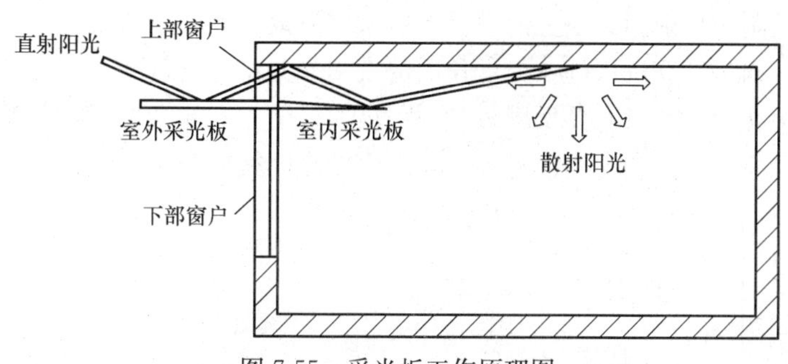

图 7-55　采光板工作原理图

2. 设计要点

太阳位置随时间、季节的变化不断变化，不同的纬度太阳运行轨迹也不相同。采光板的设计重点就在于如何在不同的入射角度下最有效地利用太阳辐射，以期达到全年建筑整体能耗最小的目标。

为了在不同的地点、朝向上达到最优的使用效果以及同建筑外立面的结合，采光板衍生出不同的结构。不同的纬度的地区，采光板的开口角度也不同，低纬度地区，太阳高度角较高，宜采用单层采光板或双层采光板；对于纬度较高的地区，宜采用多层采光板。

内外采光板的表面应当比较光滑，易于阳光的反射；表面上涂反射率较高的涂料，以使更多的光线进入室内。通过上部窗户进入室内的太阳辐射量较大，因此在上部窗户上使用具有光谱选择性的镀膜玻璃，允许可见光透过，把红外辐射阻隔在室外，将会有更好的节能效果。图 7-56 是设置室内反光板的室内自然光环境，可以看出顶棚被来自反光板反射的光线所照亮，这有助于提高远窗处的照度。

采光板可以根据需要对其倾角做一些调整，以满足不同的设计目的。如图 7-57 所示，朝室外方向向下倾斜采光板可以对观景窗的周边实现更有效的遮阳，并减少反射到天花上的自然光数量和深度；朝室外方向向上倾斜采光板则增加进入室内的反射光线的数量和深度，并减少遮阳效果；相应的，水平采光板通常是在遮阳需求和自然采光之间提供了折中的效果。

3. 高级采光板

(1) 经过光学处理的高级采光板

国外开发的经过光学处理的高级采光板系统采用更高级的形状和材料，能够更好地改变光线方向、阻挡直射光和控制眩光。光学处理过的采光板的设计同常规采光板相比有了两个重大的改进（图 7-58)：①采光板的几何形状被弯曲并切割以便被动地

图 7-56　室内反光板对光环境的影响

反射特定太阳高度角的太阳光；②采用高反射性、半镜面的光学薄膜以提高反射功效。设计目的是阻挡任何时候的直射光，提高离窗户墙 10m 远区域内的自然光照度水平，通过一个最优化尺寸的窗户开口实现太阳辐射热增益的最小化，并在不同的直射光照射下改善整个房间的照度均匀性。图 7-58 是经过光学处理的高级采光板系统，该系统包括一个较低位置的主反射板和一个较高位置的附属反射板。下方的主反射板截取夏天高太阳角的自然光，并反射到较远处的天花上；附属反射板截获进入的冬天低角度的太阳光并将之反射到下方的主反射板上，二次反射到较远处的天花上。通过主要反射板和附属反射板的相互配合，可以实现全年无直射光进入室内，同时却又有大量的漫射光线进入，实现自然光间接照明。

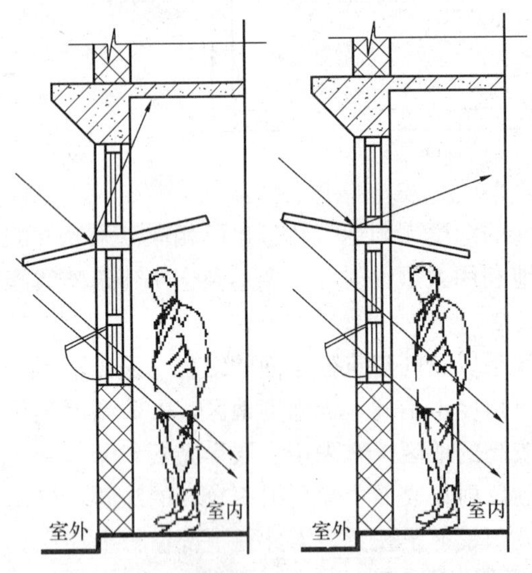

图 7-57　倾斜的反光板示意图

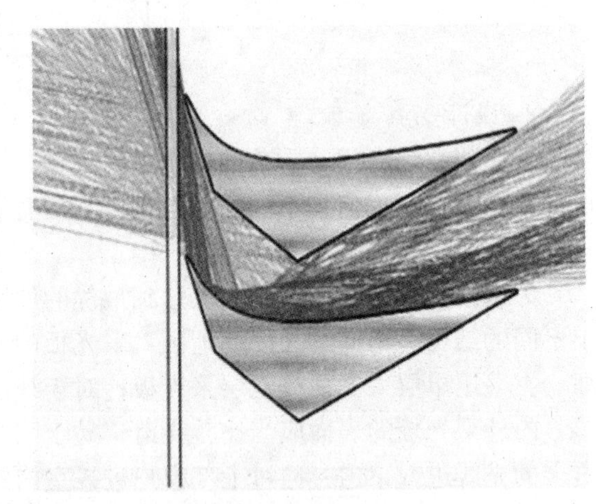

图 7-58　经过光学处理的高级采光板

(2) 追踪阳光的高级采光板

如图 7-59 所示，该系统把一个放射性的塑料薄膜安装在固定的反光板内的追踪滚筒装

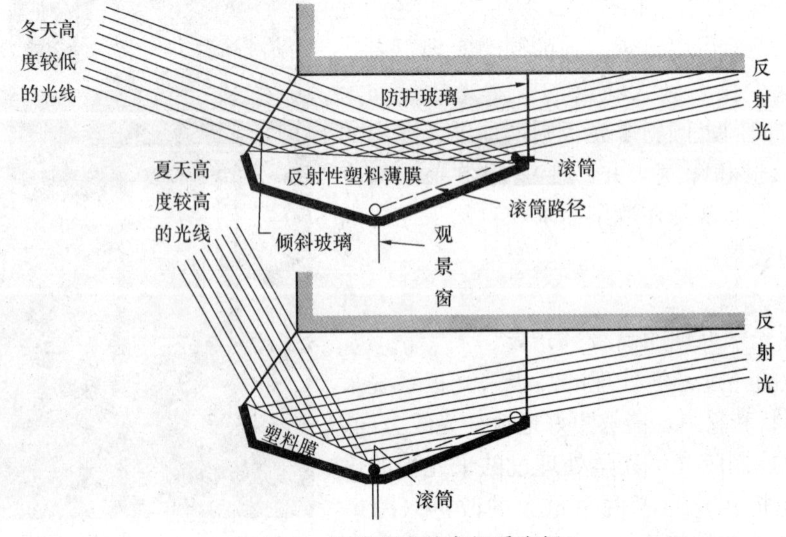

图 7-59　追踪阳光的高级采光板

置上方，根据入射的太阳光线入射角的变化来调整滚筒位置，进而保持入射光线在塑料反射薄膜上形成的较大入射角，最终实现将光线反射到尽可能远的室内深处。该系统延伸了固定采光板对光线的投射能力，使得对于任何角度的太阳光都具有同样深远的反射功能。

上面这两个国外研制的高级采光板系统说明在实际的建筑自然采光设计中对采光板进行适当的处理，通过其外部形状和表面光学材料的改变实现更优化的室内自然光环境是可能的，但是要特别注意同建筑的造型特征相协调。

7.3.6　挡板

挡板是设置在天窗采光井下部的一组反光板，它们能够阻挡直射光并将其反射扩散，从而为室内提供柔和的漫射光。挡板的材料有很多种，包括镀漆金属薄板、木材、穿孔金属板或者混凝土板等，也可以采用透明的或者半透明的玻璃、塑料等。

挡板可以设计成各种形状，主要取决于它的遮光功能以及对建筑空间表现的影响。在走廊、门厅、展厅以及中庭等空间，可以在天窗下面设置由轻质的织物制成的挡板，图 7-60 是伦佐・皮亚诺设计的塞・托姆布里美术馆的纤维织物挡板。在教室等空间，可以在天窗下

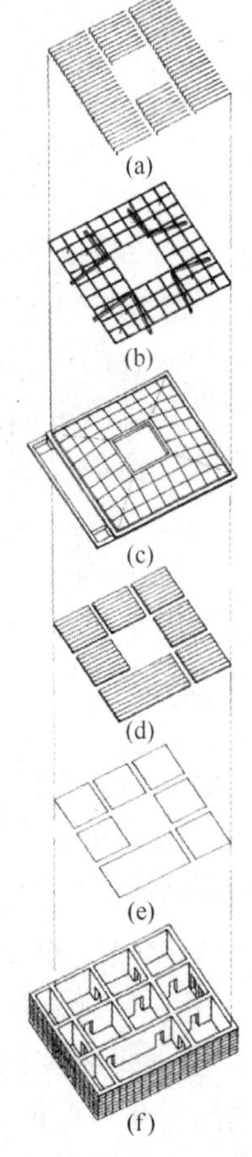

图 7-60　塞・托姆布里美术馆的屋顶和遮阳构造

(a) 固定的遮阳百叶；(b) 支撑百叶的结构；(c) 玻璃屋顶；

(d) 可调节的百叶用于控制光线强度；(e) 散光纤维天花板

面设置格栅式挡板，图 7-61 是半透明的格栅式挡板，不仅遮蔽了直射光，又丰富了建筑内部空间形式。

理论上，挡板的作用是很大的，但是一些旧有建筑的使用者抱怨这些挡板很难清洁，所以必须保持挡板清洁以发挥它们的反射扩散作用。

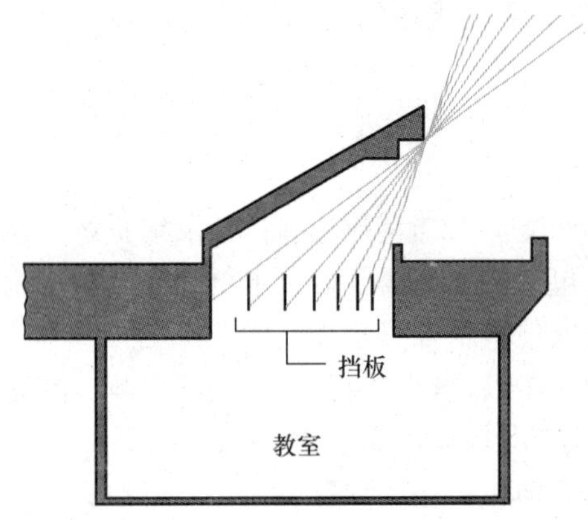

图 7-61　挡板

7.4　旧建筑的天然采光改造

很多旧建筑因受当时社会条件、经济条件和技术条件的限制，未能将建筑的体量、形式、开窗面积等因素和自然采光进行整合设计，而很多已建成的现代建筑由于对自然采光没有足够的重视，以至于室内的光环境很差，存在拉闭窗帘而打开电灯采光的情况。

通过改造使这些旧建筑获得良好的自然采光质量。旧建筑的改造包括经常擦洗玻璃和纱窗，定时粉刷墙面和顶棚等简单的措施。另外，也可以改变窗口形式、窗口尺寸、设置日光控制系统、设置中庭空间和采用导光管等措施。

(a)

(b)

图 7-62　建筑改造前后室内采光情况对比

图 7-62 所示为美国 Congress 小学的教学建筑改造前后的教室内自然采光情况对比。从图中可以看出，通过对内饰面的粉刷、窗口改造后，教室的光环境得到大大改善。

美国加利福尼亚的斯通和杨贝格投资公司大楼（图 7-63）在改造过程中，非常圆满地解决了光在艺术和功能之间的矛盾。这幢大楼建于 1896 年，原来采用连续的屋顶天窗和高窗采光。这些采光的窗户由于历史悠久具有标志性意义，不能用一般的天花板处理方式将其遮挡。为此，在对视觉环境要求较高的贸易大厅的上空设计了一个悬浮状的拱形天花，无这样一来，这一区域不仅避免了直射阳光带来的眩光和热量问题，而且侧窗和天窗没有被天花遮挡，天然光还可以直接或间接地照射到建筑的其他空间里去。拱形天花和这座建筑中的拱形窗户在形式上相呼应，这一处理方法使贸易大厅这个巨穴似的室内空间拥有了很强的场所感。

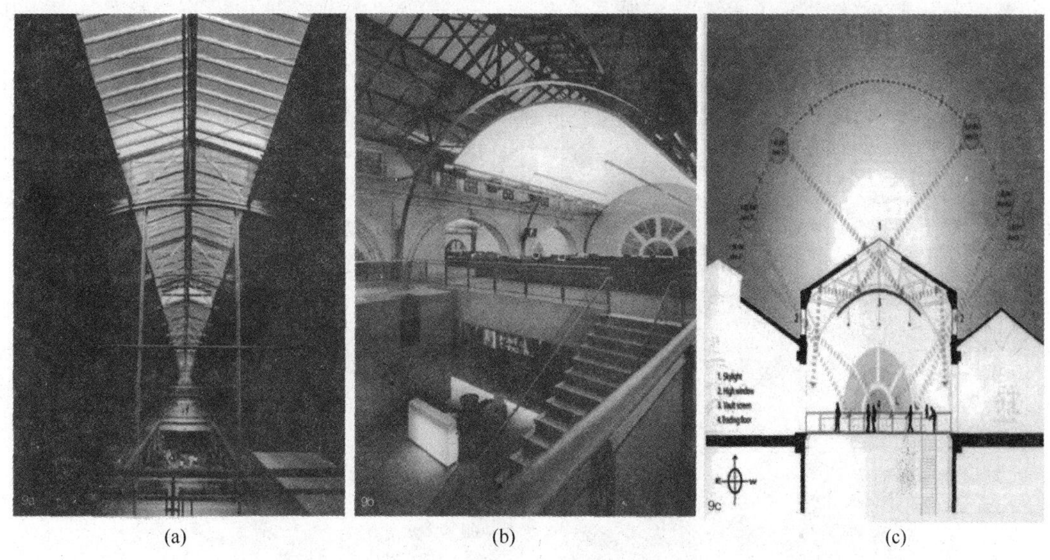

(a)　(b)　(c)

图 7-63　斯通和杨贝格投资公司大楼

(a) 改造前的中庭；(b) 改造后的中庭；(c) 全天采光分析

在北京著名的 798 艺术区改造中，主要使用了三种方式，即扩大外墙开窗面积、设置采光中庭、设置采光顶。798 工厂中，厂房原为框架结构，原始建筑考虑的为较单纯的大空间，6 米多的空间高度和各单元通风采光条件的一致性，为建筑改造提供了丰富的可能。扩大外墙开窗面积是最直接和行之有效的改造方式，798 改造中将原有窗口扩大，以满足天然采光要求，甚至在改造中部分墙体被拆除改为玻璃幕墙（图 7-64）。但从节能的角度讲，不推荐将墙体全部改为玻璃幕墙的做法。由于厂房进深较大，扩大外墙窗洞口面积的做法并不能解决厂房内部的采光问题。因此，在改造中部分厂房结合改造后的展览功能，将屋顶局部进行拆除，拆除部分以玻璃面维护，形成采光中庭；部分厂房在屋顶增加了采光口或将原有采光口扩大，形成采光顶。

(a)

(b)

图 7-64　798 厂区厂房外墙

可再生能源实验室内廊使用的导光管，直径约为 300mm，图 7-65 是可再生能源实验室内廊安装导光管前后的对比效果。在安装导光管之前，内廊采光环境较差，一天中的大部分时间都要靠电灯作为主要采光源；安装导光管之后，天然光被高效地传输至内廊中，采光环境大为改善，同时也节省了电能。

(a)

(b)

图 7-65 可再生能源实验室内廊安装导光管前后的对比
（a）安装前；（b）安装后

思考题

7-1 简述天然采光设计要求及设计策略。

7-2 简述侧窗采光的优缺点。

7-3 侧窗采光的设计要点有哪些？

7-4 简述天窗采光的分类。

7-5 简述天窗采光的设计要点。

7-6 简述中庭采光的设计要点。

7-7 主动式天然采光有哪几种？其采光原理分别是什么？

7-8 简述导光管的组成及设计要点。

7-9 说明采光板与挡板的区别

第 8 章　建筑中的太阳能光伏发电技术

8.1　光伏发电系统基本知识

早在 1839 年，法国科学家贝克雷尔就发现，光照能使半导体材料的不同部位之间产生电位差。这种现象后来被称为“光生伏打效应”，简称“光伏效应”。1954 年，美国科学家恰宾和皮尔松在美国贝尔实验室首次制成了实用的单晶硅太阳能电池，诞生了将太阳光能转换为电能的实用光伏发电技术。

8.1.1　光伏发电系统原理及组成

1. 基本原理

太阳光发电是指无需通过热过程直接将光能转变为电能的发电方式。它包括光伏发电、光化学发电、光感应发电和光生物发电。光伏发电是利用太阳能及半导体电子器件有效地吸收太阳光辐射能，并使之转变成电能的直接发电方式，是当今太阳光发电的主流。时下，人们通常所说太阳光发电就是太阳能光伏发电。太阳能光伏发电的工作原理如图 8-1 所示，当半导体受到光照时，半导体内的电荷分布状态发生变化，在 PN 结合面的两边出现电压，连接导线，就会产生电流。

2. 光伏发电系统的组成

太阳能光伏发电系统就是利用太阳能电池中半导体材料的光伏效应，将太阳光辐射直接转换为电能的一种发电系统。一套基本的太阳能发电系统（图 8-2）是由太阳光伏电池板、防反充二极管、逆变器、充电控制器、蓄电池和测量设备构成，下面对各部分的功能做一个简单的介绍：

1）太阳光伏电池板

太阳能电池板的作用是将太阳光能直接转换成直流电，供负载使用或存储于蓄电池内备用。由于技术和材料原因，单一电池的发电量是十分有限的，使用中的太阳能电池是单一电池经串、并联组成的电池系统，称为电池组件（阵列）。一般的太阳能电池板根据用户需要将太阳能电池方阵，再配上适当的支架及接线盒组成。太阳能电池多为半导体材料制成，发展到今天种类和形式都已经很繁多了（图 8-3）。

（1）按照其结构分：

①同质结太阳能电池，由同一种半导体材料构成一个或多个 PN 结的太阳能电池。

②异质结太阳能电池，用两种不同禁带宽度的的半导体材料在相接的界面上构成一个异质 PN 结的太阳能电池。

③肖特基太阳能电池，用金属和半导体接触组成一个“肖特基势垒”的太阳能电池，叫

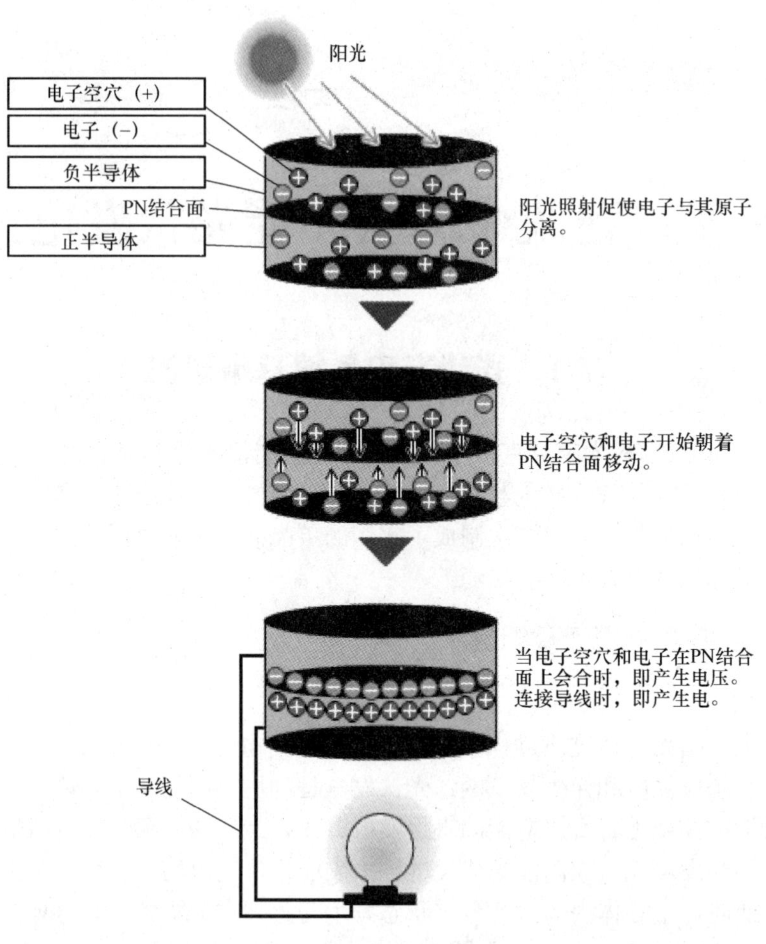

阳光
电子空穴（+）
电子（-）
负半导体
PN结合面
正半导体
阳光照射促使电子与其原子分离。
电子空穴和电子开始朝着PN结合面移动。
当电子空穴和电子在PN结合面上会合时，即产生电压。连接导线时，即产生电。
导线

图 8-1　光生伏打效应示意图

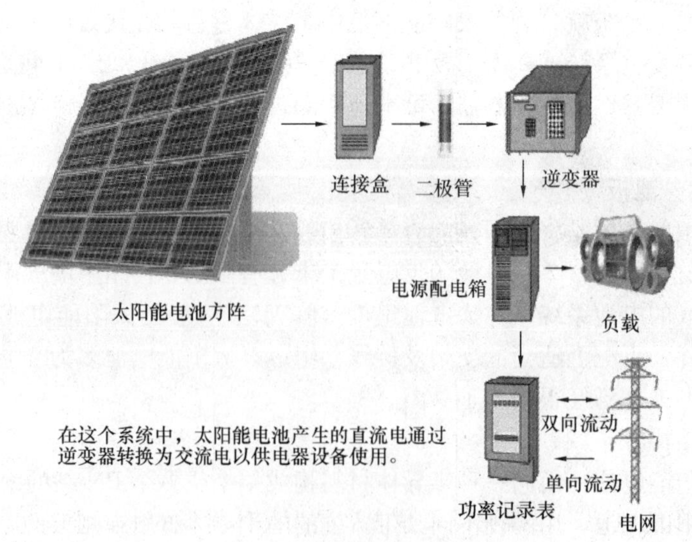

电源配电箱

在这个系统中，太阳能电池产生的直流电通过逆变器转换为交流电以供电器设备使用。

功率记录表

图 8-2　光伏发电系统

图 8-3　光伏电池板

做金属-绝缘体-半导体（MIS）太阳能电池。

④复合结太阳电池，由两个或多个结形成的太阳电池。如由一个 MIS 太阳电池和一个 PN 结硅电池叠合而形成高效 MISNP 复合结硅太阳电池，其效率已达 22%。复合结太阳电池往往做成级联型，把宽禁带材料放在顶区，吸收阳光中的高能光子，用窄禁带材料吸收低能光子，使整个电池的光谱响应拓宽。砷化铝镓—砷化镓—硅太阳电池的效率高达 31%。

⑤有机半导体太阳电池，利用具有半导体性质的萘、蒽等有机材料进行掺杂后制成的 PN 结太阳电池。离子掺杂也能使一些塑料薄膜变成半导体。由于这些材料抗光老化的能力不理想，目前只做些原理性实验。

（2）按照材料分类

① 硅太阳能电池，以硅材料作为基体的太阳能电池。如单晶硅太阳能电池、多晶硅太阳能电池、非晶硅太阳能电池等（图 8-4）。

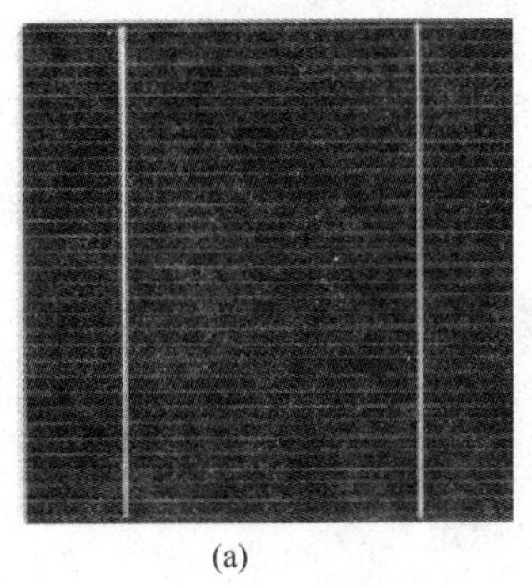

(a)

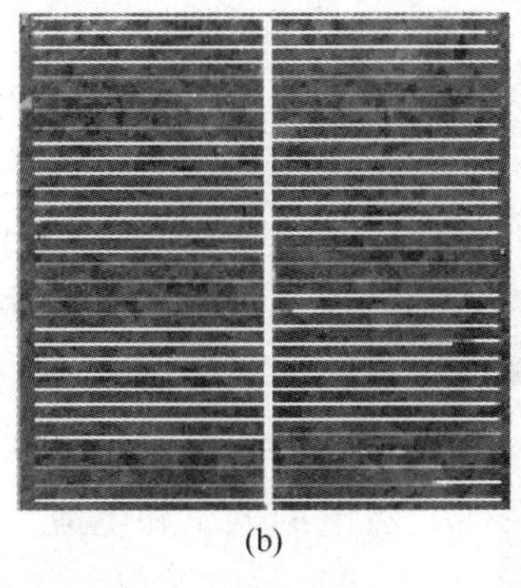

(b)

(c)

图 8-4　太阳能电池

（a）单晶体硅电池；（b）多晶体硅电池；（c）非晶体硅电池

② 硫化镉太阳能电池，以硫化镉单晶或多晶为基体材料的太阳能电池。

③ 砷化镓太阳能电池，以砷化镓为基体材料的太阳能电池。

（3）按照聚光性能分类

① 平板太阳电池，即非聚光电池，指在1倍阳光下工作的太阳电池。

② 聚光太阳电池，指在大于1倍阳光下工作的太阳电池。1～10倍为低倍聚光，10～100倍为中倍聚光，大于100倍的为高倍聚光。聚光需要考虑高温散热力大电流输出等特殊设计，容易组成光电、光热综合利用的复合系统。与聚光电池相配的聚光器和跟踪器，会增加系统的复杂性。但用廉价的聚光材料来代替昂贵的半导体材料搜集太阳能，可以降低太阳能电池发电系统的成本。

（4）按照使用空间分类

① 空间太阳电池，用于人造卫星和空间飞行器上的太阳电池。空间电池要求有较高的功率质量比，耐高低温冲击，抗高能粒子辐射能力强，制作精细，其价格较高。

② 地面太阳电池，用于地面阳光发电系统的太阳电池。要求耐风霜雨雪的侵袭，有较高的功率价格比，具有大规模生产的工艺可行性和材料来源。

2）防反充二极管

防反充二极管又称为阻塞二极管，其作用是避免由于太阳能电池方阵在阴雨天或夜晚不发电时，或出现短路故障时，蓄电池组通过太阳能电池方阵放电。它串联在太阳能电池方阵电路中，起单向导通的作用。要求它能承受足够大的电流，而且正向电压降要小，反向饱和电流要小。一般可选用合适的整流二极管。

3）逆变器

逆变器按激励方式，可分为自激式振荡逆变和他激式振荡逆变。逆变器的作用就是将太阳能电池方阵和蓄电池提供的低压直流电逆变成220伏交流电，通过全桥电路，一般采用SPWM处理器经过调制、滤波、升压等，得到与照明负载频率，额定电压等匹配的正弦交流电供系统终端用户使用。

图8-5　充电控制器

4）充电控制器

在不同类型的光伏发电系统中，充电控制器不尽相同，其功能多少及复杂程度差别很大（图8-5），这需要根据系统的要求及重要程度来确定。充电控制器主要由电子元器件、仪表、继电器、开关等组成。在太阳发电系统中，充电控制器的基本作用是为蓄电池提供最佳的充电电流和电压，快速、平稳、高效的为蓄电池充电，并在充电过程中减少损耗、尽量延长蓄电池的使用寿命；同时保护蓄电池，避免过充电和过放电现象的发生。如果用户使用直流负载，通过充电控制器还能为负载提供稳定的直流电（由于天气的原因，太阳电池方阵发出的直流电的电压和电流不是很稳定）。

5）蓄电池组

蓄电池组是将太阳电池方阵发出直流电储存起来，供负载使用。在光伏发电系统中，蓄电池处于浮充放电状态，夏天日照量大，除了供给负载用电外，还对蓄电池充电；在冬天日照量少，这部分储存的电能逐步放出。白天太阳能电池方阵给蓄电池充电（同时方阵还要给负载用电），晚上负载用电全部由蓄电池供给。因此，要求蓄电池的自放电要小，而且充电效率要高，同时还要考虑价格和使用是否方便等因素。常用的蓄电池有铅酸蓄电池和硅胶蓄电池，要求较高的场合也有价格比较昂贵的镍镉蓄电池。太阳能电池产生的直流电先进入蓄电池储存，蓄电池的特性影响着系统的工作效率和特性。

蓄电池技术是十分成熟的，但其容量要受到末端需电量，日照时间（发电时间）的影响。因此蓄电池瓦时容量和安时容量由预定的连续无日照时间决定。

6）测量设备

对于小型太阳能光伏发电系统，只要求进行简单的测量，测量所用的电压表和电流表一般就安装在控制器上。对于大中型的太阳能光伏电站，就要求配备独立的数据采集系统和微机监控系统。

8. 1. 2　光伏发电系统的分类及特点

太阳能光伏发电应用系统分为三类（图 8-6）：直流负载独立系统、交流负载独立系统和并网系统，各系统特点对比如表 8-1 所示。

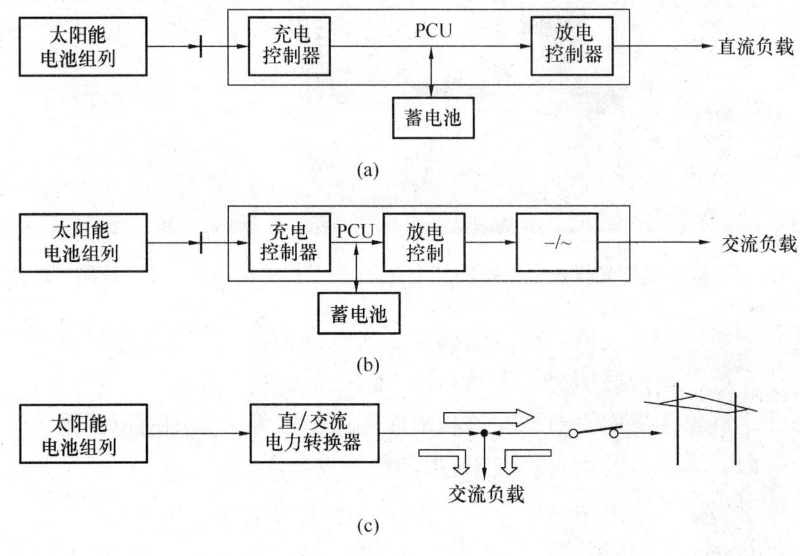

图 8-6

（a）直流负载独立系统；（b）交流负载独立系统；（c）并网系统

表 8-1　三类系统特点对比表

系统	直流负载独立系统	交流负载独立系统	并网系统
工作方式	白天充电，晚上放电	白天充电并供电，晚上蓄电池供电	白天供电，晚上不供电
优点	能量损失少，易设计	成本低于架设输电设备	最佳效能且发电效率高；系统无需维护，且易设计；可解决高峰电力不足的困扰
缺点	需维护和更换蓄电池	需维护和更换蓄电池，能量损失高，不易设计	市电断电时无法使用
适用范围	玩具、路灯、收音机、手电筒等	市电无法到达的偏远地区	市电可到达的地点

8.1.3 光伏发电系统的应用

光伏系统的应用领域十分广泛，主要应用于用户型太阳能电源、通讯、通信、石油、海洋、气象等领域。

用户型太阳能电源主要用于边远无电地区如高原、海岛、牧区、边防哨所等军民生活用电；家庭屋顶并网发电（图 8-7）；无电地区的深水井饮用、灌溉；庭院灯、路灯（图 8-8）、手提灯、野营灯、登山灯、垂钓灯、黑光灯、割胶灯、节能灯的电源。

图 8-7 屋顶使用光伏发电系统的住宅

图 8-8 路灯上方的光电支架装置

通讯、通信领域用于无人值守微波中继站、光缆维护站、广播/通讯/寻呼电源系统、农村载波电话光伏系统、小型通信机、士兵 GPS 等。

石油、海洋、气象领域用于石油管道和水库闸门阴极保护太阳能电源系统、石油钻井平台生活及应急电源、海洋检测设备、气象/水文观测设备等。

光伏系统还可用于光伏电站（图 8-9）、建筑、与汽车配套太阳能制氢加燃料电池的再生发电系统（图 8-10）、海水淡化设备供电、卫星、航天器、空间太阳能电站等。

图 8-9 光伏电站

图 8-10 太阳能电动车

8.2　光伏发电系统与建筑的结合

在 20 世纪 80 年代，光伏发电系统的地面应用除了大量作为独立电源系统外，已经开始进入联网户用和商业建筑领域。进入 20 世纪 90 年代以后，随着常规发电成本的上升和人们对环境保护的日益重视，一些国家纷纷开始实施、推广太阳能屋顶计划，比较著名的有德国“十万屋顶计划”、美国“百万屋顶计划”以及日本的“新阳光计划”等。“光伏发电与建筑物集成化”" 的概念也在 1991 年被正式提出，并很快成为热门课题。这不仅开辟了一个光伏应用的新领域，而且意味着光伏发电开始进入在城市大规模应用的阶段。

长期以来，作为建筑物围护结构的屋顶、墙体和窗户，既是体现建筑风格和建筑美学的主体，也是建筑功能的主要研究对象，尤其是为了保持建筑内部舒适的小环境，不得不在保温、隔热和采光等多方面进行优化设计，以求得最佳的效果。

综合太阳的光电转换、热利用技术和新型材料的合理利用，可大大降低建筑能耗和改善居住环境，是当前建筑节能的新方向。近年来，国际上已经涌现出许多以自然能源为主要内容的建筑，如“自助能建筑”“零/低能耗建筑”和“屋顶太阳能源系统”等，都是将太阳能与建筑节能相结合的示范工程。

8.2.1　光伏板与建筑物相结合的形式

广义上讲，光伏与建筑相结合有两种形式：一种是建筑与光伏系统相结合；另一种是建筑构件与光伏电池板集成。

1. 建筑与光伏系统相结合（BAPV）

把封装好的的光伏组件（平板或曲面板）安装在居民住宅或建筑物的屋顶上，再与逆变器、蓄电池、控制器、负载等装置相联。光伏系统还可以通过一定的装置与公共电网联接。

2. 建筑构件与光伏电池板集成

光伏与建筑结合的进一步目标是将光伏器件与建筑构件集成化。一般建筑物的外墙采用涂料、马赛克等材料，高档住宅、大型公共建筑还采用价格不菲的石材、幕墙玻璃等，其功能仅仅是保护和装饰。如果能将屋顶、向阳的窗户及外墙、遮阳等建筑构件，赋予光电装换的功能，使其既能作为建材又能发电，可谓一举两得。集成后的光伏器件，应同时具备建材所要求的承重、绝热保温、防水防潮等功能。用光伏器件替代部分建材，可以进一步降低光伏发电的成本，有利于推广应用，所以存在着十分巨大的潜在市场。

将太阳电池板与建筑屋顶、墙体、窗户和遮阳相结合，出现了“太阳电池瓦”“太阳电池幕墙”“太阳电池窗户”和“太阳电池遮阳”等新型建筑材料和构件，应用于实践，产生了一些特色鲜明、造型新颖的太阳能光伏建筑。

（1）太阳电池瓦：是将非晶硅太阳电池封装在玻璃中的光电转换器件，每片瓦就是一个太阳电池组件的单体，使用时将各片瓦的电极联结即可形成一个发电系统。变换电池板边框的型材即成为一种屋瓦太阳能电池组件，铺盖与屋顶檩条上，可省去普通屋瓦，如图 8-11 所示。

（2）太阳能电池幕墙：是将太阳能电池板安装在双层玻璃幕墙的间层内，形成太阳能电池幕墙。由碲化镉电池制成的太阳能电池幕墙，安装在西班牙马塔罗的庞佩·法布拉图书馆（Pompeu Fabra Library），是欧洲最大的太阳能建筑之一，如图 8-12 所示。

图 8-11　太阳能电池瓦用于既有建筑屋顶的翻新改造

（3）太阳能电池窗户：由单晶硅制成的太阳能电池方阵，安装在玻璃上形成太阳能电池窗户，既兼顾窗户的采光功能，又充分利用太阳的能量发电，如图 8-13 所示。

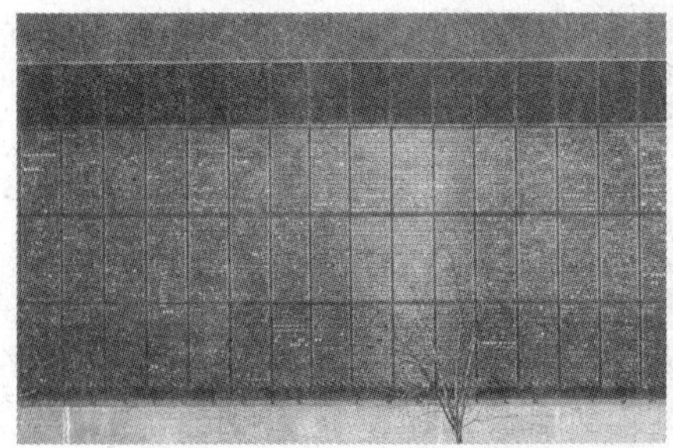

图 8-12　庞佩·法布拉图书馆的太阳能电池幕墙

图 8-13　贝丁顿的太阳能窗

（4）太阳能电池屋顶：用可挠性树脂材料为基底的大面积柔性薄膜电池组件，可随意剪裁成所需尺寸，铺设于各种建筑物屋顶，既可发电，又可防水，如图 8-14 所示。

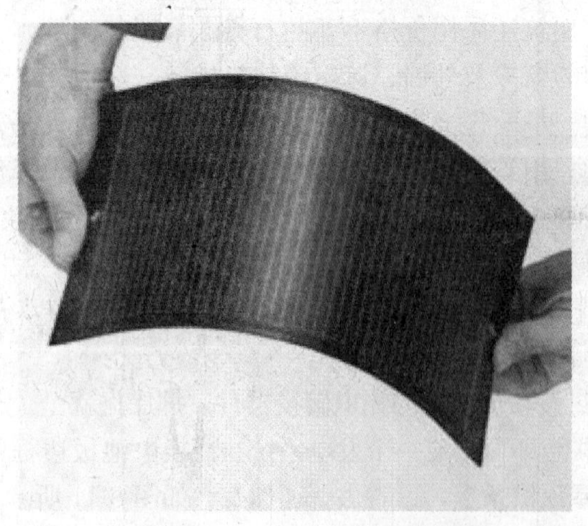

(a)

(b)

图 8-14　太阳能电池屋顶

（a）太阳能薄膜电池；（b）太阳能电池屋顶

（5）太阳能电池遮阳：将太阳电池组件与遮阳构件相结合，可以形成多功能的构件，即可起到遮阳的作用，又可获得额外的电能，如图 8-15 所示。

图 8-15　太阳能电池遮阳

8.2.2　光伏板引发的新建筑理念

光伏板是一种新型建筑材料，与传统的建材如木材，钢铁一起为建筑设计提供了新的选择空间，能够为建筑师提供新的建筑理念，引发新的建筑思潮。通过与整栋建筑的一体化设计，光电系统可以改善建筑的外观，光电板外墙和屋顶可以给建筑带来强烈的视觉冲击（图 8-16），可以使设计更为新颖，可以有效地改善旧建筑的立面设计，使之充满现代感，可以大大增强建筑的视觉美感，为其市场价值带来有利的影响。

1. 光伏表皮的色彩

光伏建筑表皮的设计与光伏构件的色彩有着密不可分的联系。巧妙的色彩利用可以使原本平庸的设计变得丰富，也可以使精巧的造型锦上添花。在设计中可以通过不同的建筑表皮需求选择不同的颜色，既可以使用与建筑整体风格协调的光伏构件色彩，达到构件与整体的协调统一；也可以通过对比色，形成戏剧性反差，形成独具特色的建筑表皮。

设计中采用不同的光伏电池，建筑外观将会呈现不同的色彩和肌理。建筑中通常使用的主要是硅材料的太阳能电池。单晶硅太阳能电池的力学、光学和电学性能均匀一致，表面规则稳定，通常呈深色或黑色；多晶硅太阳能电池的力学、光学和电学性能不如单晶硅稳定，通常呈现蓝色，通过控制电池表面氮化硅反射膜的厚度可以调成绿色、黄色等色彩，具有良好的装饰效果；非晶硅电池转换效率较低，但启动照度要求低，在低光强下有相对较好的转换效率，一般呈现黑色。

2010 年太阳能十项全能竞赛斯图加特团队参赛作品在墙面上使用的多晶硅、单晶硅光伏组件，多晶硅彩色光伏电池片通过绿色和土黄色的棋盘式方阵组合，形成了特殊的纹理和图案，外观接近立面的垂直绿化，成为此次竞赛的一大亮点（图 8-17）。天津大学参赛作品的立面采用多晶硅光伏组件，采用蓝色的多晶硅和白色的衬底和边框，形成砖的纹理效果，与方案的徽派民居风格相协调，通过光伏的色彩和组合方式，实现传递地方文脉的技术体现（图 8-19）。

图 8-16 光伏板与建筑一体化在 SD 竞赛中的应用

(a) 蒙特利尔大学参赛作品；(b) 达姆斯塔特大学参赛作品；

(c) 柏林工业大学参赛作品；(d) 明尼苏达大学参赛作品

图 8-17 斯图加特太阳能电池板色彩设计

(a) 墙面用多晶硅彩色电池组件；(b) 屋顶用单晶硅电池组件

2. 光伏表皮的肌理

光伏表皮的肌理特征主要决定于电池的肌理、形状和电池不同的排列组合方式。2010 年太阳能十项全能竞赛中，弗罗里达大学参赛作品建筑的南立面采用 Solyndra 公司圆管形的薄膜光伏电池，通过背板的反射可以形成太阳辐射的 360°全方位吸收，每块光伏组件的峰瓦功率为 182Wp，共 12 块，合计 2.18kWp，该电池组件既可起到遮阳的效果，同时中间的空隙也可透过视线，并利用管状电池的通风降温以提高电池的发电效率，太阳能光伏与建筑表皮很好地融合在一起。

德国斯图加特大学参赛建筑的光伏设计方案，建筑立面采用多晶硅太阳能电池，根据立面的设计意图将光伏组件组成所需的颜色和图案，光伏组件的颜色和肌理不同，效率也不同，其参赛设计方案将不同颜色、肌理的光伏组件串联使用，总效率达 12%（图 8-18）。

格勒诺勃尔国立高等建筑学院参赛作品将建筑的屋顶架空层的东西立面安装单晶硅电池板，并且可以手动调节光电板的角度，这种做法既能最大化的吸收太阳能，又能为通风间层降温。

天津大学参赛作品的建筑立面光电板采用的多晶硅电池，通过电池不同的排列组合方式形成了特殊的砖的纹理，易于与建筑的风格相协调（图 8-19）。

图 8-18　斯图加特大学参赛作品

图 8-19　天津大学参赛作品

3. 光伏表皮的构造设计

太阳能光电板一般为多层结构，晶体硅电池是由单片的太阳能电池，通过不同的排列方式镶嵌在两层玻璃之间或玻璃与其他基层材料之中，多个电池经过加固、背向导线相接而形成光电板。非晶硅电池可以置于柔性的基层材料之上，因此可以加工成弯曲的形状。

光电板根据模板支撑条件的不同，可以分为显框光电板和隐框光电板。

显框光电板将单体电池通过串联或并联的方式焊接后封装在玻璃与其他基层材料之上，在背面安装接线盒和导线，四周采用铝合金和不锈钢组框，一般表面采用低铁钢化玻璃，有助于提高组件的意外抗打击能力，也易于与建筑整体风格协调。SD 竞赛中天津大学的显性封装形成了良好的砖的纹理。图 8-20 所示为法国格里诺博尔的光伏设计，屋顶侧向的光伏板通过调节角度，达到发电和通风设计于一体。

隐框光电板，面材表面无任何遮挡，也易于与建筑协调。德国柏林工业大学坡屋面采用单晶硅太阳能电池，光电板背板很薄，没有边框，与建筑外观易于协调（图 8-21）。

图 8-20　法国格里诺博尔屋顶光伏系统设计

图 8-21　德国柏林工业大学坡屋顶光伏表皮

8.2.3 发展前景

太阳能电池在建筑上的应用试验已展现出美好的前景，目前最大的困难是太阳能电池的成本还比较高，一时难以大面积推广。但是，随着技术的不断进步，生产规模的不断扩大，电池成本也将大幅度下降。据估计，到 2015 年，电池的峰瓦价格有可能降到 2 美元以下，届时光伏发电成本将与火力发电成本接近，前景相当看好。因此，21 世纪将是太阳能建筑节能综合体系大发展的时代，甚至预言到 21 世纪中叶，仅“屋顶能源”一项就可提供全世界 1/4 的电能。

鉴于太阳能住宅的推广和普及，不但可解决几十亿人口的住宅供电问题，而且还将大大降低能源的消耗和减轻环境污染，是一项非常有前途的可持续发展计划，各国都很重视。近年来，欧、美、日等发达国家均纷纷推出了“太阳屋规划”，其中比较突出的有美国在 1997 年 6 月宣布的“百万太阳屋顶计划”，目标是到 2010 年要在全国的住宅、学校。商业建筑和政府机关办公楼屋顶上安装 100 万套太阳能装置，光伏组件累计用量将达到 3025MW，每年可减少 CO_2 排放量 351 万吨，增加就业人数 7 万人。通过大规模应用将促使光伏组件成本下降、光伏发电价格将从 1997 年的 22 美分/度，降到 2010 年的 7.7 美分/度。其具体指标见表 8-2。“阳光行动计划（The Sunshot Initiative)”是美国能源部 2011 年开展的增加国内光伏投资和应用的项目之一，目的是将太阳能系统的总成本降低 75%。按照“阳光行动计划”，美国计划在 2030 年，使太阳能发电份额提高到国内电力供应的 14%，到 2050 年达到 30%。美国共有各类光伏组件生产企业 100 多家，2010 年光伏电池产量达到 1115MW，为同期中国产量的 10.2%。美国光伏电池产品主要应用于本国市场。在逆变器、组合器等光伏设备制造方面，美国竞争优势明显，拥有全球领先技术。

表 8-2 美国百万太阳屋顶计划的指标

年份	1997	1998	1999	2000	2005	2010
太阳能建筑物（座）	2000	8500	8500	23500	51000	101400
安装光电系统的总容量（MWp)	3.0	9.5	25.0	80.0	820.0	3025.0
安装成本（美元/W）	6.05	5.07	4.90	4.30	3.90	2.00
电价（美分/度）	22.0	19.3	16.9	14.8	10.6	7.7
年 CO_2 少排放量（千吨）	2	13	39	111	1037	3510
创造工作机会（千个）	300	1800	3800	11000	40000	71500

1998 年 9 月在欧洲“百万太阳能屋顶计划”的战略框架下，作为德国新能源计划的一部分，德国政府宣布从 1999 年 1 月起实施“十万太阳能屋顶计划”。这项计划的目标是到 2003 年底安装 10 万套光伏屋顶系统，总容量达 300～500MW，每个屋顶约 3～5kW。为了推动和保证光伏能源为核心内容的新能源计划的实施，作为 1991 年的“电力费返退法”的延续和拓展，德国政府颁布的“可再生能源法”于 2000 年 4 月 1 日正是生效。这部法律保证购买和使用光伏发电能源的居民和企业将得到 0.99 德国马克约（约 0.56 欧元）/kWh 的价格返还。而德国联邦经济技术部也为此“十万太阳能屋顶计划”提供了总共约 4.6 亿欧元

的财政预算。到 2006 年底，德国已拥有太阳能发电设备 30 万套，总安装容量 2.5GWp。2007 年，德国太阳能发电系统的发电量，比 2006 年增长了 60%，增速高于任何其他可再生能源。2007 年世界太阳能新装容量达 2.8 GWp，其中德国约占 47%。

我国从 1958 年开始研究光伏电池，1971 年中国首次成功地将太阳能电池应用于东方红二号卫星上，1973 年开始将太阳能电池用于地面，如航标灯、铁路信号系统、高山气象站的仪器用电等，功率一般在几瓦到几十瓦之间。“六五”和“七五”期间，国家开始对光伏应用示范工程给以支持，使光伏系统在工业特殊领域和农村的应用得到一定的发展，如微波中继站、部队通信系统、水闸和石油管道的阴极保护系统、小型户用系统等。

2002 年，国家计委启动了“西部省区无电乡通电计划”、“光明工程”、“ GEF/世行 REDP”、中荷合作“丝绸之路”等项目，使太阳能光伏发电系统在解决中国西部边远地区农牧民生活用电问题方面发挥了重要作用。但是总体来说，中国光伏市场发展缓慢，2001 年以前基本维持世界 1%的份额，2002—2003 年国家启动“送电下乡”工程，市场有所突增，2004、2005 年年安装量约 5MWp，分别为世界当年市场的 0.5%和 0.3%。截至 2011 年，中国的光伏系统累计安装容量 3610MW。2011 年我国光伏装机量 2700MW，但也仅为当年光伏电池生产量的 3.30%，可见我国光伏电池国内消化吸收能力十分薄弱。美德日三国从 2006 年至今光伏电池装机量一直保持较为平稳的增长，2011 年的累积装机量与前一年相比分别增长了 63.48%、43.30%、30.41%，且三国的 2011 年累积装机量分别为中国的 1.33 倍、8.02 倍、1.53 倍。

我国太阳能光伏产业国际竞争力较强但竞争优势不强，下一步发展的关键应是有效解决光伏制造业、技术和市场培育的关系。大力开发国内市场，扩大国内需求；提升自主创新能力，构建技术创新体系；完善配套基础设施，建立完整的产业政策扶持体系；合理布局光伏产业，实施产业规模化和纵向一体化战略。

思　考　题

8-1　光伏发电系统的原理是什么？由哪些部件组成？

8-2　光伏电池板的分类有哪些？

8-3　光伏板与建筑物相结合的形式有哪些？

第 9 章　太阳能建筑实例及方案

9.1　国外太阳能建筑实例

实例 1：HELIOTRO（如图 9-1～图 9-7 所示）

图 9-1　旋转太阳房 HELIOTRO

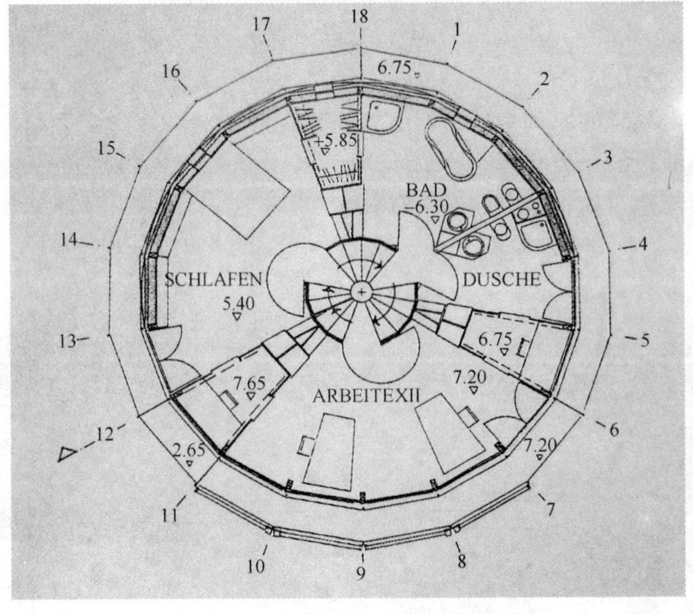

图 9-2　HELIOTRO 平面

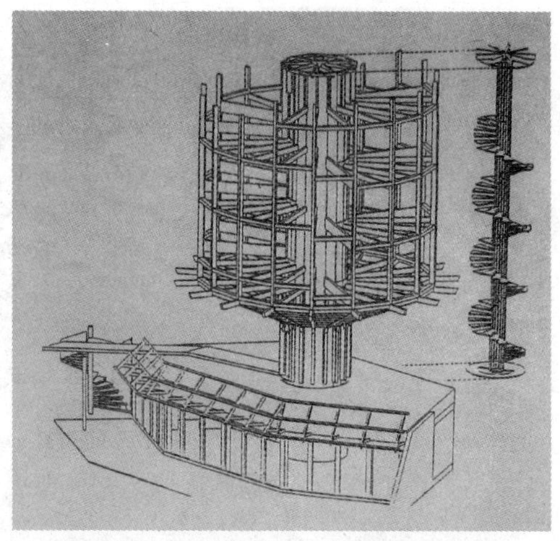

图 9-3　HELIOTRO 框架

(a)

(b)

图 9-4　底部可旋转齿轮及柱中组件

图 9-5　屋顶光伏光电板

图 9-6　栏杆上的集热管

图 9-7　室内环境

工程概况

建造地点：德国

建筑规模：285m^2

设计者：罗尔夫·迪施

罗尔夫·迪施通过他的建筑作品实践着他的设计理念，其中较完整体现他的设计理念的建筑应该是 1995 年的自宅及工作室（HELIOTROP）。

太阳能与生态技术

1. 太阳能自动跟踪系统
2. 太阳能被动式采暖系统
3. 太阳能热水集热器系统
4. 太阳能光伏发电系统

5. 中空保温玻璃窗

6. 雨水收集系统

7. 微生物分解技术

经济性分析

旋转太阳房设计建造的十分成功，年能耗为 25.3kW·h/m²，通常建筑室内年能耗 200kW·h/m²，远远低于法律规定新建住宅建筑室内年能 100kW·h/m²。

实例 2：弗莱堡施利尔伯格山麓的太阳能社区（图 9-8～图 9-10）

(a)

(b)

图 9-8　社区建筑变化丰富、风格统一

(a)

(b)

图 9-9　舒适的室内外环境

工程概况

建造地点：德国弗莱堡

建筑规模：58 栋住宅

设计者：罗尔夫·迪施

太阳能社区的住宅建筑采用模数化、标准化结构装配形式（ModularSystem）装配而成，并鼓励住户进行创造性的设计，整个太阳城的建筑外墙采用了多种颜色及包括金属和木材的多种外墙面材，各种颜色醒目而又和谐。

图 9-10　屋顶光电板

太阳能与生态技术

1. 太阳能真空集热器采暖系统
2. 太阳能光伏发电系统
3. 可控通风系统

经济性分析

由于住宅良好的保温性能，它所需的热能仅为传统住宅的 1/10，因此住宅室内能常年保持 15～20℃而不需要集中供暖或空调。光伏发电板生产的电并入市政公网，20 年内至少可以获得 0.42euro/(kW·h)的收益。

实例 3：雷根斯堡住宅（图 9-11～图 9-15）

工程概况

建造地点：雷根斯堡

设计者：托马斯·赫尔佐格

该住宅的基地被绿树环绕，而它的周围是一些建于 20 世纪 50 年代的多层建筑，地面标高低于街道水平面 2m，并有一条来自生物小区的小溪从中流过。为了与这些有生命力的自然环境形成对比，设计者设计了一栋结构简洁的住宅。无论是室内还是室外设计，都充分考虑了几何美学特征。

太阳能与生态技术

1. 直接受益式太阳房
2. 楼地板蓄热技术
3. 太阳能自然通风系统
4. 地下供暖系统

图 9-11　南立面

图 9-12　东立面

图 9-13　过渡空间

图 9-14　起居室

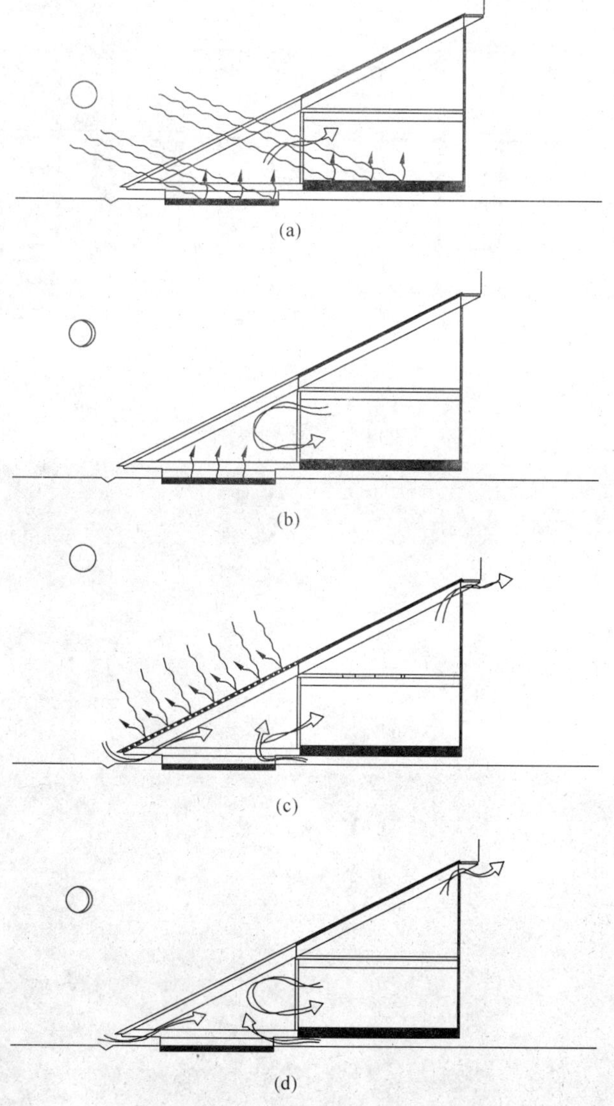

图 9-15　太阳能利用概念图

(a) 冬季　白天；(b) 冬季　晚上；(c) 夏季　白天；(d) 夏季　晚上

实例 4：慕尼黑住宅（图 9-16～图 9-21）

工程概况

建造地点：德国慕尼黑

设计者：托马斯·赫尔佐格

这个住房开发项目位于慕尼黑北部市内的一个狭长基地上。除了设计一个居所外，业主要求本建筑可以被适当分隔成一个工作室和一个独立的住宅。这样建筑的设计基于一种类型，轻盈而透明，并且便于安装太阳能设施。

太阳能与生态技术

1. 太阳能自然通风系统
2. 太阳能光伏发电系统
3. 真空管式太阳能热水器

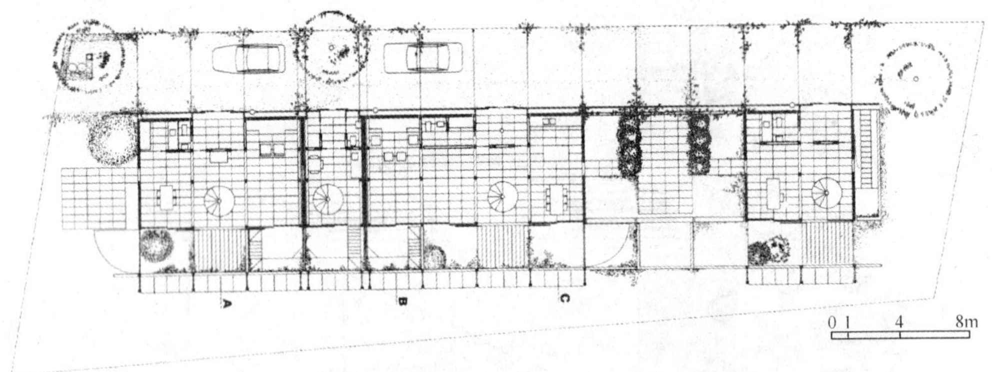

图 9-16　平面草图

图 9-17　南立面

图9-18　内外层表皮

图9-19　从北面看光电板

图9-20　过渡空间

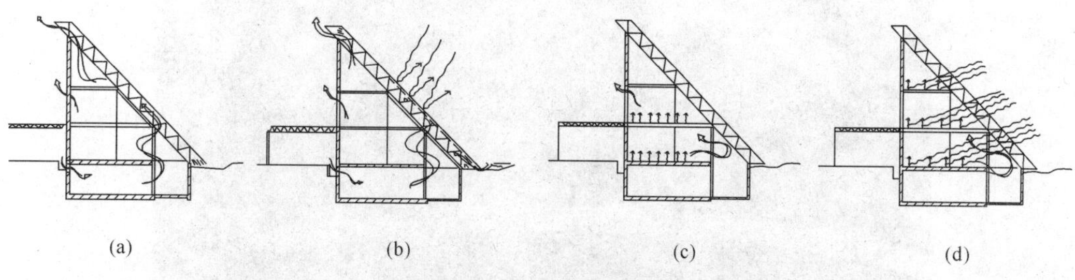

图9-21　能源利用概念图

(a) 春季；(b) 夏季；(c) 秋季；(d) 冬季

实例 5：戴姆勒·奔驰办公楼（图 9-22～图 9-27）

图 9-22　建筑外景

图 9-23　垂直遮阳板

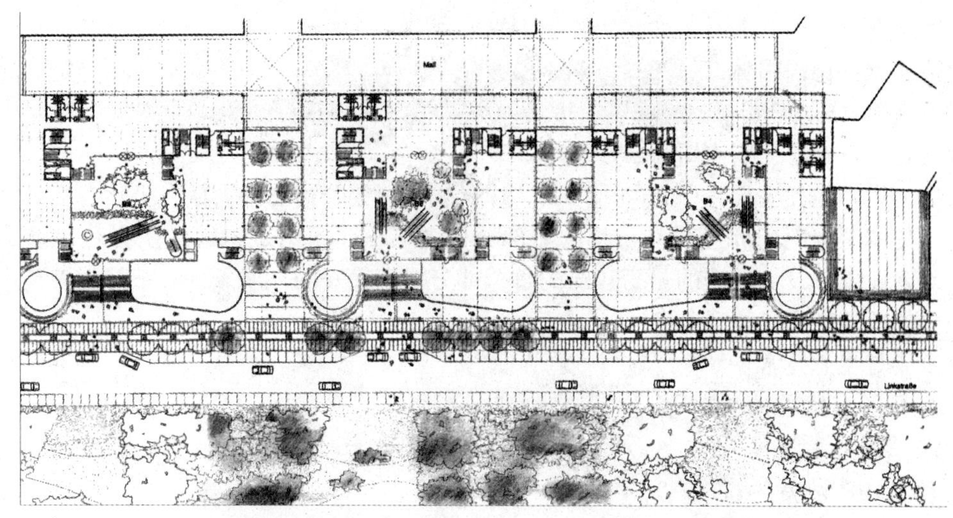

图 9-24　总平面图

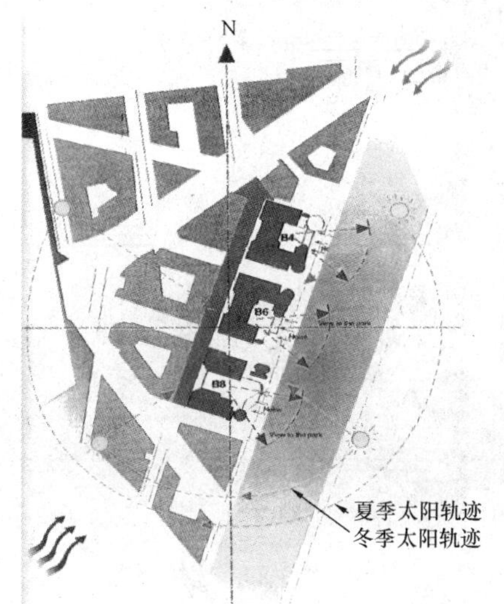

图 9-25　日照通风总体布局考虑

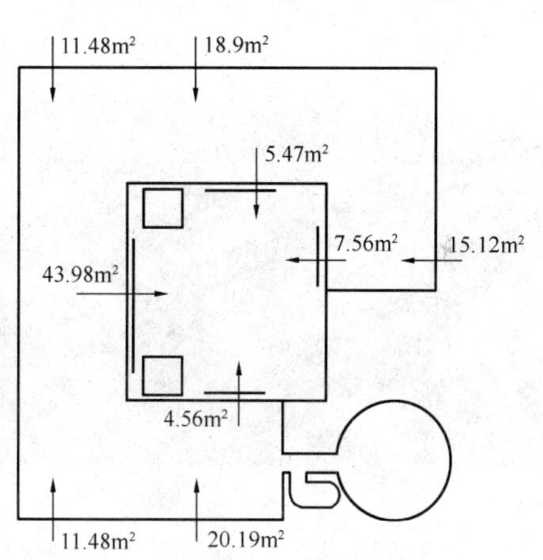

图 9-26　平面通风考虑

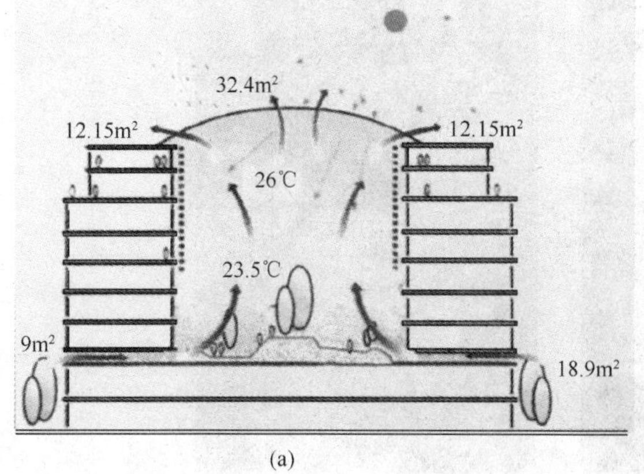

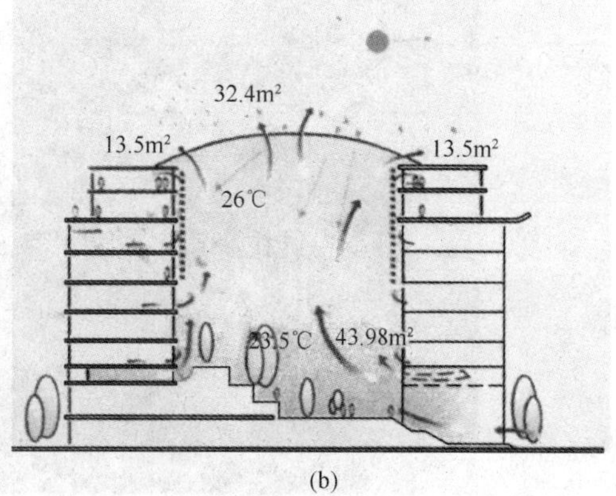

图 9-27　平面方体自然通风及温控分析

工程概况

建造地点：德国柏林

建筑规模：60000m^2

设计者：理查德·罗杰斯

戴姆勒·奔驰办公楼（Daimler Benz Offices）为奔驰公司总部大楼，坐落在柏林波茨坦广场上，是波茨坦广场周边开发工程的一部分，由三栋建筑组成，容纳了办公、商业、金融、公寓等设施。设计的目的是为建筑的每个部分提供最好的环境条件，很好地展现出在高密度城区的低能耗建筑技巧。

太阳能与生态技术

1. 太阳能自然通风系统
2. 自然采光系统
3. 钢结构集热蓄热系统
4. 电子遮阳系统

经济性分析

办公楼投入运营后的检测数据表明，这些办公楼比处在同样气候环境下的其他建筑的人工照明费用节省 35%，冷热能消耗降低 30%，CO_2 排放量减少 35%。

实例 6：英国贝丁顿零能耗发展项目（图 9-28～图 9-33）

图 9-28　规划平面

图 9-29　建筑外观

图 9-30　建筑侧面

图 9-31　风帽

图 9-32　建筑窗户

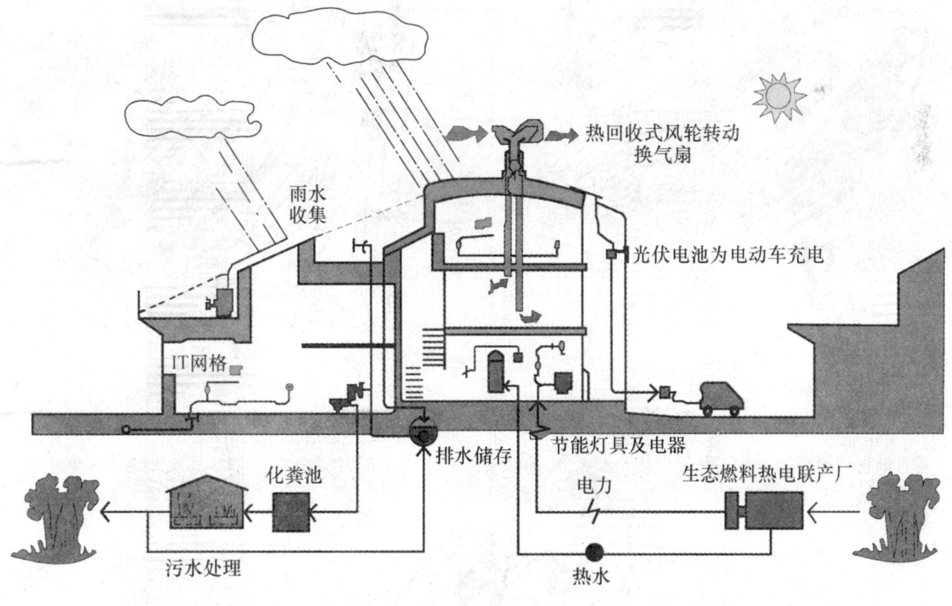

图 9-33　能源利用和通风分析

工程概况

建造地点：伦敦萨顿市

建筑规模：82 套公寓＋2500m^2

设计者：比尔·邓斯特

这个项目被誉为英国最具创新性的住宅项目，其理念是给居民提供环保的生活的同时并不牺牲现代生活的舒适性。其先进的可持续发展设计理念和环保技术的综合利用，使这个项目当之无愧地成为目前英国最先进的环保住宅小区。

太阳能与生态技术

1. 内充氩气三层玻璃窗
2. 太阳能自然通风系统
3. 污水处理系统
4. 雨水收集系统

经济性分析

根据入住第一年的监测数据，小区居民节约了采暖能耗的 88%，热水能耗的 57%，电力需求的 25%，用水的 50%。

实例 7：地球环境战略研究机关（图 9-34～图 9-37）

工程概况

建造地点：日本神奈川

建筑规模：7000m^2

设计单位：日建设计

该设施是对地球环境进行实践与战略性政策研究的地球环境战略研究机关（(IGES) 的总部研究设施。

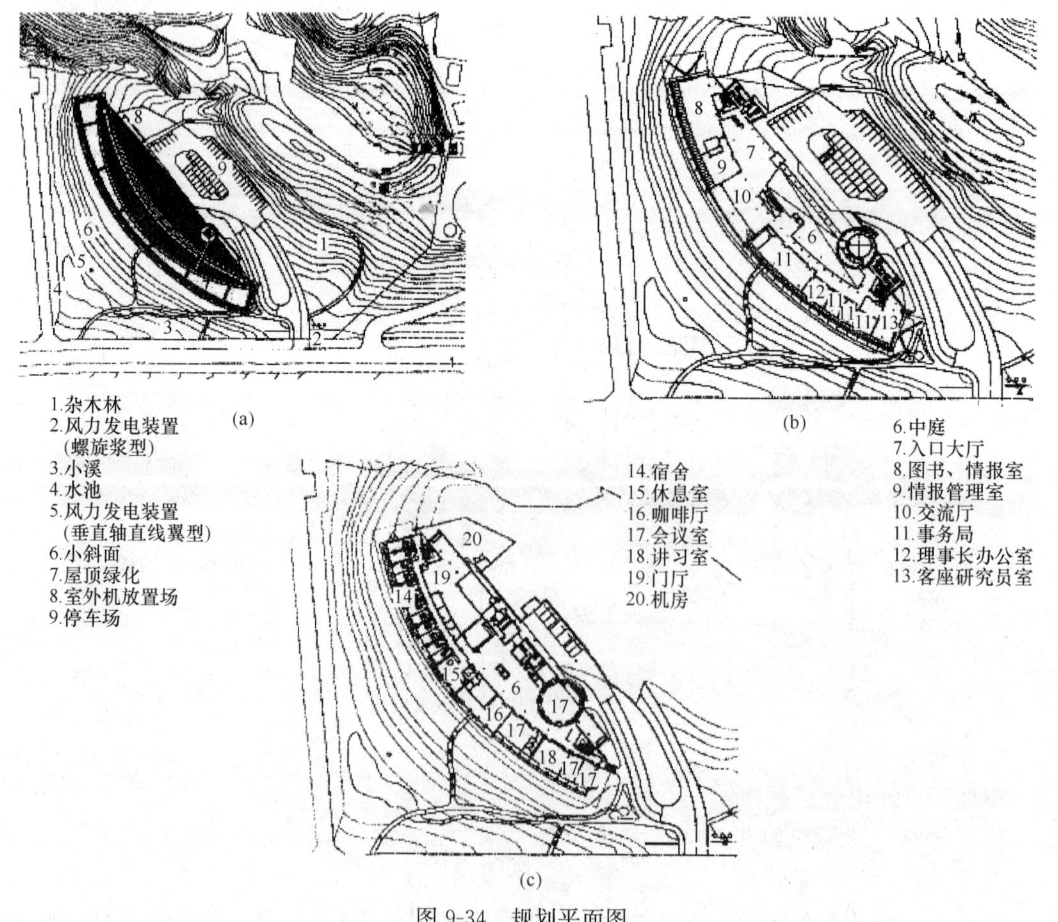

图 9-34　规划平面图

图 9-35　立面效果图

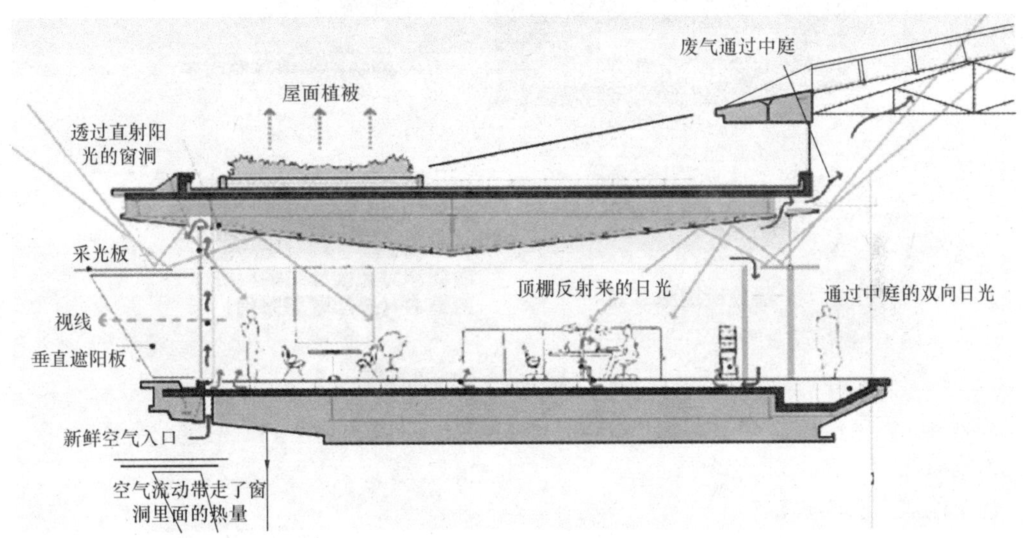

图 9-36　天然采光和自然通风

太阳能与生态技术

1. 太阳能集热设备提供采暖与降温
2. 太阳能光伏发电系统
3. 风力发电系统
4. 屋顶栽培技术
5. 地热利用隧道技术

经济性分析

通过这些自然能源的最佳运用系统，使该建筑的能源消耗量比过去同类的建筑节省约50%，CO_2 排放量降低。

太阳热/自己发电排热利用吸收式冷冻机

图 9-37　系统设备和绿色材料

实例 8：东京天然气公司总部办公楼（图 10-38～图 10-44 和彩图 3）

工程概况

建造地点：日本横滨

建筑规模：5600m²

设计者：Nikken Sekkei

东京天然气公司的总部办公楼位于横滨市。这一建筑的设计和建造表现了对提高能源使用效率的追求和公司保护环境的努力。

太阳能与生态技术

1. 太阳能光伏发电系统

2. 太阳能自然通风系统

3. 生态中庭

经济性分析

建筑的流线体型、光伏发电、生态中庭、自然采光和通风手段等措施使得这座建筑的能源消耗只需要日本标准的 77%。

图 9-38　办松楼效果图

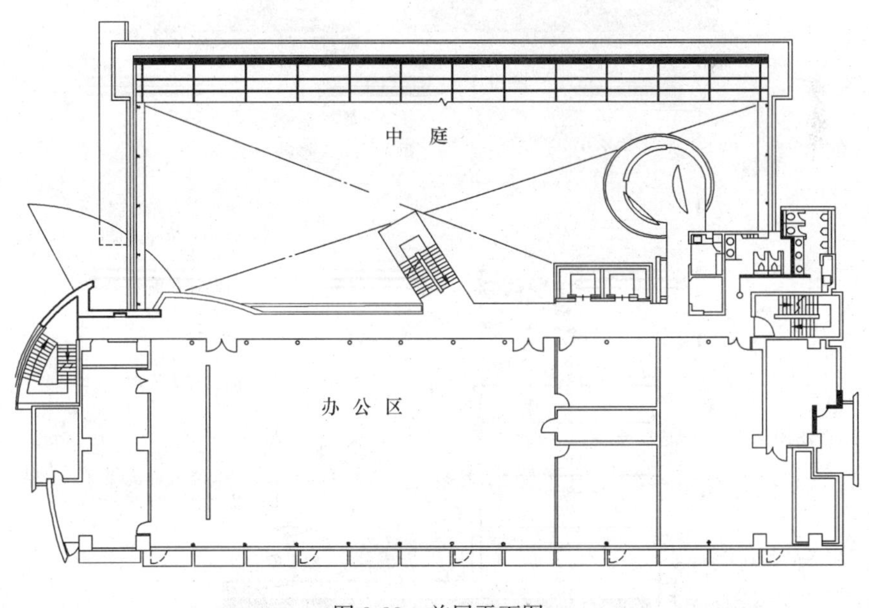

图 9-39　首层平面图

图 9-40　中庭内景

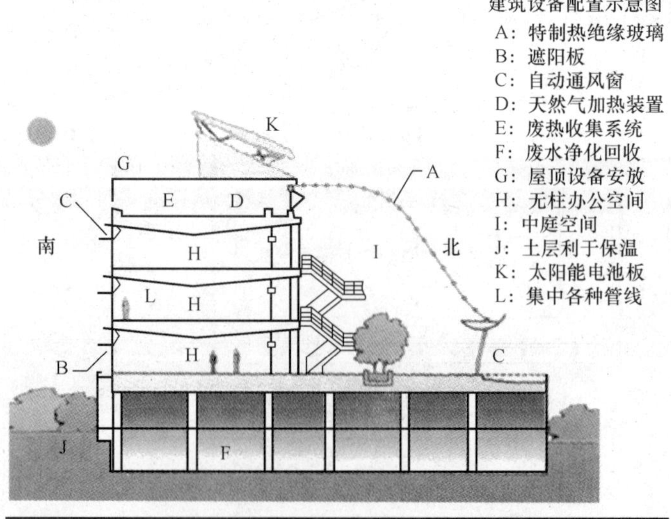

图 9-41　建筑设备配置图

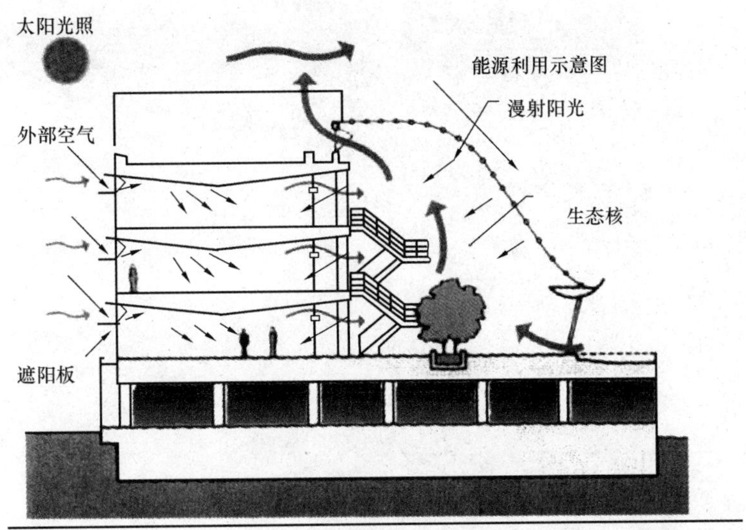

图 9-42　生态技术图解

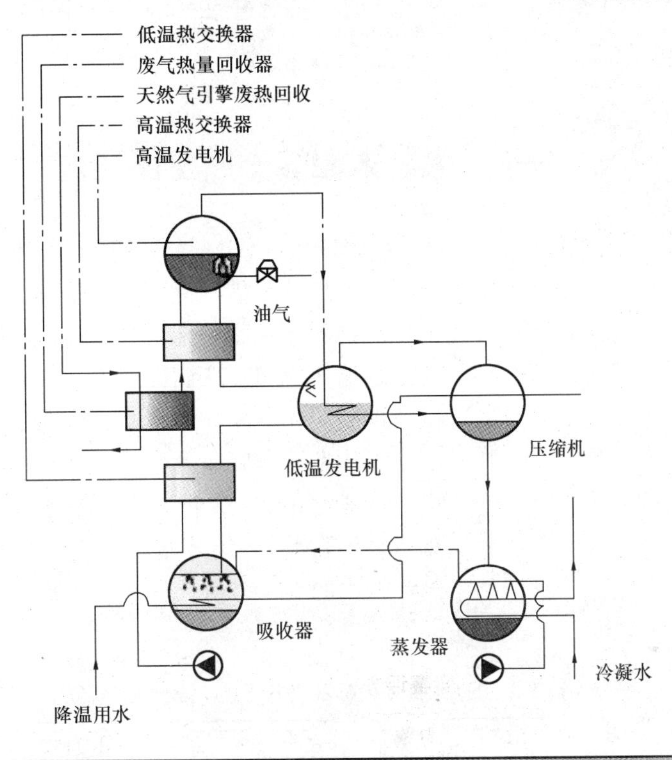

图 9-43　热量回收利用技术图解

图 9-44 南侧窗户局部

9.2 国际太阳能十项全能竞赛

国际太阳能十项全能竞赛（Solar Decathlon，SD）是由美国能源部发起并主办的，以全球高校为参赛单位的太阳能建筑科技竞赛。目的是借助世界顶尖研发、设计团队的技术与创意，将太阳能、节能与建筑设计以一体化的新方式紧密结合，设计、建造并运行一座功能完善、舒适、宜居、具有可持续性的太阳能居住空间，从而证明单纯依靠太阳能的住宅，一样可以是功能完善、舒适而且具有可持续性的居住空间。希望通过比赛加快太阳能界国际化的产学研融合与交流，推进相关技术的创新、发展和商业化。

和奥林匹克的十项全能比赛一样，该竞赛也有 10 个单项比赛（表 9-1），因此得名“十项全能”竞赛，被誉为太阳能界的奥运会。自 2002 年开始，已成功举办了六届，历届太阳能大赛吸引了来自美国、欧洲、中国等在内的 100 多所大学参加比赛，展示了世界最新能源技术成果。

表 9-1 SD 竞赛评分标准（共十项，总分 1000 分）

序号	评分项	分数	小项	分数	评分内容
一	建筑设计	100			图纸、建筑计划书、建筑模拟视频及最终建筑
二	市场吸引力	100			图纸、建筑计划书、建筑模拟视频及最终建筑的市场吸引力

续表

序号	评分项	分数	小项	分数	评分内容
三	工程	100			图纸、建筑计划书、能量分析讨论及结果，建筑工程的模拟视频，及最终的建筑
四	推广宣传	100			网站，视频模拟房间游览，现场的公众展示，公众展示材料
五	经济适用性	100			预算评估，通过图纸以及建筑计划书评估造价
六	舒适度	100	温度 湿度	75 25	摄氏22～24度 湿度小于60%
七	热水	100			10分钟内可放出15加仑平均温度在43摄氏度的水，每周放水16次
八	室内设施	100	冰箱	10	摄氏1～4度
			冷冻	10	摄氏零下29～15度
			洗衣机	20	竞赛周内8次成功洗干净衣服，每次洗衣量相当于6条浴巾
			干衣机	40	竞赛周内8次成功将洗好的衣服烘干，每次干衣量相当于6条浴巾
			洗碗机	20	竞赛周内5次成功洗碗，每次洗碗量相当于6套餐位餐具
九	家庭娱乐	100	照明	40	整个夜间所有室内外所有灯光按最大照明度点亮
			烹饪	20	竞赛周内成功完成4次烹饪，每次烹饪任务为2小时内蒸发掉5磅水
			晚餐聚会	10	举办两次邀请客人不多于8人的晚餐聚会，参赛队互评
			家用电子设备	25	在规定的时间内使用电视和电脑
			电影之夜	5	邀请邻居来看电影，使用家庭影院，参赛队互评
十	能量平衡	100			参赛周内生产能量至少要满足使用量
总分		1000	19个独立竞争项共包含515个评审团投票得分点和485个测评得分点		

该竞赛以建筑为载体，通过一栋60～80m^{2}太阳能住宅的设计及实地建设，将太阳能设计手法和技术措施完美的融入建筑中，要求参赛太阳能住宅应完全满足日常生活要求：确保电视、冰箱、烹调炊具、洗碗机、洗衣机和计算机等整套日常家用电器的使用。在竞赛考评期间（一周）内，组织方将切断所有的外界水电供应，要求太阳能住宅能够满足日常生活所需的能源消耗和温湿度环境。

实例1：2011年SD单项奖作品——山东建筑大学工业魔方（图9-45～图9-47）

图9-45　山东建筑大学工业魔方外观

图 9-46　屋顶单轴追踪光伏系统

图 9-47　灯光指控手机 APP

工程概况

建造地点：中国山西省大同市

建筑规模：$70m^2$

设计者：山东建筑大学学生

设计理念

工业魔方是一座以轻钢为主体结构，以木材进行饰面装修的太阳能小住宅，主要建材均可循环再生。由于建筑高度预制化，现场搭建速度快，场地施工污染小。整座建筑多处采用可变元素，可灵活适应不同的自然地理条件与业主需求。

太阳能与生态技术

1. FrameCAD轻钢体系外固定120mm厚聚氨酯夹心彩钢冷库板，其导热系数为0.192W/m²K，隔声效能为25dB。

2. 选用铝包实木窗，玻璃选用（4mm＋0.2V＋4mm）＋12A＋6mmLow-E，传热系数为0.772W/m²·K，气密性等级为6级。

3. 外窗均配置电动卷帘式外遮阳百叶，南立面的4樘窗采用了风、雨感应控制装置。

4. 引廊顶部设置真空管太阳能集热器，可为住户提供200L的生活热水，并在廊道形成丰富的光影效果。

5. 设置新风换气系统回收排风的余冷余热，通过收集太阳能光电板发电过程产生的热能，为热水和空调系统提供能源，同时为光电板系统降温，提高发电效率。

6. 屋顶的36块电池板采用单轴追踪系统，可通过人工调整支架控制太阳高度角，并可自动追踪太阳方位角；廊顶的8块电池板采用透明背板，可满足廊道的景观需要。

7. 屋檐下安装水雾喷淋系统，可以定时对外墙降温，并对室外环境增湿，特别适合大同地区夏季的干热气候。

8. 设置灯具智能控制系统。

经济适用性分析

FrameCAD轻钢体系允许建筑建造至3层的高度，故该建筑可根据实际需要进行竖向扩展。工业魔方将市场定位为偏远地区（如大同矿区）的工作生活空间，或旅游景点的休闲度假租住型酒店。虽然高科技产品的造价较高，但由于建筑完全零能耗，其使用费用并不昂贵，具有经济可行性。此外，该建筑高度开放的预制体系，使其能够在基本结构和外围护体系基础上，根据顾客的需求定制不同的建筑外墙饰面板、遮阳板、室内设施、可变家具和内装饰，从而满足不同目标人群的个性化需求。

实例2：2011年SD冠军作品——马里兰大学分水岭（图9-48～图9-58）

工程概况

建造地点：最初建在马里兰大学搬迁到美国马里兰州罗克维尔

建筑规模：60～80m²

设计者：马里兰大学学生

设计理念

“分水岭”的整体设计建立在反思建筑环境中的能源利用以及关注世界范围内的水资源消费的理念基础上。灵感来自切萨皮克湾流域的气候特点，分水岭的建筑设计由以下4项指导原则：

1. 水是一种宝贵的资源，应认真进行处理

2. 一个家庭应该作为一个微型生态系统

3. 一个可持续发展的房子都应该保护和生产资源

4. 合并最好的被动式和主动式能源战略是一栋建筑应对环境的最有效的方式

太阳能与生态技术

1. 分裂蝴蝶屋顶，非常适合捕捉阳光和利用雨水

2. 模块化的人工湿地，过滤雨水和灰水回用

3. 屋顶绿化，减缓雨水径流的景观，同时改善房子的能源效率

4. 最佳规模的光伏阵列，分水岭全年能收获来自太阳足够的能量
5. 可食用的景观，支持以社区为基础的农业
6. 一个液体除湿瀑布的室内水景的形式，提供高效率的湿度控制
7. 太阳能光热阵列，提供足够的能量，以满足室内所有的热水需求
8. 高效的，具有成本效益，坚固耐用，经得起时间考验的结构体系

图 9-48　马里兰大学分水岭外观

图 9-49　蝶式屋顶引导雨水流入入口两侧的湿地

图 9-50　水管将雨水从屋顶引到水池，存储用于灌溉

图 9-51　住宅周边易于存活并保留当地特色的植物绿化

图 9-52　外墙可食用种植花园的储肥箱

图 9-53　洗澡、洗衣水和其他清洗废水经湿地被循环

图 9-54　循环后的废水被再利用于灌溉或其他非食用水

图 9-55　墙体中的液态干燥剂水幕

图 9-56　高效节能的厨具

图 9-57　可移动家具

图 9-58　分水岭背面的太阳能加热板

经济适用性分析

马里兰的学生有意设计高效适合年轻人和在巴蒂摩尔、华盛顿特区工作的夫妇。尽管前期投资稍高于其他住宅，但长期节能效果加上其他住宅增长的设备花费使“分水岭”是个高效节能、经济适用、可持续发展的房屋。

实例 3：2011 年 SD 亚军作品——INhome/入时家园（图 9-59～图 9-65）

图 9-59　入时家园外观

工程概况

建造地点：2011SD 竞赛场地

建筑规模：60～80m²

竣工时间：2011 年

设计者：普渡大学学生

设计理念

高效、实用、必不可少

太阳能与生态技术

1. 舒适系统（图 9-60）：

① 生态墙

② 美国特灵空气处理单元

③ 美国特灵能量回收机

④ 美国特灵热泵

2. 空气净化系统（图 9-61）：

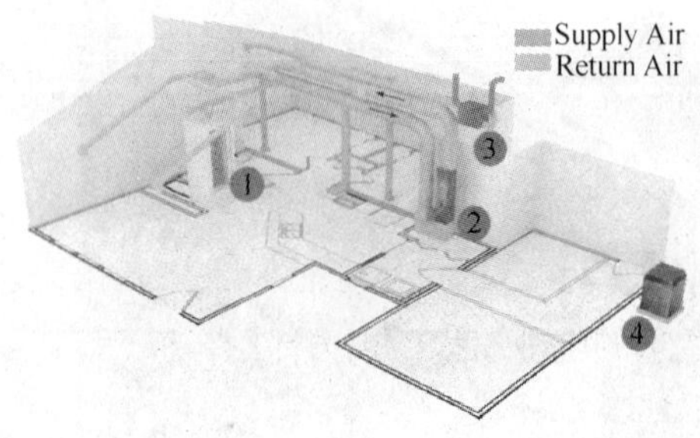

图 9-60　INhome 舒适系统

图 9-61　空气净化系统

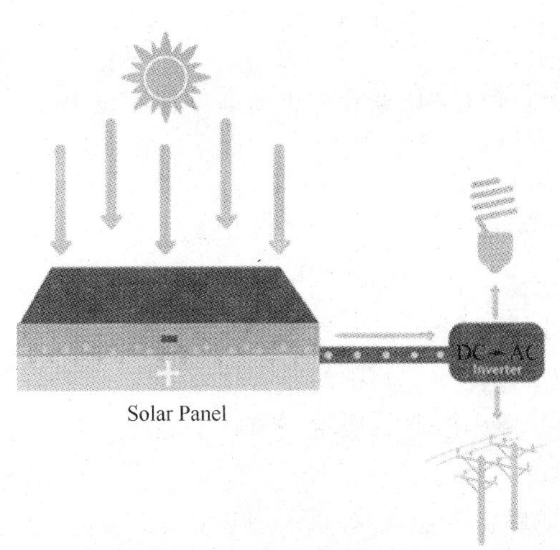

图 9-62　太阳能光伏系统

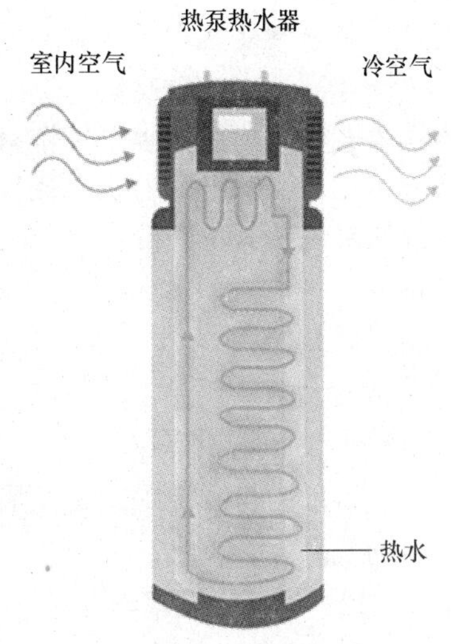

图 9-63　热泵热水器

图 9-64　中央控制系统

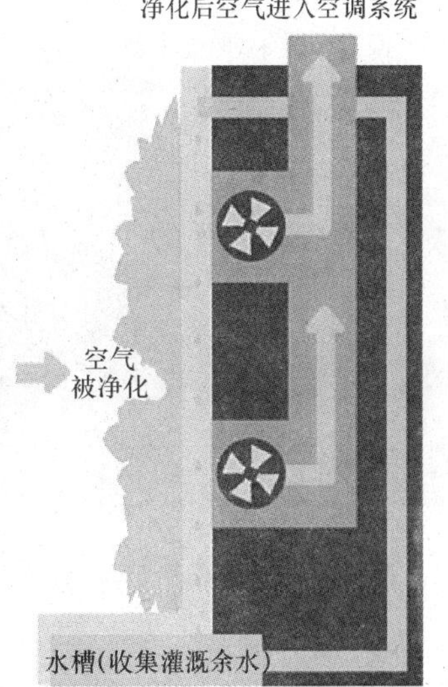

图 9-65　生态墙

为了保证最佳的室内空气质量，用多重空气净化系统去除空中的悬浮颗粒、过敏原以及其他污染物。能量回收机在必要时为房屋提供新鲜的空气。另外，能量回收机减少了高压交流电热泵在调节室内温度时使用的能量。

3. 太阳能（图 9-62）：

入时家园由 9 千瓦的太阳能光伏系统供电。这一系统每年产生的电力与入时家园的消耗相当，从而达到零能耗的效果。产电量高时，可将过量的电力销售给电力部门。

4. 高效的设备（图 9-63）：

在整座别墅中，高效的设备给房主以现代的舒适感。例如，热泵热水器利用周围的环境空气来提供热水，其能耗小于普通热水器。

5．自动化技术（图 9-64）：

利用先进的中央控制系统，任何智能手机都可以在远处安全地进行开关门锁、更改温度设定、开关电灯与监视电能消耗等操作。可联网的触控软件除了控制室内恒温，还可以提供即时的天气情况以及其他功能。

作品特色：

生态墙（图 9-65）：

入时家园最大的特色在于生态墙。生态墙是一个室内空气过滤系统，它利用种植在垂直墙体中的植物去除可能积聚在如同入时家园这样密闭空间中的有害化学物质。该墙体几乎不需维护，甚至可以为自身浇水。生态墙提高了室内的空气质量，节省了能源，并为室内环境带来了自然的气息。

实例 4：2009 年 SD 冠军作品——达姆斯塔特工业大学（图 9-66～图 9-69）

图 9-66　达姆斯塔特工业大学作品外观

图 9-67　太阳能表皮

工程概况

建造地点：美国华盛顿

建筑规模：60～80m^2

竣工时间：2009 年

设计者：德国达姆斯塔特工业大学学生

设计理念

该建筑强调用最大的建筑外形尺寸来生产盈余的能量，在每个可用的表层上安装太阳能光电板，并用新的技术挑战极限。

太阳能与生态技术

1．太阳能电池板

2．预制的真空绝热架构面板

图 9-68　室内空间

图 9-69　墙壁（石蜡）

3. 墙壁（石蜡）和天花板（盐水化合物）都用了相变材料

4. 自动化的百叶窗

5. 热水器与热泵系统连为一体，系统为住宅提供家用热水及采暖和降温

表皮的可持续性

德国队从“集中于表皮”入手，创作了一个 2 层的方盒子房屋。表面覆盖有太阳能电池：屋顶有用 40 个单晶硅面板制成一个 11.1kW 的光电系统，在侧面大约 250 块铜铟硒化镓薄膜，可以生产房屋所需的多一倍的能源。铜铟硒化镓组件比单晶硅的效率稍低，但在阴天会表现的更好些。表皮高度的隔热性能、定制的真空绝热板加上干式墙里的相变材料使室内保持舒适的温度。自动化百叶窗隔离了不需要的太阳辐射热。

住宅的亮点

住宅特别之处在于，房屋设计最大量的使用太阳能电池产品，并使用与国家广场上的电业输电网相连接的净计量。房屋的最终结果是一个两层的、屋顶和侧面覆盖有太阳能电池板的方盒子造型，内部是单一的多功能居住空间。团队把房屋描述为太阳能的美学设计，室内有一张床和其他家具及一些可折叠的或多重用途的家用电器。

9.3　国内太阳能建筑实例

实例 1：清华大学超低能耗示范楼（图 9-70～图 9-85）

工程概况

建造地点：北京市

建筑规模：3000m^2

设计单位：清华大学

旨在通过其体现奥运建筑的“高科技”“绿色”“人性化”同时，超低能耗楼是国家“绿色建筑关键技术”项目研究的技术集成平台，用于展示和实验各种低能耗、生态化、人性化的建筑形式及先进的技术产品，并在此基础上陆续开展建筑技术科学领域的基础与应用性研究，示范并推广系列的节能、生态、智能技术在公共建筑和住宅上的应用。

图 9-70　建筑效果图

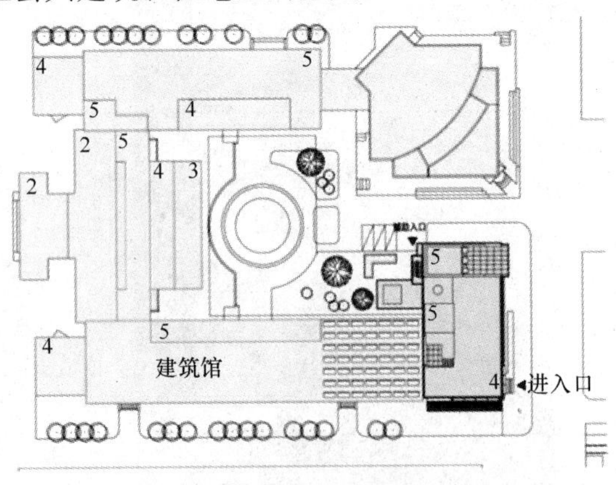

图 9-71

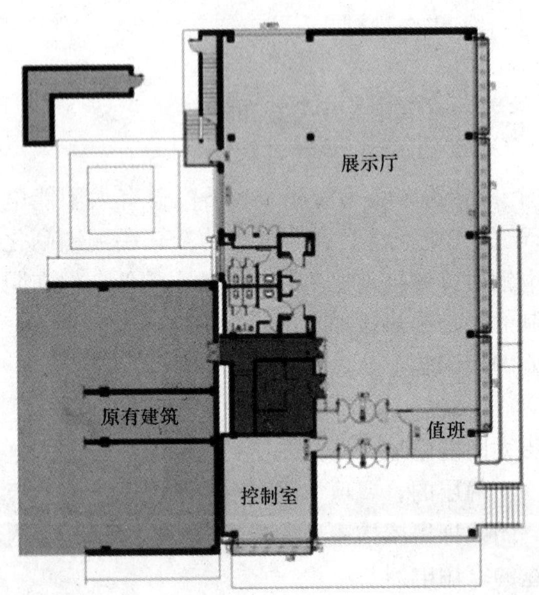

图 9-72　首层平面

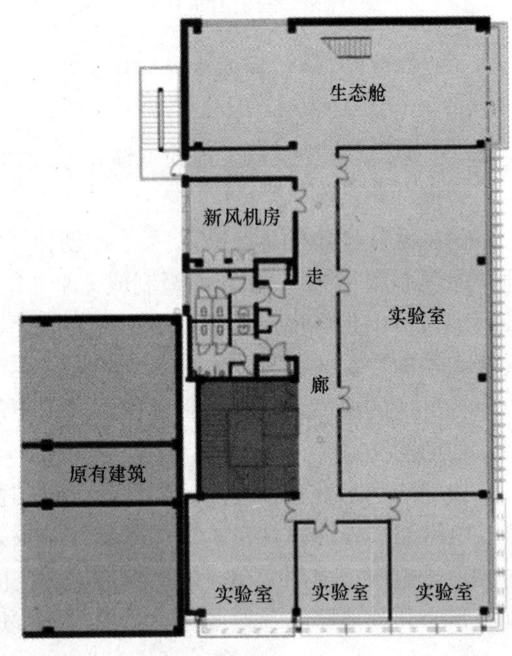

图 9-73　四层平面

太阳能与生态技术

1. 驱动溶液除湿系统
2. 太阳能热发电系统
3. 太阳能光伏发电系统
4. 太阳光照明系统
5. 自然通风技术
6. 景观型湿地技术

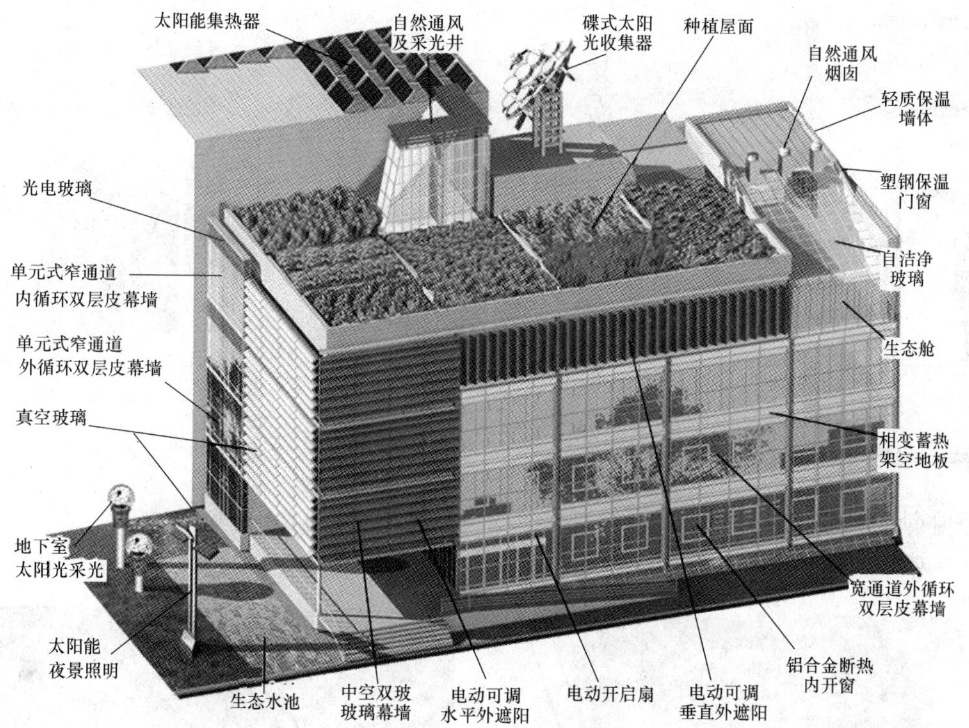
太阳能集热器
自然通风
及采光井
碟式太阳
光收集器
种植屋面
自然通风
烟囱
轻质保温
墙体
光电玻璃
塑钢保温
门窗
自洁净
玻璃
单元式窄通道
内循环双层皮幕墙
生态舱
单元式窄通道
外循环双层皮幕墙
真空玻璃
相变蓄热
架空地板
地下室
太阳光采光
宽通道外循环
双层皮幕墙
太阳能
夜景照明
铝合金断热
内开窗
生态水池
中空双玻
玻璃幕墙
电动可调
水平外遮阳
电动开启扇
电动可调
垂直外遮阳

图 9-74　生态技术图解

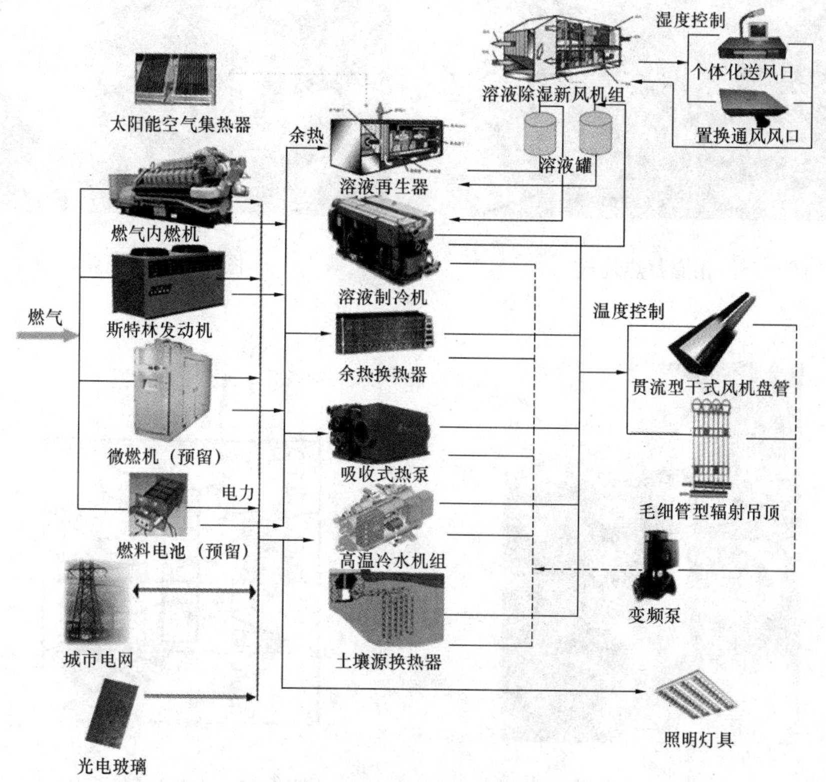
湿度控制
个体化送风口
溶液除湿新风机组
太阳能空气集热器
置换通风风口
余热
溶液罐
溶液再生器
燃气内燃机
溶液制冷机
温度控制
燃气
斯特林发动机
余热换热器
贯流型干式风机盘管
微燃机（预留）
吸收式热泵
电力
毛细管型辐射吊顶
燃料电池（预留）
高温冷水机组
变频泵
城市电网
土壤源换热器
照明灯具
光电玻璃

图 9-75　能源系统

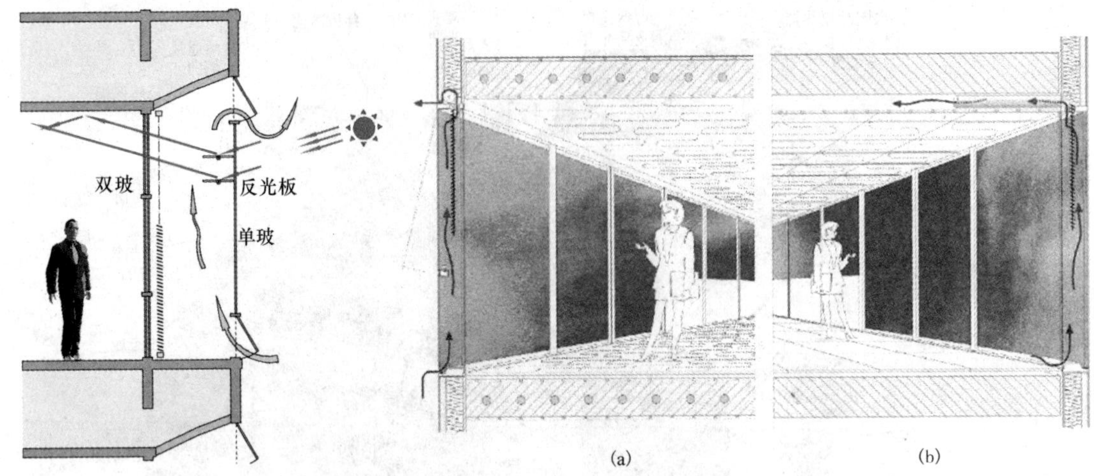

图 9-76　宽通道外循环双层皮幕墙示意图

图 9-77　窄通道双层皮幕墙示意图
(a) 外循环；(b) 内循环

图 9-78　相变蓄热地板

图 9-79　生态舱屋顶

图 9-80　辐射网格布置方式

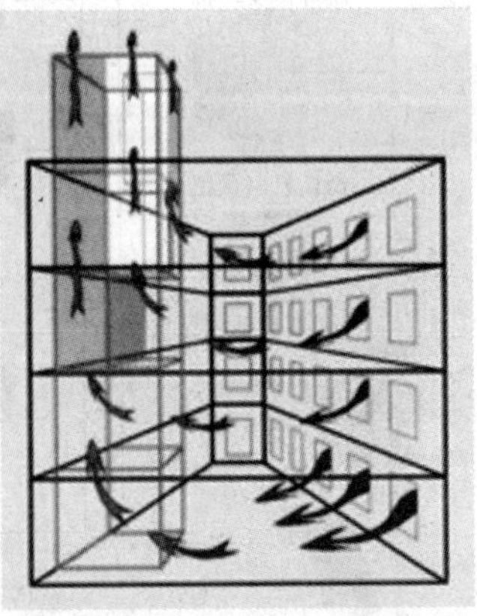

图 9-81　自然通风示意图

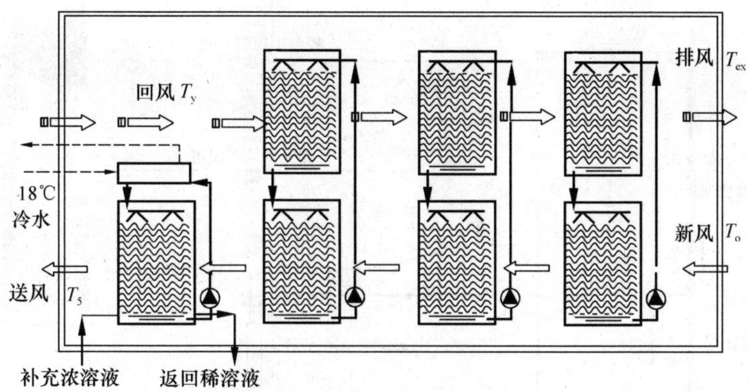

图 9-82　溶液除湿新风机组流程

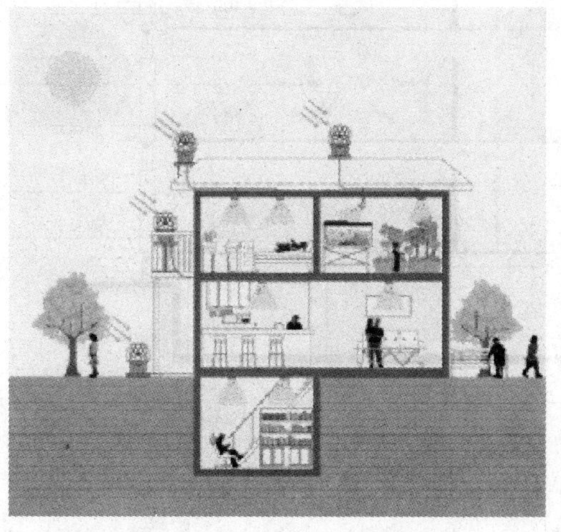

图 9-83　太阳光采光系统示意图

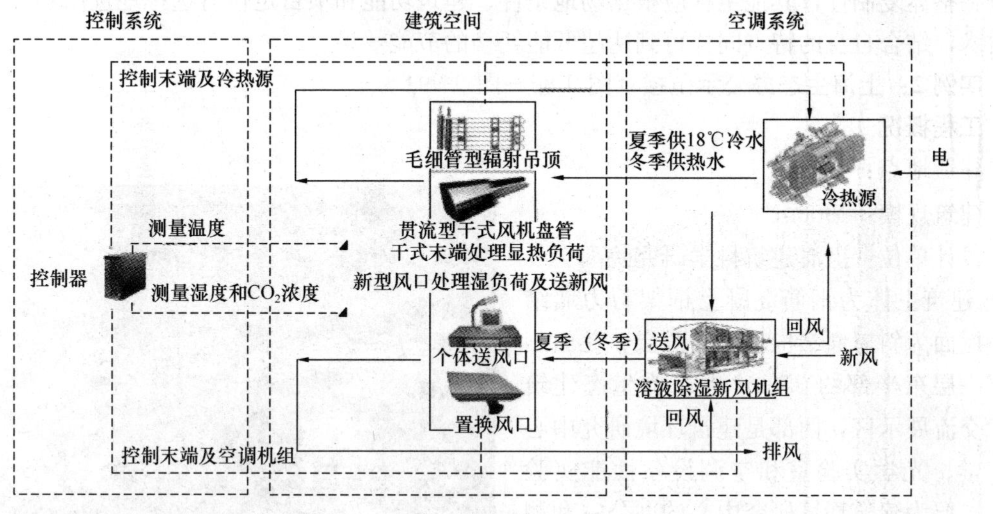

图 9-84　主动式环控系统

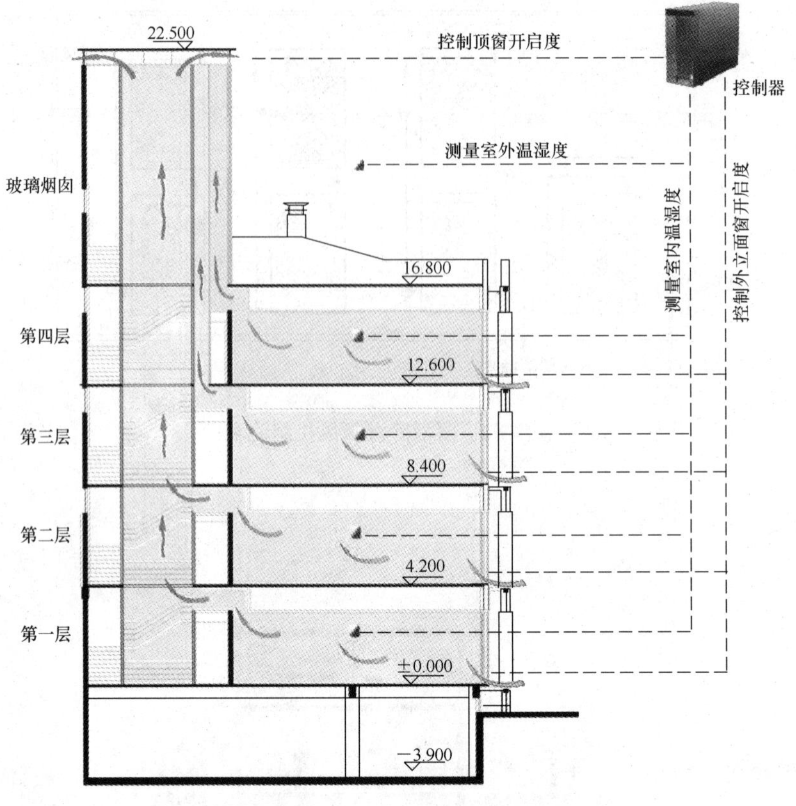

图 9-85　被动式环控系统

7. 种植屋面技术

经济性分析

超低能耗楼建筑安装成本约为 8000 元左右，从技术经济的角度来看，超低能耗楼本身不具备整体复制性，其他工程应根据场地条件、建筑功能和项目定位有选择地选用其中的部分技术，结合自身的特点同样可到达超低能耗楼的节能效果。

实例 2：上海生态办公示范楼（图 9-86～图 9-99）

工程概况

建造地点：上海市

建筑规模：1900m^2

设计单位：上海建筑科学研究院

建筑主体为钢筋混凝上框架剪力墙结构，屋面为斜屋面结构。南面两层、北面三层。一层东半部约 350m^2 大厅为生态建筑技术交流展示区，西部是建筑环境研究中心的声学、光学实验室和空调设备性能实验室；二层为建筑环境研究中心的办公室和测试室；三层为建筑环境研究中心的微生物实验室和室内环境模拟实验室。

图 9-86　办公楼外观

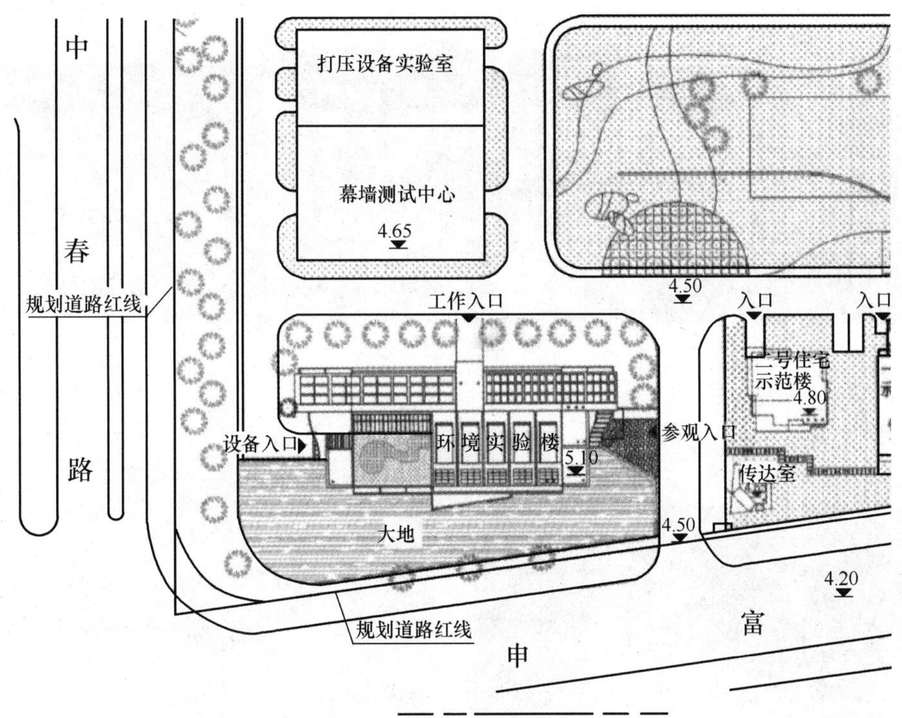

图 9-87　总平面图

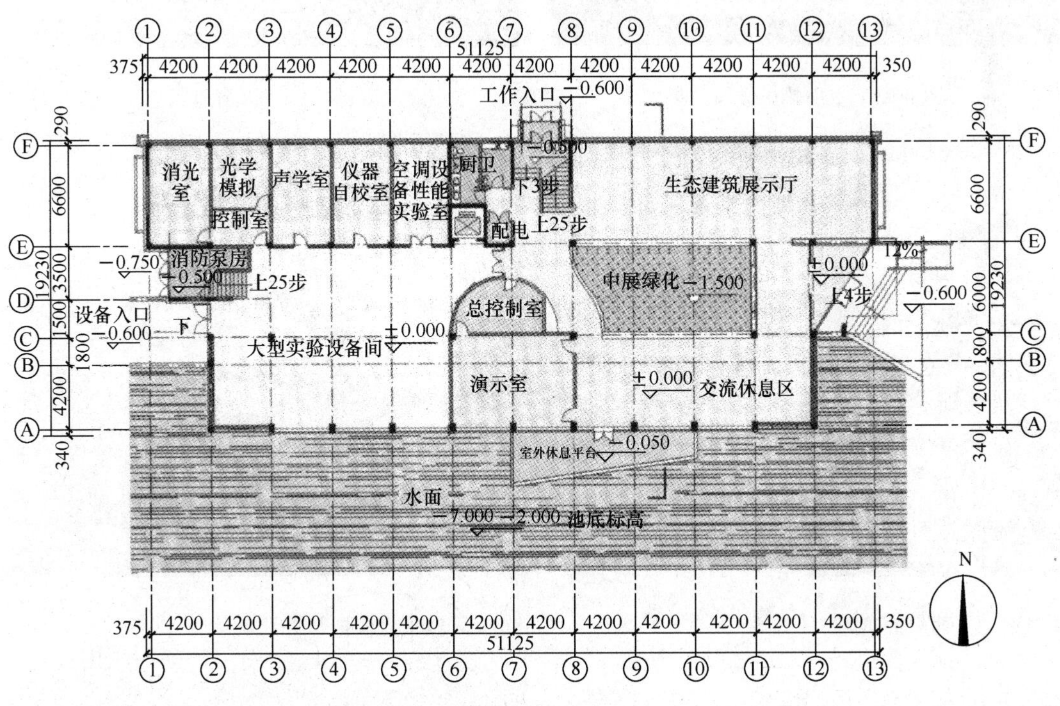

图 9-88　标准层平面

图 9-89　中庭绿化

图 9-90　休憩空间

图 9-91　建筑模型风洞实验

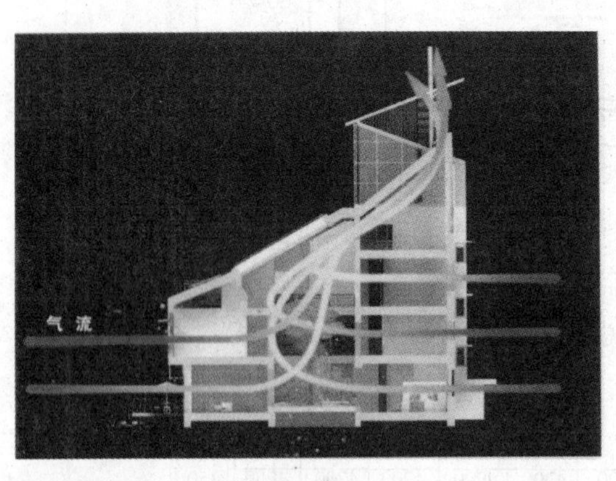

图 9-92　室内热压拔风效果

图 9-93　天窗遮阳

图 9-94　西立面遮阳

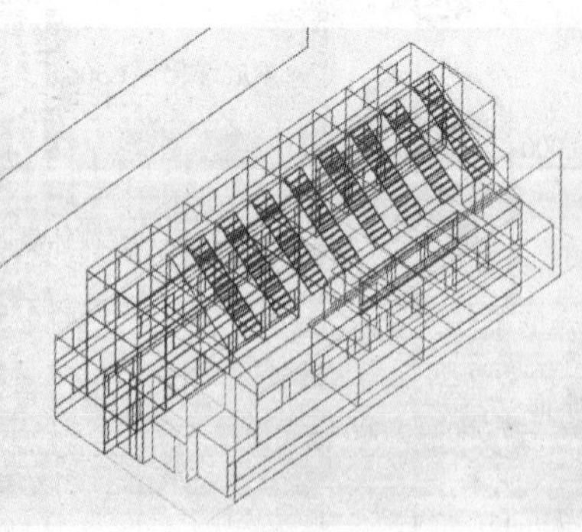

图 9-95　天然采光模拟及采光效果

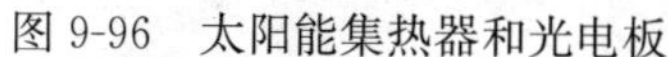

图 9-96　太阳能集热器和光电板

图 9-97　景观水体

(a)

(b)

图 9-98　生态楼绿化实景

(a) 屋顶绿化；(b) 中庭绿化

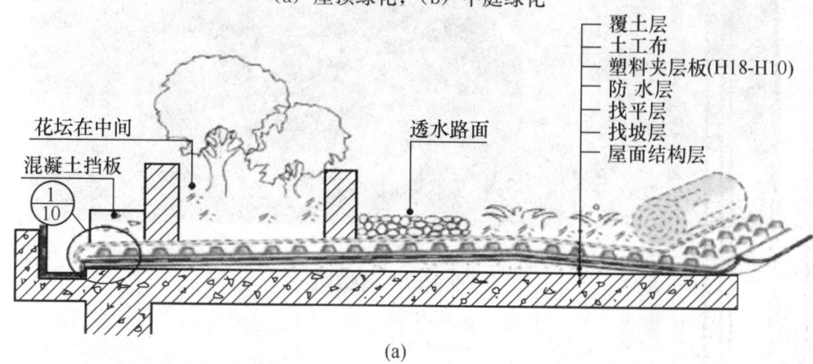

(a)

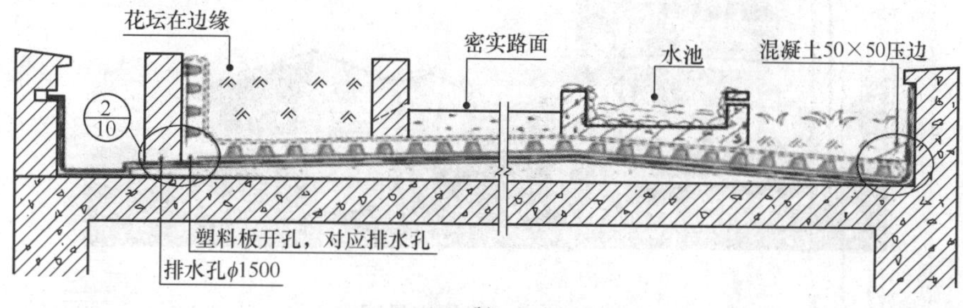

(b)

图 9-99　屋顶绿化构造

(a) 综合构造一；(b) 综合构造二

太阳能与生态技术

1. 太阳能空调和地板采暖系统
2. 太阳能光伏发电技术
3. 自然通风和采光系统
4. 多种遮阳系统
5. 雨污水回用技术
6. 生态绿化配置技术
7. 景观水域生态保持和修复系统
8. 再生骨料混凝土技术

经济性分析

通过分析评价，其经济性是可行的。在建筑物全寿命使用过程中，给使用者带来的直接经济效益是建造初期成本增加投入的133%（资金使用动态计算结果）。此数值还未将生态建筑给使用者提供舒适健康的环境，降低废气物的排放和维护保养成本的降低给使用者带来的诸多利益计算进来。

实例3：上海生态住宅示范楼（图9-100～图9-115）

图9-100　鸟瞰图

图9-101　建筑实景图

图9-102　铝合金百叶

图9-103　天窗遮阳帘

图9-104　可伸缩遮阳篷

图9-105　毛细管辐射末端

图9-106　太阳能光电板

图9-107　太阳能草坪灯

图 9-108　阳台太阳能集热器

图 9-109　屋檐太阳能集热器

图 9-110　风力发电

图 9-111　相变储能罐

图 9-112　木结构加层

图 9-113　屋顶绿化

图 9-114　窗台绿化

图 9-115　垂直绿化

工程概况

建造地点：上海市

建筑规模：238m²

设计单位：上海建筑科学研究院

上海生态住宅示范楼位于上海市建筑科学研究院莘庄科技发展园区内。示范楼东侧，由一幢代表联排小住宅之一个单元（一户）的“零能耗”独立住宅和一幢代表多层公寓的低能耗生态多层公寓组成。

太阳能与生态技术

超低能耗维护结构

高效智能遮阳系统

地源热泵空调系统

太阳能光伏发电系统

太阳能集热器与建筑一体化

风力发电系统

空气能热泵热水系统

经济性分析

住宅竣工运行一段时间后，分别应用美国 LEED-H，英国 Eco-home 和我国《绿色建筑评价标准》（GB/T 50378—2006）对生态住宅示范楼的生态性能进行自评估。结果表明，生态独立住宅的等级都达到了优秀级，说明所采用的生态技术目前在国内外处于领先的水平；生态多层公寓的等级都达到了良好级，说明采用的生态技术先进、实用；实现了整体设计的预期目标。

实例 4：山东建筑大学生态学生公寓（图 9-116～图 9-133）

工程概况

建造地点：山东济南

建筑规模：2300m²

竣工时间：2004 年

设计单位：山东建筑大学

图 9-116　生态公寓建成实景

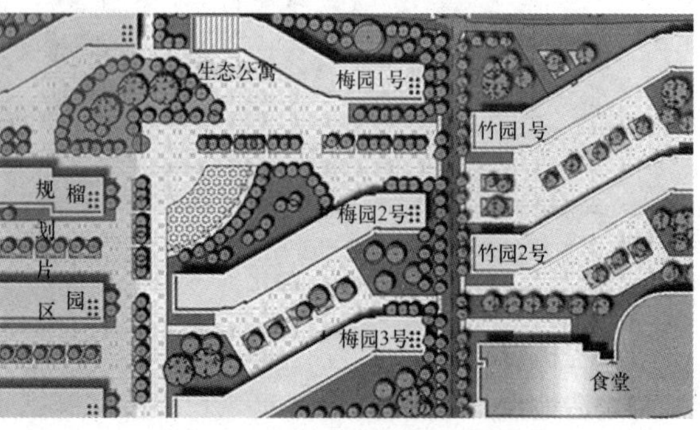

图 9-117　规划平面图

生态学生公寓位于山东省济南市山东建筑大学新校区内，建筑面积 2300m²，六层楼房，应用的太阳能采暖技术是综合式的，由被动的直接受益窗采暖、主动的太阳墙新风采暖组合而成，是山东建筑大学与加拿大国际可持续发展中心（ICSC）合作的试验项目，旨在进行生态建筑的课题研究，实现环境的可持续发展。

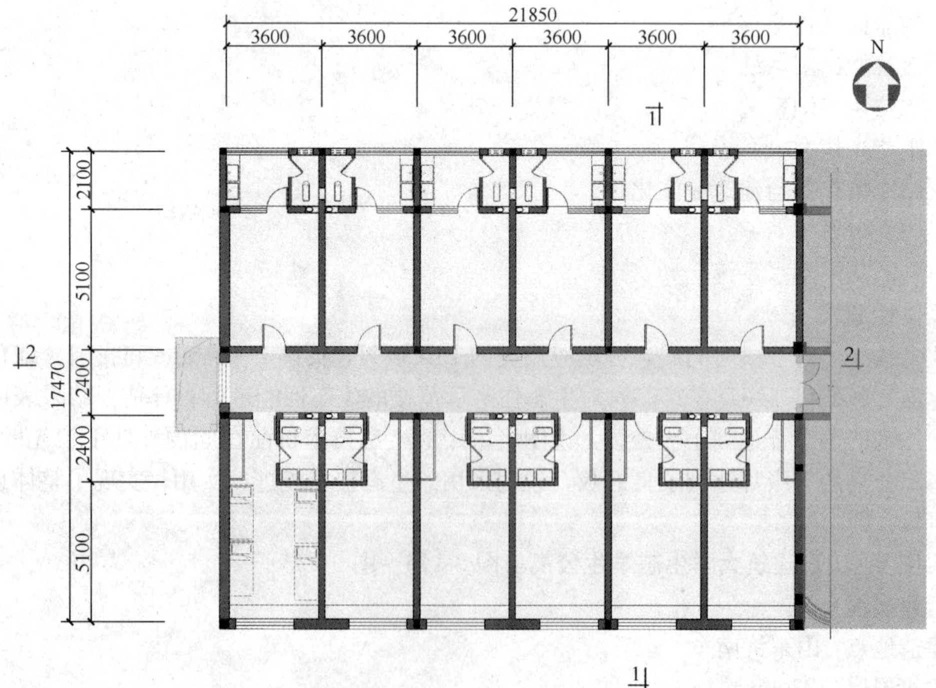

图 9-118　生态公寓标准层平面

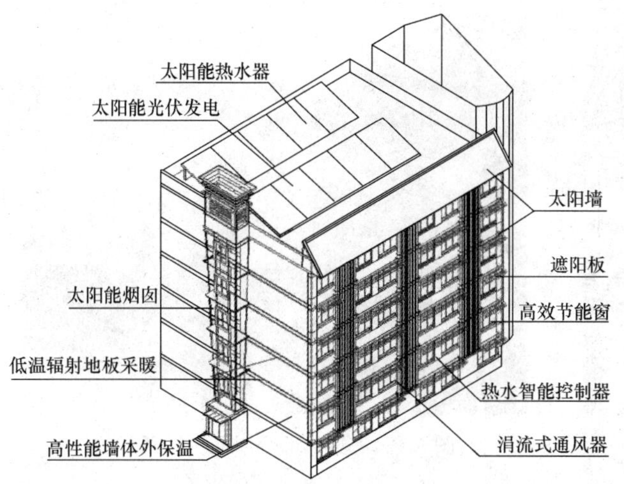

图 9-119　生态公寓综合技术示意图

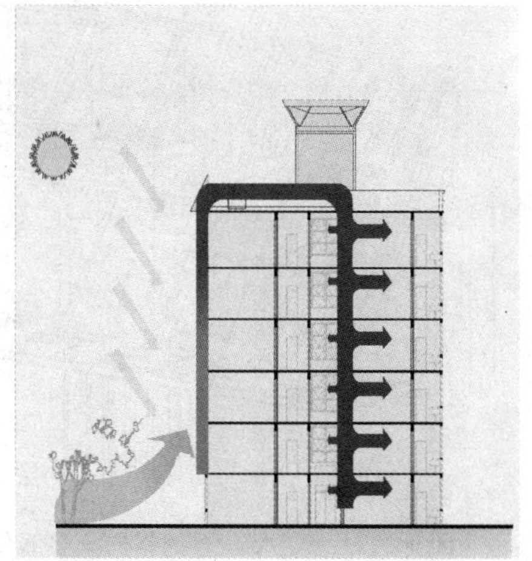

图 9-120　太阳墙通风供暖示意

图 9-121　太阳墙外景

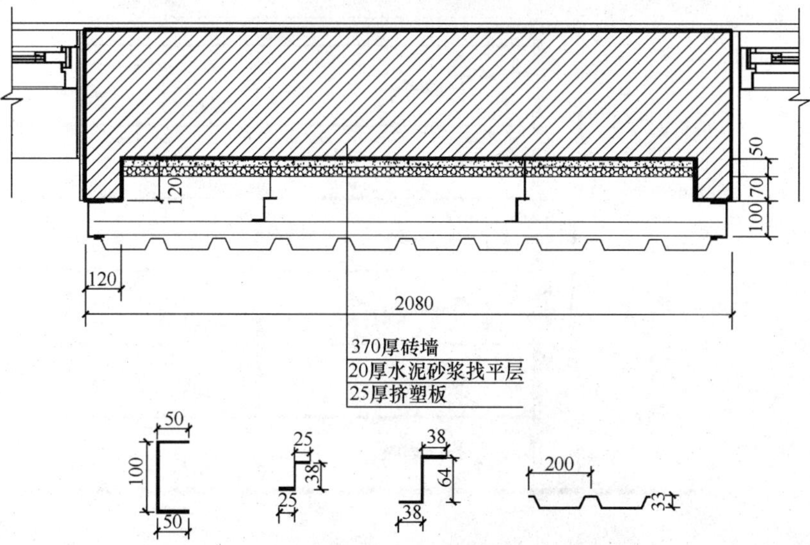

图 9-122　窗间墙处太阳墙板安装节点详图

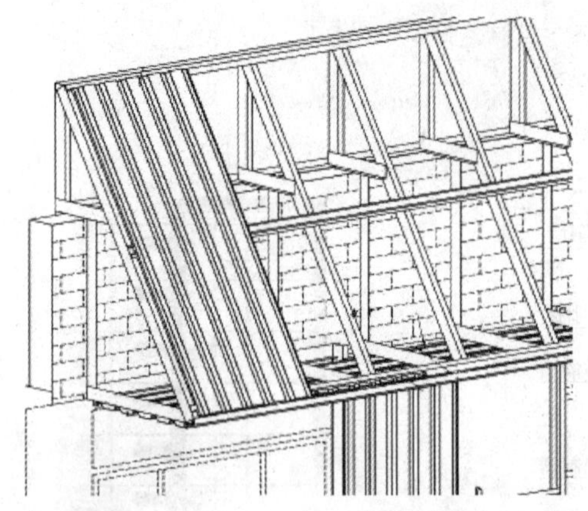

图 9-123　女儿墙位置的斜向集热部分

图 9-124　集热部分屋面位置两端的散热口和中间的出风口

图 9-125　太阳墙出风口通过风机与风管相连

图 9-126　走廊内的太阳墙风管

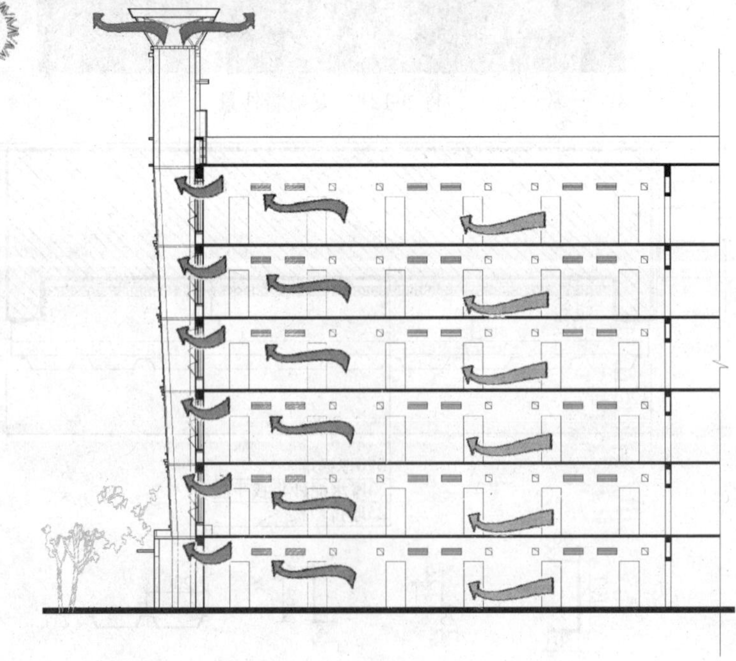

图 9-127　太阳能烟囱通风示意

图 9-128　太阳能烟囱实景

图 9-129　热水集热器外观

图 9-130　太阳能光电站

图 9-131　窗上 VFLC 通风器实景图

图 9-132　南向墙面的遮阳板

图 9-133　背景通风体系风机

太阳能与生态技术

1. 太阳墙采暖体系
2. 太阳能烟囱通风体系
3. 太阳能热水体系
4. 太阳能光伏发电体系
5. 外墙外保温体系
6. 被动换气体系
7. 中水体系
8. 楼宇自动化控制体系
9. 环保建材体系

经济性分析

生态学生公寓总投资约为350万元人民币，生态公寓增加的造价是：太阳墙系统16万元（包括加拿大进口太阳墙板、风机及国产风管），太阳能烟囱5万元，弱电控制5万元（不包括控制太阳能热水的部分），另外还有窗和外保温，合计约34万元。建筑面积2300m^2，平均每平米总共增加造价148元。普通做法每平米造价1300元左右，即增加11.4%，说明采取的技术措施在现有的经济水平上具有可行性。

实例5：山东诸城某山庄（图9-134～图9-146）

工程概况

建造地点：山东潍坊

建筑规模：314m^2

竣工时间：2004年

设计单位：山东某建设集团

山庄旅馆是旅游度假村内的一幢单层太阳能建筑，平面布局为单内廊式，南侧布置客房，北侧为走廊。走廊布置在北侧可形成温度阻尼区，有利于保持太阳能。平面形式采用前后相错的一字形，保证了较小的体型系数，同时兼顾了建筑空间与造型的活跃。

图 9-134　南向外景

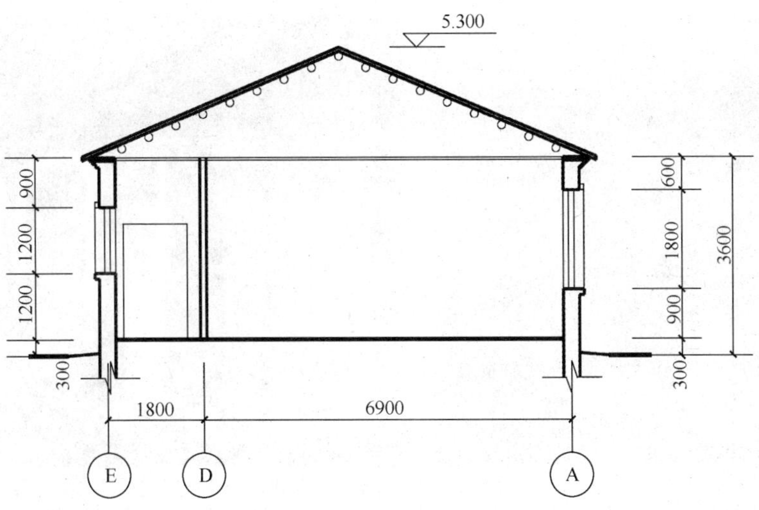

图 9-135　剖面图

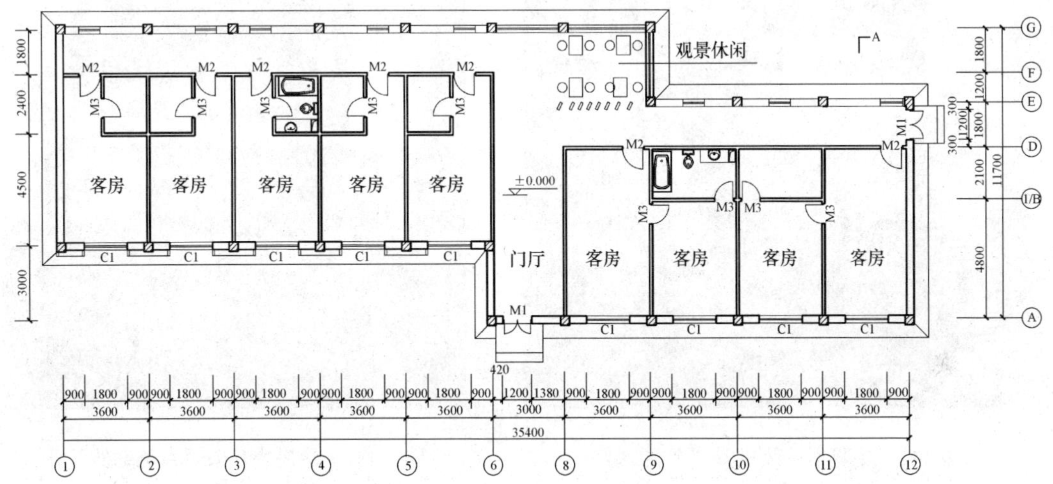

图 9-136　一层平面图

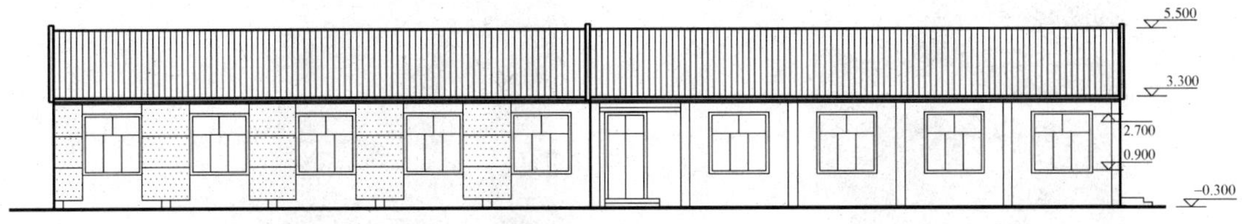

图 9-137　南立面图

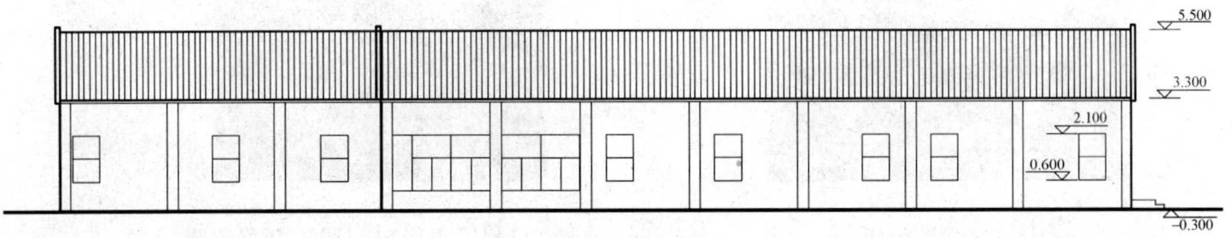

图 9-138　北立面图

图 9-139　风口与风帽

图 9-140　热风集热采暖系统阵列

图 9-141　集热器、风机安装在支架上

图 9-142　热风集热采暖系统室外部分

图 9-143　风机

图 9-144　进风口与风机开关位置

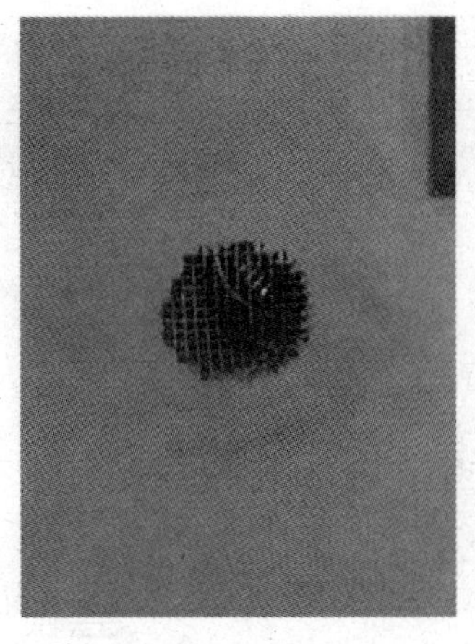

图 9-145　内侧带铁丝网的进风口

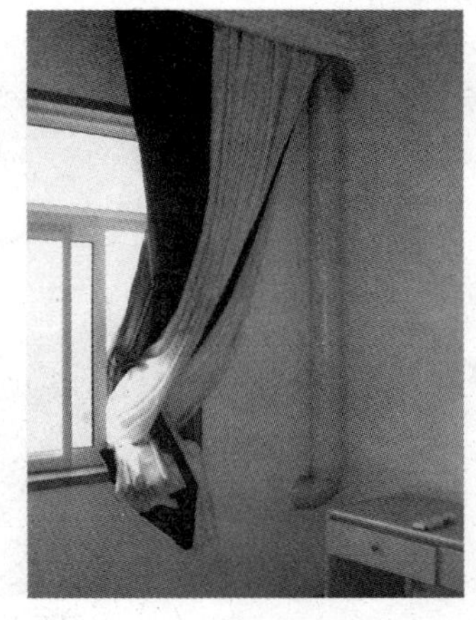

图 9-146　室内风管与出风口

太阳能与生态技术

1. 直接受益窗与集热墙集热

2. 直接受益窗与热风集热系统集热

实例 6：北京平谷区农村太阳房（图 9-147～图 9-152）

图 9-147　村落鸟瞰

图 9-148　别墅外景

图 9-149　别墅入口

图 9-150　别墅屋顶集热器

图 9-151　别墅内部环境

图 9-152　供热锅炉

工程概况

建造地点：北京平谷

建筑规模：150m^2

竣工时间：2005

北京市平谷区新农村改造项目是在区政府的领导下，旨在提高农民收入，改变农村现状，保护当地自然环境的前提下，通过重新规划和建造，改变农民的居住条件，并使改造后的新农村成为体现北方山村自然特色的新型民俗休闲旅游度假村。项目从减排温室气体和能源、经济、社会可持续发展的高度，要求尽可能利用太阳能等可再生资源解决新民居的生活热水和冬季采暖问题，并要求能源设备与建筑完美结合，实现与环境协调。

示范建筑为两层南北朝向双坡屋顶民宅，采暖建筑面积约 140m^2，层高 3 m，240 mm 砖墙，6cm 聚苯板外墙外保温，外贴防火板。

实例 7：山东建筑大学 1MWP 太阳能光伏发电示范项目（图 9-153～图 9-155）

图 9-153　屋顶光伏阵列

图 9-154　屋顶安装支架

工程概况

工程地点：山东省济南市经十路建筑大学校区

工程规模：总装机容量 695. 4kWp/3660 块 190W 组件

图 9-155　太阳能光伏汇流箱

工程特征：分区安装；采用低压侧并网，学校自发自用，不并入供电局电网。

安装方式：屋顶式。

竣工时间：2011 年

山东建筑大学 1MW 太阳能光伏电站是山东省太阳能光伏建筑应用示范项目，在学生公寓梅园 1 号、2 号、3 号楼、松园 1 号、2 号、3 号楼、竹园 1 号、2 号楼、校图书馆与信息楼、校办公楼和大学生活动中心的屋顶，安装 3660 块，型号为 LNPV-190Wp 的单晶硅太阳能电池组件，电池组件总装机容量 695.4kW，总投资 970 万元，平均 13.95 元/W；安装倾角 29°，系统效率 77%，首年发电量约 83.26 万 kWh；按照光伏电站平均寿命 25 年计算，年平均发电量 74.93 万 kWh，累计发电 1873.25 万 kWh，总计可节省电费 936.6 万元，实际运行 25 年后，该电站仍至少可维持 5 年以上的发电能力。

9.4　太阳能方案设计

为响应国家提出的建设“节能省地型”建筑的要求，广泛传播太阳能建筑理念，2005 年中国建筑学会和中国太阳能学会联合举办了“台达杯太阳能建筑设计竞赛”，并每两年举办一次。本次竞赛是国内最高级别的学术竞赛之一，2005 年、2007 年、2009 年和 2011 年、2013 已经连续举办了五届。

作品 1：首届台达杯中国太阳能建筑设计竞赛一等奖获奖作品（生活 生态 生长）

首届台达杯竞赛的题目为生态办公楼建筑设计，建筑场址位于威海市，本方案在对威海市气候及资源条件进行全面分析的基础上，结合办公建筑的使用特点，围绕“生活、生态、生长”这一主题，将立体绿化技术、遮阳技术、中水处理技术及太阳能技术等多种生态节能技术整合入方案设计中，其中，在太阳能应用方面主要采用了太阳能采暖、太阳能光伏发电、太阳能热水及太阳能新风技术。这些应用技术特别注重建筑的一体化设计，通过与建筑外观、节点构造及功能空间的有机结合，创造出了一种可居、可变、可持续的新型办公空间及形态。

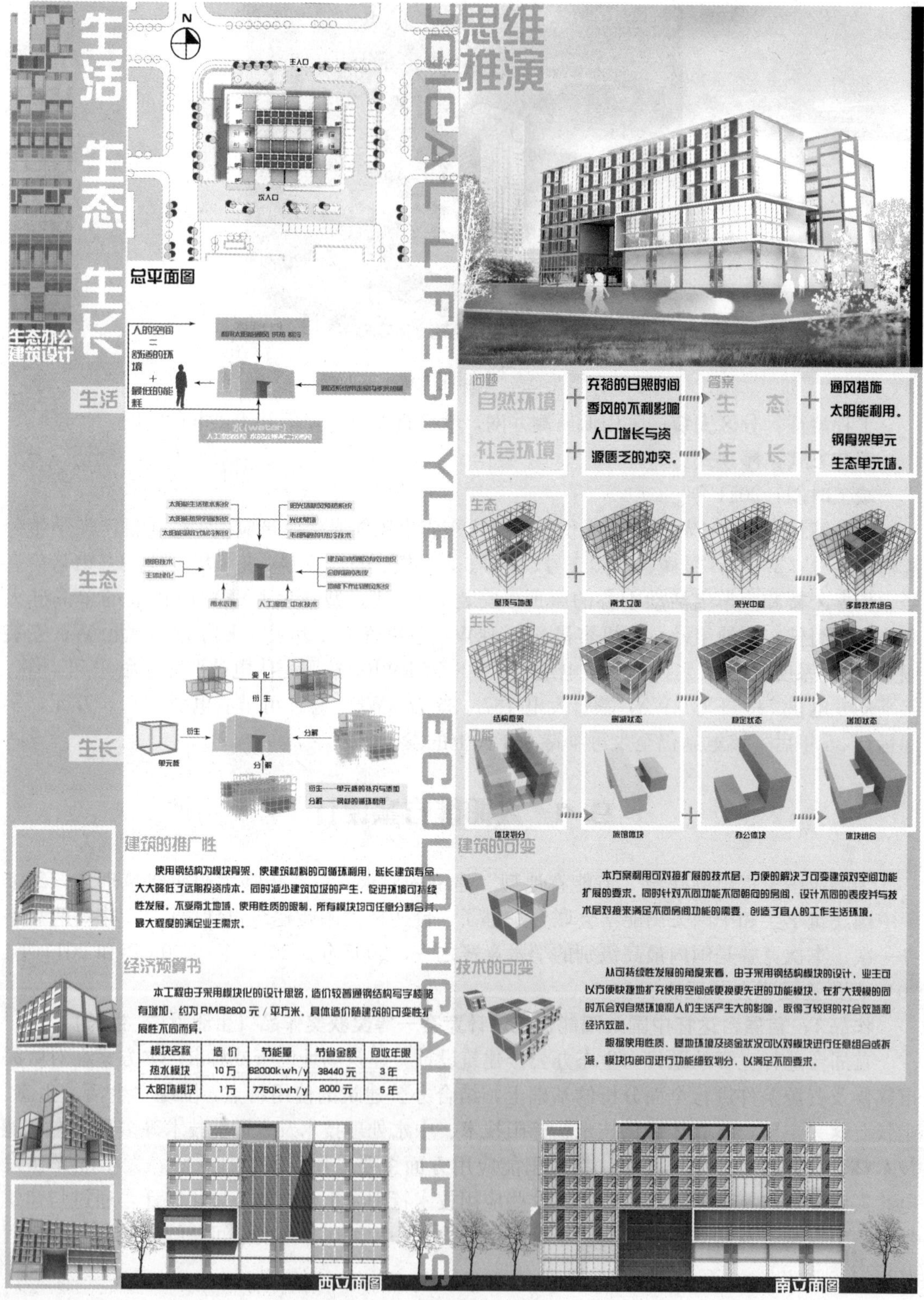

模块名称	造 价	节能量	节省金额	回收年限
热水模块	10万	62000kwh/y	38440元	3年
太阳墙模块	1万	7750kwh/y	2000元	5年

生活 生态 生长
生态办公建筑设计
一层平面图 1:400
中庭湿地为现代社会提供了一种传统的交往方式，改变了现代建筑中人际关系冷漠的现象。创造出具有多样视角的场所，使使用者有更多的机会自由选择停留的位置。
三层平面图 1:400
面向中庭的办公房间采取开敞或通透的处理手法，使人与人之间的视线交流成为可能。这种在保持私密性的同时，向公共空间适度开放的平面设计有利于促进同事关系的密切化。
五层平面图 1:400
每层的公共空间为人们提供洽谈、休憩的场所，在满足人们各种工作及生活需求的同时，避免了单方面强制人与人之间接触的形式。
屋顶平面图 1:400
A-A剖面图 1:400
酒店面积：5589平方米
办公面积：5589平方米
中庭面积：648平方米
建筑总面积：11826平方米
建筑层数：地下1层 地上8层
酒店标准客房面积：27平方米/40.5平方米
酒店大堂面积：567平方米
酒店餐饮咖啡厅面积：648平方米
标准办公室面积：27平方米/81平方米
大会议室面积：324平方米
方案展示
本案源起阴阳交合的理念，旨在营造围合渗透的空间，增加人际交往，塑造新型和谐的生活。
流线分析
竖直交通
酒店部分
办公部分
理念源起
图形转换
平面生成
形体组合
利用我国北方地区夏季主导风向为南向的特点，在南向入口处加设可调节式玻璃百页，夏季打开百页，促进南向风进入中庭，增加中庭内空气流动；冬季闭合百页，阻挡寒风进入，利于建筑内部保温。建筑周边绿化良好处设置自然风采集口，通过地下管道进行冷却之后将风送入中庭，利用热空气上升的原理将热风从中庭上方的百页窗口排出，促进室内空气流通。
夏季
冬季
B-B剖面图 1:400
ECOLOGICAL LIFESTYLE
酒店大堂
厨房
健身区
太阳能模块
中庭玻璃顶

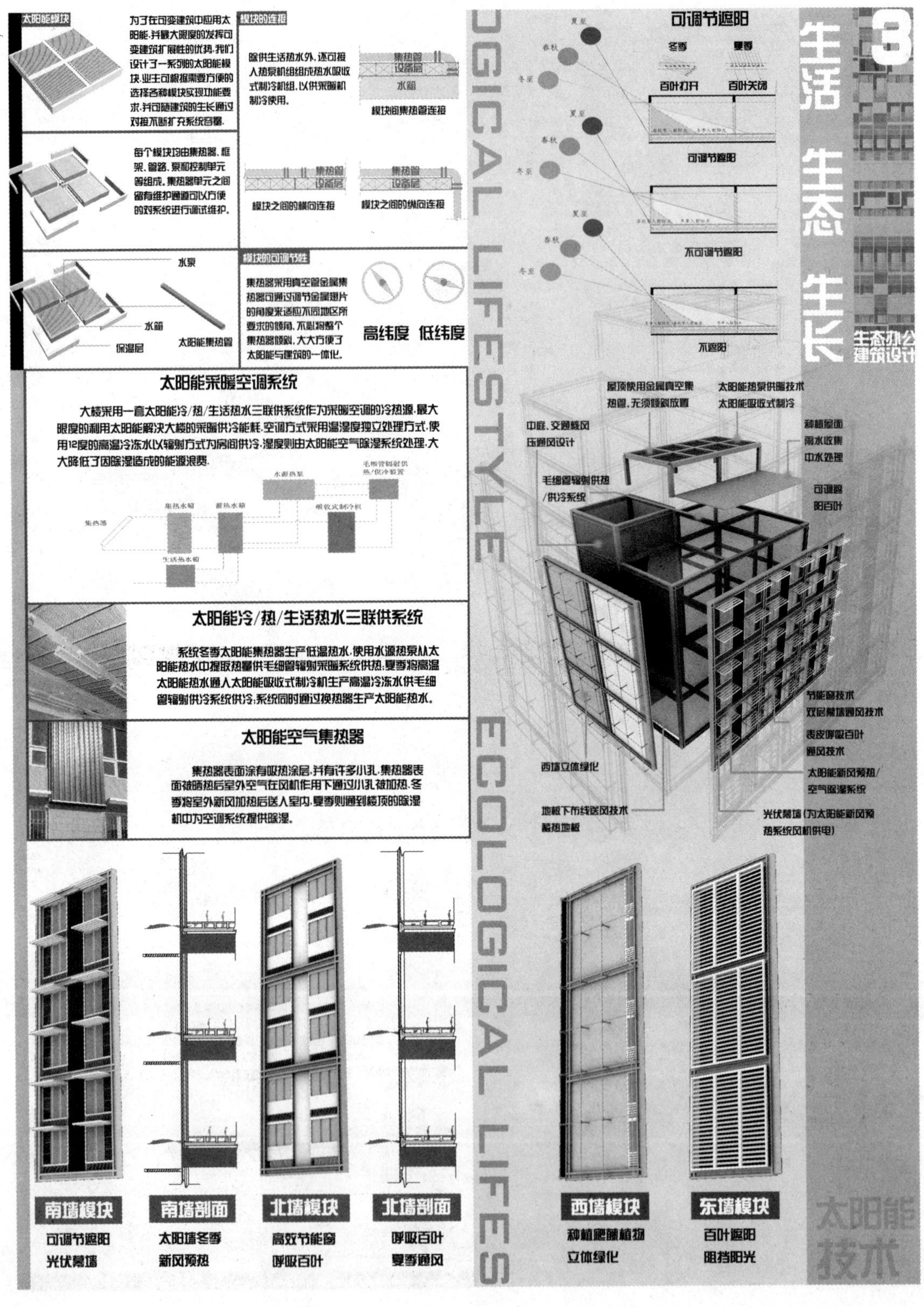
太阳能模块
为了在可变建筑中应用太阳能，并最大限度的发挥可变建筑扩展性的优势，我们设计了一系列的太阳能模块，业主可根据需要方便的选择各种模块实现功能要求，并可随建筑的生长通过对接不断扩充系统容量。
模块的连接
除供生活热水外，还可接入热泵机组组成热水吸收式制冷机组，以供采暖和制冷使用。
集热管
设备层
水箱
模块间集热管连接
每个模块均由集热器、框架、管路、泵和控制单元等组成。集热器单元之间留有维护通道可以方便的对系统进行调试维护。
模块之间的横向连接
模块之间的纵向连接
水泵
水箱
保温层
太阳能集热管
模块的可调节性
集热器采用真空管金属集热器可通过调节金属翅片的角度来适应不同地区所要求的倾角，不必将整个集热器倾斜，大大方便了太阳能与建筑的一体化。
高纬度
低纬度
太阳能采暖空调系统
大楼采用一套太阳能冷/热/生活热水三联供系统作为采暖空调的冷热源，最大限度的利用太阳能解决大楼的采暖供冷能耗。空调方式采用温湿度独立处理方式，使用12度的高温冷冻水以辐射方式为房间供冷，湿度则由太阳能空气除湿系统处理，大大降低了因除湿造成的能源浪费。
太阳能冷/热/生活热水三联供系统
系统冬季太阳能集热器生产低温热水，使用水源热泵从太阳能热水中提取热量供毛细管辐射采暖系统供热，夏季将高温太阳能热水通入太阳能吸收式制冷机生产高温冷冻水供毛细管辐射供冷系统供冷，系统同时通过换热器生产太阳能热水。
太阳能空气集热器
集热器表面涂有吸热涂层，并有许多小孔，集热器表面被晒热后室外空气在风机作用下通过小孔被加热，冬季将室外新风加热后送入室内，夏季则通到楼顶的除湿机中为空调系统提供除湿。
可调节遮阳
冬季
夏季
百叶打开
百叶关闭
夏至
春秋
冬至
可调节遮阳
不可调节遮阳
不遮阳
ECOLOGICAL LIFESTYLE ECOLOGICAL LIFES
生活 生态 生长
3
生态办公建筑设计
屋顶使用金属真空集热管，无须倾斜放置
太阳能热泵供暖技术
太阳能吸收式制冷
中庭、交通核风压通风设计
种植屋面
雨水收集
中水处理
毛细管辐射供热/供冷系统
可调遮阳百叶
节能窗技术
双层幕墙通风技术
表皮呼吸百叶通风技术
太阳能新风预热/空气除湿系统
西墙立体绿化
地板下布线送风技术
蓄热地板
光伏幕墙（为太阳能新风预热系统风机供电）
南墙模块
可调节遮阳
光伏幕墙
南墙剖面
太阳墙冬季
新风预热
北墙模块
高效节能窗
呼吸百叶
北墙剖面
呼吸百叶
夏季通风
西墙模块
种植爬藤植物
立体绿化
东墙模块
百叶遮阳
阻挡阳光
太阳能技术

4
生活　生态　生长
生态办公建筑设计
双层皮幕墙
反光板
双玻
单玻
贯通道外循环双层皮幕墙示意
本方案将双层皮幕墙应用于两层高的交流性大空间。双层皮幕墙均为贯通道式的，两层幕墙之间的间距可达 900mm，人在通道中可以自由行走，方便对夹层装置，如遮阳百叶等进行维护清洗。如标题所示，该幕墙夹层的通风方式为单层通风，在炎热的夏季，当夹层温度高于室外温度时，通过电动开窗器将外层幕墙上的进出风口打开，利用夹层的烟囱效应进行通风冷却，为了避免下层温度高的排风进入上层进风口，立面上的开口采取交叉开启方式。
雨水收集利用
雨水收集系统是将雨水留住或回渗地下，改善水环境，修复生态环境，是增加水资源，节约自来水的好措施。收集屋顶、庭院和地面的雨水，主要用于冲厕、洗车、绿化用水、景观用水或消防用水等。
太阳光采光原理
太阳光采光系统安装在室外房顶、阳台、地面、墙壁等能一年四季均照得到太阳光的地方，通过光缆接入地下室，每天地下室都有固定阳光直射，10 多个小时享受太阳光。
1—太阳光收集器
2—各层通风，由楼梯间竖井排出
3—汇聚的太阳光束
4—地下室与一层接口处光束分配器，四棱镜结构
通风组织
利用交通核进行拔风：一是楼梯间贯通拔风，二是通过电梯的上下活塞运动，进行通风。利用压力用新鲜空气换出各个房间的气体。新风从窗口的百叶进入，通过地板架空层将新风送入室内，并由房间门上部的百叶排出屋外，最后通过楼梯间统一拔出室外。
其他技术
立体绿化
在建筑物的西墙面种植绿色爬藤植物，缠绕在建筑外墙固定的杆件上。可吸收过多的太阳辐射，降低外墙表面温度，用以创造良好的室内环境。有效的防止西晒，亦可应用于东墙。
种植屋面
在屋面上广泛种植花、草、树木，可以提高城市的绿化覆盖率，并有效缓解城市“热岛效应”。有利于调节城市气候环境、减少雨水流失，抑制暴雨、风沙天气，改善城市景观。
相变蓄热
活动地板
蓄热体在冬季的白天可蓄存由玻璃幕墙和窗户进入室内的太阳辐射热，晚上材料相变向室内放出蓄存的热量。空调风道、各类水管、电缆、综合布线等均隐藏在架空层内。
单晶硅光电玻璃
采用光伏电池、光电板技术，把太阳光转化为能被人们利用的电能。它位于结构夹层外侧，不影响采光，同时与单元式双层皮幕墙结合组成光电幕墙，是一种“绿色幕墙”。
会呼吸的表皮
春秋季直接引入室外新风
冬季北向绝热并送入中央空调加热新风
夏季炎热时，遮阳并送入中央空调制冷新风
冬季南向使用太阳墙引入预热新风
景观水体
人工湿地
其他补给用水
再生水
雨水
（收集、贮存）
景观型人工湿地
（高效除磷、抑藻）
人工水体
绿化水体等
采用人工湿地与景观水池串连的方式对水池的水进行循环处理，综合物理、化学和生物三种作用，即目前应用较为成熟的水平潜流人工湿地工艺，水池能长期保证较好的水质。
钢结构连接示意
钢结构作为主要的连接构件，拥有操作便捷，易于工厂集中加工生产，并且可以循环使用等优点，同时利用技术措施克服了热桥等缺点，具有极大的可推广性，适合单元化生长模式。
钢梁
钢柱
梁柱连接
内横隔板
焊接H型钢梁
矩形钢管柱
梁柱连接
钢梁
钢梁
梁梁连接
钢梁
梁梁连接
表皮
骨架
CFD通风模拟
为了验证交通核的拔风效果，我们使用CFD软件对大楼进行了模拟。根据统计，威海地区夏季4-10月平均风速6.27米/秒，以此风速作为环境风速输入软件，模拟结果如下，四个图分别为交通核切面的速度场和压力场分布。
风速分析：建筑顶部两交通核之间形成了较强的风场，为利用风压通风创造了良好条件。
风压分析：建筑顶部两交通核百叶开口处负压最大，说明交通核很好的起到了拔风通风的作用。
风速分布
风速分布
风压分布
风压分布

作品 2：首届台达杯中国太阳能建筑设计竞赛三等奖获奖作品（太阳能集合住宅设计）

No.	Name	Specificatong	Unit price (yuan)	Num	Amount of money (yuan)
1	vacom thermal-storage unit	@ 100 x 1.86 (m²)	1 880	115	216 200
2	unit accessories	108 x 1 860 (mm)	86	115	9 890
3	unit-framework	L40 weld	280	115	32 200
4	cycle pipe	composit pipe	65	240	15 600
5	cycle pump	@32-17-1.5	3 249	2	6 498
6	temperature sensory	0 -- 100 ℃	300	16	4 800
7	thermal-storage water tank	10T , stainless steel	28 800	2	57 600
8	electric boiler	DSDJ - 70	36 000	1	36 000
9	intelligent controlling cabinet	BPG - 3	23 000	1	23 000
10	electric sluice gate	site	3 342	1	3 342
11	CRT display	site	5 500	1	5 500
12	installation		100	230	23 000
	sum				433 830
	amout for tax	overall : 3.416%			14 812.8
	overall				448 442.8
	average cost per family				2 335.64

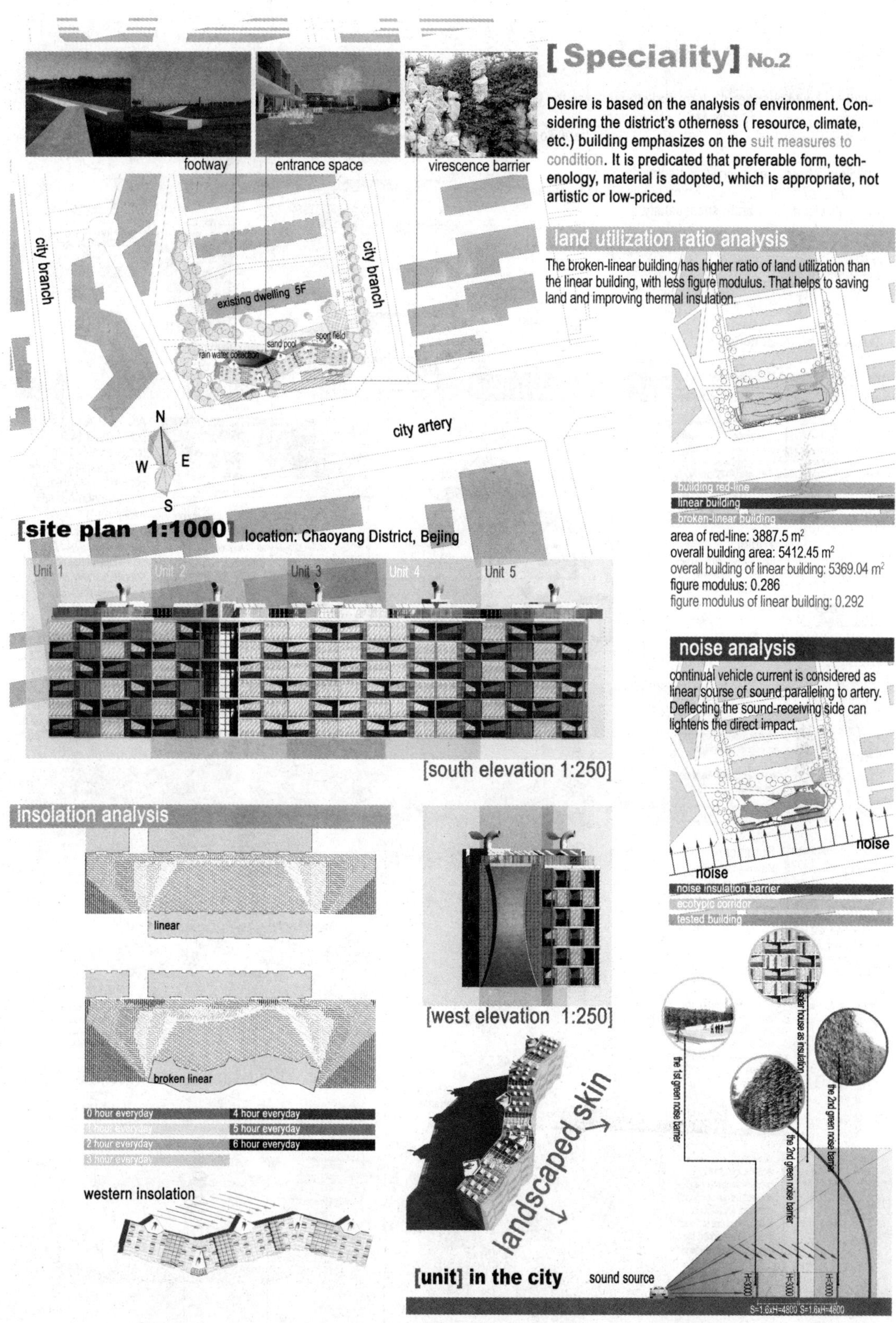
[Speciality] No.2
Desire is based on the analysis of environment. Considering the district's otherness (resource, climate, etc.) building emphasizes on the suit measures to condition. It is predicated that preferable form, techenology, material is adopted, which is appropriate, not artistic or low-priced.
footway
entrance space
virescence barrier
city branch
city branch
existing dwelling 5F
sand pool
sport field
rain water collection
N
W
E
S
city artery
[site plan 1:1000] location: Chaoyang District, Bejing
land utilization ratio analysis
The broken-linear building has higher ratio of land utilization than the linear building, with less figure modulus. That helps to saving land and improving thermal insulation.
building red-line
linear building
broken-linear building
area of red-line: 3887.5 m2
overall building area: 5412.45 m2
overall building of linear building: 5369.04 m2
figure modulus: 0.286
figure modulus of linear building: 0.292
Unit 1
Unit 2
Unit 3
Unit 4
Unit 5
[south elevation 1:250]
noise analysis
continual vehicle current is considered as linear sourse of sound paralleling to artery. Deflecting the sound-receiving side can lightens the direct impact.
noise
noise
noise insulation barrier
ecotypic corridor
tested building
insolation analysis
linear
broken linear
0 hour everyday
1 hour everyday
2 hour everyday
3 hour everyday
4 hour everyday
5 hour everyday
6 hour everyday
western insolation
[west elevation 1:250]
landscaped skin
[unit] in the city
sound source
the 1st green noise barrier
solar house as insulation
the 2nd green noise barrier
the 2nd green noise barrier
H=3000
H=3000
H=3000
S=1.6xH=4800 S=1.6xH=4800

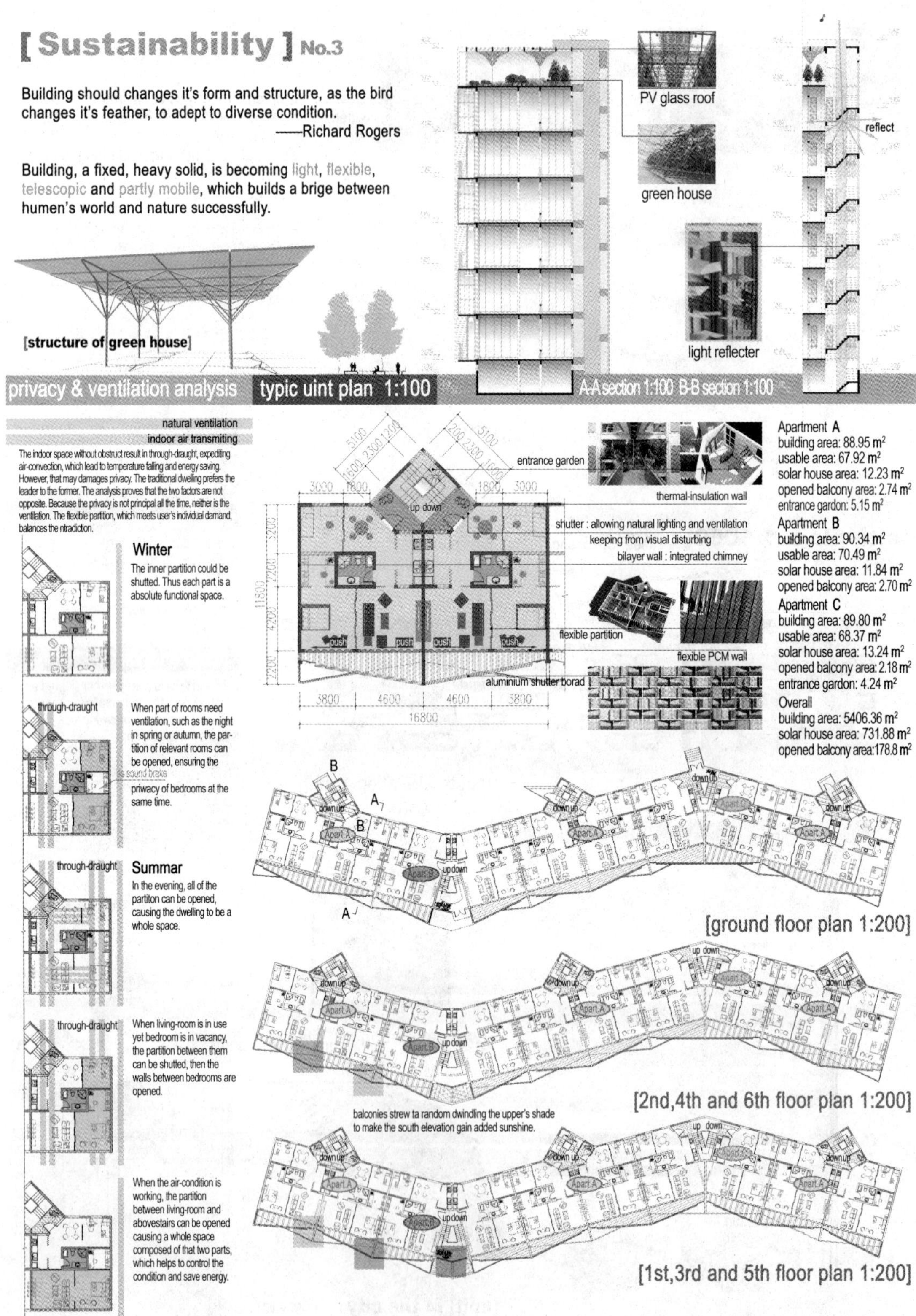
[Sustainability] No.3
Building should changes it's form and structure, as the bird changes it's feather, to adept to diverse condition.
——Richard Rogers
Building, a fixed, heavy solid, is becoming light, flexible, telescopic and partly mobile, which builds a brige between humen's world and nature successfully.
[structure of green house]
PV glass roof
green house
light reflecter
reflect
privacy & ventilation analysis
typic uint plan 1:100
A-A section 1:100 B-B section 1:100
natural ventilation
indoor air transmiting
The indoor space without obstruct result in through-draught, expediting air-convection, which lead to temperature falling and energy saving. However, that may damages privacy. The traditional dwelling prefers the leader to the former. The analysis proves that the two factors are not opposite. Because the privacy is not principal all the time, neither is the ventilation. The flexible partition, which meets user's individual damand, balances the ntradiction.
Winter
The inner partition could be shutted. Thus each part is a absolute functional space.
through-draught
When part of rooms need ventilation, such as the night in spring or autumn, the partition of relevant rooms can be opened, ensuring the privacy of bedrooms at the same time.
as sound brake
Summar
In the evening, all of the partiton can be opened, causing the dwelling to be a whole space.
When living-room is in use yet bedroom is in vacancy, the partition between them can be shutted, then the walls between bedrooms are opened.
When the air-condition is working, the partition between living-room and abovestairs can be opened causing a whole space composed of that two parts, which helps to control the condition and save energy.
entrance garden
thermal-insulation wall
shutter : allowing natural lighting and ventilation
keeping from visual disturbing
bilayer wall : integrated chimney
flexible partition
flexible PCM wall
aluminium shutter borad
up down
push
3800 4600 4600 3800
16800
Apartment A
building area: 88.95 m²
usable area: 67.92 m²
solar house area: 12.23 m²
opened balcony area: 2.74 m²
entrance gardon: 5.15 m²
Apartment B
building area: 90.34 m²
usable area: 70.49 m²
solar house area: 11.84 m²
opened balcony area: 2.70 m²
Apartment C
building area: 89.80 m²
usable area: 68.37 m²
solar house area: 13.24 m²
opened balcony area: 2.18 m²
entrance gardon: 4.24 m²
Overall
building area: 5406.36 m²
solar house area: 731.88 m²
opened balcony area:178.8 m²
Apart.A
Apart.B
Apart.C
down up
[ground floor plan 1:200]
[2nd,4th and 6th floor plan 1:200]
balconies strew ta random dwindling the upper's shade to make the south elevation gain added sunshine.
[1st,3rd and 5th floor plan 1:200]

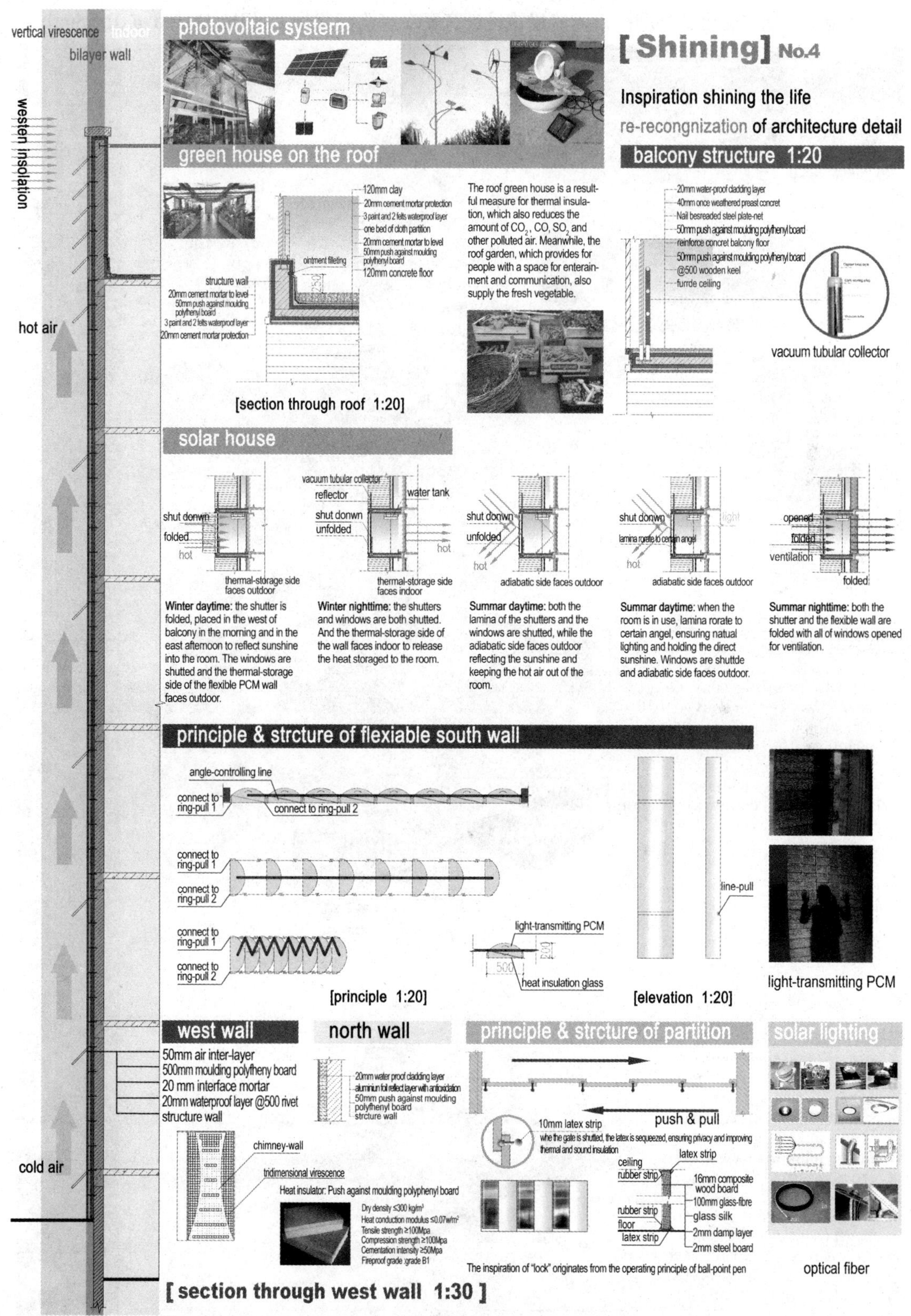
vertical virescence
indoor
bilayer wall
westen insolation
hot air
cold air
photovoltaic systerm
green house on the roof
[Shining] No.4
Inspiration shining the life
re-recongnization of architecture detail
balcony structure 1:20
120mm clay
20mm cement mortar protection
3 paint and 2 felts waterproof layer
one bed of cloth partition
20mm cement mortar to level
50mm push against moulding polyfhenyl board
120mm concrete floor
ointment fileting
structure wall
20mm cement mortar to level
50mm push against moulding polyfhenyl board
3 paint and 2 felts waterproof layer
20mm cement mortar protection
[section through roof 1:20]
The roof green house is a resultful measure for thermal insulation, which also reduces the amount of CO_2, CO, SO_2 and other polluted air. Meanwhile, the roof garden, which provides for people with a space for enterainment and communication, also supply the fresh vegetable.
20mm water-proof cladding layer
40mm once weathered preast concret
Nail besreaded steel plate-net
50mm push against moulding polyfhenyl board
reinforce concrete balcony floor
50mm push against moulding polyfhenyl board
@500 wooden keel
furrde ceiling
vacuum tubular collector
solar house
vacuum tubular collector
reflector
water tank
shut donwn
folded
unfolded
hot
light
lamina rorate to certain angel
opened
ventilation
thermal-storage side faces outdoor
thermal-storage side faces indoor
adiabatic side faces outdoor
Winter daytime: the shutter is folded, placed in the west of balcony in the morning and in the east afternoon to reflect sunshine into the room. The windows are shutted and the thermal-storage side of the flexible PCM wall faces outdoor.
Winter nighttime: the shutters and windows are both shutted. And the thermal-storage side of the wall faces indoor to release the heat storaged to the room.
Summar daytime: both the lamina of the shutters and the windows are shutted, while the adiabatic side faces outdoor reflecting the sunshine and keeping the hot air out of the room.
Summar daytime: when the room is in use, lamina rorate to certain angel, ensuring natual lighting and holding the direct sunshine. Windows are shuttde and adiabatic side faces outdoor.
Summar nighttime: both the shutter and the flexible wall are folded with all of windows opened for ventilation.
principle & strcture of flexiable south wall
angle-controlling line
connect to ring-pull 1
connect to ring-pull 2
light-transmitting PCM
heat insulation glass
500
line-pull
[principle 1:20]
[elevation 1:20]
light-transmitting PCM
west wall
50mm air inter-layer
500mm moulding polyfheny board
20 mm interface mortar
20mm waterproof layer @500 rivet
structure wall
chimney-wall
tridimensional virescence
Heat insulator: Push against moulding polyphenyl board
Dry density ≤300 kg/m³
Heat conduction modulus ≤0.07w/m²
Tensile strength ≥100Mpa
Compression strength ≥100Mpa
Cementation intensity ≥50Mpa
Fireproof grade: grade B1
north wall
20mm water proof cladding layer
aluminium foil reflect layer with antioxidation
50mm push against moulding polyfhenyl board
strcture wall
principle & strcture of partition
push & pull
10mm latex strip
when the gate is shutted, the latex is sequeezed, ensuring privacy and improving thermal and sound insulation
latex strip
ceiling
rubber strip
floor
16mm composite wood board
100mm glass-fibre
glass silk
2mm damp layer
2mm steel board
The inspiration of "lock" originates from the operating principle of ball-point pen
solar lighting
optical fiber
[section through west wall 1:30]

作品3：第二届台达杯国际太阳能建筑设计竞赛二等奖获奖作品（The Dream of The Sun）

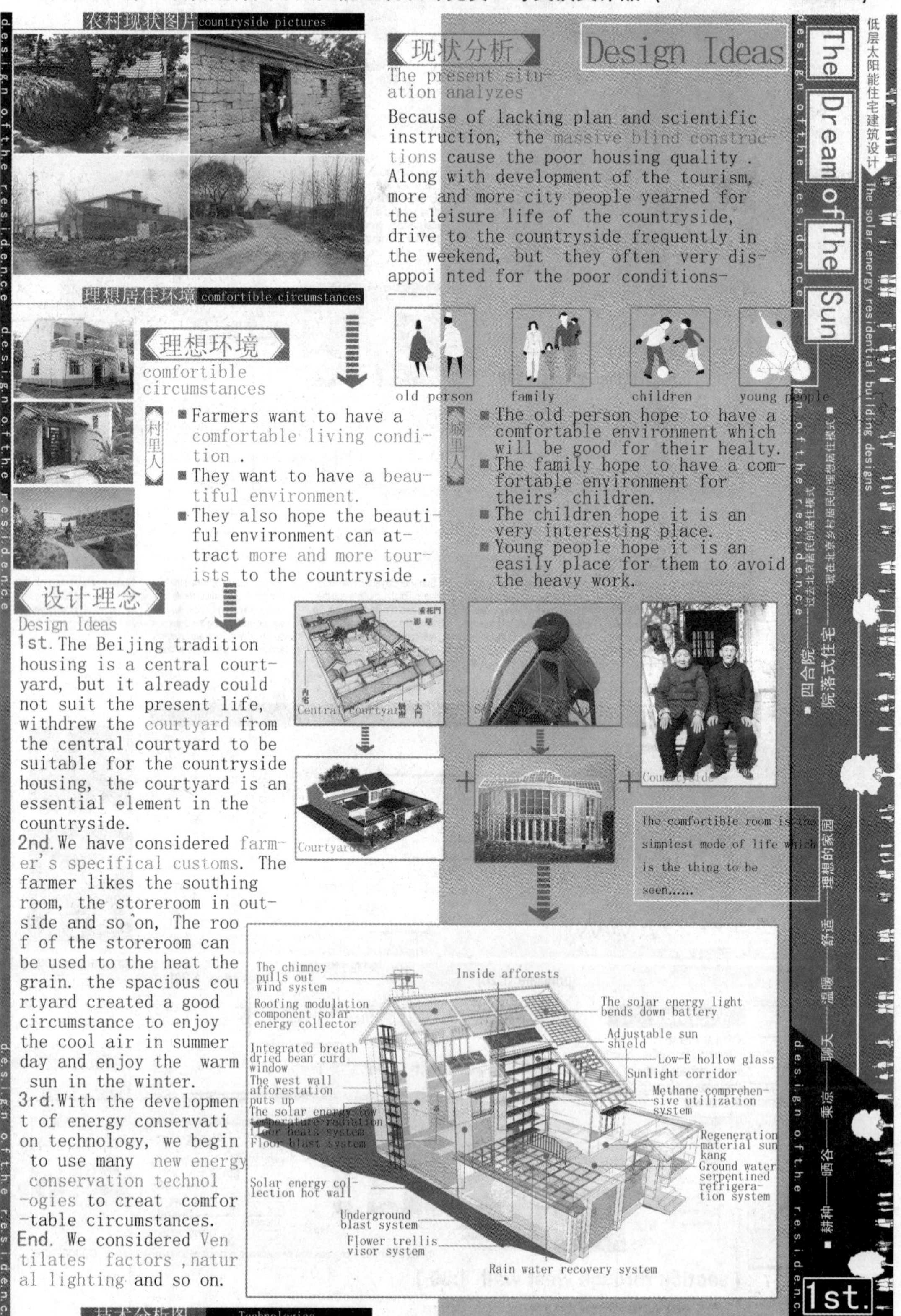

农村现状图片 countryside pictures
现状分析
Design Ideas
The present situation analyzes
Because of lacking plan and scientific instruction, the massive blind constructions cause the poor housing quality . Along with development of the tourism, more and more city people yearned for the leisure life of the countryside, drive to the countryside frequently in the weekend, but they often very disappointed for the poor conditions------
低层太阳能住宅建筑设计
The Dream of The Sun
The solar energy residential building designs
理想居住环境 comfortible circumstances
理想环境
comfortible circumstances
old person
family
children
young people
村里人
■ Farmers want to have a comfortable living condition .
■ They want to have a beautiful environment.
■ They also hope the beautiful environment can attract more and more tourists to the countryside .
城里人
■ The old person hope to have a comfortable environment which will be good for their healty.
■ The family hope to have a comfortable environment for theirs' children.
■ The children hope it is an very interesting place.
■ Young people hope it is an easily place for them to avoid the heavy work.
设计理念
Design Ideas
1st. The Beijing tradition housing is a central courtyard, but it already could not suit the present life, withdrew the courtyard from the central courtyard to be suitable for the countryside housing, the courtyard is an essential element in the countryside.
2nd. We have considered farmer's specifical customs. The farmer likes the southing room, the storeroom in outside and so on, The roof of the storeroom can be used to the heat the grain. the spacious courtyard created a good circumstance to enjoy the cool air in summer day and enjoy the warm sun in the winter.
3rd. With the development of energy conservation technology, we begin to use many new energy conservation technologies to creat comfortable circumstances.
End. We considered Ventilates factors ,natural lighting and so on.
Central Courtyard
Courtyard
Countryside
The comfortible room is the simplest mode of life which is the thing to be seen......
■ 四合院——过去北京居民的居住模式
院落式住宅——现在北京乡村居民的理想居住模式
理想的家园
耕种——晒谷——乘凉——聊天——温暖——舒适
The chimney pulls out wind system
Inside afforests
Roofing modulation component solar energy collector
The solar energy light bends down battery
Adjustable sun shield
Integrated breath dried bean curd window
Low-E hollow glass
Sunlight corridor
The west wall afforestation puts up
Methane comprehensive utilization system
The solar energy low temperature radiation floor heats system
Floor blast system
Regeneration material sun kang
Ground water serpentined refrigeration system
Solar energy collection hot wall
Underground blast system
Flower trellis visor system
Rain water recovery system
1st.
技术分析图 Technologies
design of the residence

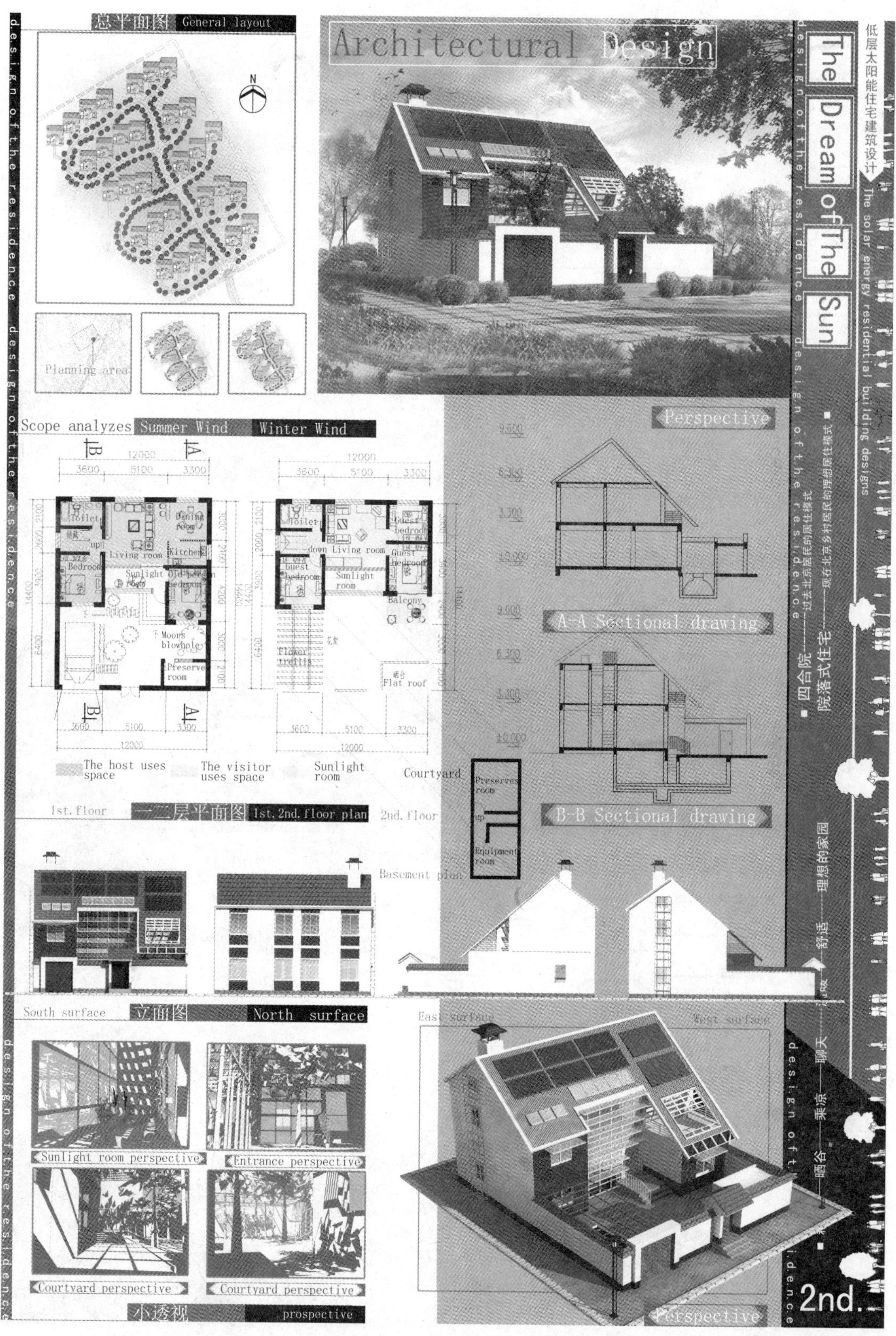

总平面图 General layout
Architectural Design
低层太阳能住宅建筑设计
The Dream of The Sun
The solar energy residential building designs
Planning area
Scope analyzes Summer Wind Winter Wind
Perspective
A-A Sectional drawing
B-B Sectional drawing
四合院——过去北京居民的居住模式
院落式住宅——现在北京乡村居民的理想居住模式
舒适——理想的家园
The host uses space
The visitor uses space
Sunlight room
Courtyard
1st. floor
一二层平面图 1st. 2nd. floor plan
2nd. floor
Basement plan
South surface
立面图
North surface
East surface
West surface
晒谷——乘凉——聊天
Sunlight room perspective
Entrance perspective
Courtyard perspective
Courtyard perspective
小透视 prospective
Perspective
2nd.

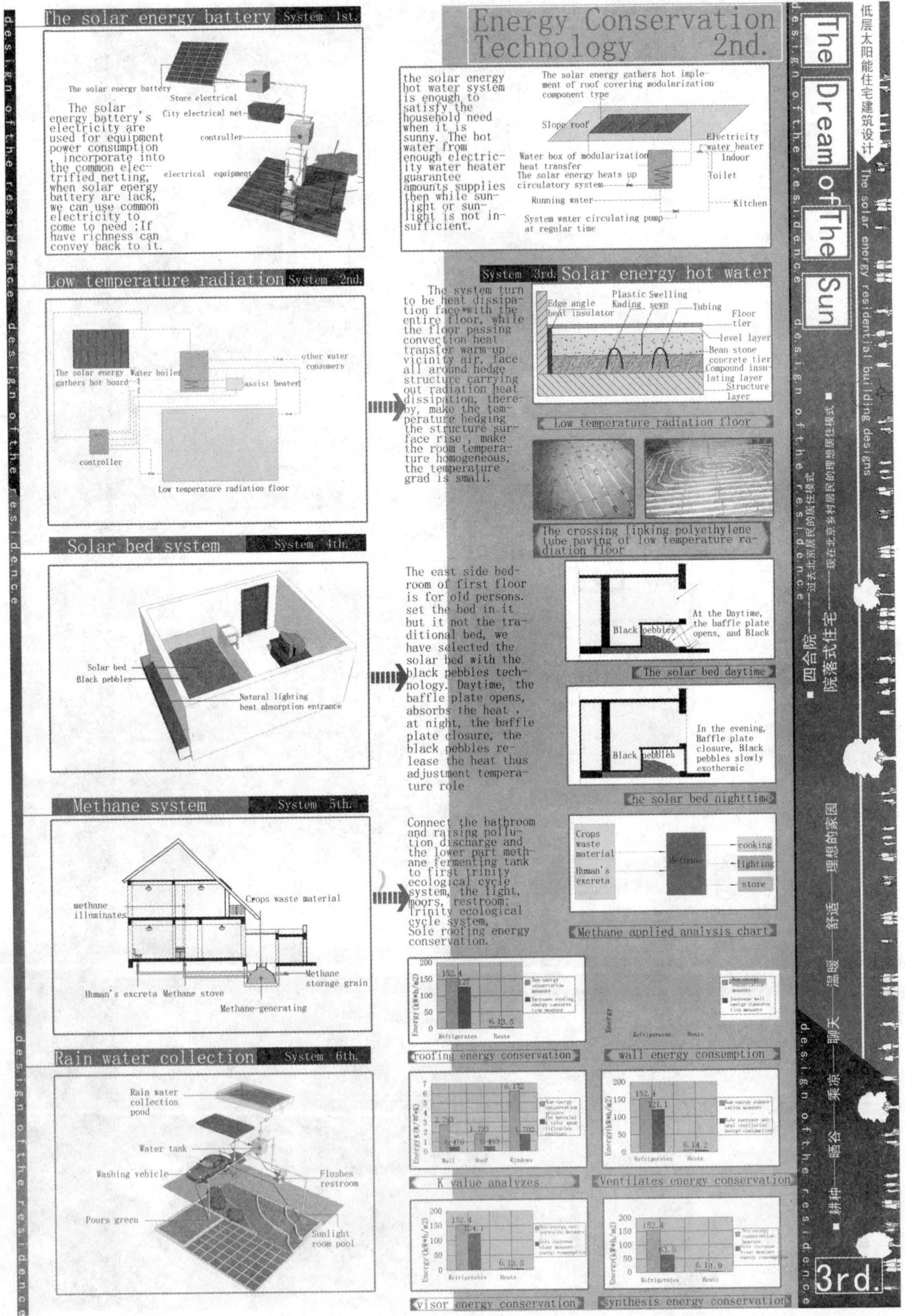
The solar energy battery System 1st.
The solar energy battery
Store electrical
City electrical net
controller
electrical equipment
The solar energy battery's electricity are used for equipment power consumption, incorporate into the common electrified netting, when solar energy battery are lack, we can use common electricity to come to need; If have richness can convey back to it.
Energy Conservation Technology 2nd.
the solar energy hot water system is enough to satisfy the household need when it is sunny. The hot water from enough electricity water heater guarantee amounts supplies then while sunlight or sunlight is not insufficient.
The solar energy gathers hot implement of roof covering modularization component type
Slope roof
Electricity water heater
Indoor
Toilet
Kitchen
Water box of modularization heat transfer
The solar energy heats up circulatory system
Running water
System water circulating pump at regular time
Low temperature radiation System 2nd.
The solar energy gathers hot board
Water boiler
other water consumers
assist heater
controller
Low temperature radiation floor
System 3rd. Solar energy hot water
The system turn to be heat dissipation face with the entire floor, while the floor passing convection heat transfer warm-up vicinity air, face all around hedge structure carrying out radiation heat dissipation, thereby, make the temperature hedging the structure surface rise, make the room temperature homogeneous, the temperature grad is small.
Edge angle heat insulator
Plastic Swelling Kading sewn
Tubing
Floor tier
level layer
Bean stone concrete tier
Compound insulating layer
Structure layer
Low temperature radiation floor
The crossing linking polyethylene tube paving of low temperature radiation floor
Solar bed system System 4th.
Solar bed
Black pebbles
Natural lighting heat absorption entrance
The east side bedroom of first floor is for old persons. set the bed in it but it not the traditional bed, we have selected the solar bed with the black pebbles technology. Daytime, the baffle plate opens, absorbs the heat, at night, the baffle plate closure, the black pebbles release the heat thus adjustment temperature role
Black pebbles
At the Daytime, the baffle plate opens, and Black
The solar bed daytime
In the evening, Baffle plate closure, Black pebbles slowly exothermic
he solar bed nighttime
Methane system System 5th.
methane illuminates
Crops waste material
Human's excreta
Methane stove
Methane storage grain
Methane-generating
Connect the bathroom and raising pollution discharge and the lower part methane fermenting tank to first trinity ecological cycle system, the light, moors, restroom; Trinity ecological cycle system, Sole roofing energy conservation.
Crops waste material
Human's excreta
Methane
cooking
lighting
store
Methane applied analysis chart
Rain water collection System 6th.
Rain water collection pond
Water tank
Washing vehicle
Flushes restroom
Pours green
Sunlight room pool
roofing energy conservation
wall energy consumption
K value analyzes
Ventilates energy conservation
visor energy conservation
synthesis energy conservation
design of the residence
The Dream of The Sun
低层太阳能住宅建筑设计
The solar energy residential building designs
四合院——过去北京居民的居住模式
院落式住宅——现在北京乡村居民的理想居住模式
理想的家园——舒适——温暖——聊天——乘凉——晒谷——耕种
3rd.

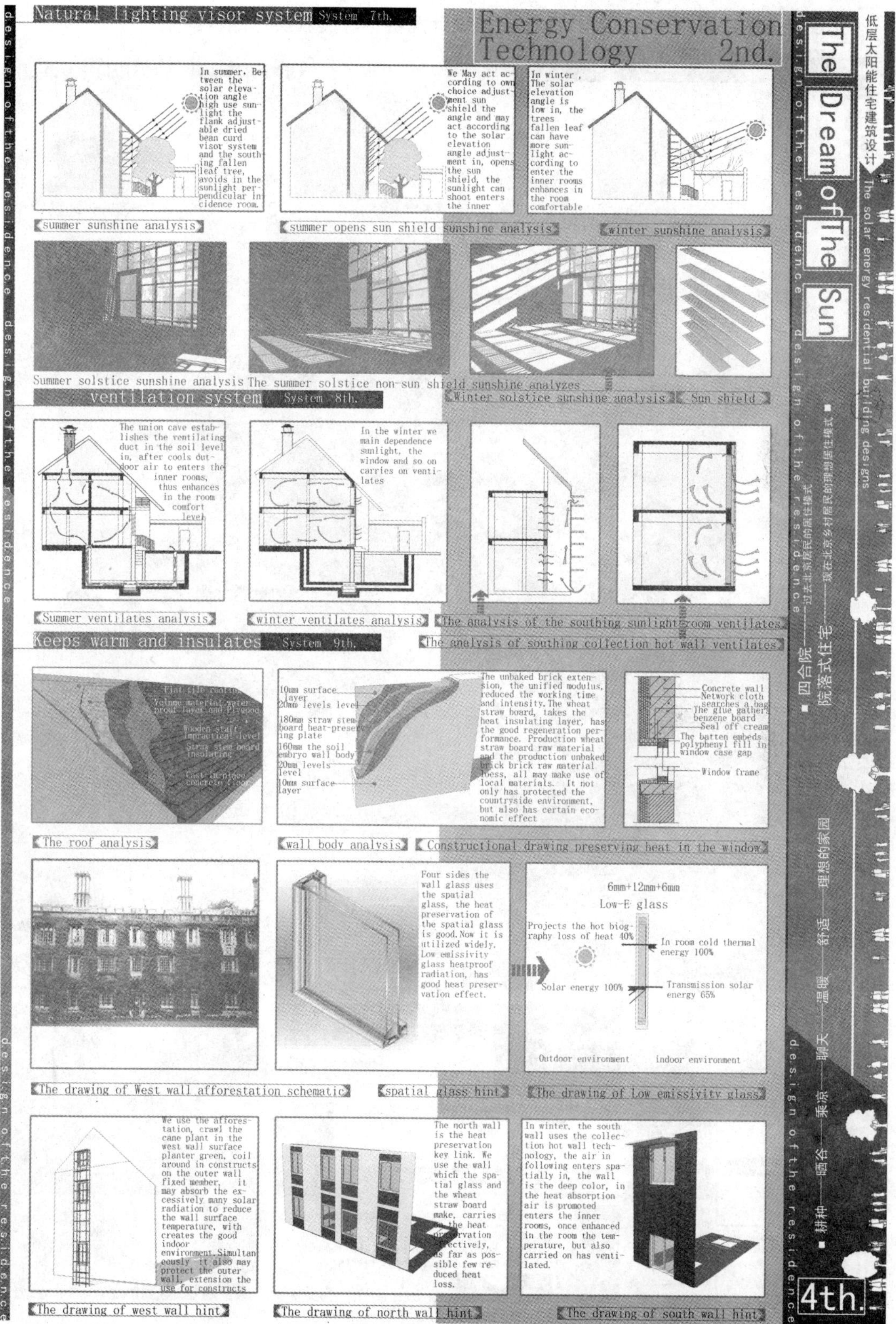
Natural lighting visor system System 7th.
Energy Conservation Technology 2nd.
In summer, Between the solar elevation angle high use sunlight the flank adjustable dried bean curd visor system and the southing fallen leaf tree, avoids in the sunlight perpendicular incidence room.
We May act according to own choice adjustment sun shield the angle and may act according to the solar elevation angle adjustment in, opens the sun shield, the sunlight can shoot enters the inner
In winter, The solar elevation angle is low in, the trees fallen leaf can have more sunlight according to enter the inner rooms enhances in the room comfortable
summer sunshine analysis
summer opens sun shield sunshine analysis
winter sunshine analysis
Summer solstice sunshine analysis
The summer solstice non-sun shield sunshine analyzes
Winter solstice sunshine analysis
Sun shield
ventilation system System 8th.
The union cave establishes the ventilating duct in the soil level in, after cools outdoor air to enters the inner rooms, thus enhances in the room comfort level
In the winter we main dependence sunlight, the window and so on carries on ventilates
Summer ventilates analysis
winter ventilates analysis
The analysis of the southing sunlight room ventilates
The analysis of southing collection hot wall ventilates
Keeps warm and insulates System 9th.
Flat tile roofing
Volume material water proof layer and Plywood
Wooden staff impractical level
Straw stem board insulating
Cast-in-place concrete floor
10mm surface layer
20mm levels level
180mm straw stem board heat-preserving plate
160mm the soil embryo wall body
20mm levels level
10mm surface layer
The unbaked brick extension, the unified modulus, reduced the working time and intensity. The wheat straw board, takes the heat insulating layer, has the good regeneration performance. Production wheat straw board raw material and the production unbaked brick raw material loess, all may make use of local materials. It not only has protected the countryside environment, but also has certain economic effect
Concrete wall
Network cloth searches a bag
The glue gather benzene board
Seal off cream
The batten embeds polyphenyl fill in window case gap
Window frame
The roof analysis
wall body analysis
Constructional drawing preserving heat in the window
Four sides the wall glass uses the spatial glass, the heat preservation of the spatial glass is good. Now it is utilized widely. Low emissivity glass heatproof radiation, has good heat preservation effect.
6mm+12mm+6mm
Low-E glass
Projects the hot biography loss of heat 40%
In room cold thermal energy 100%
Solar energy 100%
Transmission solar energy 65%
Outdoor environment
indoor environment
The drawing of West wall afforestation schematic
spatial glass hint
The drawing of Low emissivity glass
We use the afforestation, crawl the cane plant in the west wall surface planter green, coil around in constructs on the outer wall fixed member, it may absorb the excessively many solar radiation to reduce the wall surface temperature, with creates the good indoor environment. Simultaneously it also may protect the outer wall, extension the use for constructs
The north wall is the heat preservation key link. We use the wall which the spatial glass and the wheat straw board make, carries on the heat preservation effectively, as far as possible few reduced heat loss.
In winter, the south wall uses the collection hot wall technology, the air in following enters spatially in, the wall is the deep color, in the heat absorption air is promoted enters the inner rooms, once enhanced in the room the temperature, but also carried on has ventilated.
The drawing of west wall hint
The drawing of north wall hint
The drawing of south wall hint
低层太阳能住宅建筑设计
The Dream of The Sun
The solar energy residential building designs
过去北京居民的居住模式
现在北京乡村居民的理想居住模式
四合院
院落式住宅
耕种——晒谷——乘凉——聊天——温暖——舒适——理想的家园
4th.
design of the residence

作品 4：第三届台达杯国际太阳能建筑设计竞赛一等奖获奖作品（蜀光）

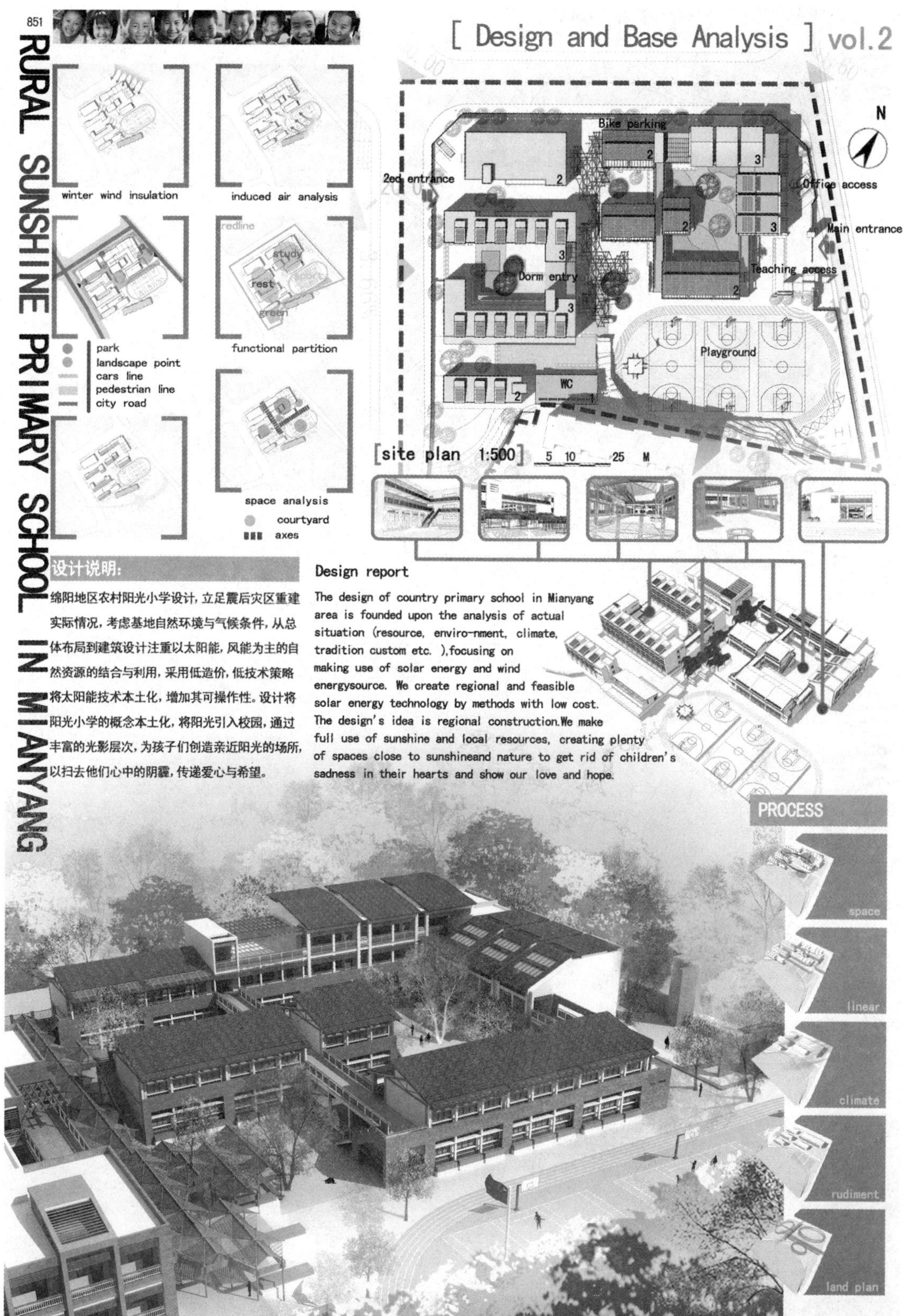
851
RURAL SUNSHINE PRIMARY SCHOOL IN MIANYANG
[Design and Base Analysis] vol.2
winter wind insulation
induced air analysis
redline
study
rest
green
functional partition
park
landscape point
cars line
pedestrian line
city road
space analysis
courtyard
axes
N
Bike parking
2ed entrance
Office access
Main entrance
Dorm entry
Teaching access
Playground
WC
[site plan 1:500] 5 10 25 M
设计说明:
绵阳地区农村阳光小学设计，立足震后灾区重建实际情况，考虑基地自然环境与气候条件，从总体布局到建筑设计注重以太阳能，风能为主的自然资源的结合与利用，采用低造价，低技术策略将太阳能技术本土化，增加其可操作性。设计将阳光小学的概念本土化，将阳光引入校园，通过丰富的光影层次，为孩子们创造亲近阳光的场所，以扫去他们心中的阴霾，传递爱心与希望。
Design report
The design of country primary school in Mianyang area is founded upon the analysis of actual situation (resource, enviro-nment, climate, tradition custom etc.),focusing on making use of solar energy and wind energysource. We create regional and feasible solar energy technology by methods with low cost. The design's idea is regional construction.We make full use of sunshine and local resources, creating plenty of spaces close to sunshineand nature to get rid of children's sadness in their hearts and show our love and hope.
PROCESS
space
linear
climate
rudiment
land plan

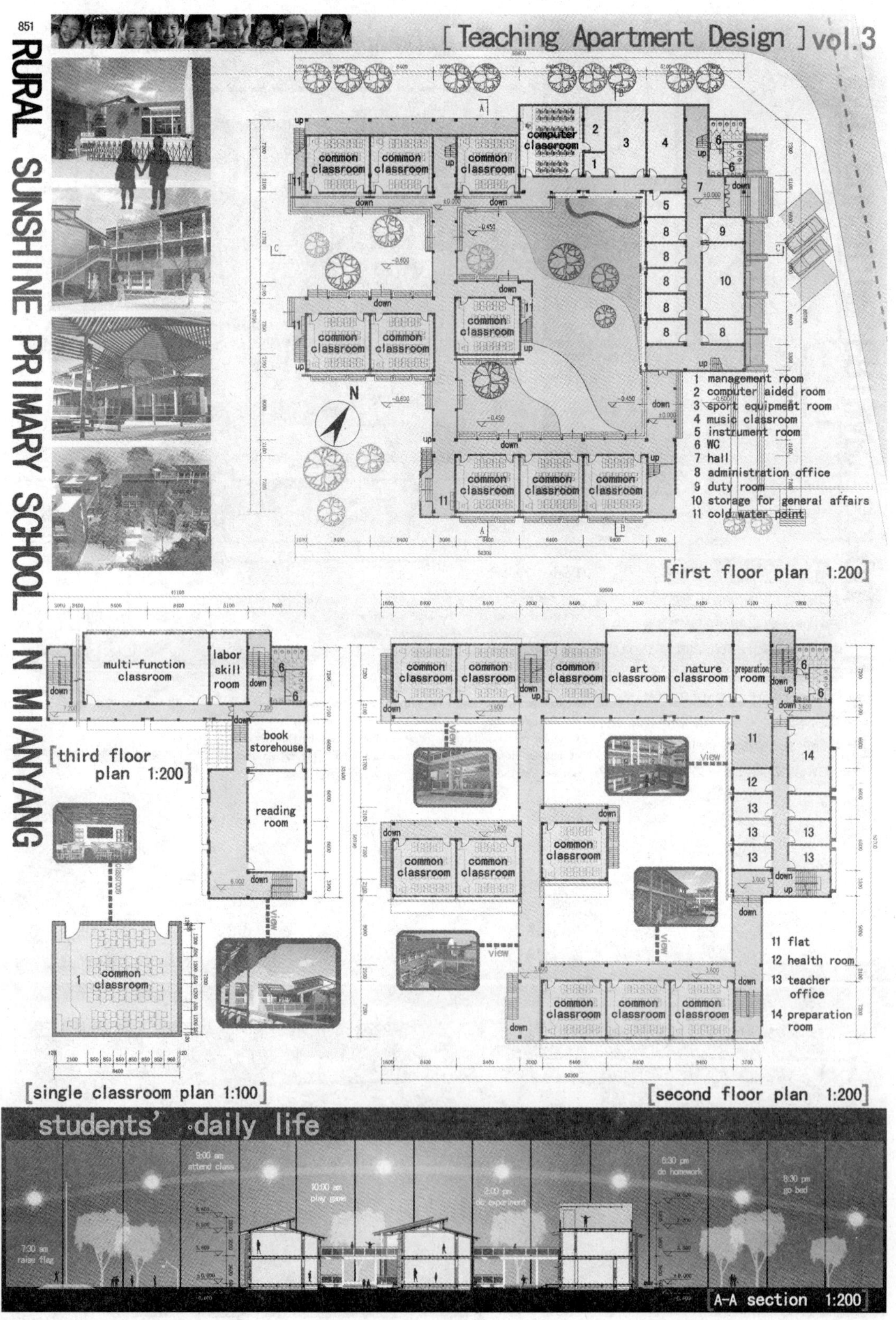
851
RURAL SUNSHINE PRIMARY SCHOOL IN MIANYANG
[Teaching Apartment Design] vol.3
common classroom
computer classroom
1 management room
2 computer aided room
3 sport equipment room
4 music classroom
5 instrument room
6 WC
7 hall
8 administration office
9 duty room
10 storage for general affairs
11 cold water point
[first floor plan 1:200]
multi-function classroom
labor skill room
book storehouse
reading room
[third floor plan 1:200]
art classroom
nature classroom
preparation room
11 flat
12 health room
13 teacher office
14 preparation room
view
[single classroom plan 1:100]
[second floor plan 1:200]
students' daily life
7:30 am raise flag
9:00 am attend class
10:00 am play game
2:00 pm do experiment
6:30 pm do homework
8:30 pm go bed
[A-A section 1:200]

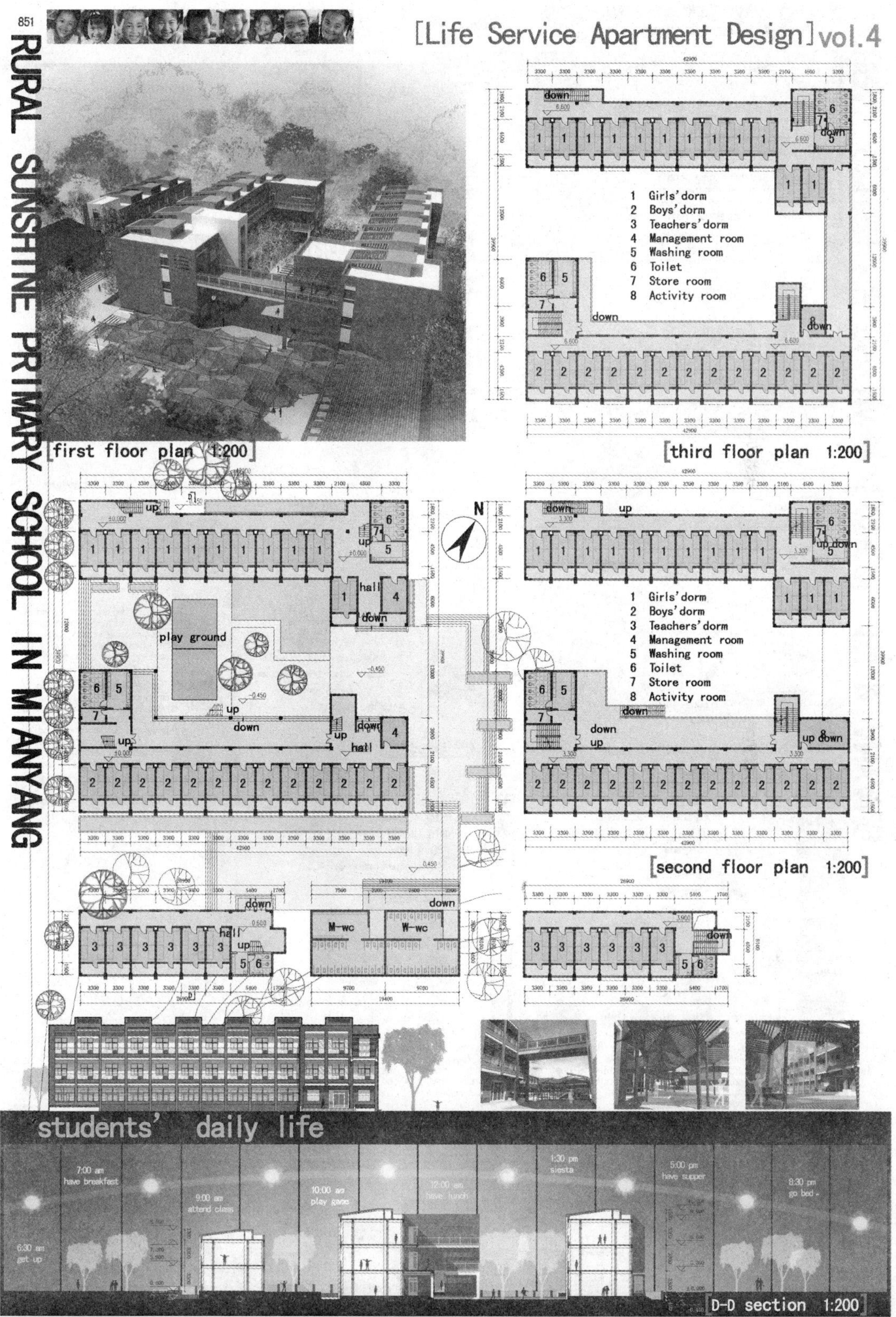
851
[Life Service Apartment Design] vol.4
RURAL SUNSHINE PRIMARY SCHOOL IN MIANYANG
first floor plan 1:200
third floor plan 1:200
second floor plan 1:200
1 Girls' dorm
2 Boys' dorm
3 Teachers' dorm
4 Management room
5 Washing room
6 Toilet
7 Store room
8 Activity room
play ground
hall
M-wc
W-wc
students' daily life
6:30 am get up
7:00 am have breakfast
9:00 am attend class
10:00 am play game
12:00 am have lunch
1:30 pm siesta
5:00 pm have supper
8:30 pm go bed
D-D section 1:200

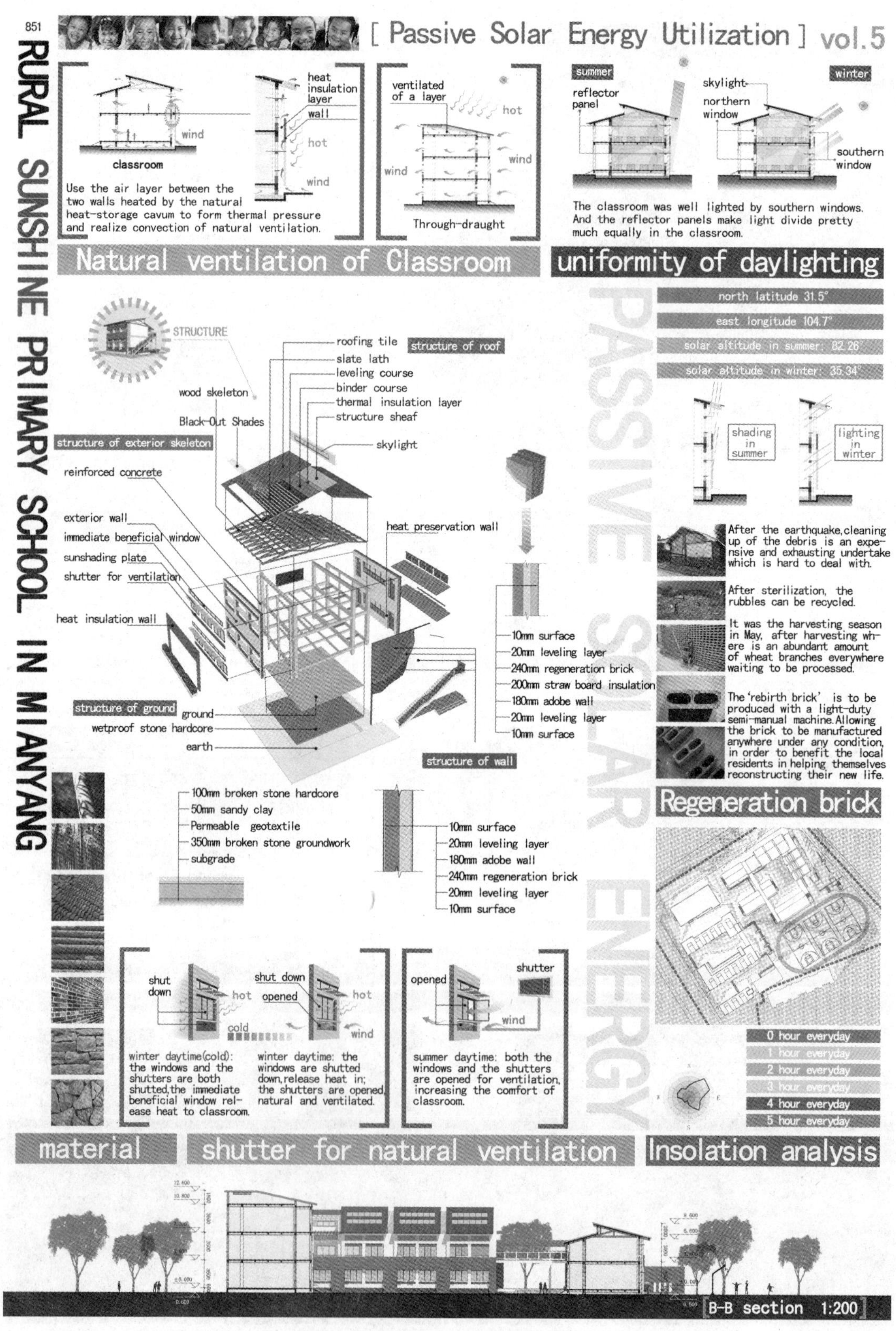
851
RURAL SUNSHINE PRIMARY SCHOOL IN MIANYANG
[Passive Solar Energy Utilization] vol.5
heat insulation layer
wall
hot
wind
classroom
Use the air layer between the two walls heated by the natural heat-storage cavum to form thermal pressure and realize convection of natural ventilation.
ventilated of a layer
Through-draught
summer
winter
reflector panel
skylight
northern window
southern window
The classroom was well lighted by southern windows. And the reflector panels make light divide pretty much equally in the classroom.
Natural ventilation of Classroom
uniformity of daylighting
PASSIVE SOLAR ENERGY
north latitude 31.5°
east longitude 104.7°
solar altitude in summer: 82.26°
solar altitude in winter: 35.34°
shading in summer
lighting in winter
STRUCTURE
roofing tile
slate lath
leveling course
binder course
thermal insulation layer
structure sheaf
structure of roof
skylight
wood skeleton
Black-Out Shades
structure of exterior skeleton
reinforced concrete
exterior wall
immediate beneficial window
sunshading plate
shutter for ventilation
heat insulation wall
heat preservation wall
structure of ground
ground
wetproof stone hardcore
earth
10mm surface
20mm leveling layer
240mm regeneration brick
200mm straw board insulation
180mm adobe wall
20mm leveling layer
10mm surface
structure of wall
100mm broken stone hardcore
50mm sandy clay
Permeable geotextile
350mm broken stone groundwork
subgrade
10mm surface
20mm leveling layer
180mm adobe wall
240mm regeneration brick
20mm leveling layer
10mm surface
After the earthquake, cleaning up of the debris is an expensive and exhausting undertake which is hard to deal with.
After sterilization, the rubbles can be recycled.
It was the harvesting season in May, after harvesting where is an abundant amount of wheat branches everywhere waiting to be processed.
The 'rebirth brick' is to be produced with a light-duty semi-manual machine. Allowing the brick to be manufactured anywhere under any condition, in order to benefit the local residents in helping themselves reconstructing their new life.
Regeneration brick
shut down
hot
cold
opened
wind
shutter
winter daytime(cold): the windows and the shutters are both shutted, the immediate beneficial window release heat to classroom.
winter daytime: the windows are shutted down, release heat in; the shutters are opened, natural and ventilated.
summer daytime: both the windows and the shutters are opened for ventilation, increasing the comfort of classroom.
0 hour everyday
1 hour everyday
2 hour everyday
3 hour everyday
4 hour everyday
5 hour everyday
material
shutter for natural ventilation
Insolation analysis
[B-B section 1:200]

RURAL SUNSHINE PRIMARY SCHOOL IN MIANYANG
Passive Solar Energy Utilization
ventilation of dormitory
solar heat
shutter ventilation
air grid
funnel cap
air space
air-vent
wind
layer of air of housetop,because of hot pressing ,air circulates through the air conduit and promote natural ventilation
onotechnical norms
No. | Name | Unit | Quantity
1 | total land area | Ha | 1.67
2 | total floor space | m² | 7744.3
teaching space | m² | 3138.4
administrative work space | m² | 376.3
service space | m² | 4229.6
3 | path square area | m² | 4734.6
4 | athletic field land | m² | 3115.7
5 | green space area | m² | 2757.6
6 | volume fraction | | 0.57
7 | green area coverage | % | 20.3%
8 | building density | % | 21.8%
9 | automobile berth number | a | 6
10 | bicycle parking number | a | 700
sectional perspectives
solar heat
readingroom heat environment analysis
western isolation
1. Ventilated of a layer outer keep out sunshine, avoid sun radiate and reduce the hot effect.
2. Use the function of wind pressure and hot pressing.
sunlight
air grid
air-vent
Black-Out Shades
wind
rainfall
cullis
water pipe
water container
Life
Watering
Landscape
rainfall collection
plants arrangement
make use of local plants and resource which can stand hot and wet weather.
street tree
Cinnamomum camphora
bush
rose
cotton rose
arboretum
flower plants
artificial marsh
marsh gas tank
marsh gas transit pipe
marsh gas tank
transit pipe
fuel
fertilizer
dining hall
toilet
bamboo framing
sunlight shadow
We use the typical local plants,bamboo,to create spaces like pavilions. Children can study play or have a chat here. Shadow varies with the sun and make the space more interesting
SUNSHINE SUNSHINE
C-C section 1:200

作品5：第三届台达杯国际太阳能建筑设计竞赛一等奖获奖作品（马尔康阳光小学）

理念思索

西索民居与羌族民居

Local climate and geographical characteristics Architectural features

当地气候及地理特点 CONTECT 建筑特色

嘉绒藏族建筑独具特色，建筑多在背风向阳、土质坚实地方，这也是与地方气候相适应的。

马尔康地区夏季凉爽冬季寒冷，日温差很大，不管是西索民居还是羌族民居，相对于四川盆地主要考虑夏季通风遮阳的特点是有相当大的区别的。通过利用泥土片石砌筑房屋，以及原生态的生土建筑做法，使得房间内冬暖夏凉，很好的适应了当地气候。

嘉绒藏族民居具有独特的垒石为屋建筑传统，另外当地木材、竹材也是常用材料。

思考 Thinking

本方案作为灾区希望小学，一方面满足孩子健康成长的需要，创造舒适积极的学习生活空间，以阳光健康的校园环境使孩子们融入新的学习生活，减少灾难对他们的影响；另一方面，对于当地文化和建筑特点的思考也使我们延续嘉绒文化的传统肌理与历史文脉。

嘉绒文化

Jiarong culture

Barkam located in west sichuan plateau, with an average altitude of 2700m, the terrain is different from the Sichuan Basin, which also created a Barkam unique climatic conditions, cold in winter and cool summer, and great temperature difference between day and night.

There are 63 percent of residents in Barkam areas are Jiarong Tibetan, Tibetan and Qiang integration, has developed a unique culture Jiarong. The Jiarong Tibetan in such a unique geographical climatic conditions, the formation of culture is a distinct expression in architecture, style and features on villages.

技术展示

- A 夏季通风道 Ventilation entrance
- B 覆土层 Soil layer
- C 阳光庭 Sunshine Court
- D 太阳能烟囱 Solar chimney
- E 当地片石墙 Stone tablets
- F 可开启阳光间 Activity corridor
- G 活动廊道 Activity corridor
- H 屋顶高窗 High window in roof
- I 当地土坯墙 Soil layer
- J 屋面天窗 Sky window in roof
- K 双层屋面 Double roof
- L 植草屋面 Green covering
- M 太阳能集热器 Solar collector
- N 地板辐射采暖 Floor panel heating

A B C D E F G H I J K L M N

B.I.R.D. V.I.E.W.P.O.I.N.T.S.

土生土长 EARTH. & GROWTH.

ARCHITECTURE. & LANDSCAPE.

马.尔.康.阳.光.小.学.设.计.

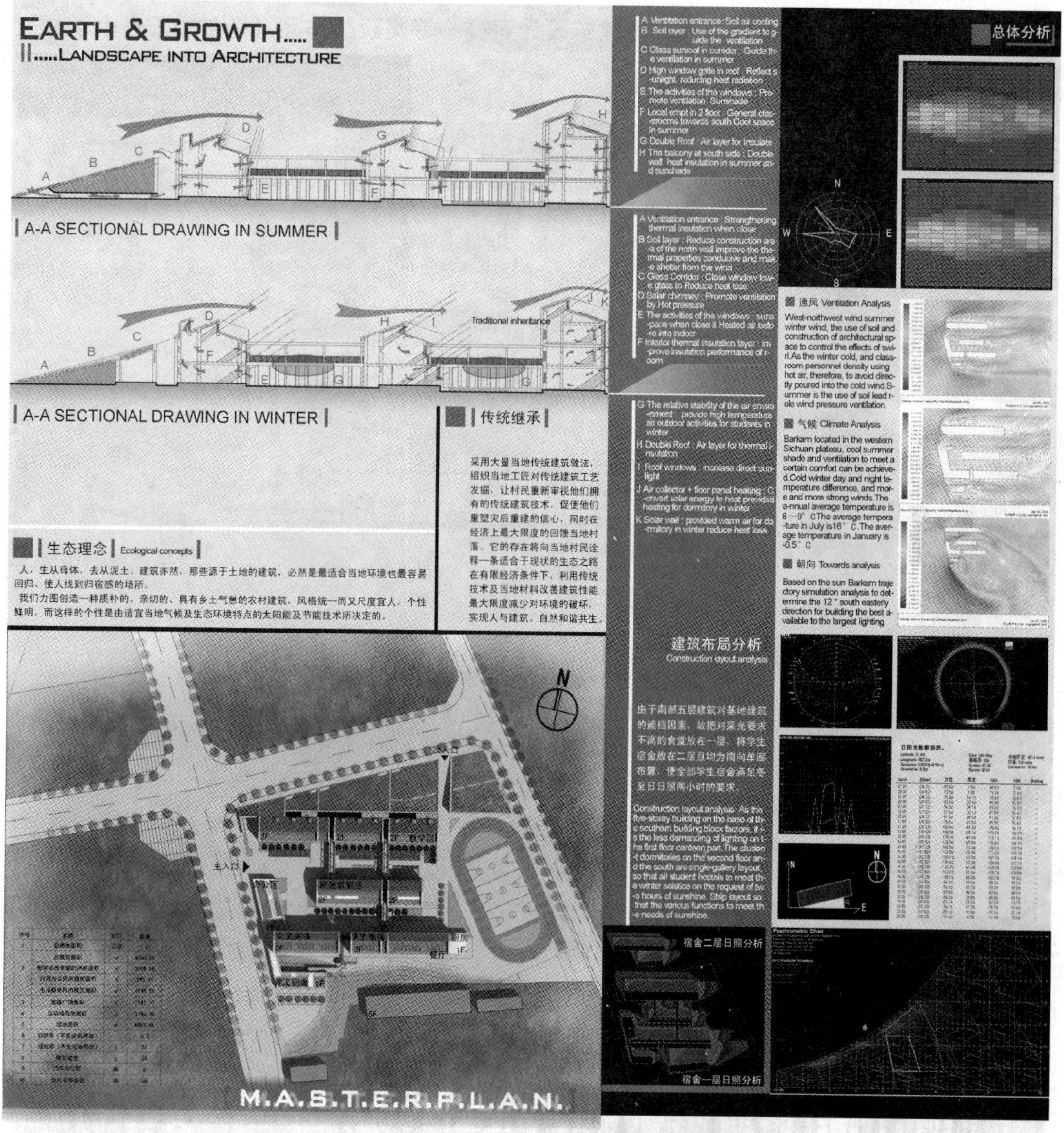

EARTH & GROWTH.....

.....LANDSCAPE INTO ARCHITECTURE

A Ventilation entrance : Soil air cooling
B Soil layer : Use of the gradient to guide the ventilation
C Glass sunroof in corridor : Guide the ventilation in summer
D High window grille in roof : Reflect sunlight, reducing heat radiation
E The activities of the windows : Promote ventilation Sunshade
F Local empt in 2 floor : General classrooms towards south Cool space in summer
G Double Roof : Air layer for Insulate
H The balcony at south side : Double wall heat insulation in summer and sunshade

A-A SECTIONAL DRAWING IN SUMMER

A Ventilation entrance : Strengthening thermal insulation when close
B Soil layer : Reduce construction area of the north wall improve the thermal properties conducive and make shelter from the wind
C Glass Corridor : Close window towe glass to Reduce heat loss
D Solar chimney : Promote ventilation by Hot pressure
E The activities of the windows : sunspace when close it Heated air before into indoor
F Interior thermal insulation layer : improve insulation performance of room

Traditional inheritance

A-A SECTIONAL DRAWING IN WINTER

G The relative stability of the air environment : provide high temperature air outdoor activities for students in winter
H Double Roof : Air layer for thermal insulation
I Roof windows : Increase direct sunlight
J Air collector + floor panel heating : Convert solar energy to heat provided heating for dormitory in winter
K Solar wall : provided warm air for domitory in winter reduce heat loss

生态理念 Ecological concepts

人，生从母体，去从泥土。建筑亦然，那些源于土地的建筑，必然是最适合当地环境也最容易回归、使人找到归宿感的场所。

我们力图创造一种质朴的、亲切的、具有乡土气息的农村建筑，风格统一而又尺度宜人，个性鲜明，而这样的个性是由适宜当地气候及生态环境特点的太阳能及节能技术所决定的。

传统继承

采用大量当地传统建筑做法，组织当地工匠对传统建筑工艺发掘，让村民重新审视他们拥有的传统建筑技术，促使他们重塑灾后重建的信心，同时在经济上最大限度的回馈当地村落。它的存在将向当地村民诠释一条适合于现状的生态之路在有限经济条件下，利用传统技术及当地材料改善建筑性能最大限度减少对环境的破坏，实现人与建筑、自然和谐共生。

总体分析

N W E S

■ 通风 Ventilation Analysis

West-northwest wind summer winter wind, the use of soil and construction of architectural space to control the effects of swirl.As the winter cold, and classroom personnel density using hot air, therefore, to avoid directly poured into the cold wind.Summer is the use of soil lead role wind pressure ventilation.

■ 气候 Climate Analysis

Barkam located in the western Sichuan plateau, cool summer shade and ventilation to meet a certain comfort can be achieved.Cold winter day and night temperature difference, and more and more strong winds.The annual average temperature is 8～9° C The average temperature in July is16° C.The average temperature in January is -0.5° C

■ 朝向 Towards analysis

Based on the sun Barkam trajectory simulation analysis to determine the 12 ° south easterly direction for building the best available to the largest lighting.

建筑布局分析 Construction layout analysis

由于南部五层建筑对基地建筑的遮挡因素，故把对采光要求不高的食堂放在一层，将学生宿舍放在二层且均为南向单廊布置，使全部学生宿舍满足冬至日日照两小时的要求。

Construction layout analysis: As the five-storey building on the base of the southern building block factors, it is the less demanding of lighting on the first floor canteen part. The student dormitories on the second floor and the south are single-gallery layout, so that all student hostels to meet the winter solstice on the request of two hours of sunshine. Strip layout so that the various functions to meet the needs of sunshine.

宿舍二层日照分析

宿舍一层日照分析

Psychrometric Chart

N

主入口

次入口

M.A.S.T.E.R.P.L.A.N.

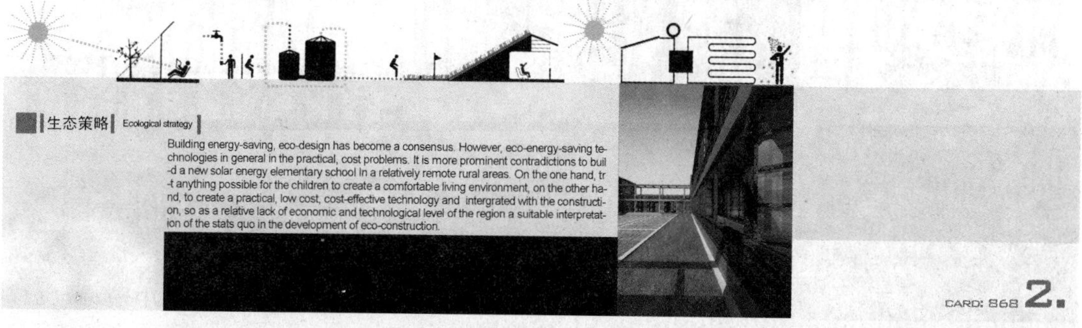

生态策略 Ecological strategy
Building energy-saving, eco-design has become a consensus. However, eco-energy-saving technologies in general in the practical, cost problems. It is more prominent contradictions to build a new solar energy elementary school In a relatively remote rural areas. On the one hand, trt anything possible for the children to create a comfortable living environment, on the other hand, to create a practical, low cost, cost-effective technology and intergrated with the construction, so as a relative lack of economic and technological level of the region a suitable interpretation of the stats quo in the development of eco-construction.

CARD: 868 2.

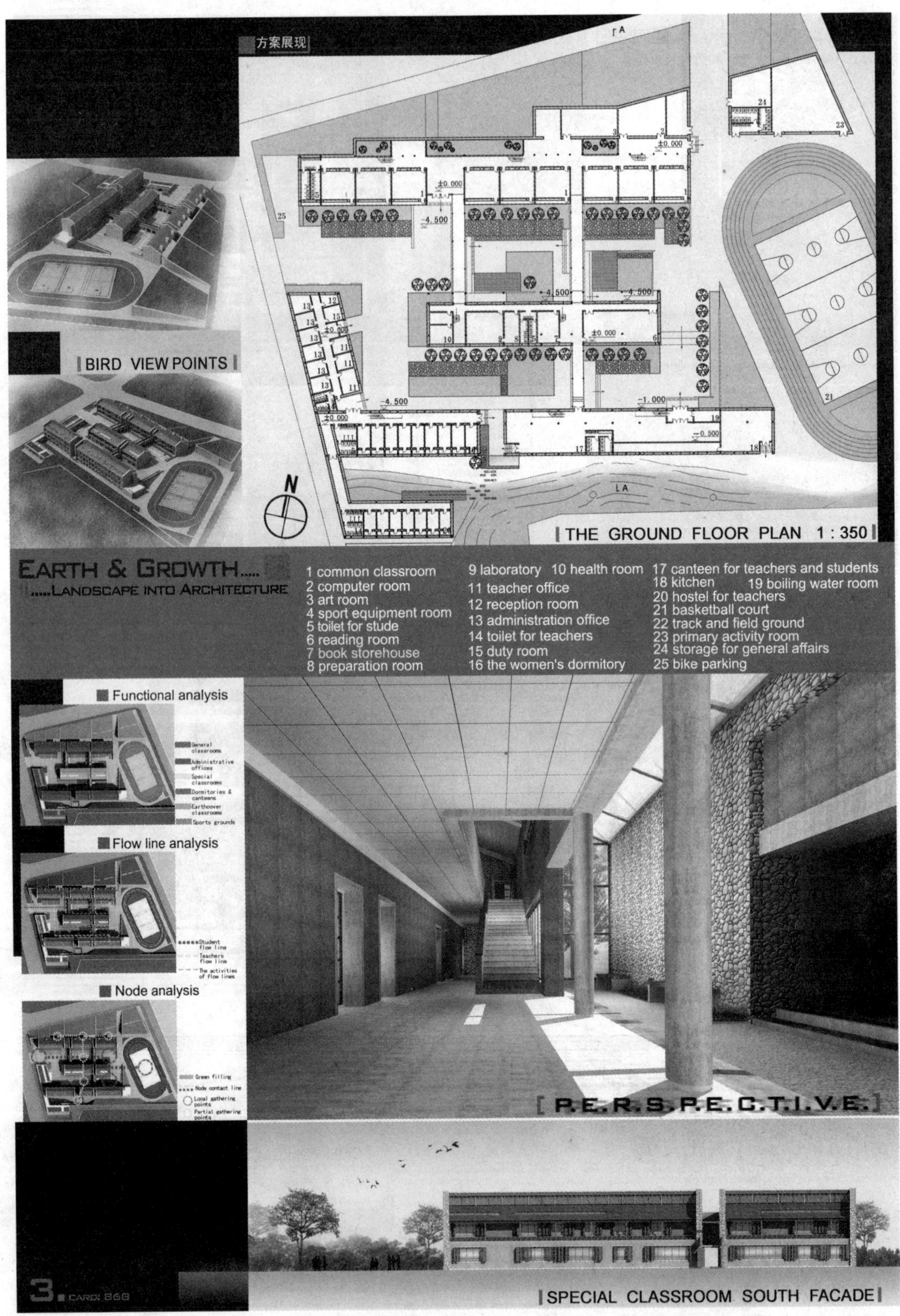
方案展现
BIRD VIEW POINTS
THE GROUND FLOOR PLAN 1 : 350
EARTH & GROWTH.....
.....LANDSCAPE INTO ARCHITECTURE
1 common classroom
2 computer room
3 art room
4 sport equipment room
5 toilet for stude
6 reading room
7 book storehouse
8 preparation room
9 laboratory 10 health room
11 teacher office
12 reception room
13 administration office
14 toilet for teachers
15 duty room
16 the women's dormitory
17 canteen for teachers and students
18 kitchen 19 boiling water room
20 hostel for teachers
21 basketball court
22 track and field ground
23 primary activity room
24 storage for general affairs
25 bike parking
Functional analysis
Flow line analysis
Node analysis
P.E.R.S.P.E.C.T.I.V.E.
SPECIAL CLASSROOM SOUTH FACADE

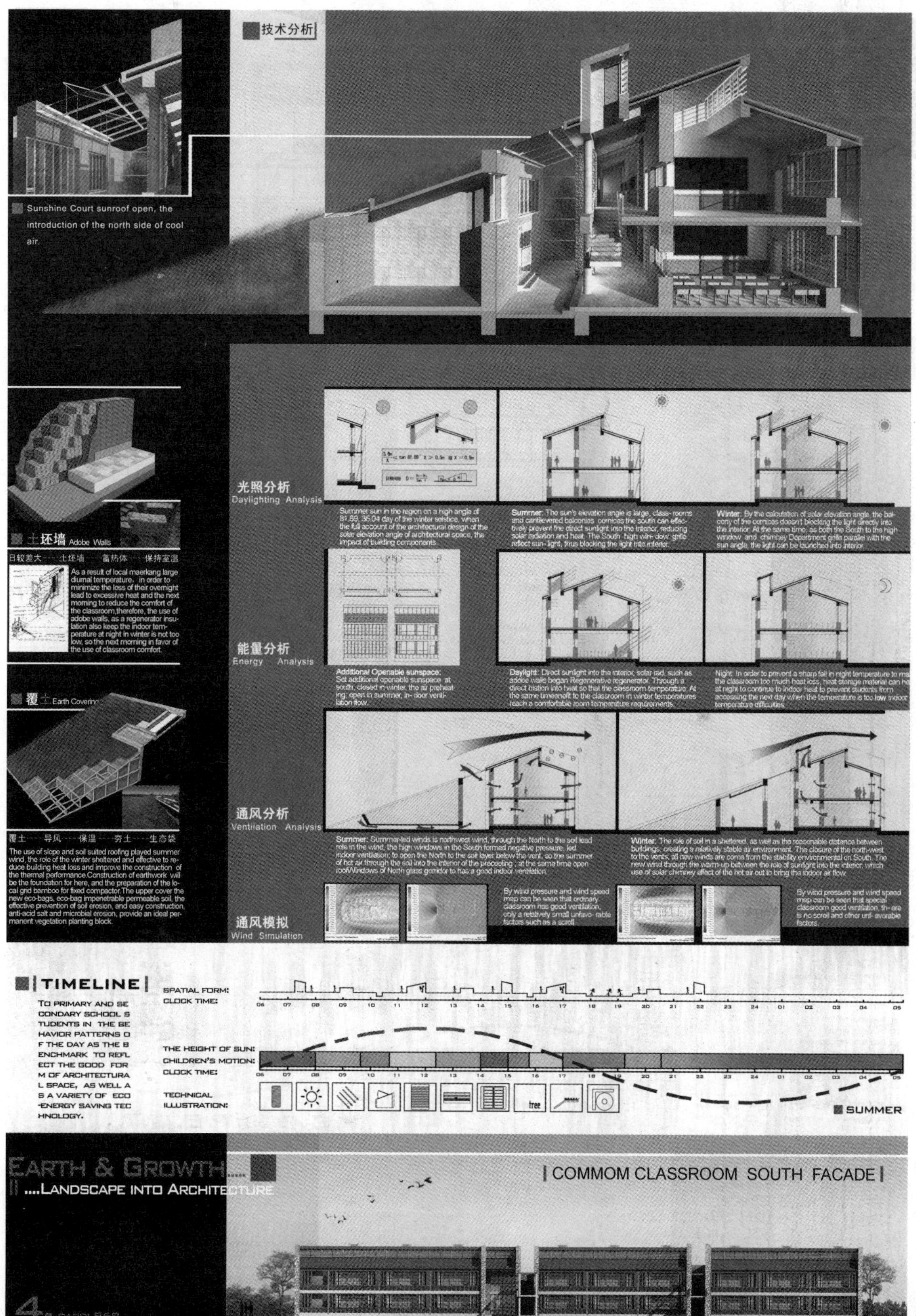
技术分析
Sunshine Court sunroof open, the introduction of the north side of cool air.
土坯墙 Adobe Walls
日较差大——土坯墙——蓄热体——保持室温
As a result of local maerkang large diurnal temperature, in order to minimize the loss of their overnight lead to excessive heat and the next morning to reduce the comfort of the classroom,therefore, the use of adobe walls, as a regenerator insulation also keep the indoor temperature at night in winter is not too low, so the next morning in favor of the use of classroom comfort.
覆土 Earth Covering
覆土——导风——保温——夯土——生态袋
The use of slope and soil suited roofing played summer wind, the role of the winter sheltered and effective to reduce building heat loss and improve the construction of the thermal performance.Construction of earthwork will be the foundation for here, and the preparation of the local grid bamboo for fixed compactor.The upper cover the new eco-bags, eco-bag impenetrable permeable soil, the effective prevention of soil erosion, and easy construction, anti-acid salt and microbial erosion, provide an ideal permanent vegetation planting block.
光照分析
Daylighting Analysis
Summer sun in the region on a high angle of 81.89, 35.04 day of the winter solstice, when the full account of the architectural design of the solar elevation angle of architectural space, the impact of building components.
Summer: The sun's elevation angle is large, class- rooms and cantilevered balconies cornices the south can effectively prevent the direct sunlight into the interior, reducing solar radiation and heat. The South high win- dow grille reflect sun- light, thus blocking the light into interior.
Winter: By the calculation of solar elevation angle, the balcony of the cornices doesn't blocking the light directly into the interior. At the same time, as both the South to the high window and chimney Department grille parallel with the sun angle, the light can be launched into interior.
能量分析
Energy Analysis
Additional Openable sunspace:
Set additional openable sunspace at south, closed in winter, the air preheating, open in summer, in- door ventilation flow.
Daylight: Direct sunlight into the interior, solar rad, such as adobe walls began Regenerative regenerator. Through a direct biation into heat so that the classroom temperature. At the same timeeneft to the classroom in winter temperatures reach a comfortable room temperature requirements.
Night: In order to prevent a sharp fall in night temperature to ma the classroom too much heat loss, heat storage material can he at night to continue to indoor heat to prevent students from accessing the next day when the temperature is too low indoor temperature difficulties.
通风分析
Ventilation Analysis
Summer: Summer-led winds is northwest wind, through the North to the soil lead role in the wind, the high windows in the South formed negative pressure, led indoor ventilation; to open the North to the soil layer below the vent, so the summer of hot air through the soil into the interior of the precooling ; at the same time open roofWindows of North glass gorridor to has a good indoor ventilation.
Winter: The role of soil in a sheltered, as well as the reasonable distance between buildings, creating a relatively stable air environment. The closure of the north-west to the vents, all new winds are come from the stability environmental on South. The new wind through the warm-up between the role of sunlight into the interior, which use of solar chimney effect of the hot air out to bring the indoor air flow.
通风模拟
Wind Simulation
By wind pressure and wind speed map can be seen that ordinary classroom has good ventilation, only a relatively small unfavo- rable factors such as a scroll.
By wind pressure and wind speed map can be seen that special classroom good ventilation, th- ere is no scroll and other unf- avorable factors.
TIMELINE
TO PRIMARY AND SE CONDARY SCHOOL S TUDENTS IN THE BE HAVIOR PATTERNS O F THE DAY AS THE B ENCHMARK TO REFL ECT THE GOOD FOR M OF ARCHITECTURA L SPACE, AS WELL A S A VARIETY OF ECO -ENERGY SAVING TEC HNOLOGY.
SPATIAL FORM:
CLOCK TIME:
06 07 08 09 10 11 12 13 14 15 16 17 18 19 20 21 22 23 24 01 02 03 04 05
THE HEIGHT OF SUN:
CHILDREN'S MOTION:
CLOCK TIME:
06 07 08 09 10 11 12 13 14 15 16 17 18 19 20 21 22 23 24 01 02 03 04 05
TECHNICAL ILLUSTRATION:
tree
SUMMER
EARTH & GROWTH.....
....LANDSCAPE INTO ARCHITECTURE
COMMOM CLASSROOM SOUTH FACADE
4

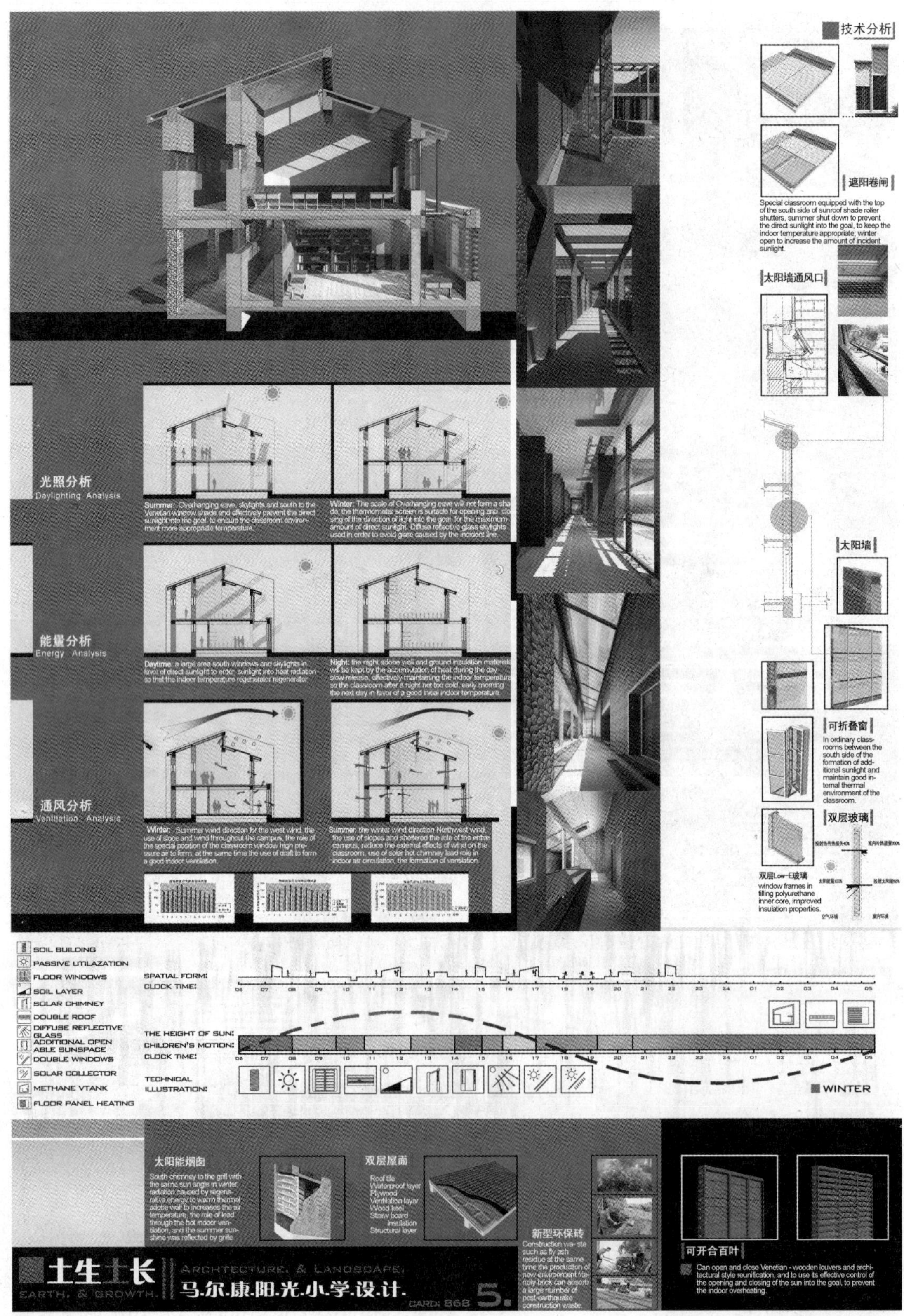

技术分析
遮阳卷闸
Special classroom equipped with the top of the south side of sunroof shade roller shutters, summer shut down to prevent the direct sunlight into the goal, to keep the indoor temperature appropriate; winter open to increase the amount of incident sunlight.
太阳墙通风口
太阳墙
可折叠窗
In ordinary classrooms between the south side of the formation of additional sunlight and maintain good internal thermal environment of the classroom.
双层玻璃
双层Low-E玻璃
window frames in filling polyurethane inner core, improved insulation properties.
光照分析
Daylighting Analysis
Summer: Overhanging eave, skylights and south to the Venetian window shade and effectively prevent the direct sunlight into the goal, to ensure the classroom environment more appropriate temperature.
能量分析
Energy Analysis
Daytime: a large area south windows and skylights in favor of direct sunlight to enter, sunlight into heat radiation so that the indoor temperature regenerator regenerator.
通风分析
Ventilation Analysis
Winter: Summer wind direction for the west wind, the use of slope and wind throughout the campus, the role of the special position of the classroom window high pressure air to form, at the same time the use of draft to form a good indoor ventilation.
Summer: the winter wind direction Northwest wind, the use of slopes and sheltered the role of the entire campus, reduce the external effects of wind on the classroom, use of solar hot chimney lead role in indoor air circulation, the formation of ventilation.
SOIL BUILDING
PASSIVE UTILAZATION
FLOOR WINDOWS
SOIL LAYER
SOLAR CHIMNEY
DOUBLE ROOF
DIFFUSE REFLECTIVE GLASS
ADDITIONAL OPEN ABLE SUNSPACE
DOUBLE WINDOWS
SOLAR COLLECTOR
METHANE VTANK
FLOOR PANEL HEATING
SPATIAL FORM:
CLOCK TIME:
THE HEIGHT OF SUN:
CHILDREN'S MOTION:
TECHNICAL ILLUSTRATION:
WINTER
太阳能烟囱
双层屋面
Roof tile
Waterproof layer
Plywood
Ventilation layer
Wood keel
Straw board insulation
Structural layer
新型环保砖
可开合百叶
Can open and close Venetian - wooden louvers and architectural style reunification, and to use its effective control of the opening and closing of the sun into the goal, to prevent the indoor overheating.
土生土长
EARTH, & GROWTH.
ARCHITECTURE, & LANDSCAPE.
马.尔.康.阳.光.小.学.设.计.
CARD: 868
5.

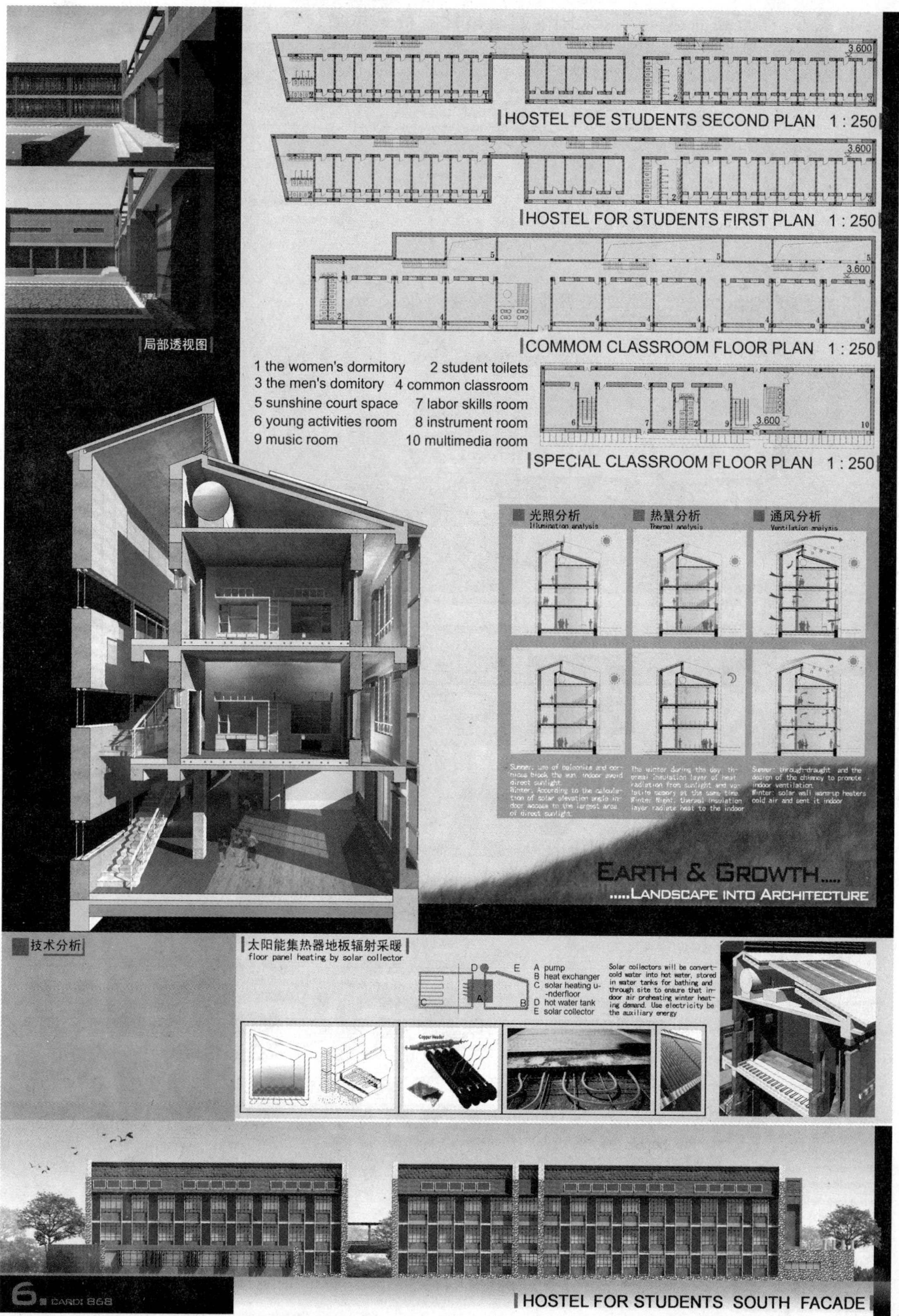
局部透视图
HOSTEL FOE STUDENTS SECOND PLAN 1 : 250
HOSTEL FOR STUDENTS FIRST PLAN 1 : 250
COMMOM CLASSROOM FLOOR PLAN 1 : 250
1 the women's dormitory
2 student toilets
3 the men's domitory
4 common classroom
5 sunshine court space
7 labor skills room
6 young activities room
8 instrument room
9 music room
10 multimedia room
SPECIAL CLASSROOM FLOOR PLAN 1 : 250
光照分析
Illumination analysis
热量分析
Thermal analysis
通风分析
Ventilation analysis
EARTH & GROWTH.....
.....LANDSCAPE INTO ARCHITECTURE
技术分析
太阳能集热器地板辐射采暖
floor panel heating by solar collector
A pump
B heat exchanger
C solar heating u-nderfloor
D hot water tank
E solar collector
Solar collectors will be convert cold water into hot water, stored in water tanks for bathing and through site to ensure that indoor air preheating winter heating demand. Use electricity be the auxiliary energy
HOSTEL FOR STUDENTS SOUTH FACADE

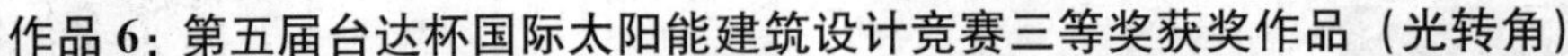

作品 6：第五届台达杯国际太阳能建筑设计竞赛三等奖获奖作品（光转角）

3137

CORNER SEE SUNSHINE 1

光 转角

问题一：如何在原有建筑朝向并不完美的情况下最大效率的运用太阳能技术？
Question 1: How to use the maximum efficiency of solar energy technology solve the problem of orientation?

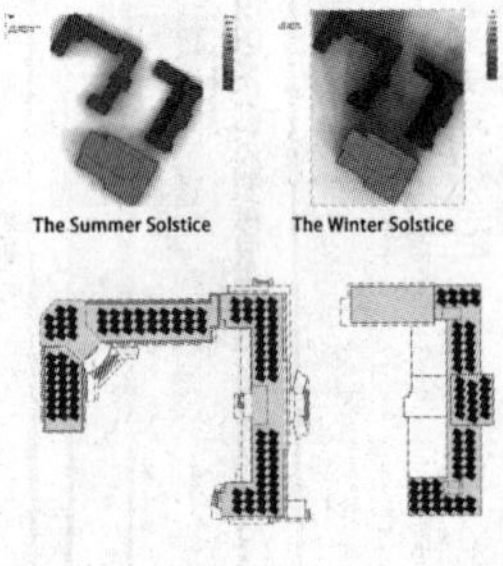

The Summer Solstice　The Winter Solstice

问题二：如何处理A座对改造建筑阳光的遮挡尽可能多的获取阳光？
Question2: How to deal with the sunshade of building A ?

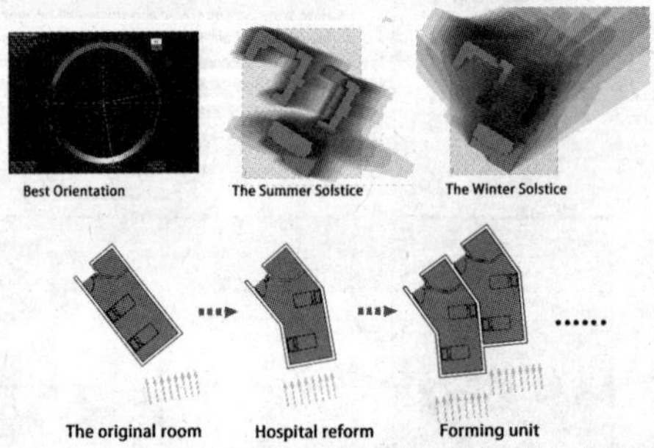

Best Orientation　The Summer Solstice　The Winter Solstice

The original room　Hospital reform　Forming unit

问题三：如何对既有建筑改造来满足老年人的心理需求？
Questing3: How to transform old building to meet the psychological needs of the elderly?

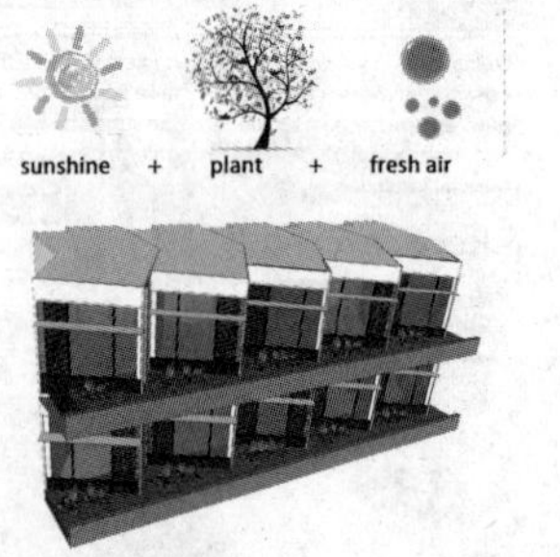

sunshine + plant + fresh air

设计说明

老年人做为一个特殊的社会群体，需要得到我们的更多关注与呵护。本方案以“老人、阳光、节能”为主题，通过下沉采光庭院的营造，中庭贯通空间的引入，护理病房的扭转，屋顶、墙面绿化的种植，为老年人提供了一个自然，舒适，新颖，节能的疗养空间。同时，空间的再塑、立面的现代化设计、平面的创新为原建筑赋予了新的生命力！

Old people as a special group need us more attention and care. The theme of the building scheme is"Old people、Sunshine、Energy saving"We use the sinking skylight、atrium skylight、reversed nursing ward to save recuperate space.At the same time,We use the modern design of novel elevation and the innovation design of plane to create new hospital space.

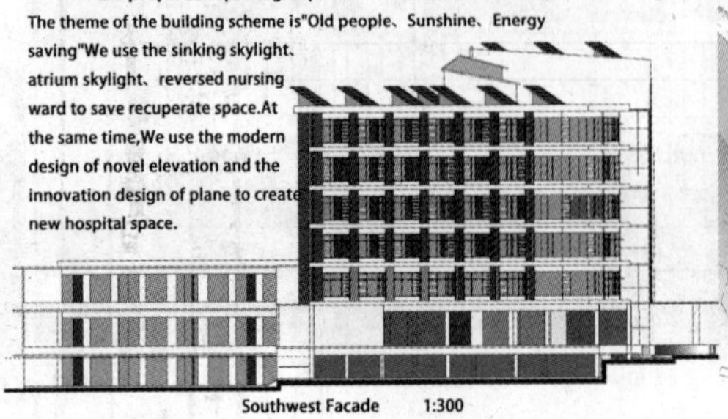

Southwest Facade　1:300

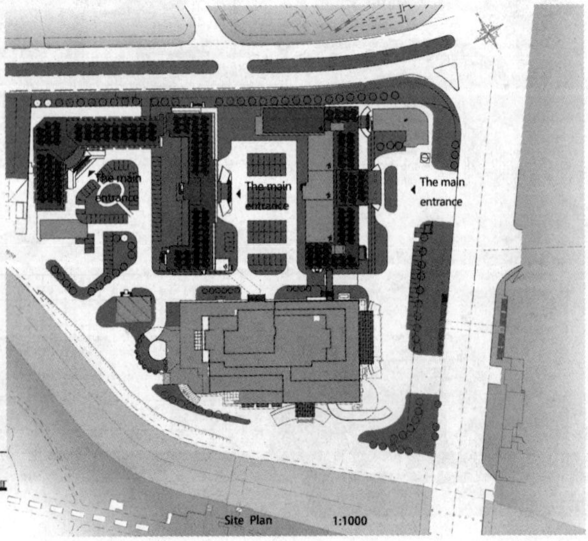

The main entrance　The main entrance　The main entrance

Site Plan　1:1000

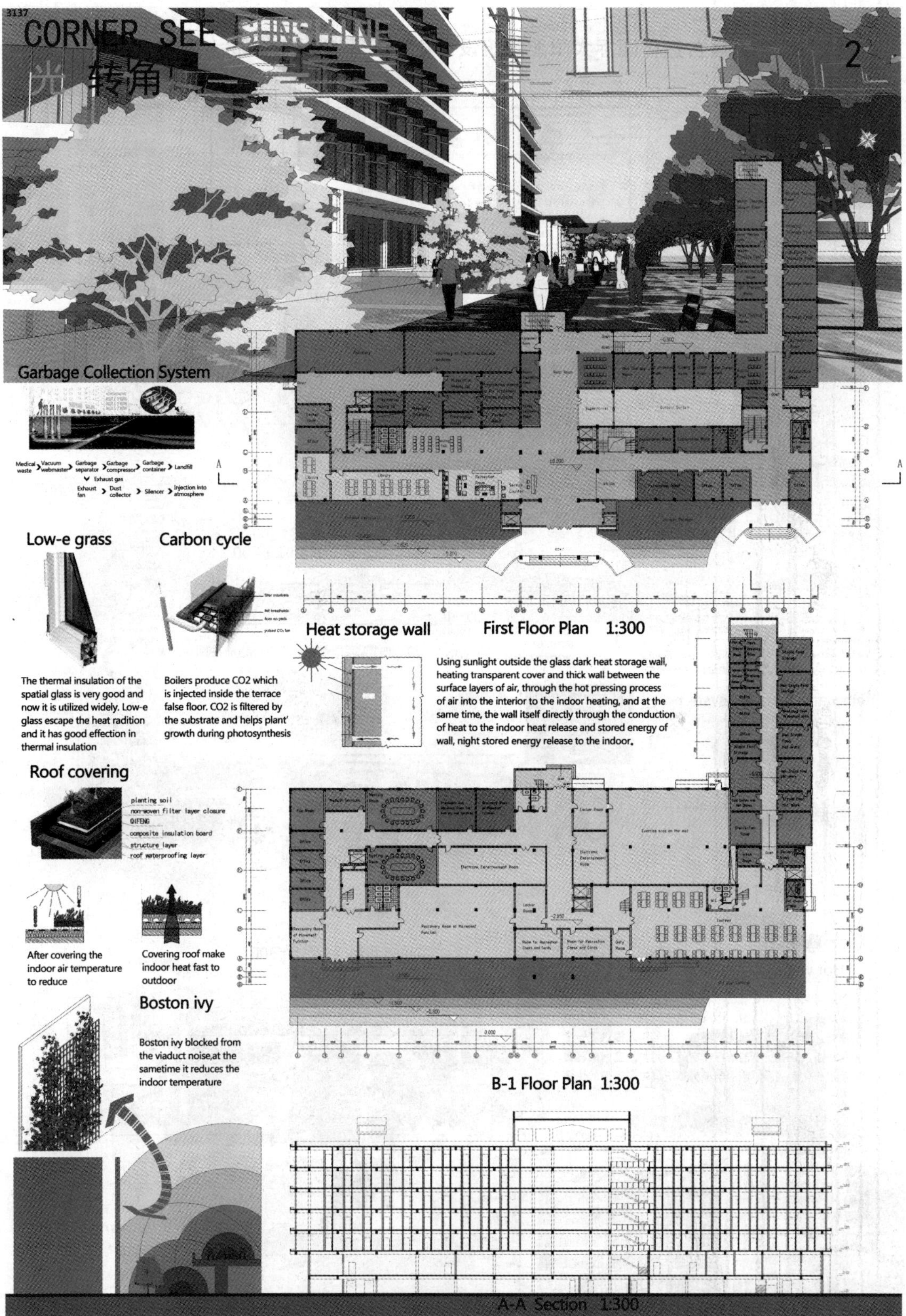
3137
CORNER SEE
光 转角
2
Garbage Collection System
Medical waste > Vacuum webmaster > Garbage separator > Garbage compressor > Garbage container > Landfill
Exhaust gas
Exhaust fan > Dust collector > Silencer > Injection into atmosphere
Low-e grass
Carbon cycle
The thermal insulation of the spatial glass is very good and now it is utilized widely. Low-e glass escape the heat radition and it has good effection in thermal insulation
Boilers produce CO2 which is injected inside the terrace false floor. CO2 is filtered by the substrate and helps plant' growth during photosynthesis
Heat storage wall
First Floor Plan 1:300
Using sunlight outside the glass dark heat storage wall, heating transparent cover and thick wall between the surface layers of air, through the hot pressing process of air into the interior to the indoor heating, and at the same time, the wall itself directly through the conduction of heat to the indoor heat release and stored energy of wall, night stored energy release to the indoor.
Roof covering
planting soil
non-woven filter layer closure
composite insulation board
structure layer
roof waterproofing layer
After covering the indoor air temperature to reduce
Covering roof make indoor heat fast to outdoor
Boston ivy
Boston ivy blocked from the viaduct noise,at the sametime it reduces the indoor temperature
B-1 Floor Plan 1:300
A-A Section 1:300

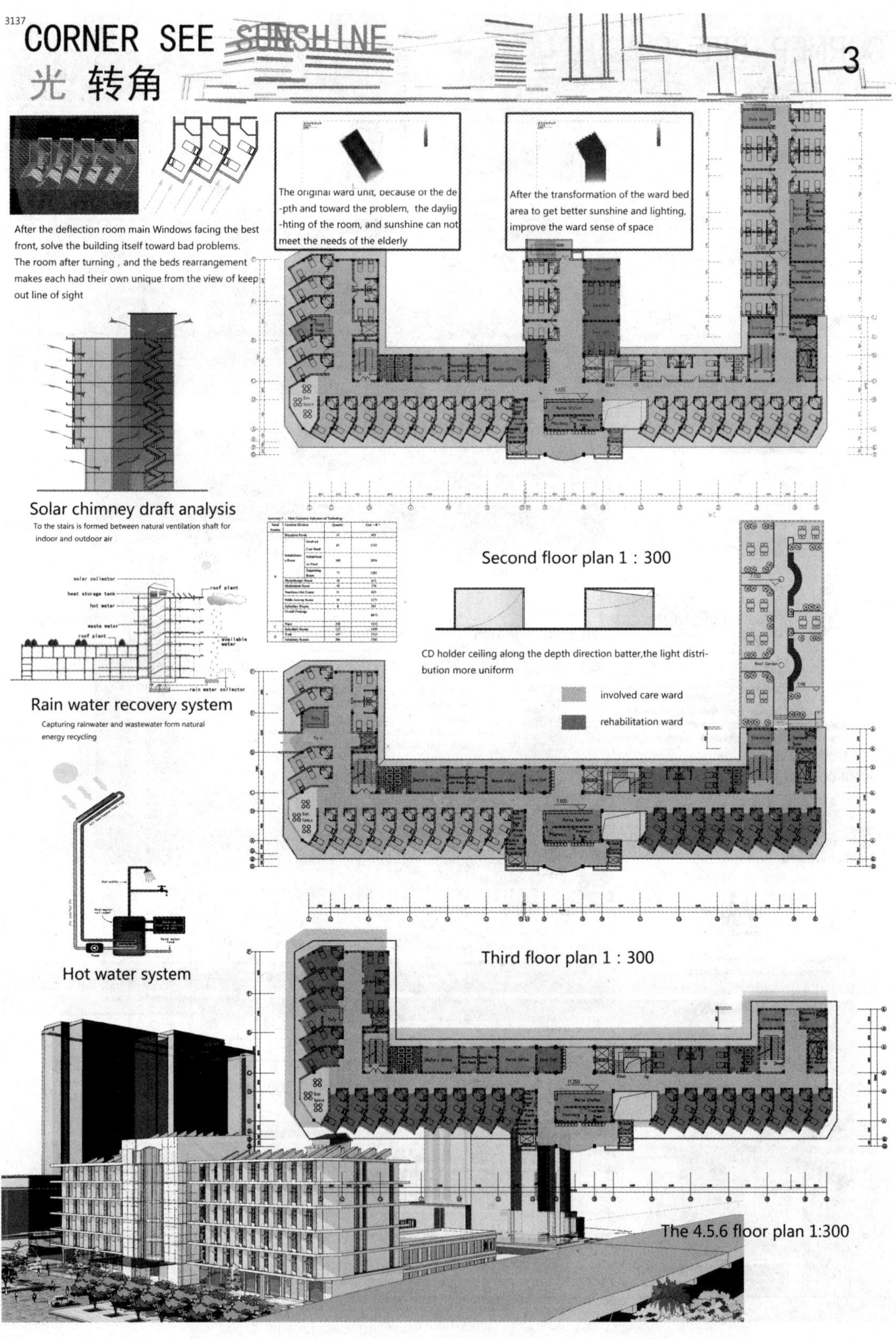
3137
CORNER SEE SUNSHINE
光 转角
3
After the deflection room main Windows facing the best front, solve the building itself toward bad problems. The room after turning , and the beds rearrangement makes each had their own unique from the view of keep out line of sight
The original ward unit, because of the de-pth and toward the problem, the dayligh-hting of the room, and sunshine can not meet the needs of the elderly
After the transformation of the ward bed area to get better sunshine and lighting, improve the ward sense of space
Solar chimney draft analysis
To the stairs is formed between natural ventilation shaft for indoor and outdoor air
solar collector
heat storage tank
hot water
waste water
roof plant
available water
rain water collector
Rain water recovery system
Capturing rainwater and wastewater form natural energy recycling
Second floor plan 1 : 300
CD holder ceiling along the depth direction batter,the light distribution more uniform
involved care ward
rehabilitation ward
Hot water system
Third floor plan 1 : 300
The 4.5.6 floor plan 1:300

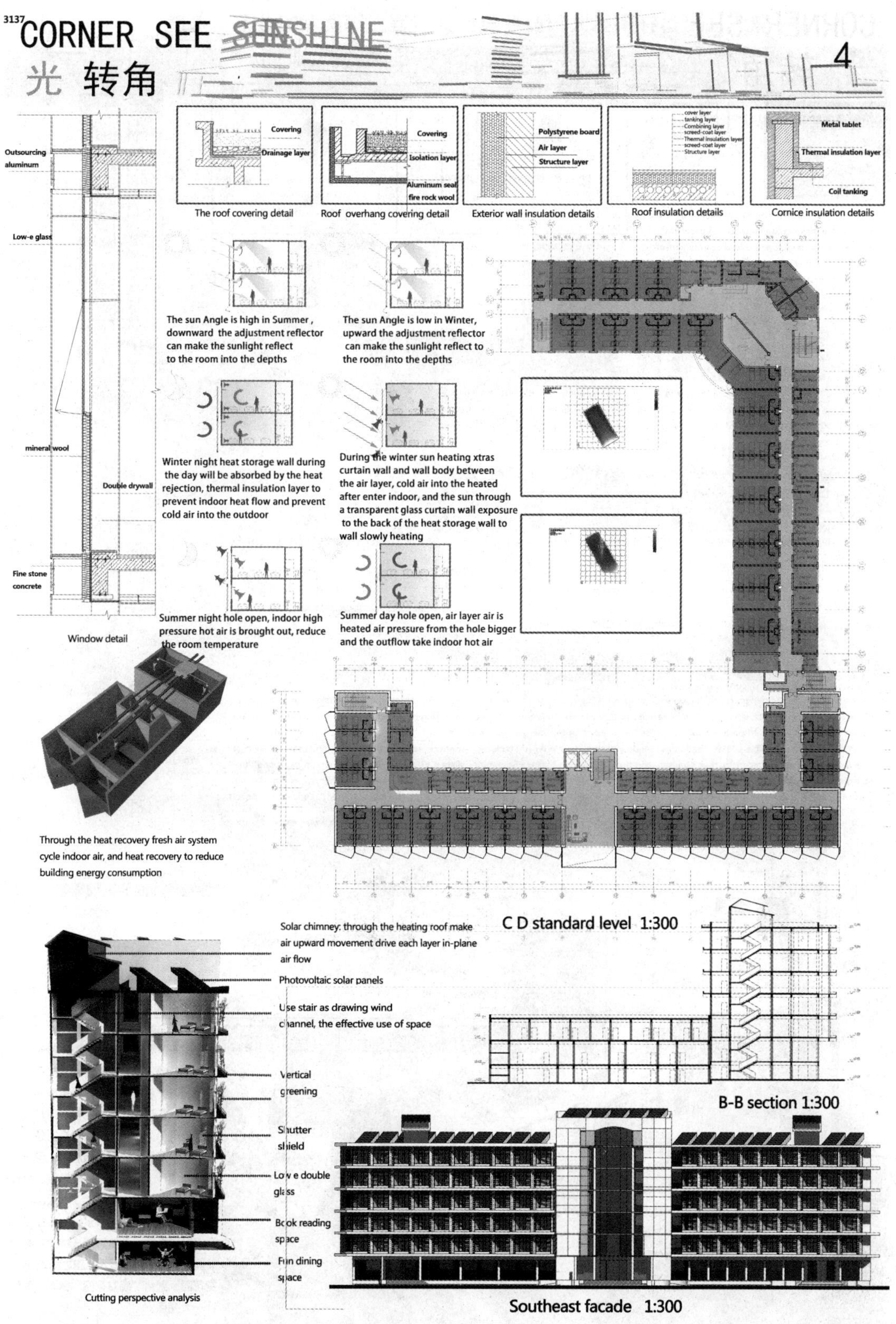
3137
CORNER SEE SUNSHINE
光 转角
4
Outsourcing aluminum
Low-e glass
mineral wool
Double drywall
Fine stone concrete
Window detail
Covering
Drainage layer
The roof covering detail
Covering
Isolation layer
Aluminum seal fire rock wool
Roof overhang covering detail
Polystyrene board
Air layer
Structure layer
Exterior wall insulation details
Roof insulation details
Metal tablet
Thermal insulation layer
Coil tanking
Cornice insulation details
The sun Angle is high in Summer, downward the adjustment reflector can make the sunlight reflect to the room into the depths
The sun Angle is low in Winter, upward the adjustment reflector can make the sunlight reflect to the room into the depths
Winter night heat storage wall during the day will be absorbed by the heat rejection, thermal insulation layer to prevent indoor heat flow and prevent cold air into the outdoor
During the winter sun heating xtras curtain wall and wall body between the air layer, cold air into the heated after enter indoor, and the sun through a transparent glass curtain wall exposure to the back of the heat storage wall to wall slowly heating
Summer night hole open, indoor high pressure hot air is brought out, reduce the room temperature
Summer day hole open, air layer air is heated air pressure from the hole bigger and the outflow take indoor hot air
Through the heat recovery fresh air system cycle indoor air, and heat recovery to reduce building energy consumption
Solar chimney: through the heating roof make air upward movement drive each layer in-plane air flow
Photovoltaic solar panels
Use stair as drawing wind channel, the effective use of space
Vertical greening
Shutter shield
Low e double glass
Book reading space
Fun dining space
Cutting perspective analysis
C D standard level 1:300
B-B section 1:300
Southeast facade 1:300

作品7：第五届台达杯国际太阳能建筑设计竞赛三等奖获奖作品（破晓）

Sunshine and architectural regeneration
——阳光与建筑再生

【status analysis】

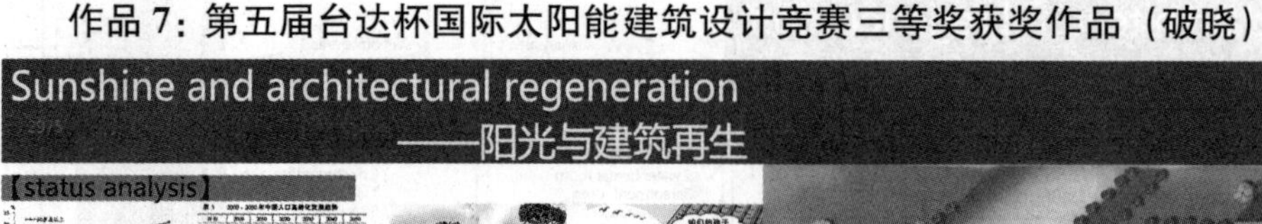

Population aging is a social problem that China must be facing in the next stage. Geriatric rehabilitation center will sure become a trend of the medical building development. As can be seen from the picture,the ward building has poor performance of thermal insulation and heat preservation and it has adopted active and passive solar energy technology to ensure the constructions' higher degree of comfort.

【Site analysis】

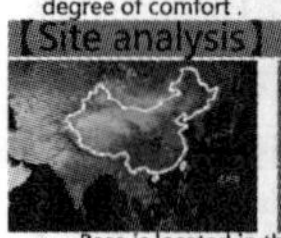
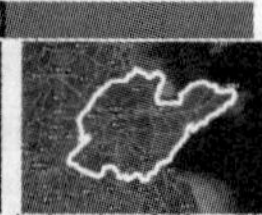

Base is located in the junction of Sifang District and north of Qingdao city. It faces intersection of Weihai Road,Anshan Road, and the people road to the east, north of Anshan Road Elevated Bridge, near to Haipo River south (river in the city),and Qingdao Cultural Park which on its west side covers an area of 227000 square meters.The traffic is convnient ,the landscape along the river and in the park is very beautiful.

【Climatic analysis】

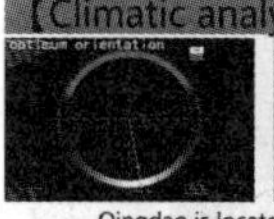

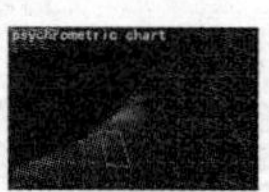

Qingdao is located in the northern temperate monsoon region, and on the verge of the Yellow Sea, has both monsoon climate and maritime climate characteristics. The air temperature in winter is a little higher than other neighboring cities and gets warmer slowly in spring, it rarely hot in summer and temperature drops tardy in autumn.Humid air, moderate rainfall, with hot rainy season and pleasant climate.

site plan 1:750

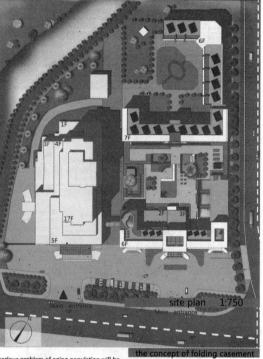

Main entrance

Main entrance

破晓 Fresh Light
——建筑的重生 01

Nowadays providing a perfect rehabilitation environment for the elderly to face the increasingly serious problem of aging population will be imperative. Our scheme fresh light means to make the old construction no longer confined to the fetters of traditional style and get an infusion of fresh blood. The "zero carbon building" becomes the concept for this design. It aims at mini-mizing energy consumption by remodelling the building from any possible angles. The folding window design, double façade building, draft chimney and other design method were adopt -ed to form energy-saving reconstructive skeleton, and the application of solar photovoltaic system, GSHPs(ground-source pump air-condition -ing systems),artificial marsh system and other energy-saving techniques contribute to making the building form comprehensive energy-saving system .This scheme shows us the special overhead garden between the B/C block, which has infused the "sensory garden" concept, is indeed a highlight of this design.

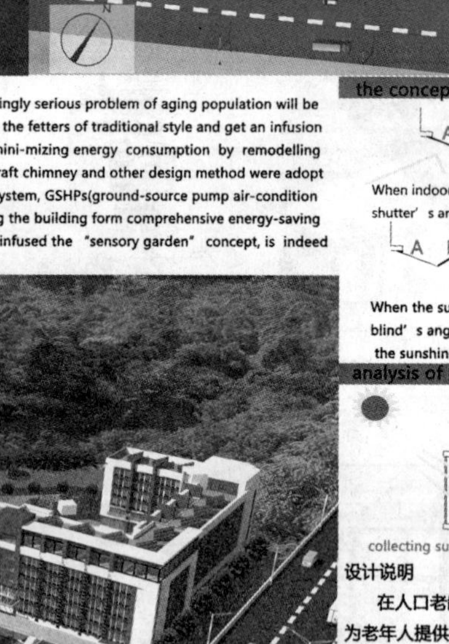

the concept of folding casement

When indoor needs sunshine, adjust the shutter' s angle then sunshine enter indoor.

When the sun is too strong, regulating blind' s angle, blocking A side of sunlight, the sunshine from B side enter indoor.

analysis of built-in blinds

collecting sunlight　blocking sunlight

设计说明

在人口老龄化问题日趋严重的今天为老年人提供完善的康复环境势在必行，本方案以"破晓"为题目，寓意让老建筑突破痼疾沉疴，重焕生机。以打造"零碳建筑"为设计理念。以全方位改造建筑达到最低能耗为改造思路。通过采用折窗设计、双层幕墙、拔风烟囱等设计手法构建节能改造骨架，以太阳能光伏发电系统、地源热泵系统、人工湿地系统等节能技术使建筑形成综合完善的节能系统，本方案在B/C座之间设计架空花园，融合"感官花园"概念，为设计一大亮点。

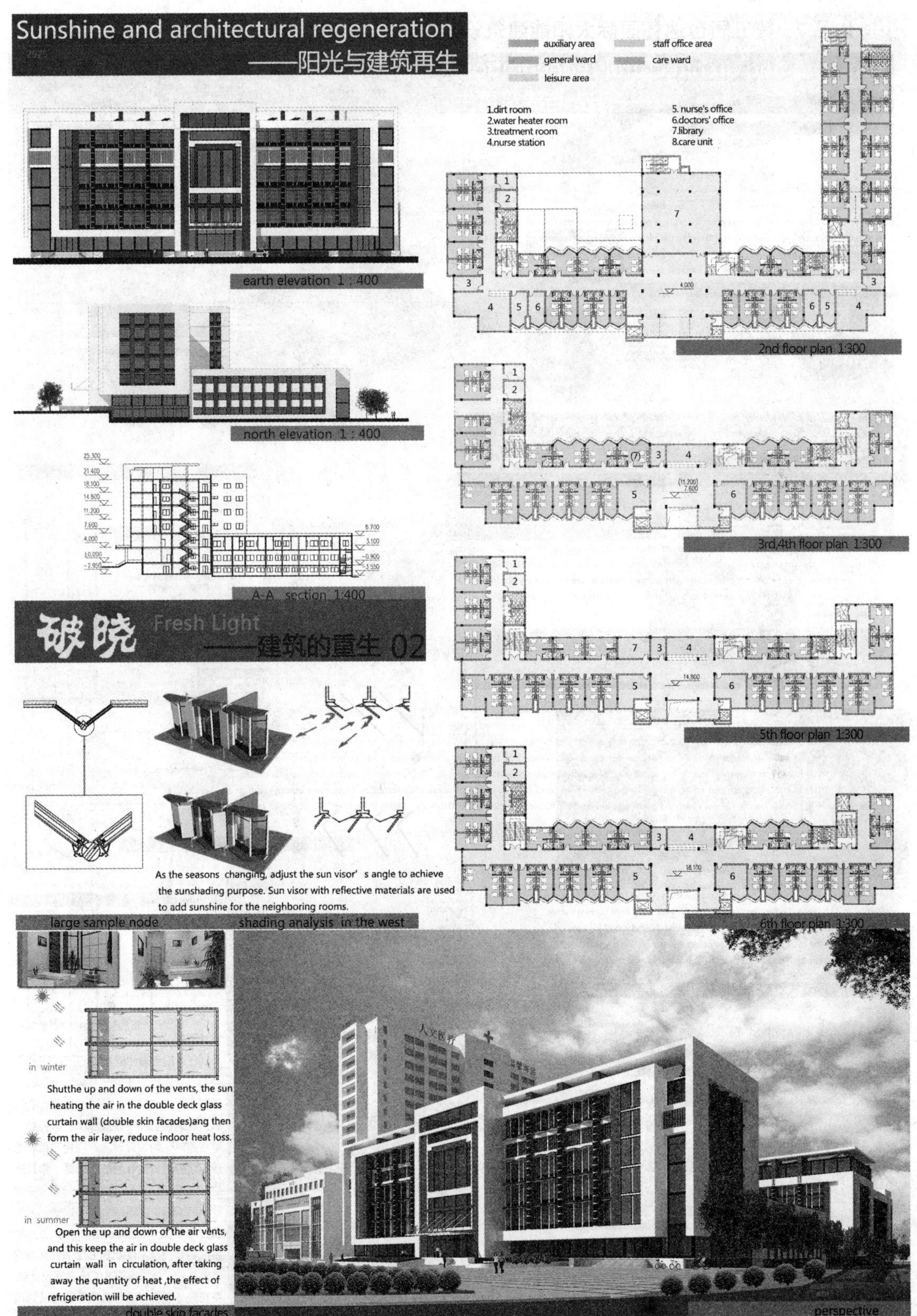

Sunshine and architectural regeneration
——阳光与建筑再生
auxiliary area
staff office area
general ward
care ward
leisure area
1.dirt room
2.water heater room
3.treatment room
4.nurse station
5. nurse's office
6.doctors' office
7.library
8.care unit
earth elevation 1 : 400
2nd floor plan 1:300
north elevation 1 : 400
3rd,4th floor plan 1:300
A-A section 1:400
破晓 Fresh Light
——建筑的重生 02
5th floor plan 1:300
As the seasons changing, adjust the sun visor' s angle to achieve the sunshading purpose. Sun visor with reflective materials are used to add sunshine for the neighboring rooms.
large sample node
shading analysis in the west
6th floor plan 1:300
in winter
Shutthe up and down of the vents, the sun heating the air in the double deck glass curtain wall (double skin facades)ang then form the air layer, reduce indoor heat loss.
in summer
Open the up and down of the air vents, and this keep the air in double deck glass curtain wall in circulation, after taking away the quantity of heat ,the effect of refrigeration will be achieved.
double skin facades
perspective

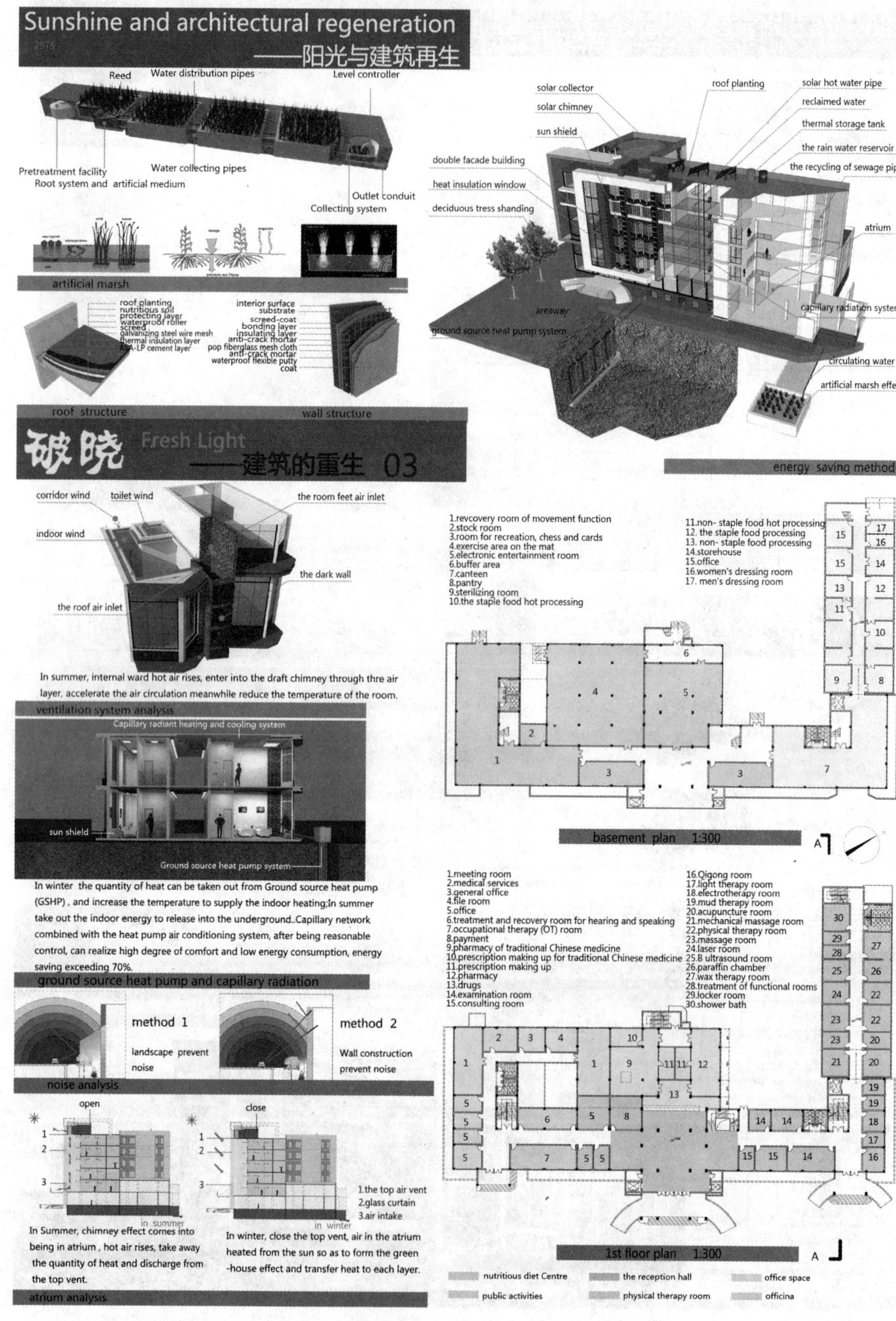

Sunshine and architectural regeneration
——阳光与建筑再生
Reed
Water distribution pipes
Level controller
Pretreatment facility
Root system and artificial medium
Water collecting pipes
Outlet conduit
Collecting system
artificial marsh
roof planting
nutritious soil
protecting layer
waterproof roller
screed
galvanizing steel wire mesh
thermal insulation layer
ASA-LP cement layer
interior surface
substrate
screed-coat
bonding layer
insulating layer
anti-crack mortar
pop fiberglass mesh cloth
anti-crack mortar
waterproof flexible putty
coat
roof structure
wall structure
solar collector
solar chimney
sun shield
roof planting
solar hot water pipe
reclaimed water
thermal storage tank
the rain water reservoir
the recycling of sewage pipe
double facade building
heat insulation window
deciduous tress shanding
atrium
areaway
ground source heat pump system
capillary radiation system
circulating water
artificial marsh effect
energy saving method
破晓 Fresh Light
——建筑的重生 03
corridor wind
toilet wind
the room feet air inlet
indoor wind
the dark wall
the roof air inlet
In summer, internal ward hot air rises, enter into the draft chimney through thre air layer, accelerate the air circulation meanwhile reduce the temperature of the room.
ventilation system analysis
Capillary radiant heating and cooling system
sun shield
Ground source heat pump system
In winter the quantity of heat can be taken out from Ground source heat pump (GSHP), and increase the temperature to supply the indoor heating;In summer take out the indoor energy to release into the underground..Capillary network combined with the heat pump air conditioning system, after being reasonable control, can realize high degree of comfort and low energy consumption, energy saving exceeding 70%.
ground source heat pump and capillary radiation
method 1
landscape prevent noise
method 2
Wall construction prevent noise
noise analysis
open
close
in summer
in winter
1.the top air vent
2.glass curtain
3.air intake
In Summer, chimney effect comes into being in atrium, hot air rises, take away the quantity of heat and discharge from the top vent.
In winter, close the top vent, air in the atrium heated from the sun so as to form the green -house effect and transfer heat to each layer.
atrium analysis
1.revcovery room of movement function
2.stock room
3.room for recreation, chess and cards
4.exercise area on the mat
5.electronic entertainment room
6.buffer area
7.canteen
8.pantry
9.sterilizing room
10.the staple food hot processing
11.non- staple food hot processing
12. the staple food processing
13. non- staple food processing
14.storehouse
15.office
16.women's dressing room
17. men's dressing room
basement plan 1:300
1.meeting room
2.medical services
3.general office
4.file room
5.office
6.treatment and recovery room for hearing and speaking
7.occupational therapy (OT) room
8.payment
9.pharmacy of traditional Chinese medicine
10.prescription making up for traditional Chinese medicine
11.prescription making up
12.pharmacy
13.drugs
14.examination room
15.consulting room
16.Qigong room
17.light therapy room
18.electrotherapy room
19.mud therapy room
20.acupuncture room
21.mechanical massage room
22.physical therapy room
23.massage room
24.laser room
25.B ultrasound room
26.paraffin chamber
27.wax therapy room
28.treatment of functional rooms
29.locker room
30.shower bath
1st floor plan 1:300
nutritious diet Centre
the reception hall
office space
public activities
physical therapy room
officina

Sunshine and architectural regeneration
——阳光与建筑再生

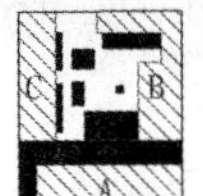
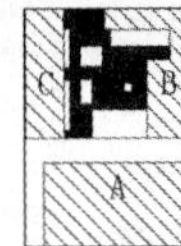
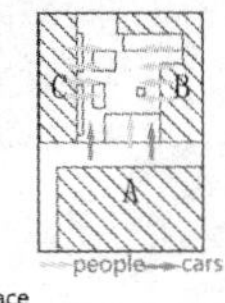
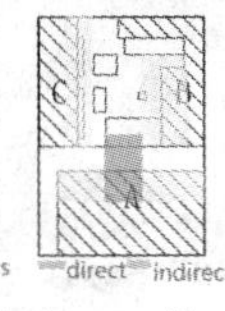
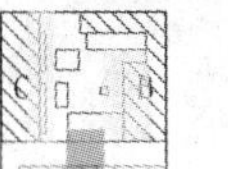

relationship between drawing and subface　streamline analyis　interact analyis

sensory gardens

All gardens can stimulate the senses. Some gardens stimulate the senses to a greater degree than others. In sensory gardens, plants and other design elements are selected with intention to provide experiences for seeing, smelling, hearing,touching, and tasting.

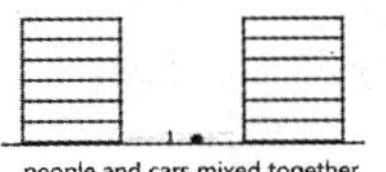
people and cars mixed together

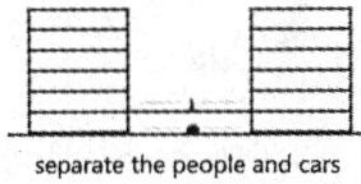
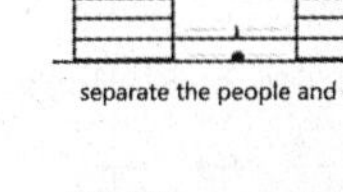
separate the people and cars

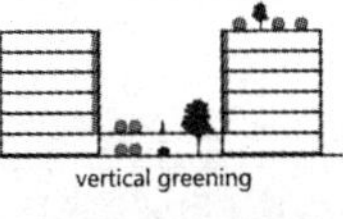
vertical greening

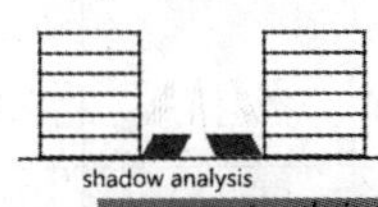
shadow analysis

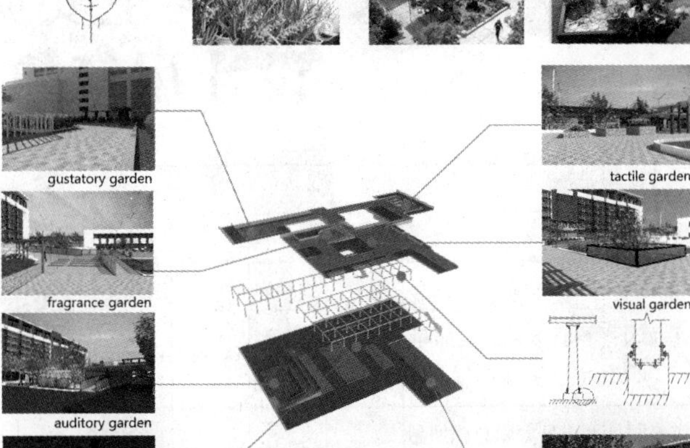

concept analysis

破晓 Fresh Light
——建筑的重生 04

主要经济技术指标：

序号	功能分区		数量（间）	总面积（㎡）
B座	接待用房		10	520
	康复用房	介护用房	60	1260
		普通用房	98	2300
		配套用房	26	1150
	理疗用房		18	380
	药剂用房		5	330
	营养食堂		9	580
	公共活动用房		14	1380
	办公及辅助用房		9	2750
	总建筑面积		249	10650
C座	病房		180	5100
	辅助用房		182	2100
D座	病房		150	3900
	辅助用房		140	3650

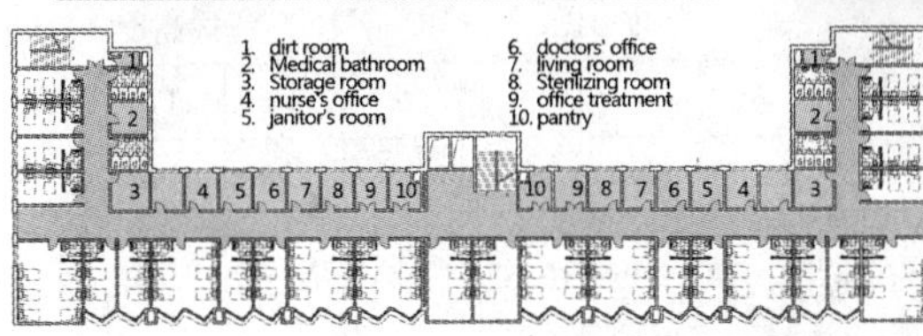

C standard floor plan 1:300

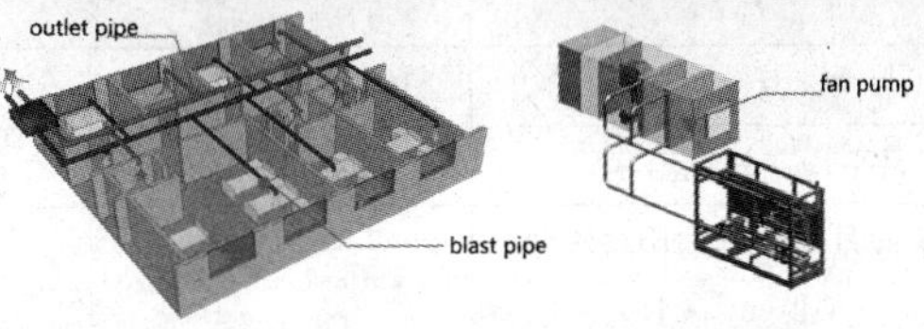

The fresh air system is composed of a fan, air inlet, air outlet and pipe and joint. According to the new air to the room with special equipment in the indoor side sealed from the other side, and then is discharged by the special equipment to outdoor, indoor will form the " principle of the new wind flow field", so as to meet the need of the indoor air ventilation.

fresh air system analysis

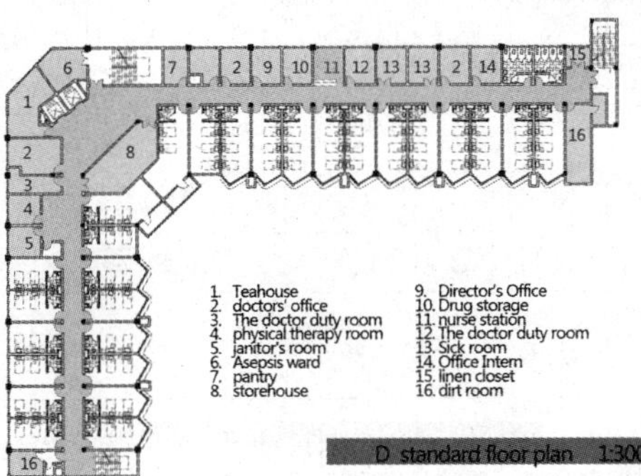

D standard floor plan 1:300

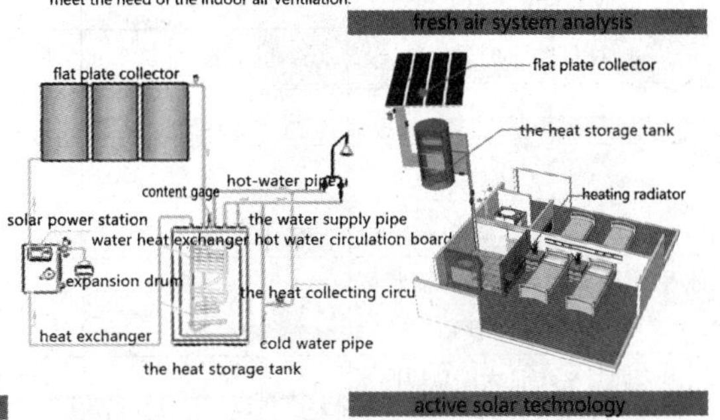

active solar technology

附录　我国主要城市太阳能设计用气象参数

阿勒泰	纬度 47°44′　经度 88°05′　海拔高度 735.3m											
月　份	1	2	3	4	5	6	7	8	9	10	11	12
月平均室外气温（℃）	−17	−15.1	−6.1	7	14.9	20.4	22.1	20.5	14.5	5.8	−5.2	−14.1
水平面月平均日太阳总辐照量［MJ/(m² · 日)］	6.305	10.336	15.324	19.594	23.208	24.763	23.646	20.619	16.252	10.318	6.272	4.822
倾斜表面月平均日太阳总辐照量［MJ/(m² · 日)］	14.650	17.923	19.846	20.862	20.817	20.571	20.508	20.604	20.667	17.429	12.974	11.030
月日照小时数	169	188.4	256.1	291.4	336.2	349.3	354.5	337.4	288.1	228.4	158.5	135.3

北京	纬度 39°48′　经度 116°28′　海拔高度 31.3m											
月　份	1	2	3	4	5	6	7	8	9	10	11	12
月平均室外气温（℃）	−4.6	−2.2	4.5	13.1	19.8	24	25.8	24.4	19.4	12.4	4.1	−2.7
水平面月平均日太阳总辐照量［MJ/(m² · 日)］	9.143	12.185	16.126	18.787	22.297	22.049	18.701	17.365	16.542	12.730	9.206	7.889
倾斜表面月平均日太阳总辐照量［MJ/(m² · 日)］	15.081	17.141	19.155	18.714	20.175	18.672	16.215	16.430	18.686	17.510	15.112	13.709
月日照小时数	200.8	201.5	239.7	259.9	291.8	268.8	217.9	227.8	239.9	229.5	191.2	186.7

昌都	纬度 31°09′　经度 97°10′　海拔高度 3306m											
月　份	1	2	3	4	5	6	7	8	9	10	11	12
月平均室外气温（℃）	−2.6	0.5	4.3	8.4	12.3	14.9	16.1	15.3	13	8.1	2.3	−2
水平面月平均日太阳总辐照量［MJ/(m² · 日)］	12.798	14.267	16.551	18.991	19.763	20.078	19.991	19.520	17.410	15.077	13.645	12.593
倾斜表面月平均日太阳总辐照量［MJ/(m² · 日)］	19.016	18.272	18.304	18.558	17.874	17.636	17.756	18.499	18.524	18.452	19.609	20.092
月日照小时数	207.6	188.1	206.9	211.1	233	209.6	206.9	207	193.7	207.5	215.4	217.6

长春	纬度 43°54′　经度 125°13′　海拔高度 236.8m											
月　份	1	2	3	4	5	6	7	8	9	10	11	12
月平均室外气温（℃）	−16.4	−12.7	−3.5	6.7	15	20.1	23	21.3	15	6.8	−3.8	−12.8
水平面月平均日太阳总辐照量［MJ/(m² · 日)］	7.558	10.911	14.762	17.265	19.527	19.855	17.032	15.956	15.202	11.004	7.623	6.112
倾斜表面月平均日太阳总辐照量［MJ/(m² · 日)］	14.890	17.342	18.683	17.707	17.340	16.863	14.761	15.255	17.995	16.753	13.985	13.166
月日照小时数	195.5	202.5	247.8	249.8	270.3	256.1	227.6	242.9	243.1	222.1	180.9	170.6

续表

长沙	纬度 28°12′　经度 113°05′　海拔高度 44.9m											
月　份	1	2	3	4	5	6	7	8	9	10	11	12
月平均室外气温（℃）	4.6	6.1	10.7	17	21.8	25.6	29	28.5	23.7	18.2	12.4	6.7
水平面月平均日太阳总辐照量［MJ/(m^2·日)］	5.397	6.230	7.135	10.184	13.065	14.443	18.613	17.344	13.407	10.086	8.014	6.811
倾斜表面月平均日太阳总辐照量［MJ/(m^2·日)］	6.310	6.537	7.369	9.717	11.762	13.109	16.848	16.559	13.775	11.322	10.213	8.712
月日照小时数	81.6	64.6	73.7	96.2	136.2	150.5	252.9	239.4	165.1	142	120.2	113.6
成都	纬度 30°40′　经度 104°01′　海拔高度 506.1m											
月　份	1	2	3	4	5	6	7	8	9	10	11	12
月平均室外气温（℃）	5.5	7.5	12.1	17	20.9	23.7	25.6	25.1	21.2	16.8	11.9	7.3
水平面月平均日太阳总辐照量［MJ/(m^2·日)］	5.911	7.191	10.326	12.505	14.034	14.916	15.506	14.789	10.112	7.534	6.227	5.419
倾斜表面月平均日太阳总辐照量［MJ/(m^2·日)］	6.773	7.740	10.664	12.049	12.933	13.450	14.011	14.005	10.117	7.917	7.027	6.302
月日照小时数	55.3	53.1	85.8	117.7	125.5	120.8	136.5	160.3	80	61.3	59.1	53.7
重庆	纬度 29°31′　经度 106°29′　海拔高度 351.1m											
月　份	1	2	3	4	5	6	7	8	9	10	11	12
月平均室外气温（℃）	7.8	9.5	13.6	18.4	22.3	25.1	28.1	28.4	23.6	18.6	14	9.3
水平面月平均日太阳总辐照量［MJ/(m^2·日)］	3.505	4.848	7.677	10.441	11.492	11.847	15.447	15.655	9.576	6.107	4.404	3.210
倾斜表面月平均日太阳总辐照量［MJ/(m^2·日)］	3.670	4.905	8.025	9.992	10.617	10.735	13.893	15.034	9.345	6.487	4.587	3.531
月日照小时数	24.6	34.3	76.8	105.1	112.8	109.9	190	213.4	94.9	70.5	42.7	26.6
慈溪	纬度 30°12′　经度 121°16′　海拔高度 3.5m											
月　份	1	2	3	4	5	6	7	8	9	10	11	12
月平均室外气温（℃）	4.3	5.5	9.1	14.9	20	24.1	28.2	27.6	23.5	18.4	12.6	6.6
水平面月平均日太阳总辐照量［MJ/(m^2·日)］	7.135	8.098	10.113	13.166	14.692	13.938	17.917	17.025	12.333	10.794	9.198	8.301
倾斜表面月平均日太阳总辐照量［MJ/(m^2·日)］	9.824	10.173	11.144	13.215	13.875	12.666	16.238	16.617	13.181	12.661	11.787	11.276
月日照小时数	118	113.3	126.7	162.6	184.7	164.3	247.8	243.6	174.8	166.6	153.2	147.9

续表

大同	纬度 40°06′ 经度 113°20′ 海拔高度 1067.2m											
月　份	1	2	3	4	5	6	7	8	9	10	11	12
月平均室外气温（℃）	−11.3	−7.7	−0.1	8.3	15.4	19.9	21.8	20.1	14.3	7.5	−1.4	−8.9
水平面月平均日太阳总辐照量［MJ/(m^2·日)］	9.019	12.481	16.282	19.011	22.268	23.168	20.588	19.176	16.908	13.498	9.576	7.977
倾斜表面月平均日太阳总辐照量［MJ/(m^2·日)］	15.568	18.367	19.848	19.114	20.150	19.495	17.680	18.287	19.447	19.405	16.688	14.647
月日照小时数	191.5	196.7	231	252.8	282.5	275.5	253.8	242.6	243.1	235.3	193	174.7

敦煌	纬度 40°09′ 经度 94°41′ 海拔高度 1139m											
月　份	1	2	3	4	5	6	7	8	9	10	11	12
月平均室外气温（℃）	−9.3	−4.1	4.5	12.4	18.3	22.7	24.7	23.5	17	8.7	0.2	−7
水平面月平均日太阳总辐照量［MJ/(m^2·日)］	9.698	13.144	16.777	20.884	24.380	25.420	23.868	22.375	18.991	15.254	10.757	8.747
倾斜表面月平均日太阳总辐照量［MJ/(m^2·日)］	16.131	18.568	19.301	20.698	22.066	21.408	20.412	21.411	21.734	21.793	18.640	15.879
月日照小时数	227	226.4	264.2	292.5	331.5	324.8	330	326.9	306.2	290.4	238.6	214.6

峨眉山	纬度 29°31′ 经度 103°20′ 海拔高度 3047.4m											
月　份	1	2	3	4	5	6	7	8	9	10	11	12
月平均室外气温（℃）	−5.7	−4.9	−1.3	2.9	6.3	9.3	11.6	11.2	7.7	3.5	−0.3	−3.5
水平面月平均日太阳总辐照量［MJ/(m^2·日)］	11.145	12.390	14.624	15.083	13.583	12.419	13.280	12.657	10.436	9.355	9.945	10.736
倾斜表面月平均日太阳总辐照量［MJ/(m^2·日)］	15.151	15.299	15.589	14.267	12.094	10.743	11.852	11.650	9.622	9.951	11.813	15.584
月日照小时数	153.4	124.9	146.4	133.8	105.5	90.1	120.3	129.3	81.2	78.5	116	158.2

二连浩特	纬度 43°39′ 经度 111°58′ 海拔高度 964.7m											
月　份	1	2	3	4	5	6	7	8	9	10	11	12
月平均室外气温（℃）	−18.6	−15.9	−4.6	6	14.3	20.4	22.9	20.7	13.4	4.3	−6.9	−16.2
水平面月平均日太阳总辐照量［MJ/(m^2·日)］	8.970	13.344	17.950	21.508	24.164	24.579	22.354	20.481	18.069	13.825	9.672	7.824
倾斜表面月平均日太阳总辐照量［MJ/(m^2·日)］	18.647	22.048	23.474	22.256	21.407	20.740	19.222	19.878	21.810	22.124	18.548	18.150
月日照小时数	228.1	234.7	288	300.5	331.7	331.9	318.2	301.5	284.9	261.2	223	212.4

续表

福州	纬度 26°05′　经度 119°17′　海拔高度 84.0m										
月　份	1	2	3	4	5	6	7	8	9	10	11	12
月平均室外气温（℃）	10.9	11	13.5	18.2	22.2	26	28.9	28.4	25.9	22.1	17.7	13.2
水平面月平均日太阳总辐照量［MJ/(m^2·日)］	7.504	7.869	9.020	11.953	12.837	14.907	18.683	16.610	13.736	11.537	9.219	8.324
倾斜表面月平均日太阳总辐照量［MJ/(m^2·日)］	9.446	8.645	9.533	11.408	11.421	13.191	17.095	15.932	13.501	12.738	11.392	10.860
月日照小时数	105.3	82.3	92.2	115	119.3	147.1	232.9	206.1	160	149.7	124.3	131.3

赣州	纬度 25°51′　经度 114°57′　海拔高度 123.8m										
月　份	1	2	3	4	5	6	7	8	9	10	11	12
月平均室外气温（℃）	8.1	9.8	13.6	19.6	23.8	27.1	29.3	28.8	25.8	21.2	15.4	10.3
水平面月平均日太阳总辐照量［MJ/(m^2·日)］	6.923	7.347	7.840	10.860	13.759	16.119	19.741	18.398	15.139	12.496	10.080	8.807
倾斜表面月平均日太阳总辐照量［MJ/(m^2·日)］	8.342	7.953	7.920	10.068	12.328	14.448	17.723	17.346	15.305	13.922	12.430	11.425
月日照小时数	89.7	75.3	74.3	103.4	141.9	178.2	269.1	242.4	186.8	169.5	150.8	145.5

格尔木	纬度 36°25′　经度 94°54′　海拔高度 2807.6m										
月　份	1	2	3	4	5	6	7	8	9	10	11	12
月平均室外气温（℃）	−10.7	−6.6	−0.1	6.4	11.5	15.3	17.6	16.8	11.5	4	−4.4	−9.6
水平面月平均日太阳总辐照量［MJ/(m^2·日)］	11.642	14.704	18.731	23.089	25.525	25.724	24.565	23.468	20.285	17.413	13.393	11.016
倾斜表面月平均日太阳总辐照量［MJ/(m^2·日)］	19.393	20.564	21.491	22.848	23.051	22.366	21.634	22.503	22.497	23.828	22.114	20.910
月日照小时数	227.2	217.7	255.1	282.3	304.1	282.1	285.2	293.1	268.4	285.1	255.2	234.6

固原	纬度 36°00′　经度 106°16′　海拔高度 1753.0m										
月　份	1	2	3	4	5	6	7	8	9	10	11	12
月平均室外气温（℃）	−8.1	−4.9	1	8.2	13.4	17	18.9	17.8	12.8	6.6	−0.3	−6
水平面月平均日太阳总辐照量［MJ/(m^2·日)］	10.342	12.281	14.120	17.999	20.137	20.121	19.845	18.090	14.969	12.171	10.860	9.806
倾斜表面月平均日太阳总辐照量［MJ/(m^2·日)］	15.926	15.795	13.901	17.102	17.000	16.500	16.922	17.035	15.841	15.076	16.752	17.521
月日照小时数	219.9	193.4	208.9	232.6	257.3	251	252.8	239.5	196.8	200.4	214.6	224.2

续表

哈密	纬度 42°49′　经度 93°31′　海拔高度 737.2m											
月　份	1	2	3	4	5	6	7	8	9	10	11	12
月平均室外气温（℃）	−12.2	−5.8	4.5	13.2	20.2	25.1	27.2	25.9	19.1	9.9	−0.6	−9
水平面月平均日太阳总辐照量［MJ/(m² · 日)］	9.004	12.827	16.656	21.048	24.977	25.907	24.364	22.285	19.030	14.379	9.816	7.748
倾斜表面月平均日太阳总辐照量［MJ/(m² · 日)］	16.721	19.784	20.887	21.373	22.715	21.799	20.851	21.648	23.540	22.984	18.726	16.222
月日照小时数	210	220.7	270.5	288.8	334.1	327.6	327.3	321.4	300.6	277	224.9	197.4
海口	纬度 20°02′　经度 110°21′　海拔高度 13.9m											
月　份	1	2	3	4	5	6	7	8	9	10	11	12
月平均室外气温（℃）	17.7	18.7	21.7	25.1	27.4	28.4	28.6	28.1	27.1	25.3	22.2	19
水平面月平均日太阳总辐照量［MJ/(m² · 日)］	8.093	8.900	11.492	14.481	16.950	17.556	18.637	16.412	15.046	12.142	10.464	8.937
倾斜表面月平均日太阳总辐照量［MJ/(m² · 日)］	8.744	9.174	11.203	13.680	15.377	15.427	16.690	14.844	15.239	12.557	11.563	10.792
月日照小时数	113.1	102	141.5	173.3	225	230.1	259.7	224.7	199.9	183	150.3	136.4
杭州	纬度 30°14′　经度 120°10′　海拔高度 41.7m											
月　份	1	2	3	4	5	6	7	8	9	10	11	12
月平均室外气温（℃）	4.3	5.6	9.5	15.8	20.7	24.3	28.4	27.9	23.4	18.3	12.4	6.8
水平面月平均日太阳总辐照量［MJ/(m² · 日)］	6.813	7.753	9.021	12.542	14.468	13.218	17.405	16.463	12.013	10.276	8.388	7.303
倾斜表面月平均日太阳总辐照量［MJ/(m² · 日)］	9.103	8.534	9.552	11.953	12.715	11.417	15.158	15.684	11.846	11.524	10.839	10.425
月日照小时数	112.2	103.3	114.1	145.8	168.9	146.6	222.2	215.3	151.9	153.9	143.2	142.5
合肥	纬度 31°52′　经度 117°14′　海拔高度 27.9m											
月　份	1	2	3	4	5	6	7	8	9	10	11	12
月平均室外气温（℃）	2.1	4.2	9.2	15.5	20.6	25	28.3	28	22.9	17	10.6	4.5
水平面月平均日太阳总辐照量［MJ/(m² · 日)］	8.107	9.322	11.624	13.423	15.965	17.348	17.180	16.637	12.492	11.450	8.944	7.565
倾斜表面月平均日太阳总辐照量［MJ/(m² · 日)］	11.131	11.490	12.630	13.046	14.499	15.293	15.200	15.776	13.097	13.790	12.004	10.927
月日照小时数	126	119.4	132.7	168.9	194.6	177.2	204	210.3	163.4	167.5	158.3	149

续表

和田	纬度 37°08′　经度 79°56′　海拔高度 1374.5m											
月　份	1	2	3	4	5	6	7	8	9	10	11	12
月平均室外气温（℃）	-5.6	-0.3	9.0	16.5	20.4	23.9	25.5	24.1	19.7	12.4	3.8	-3.2
水平面月平均日太阳总辐照量［MJ/(m²・日)］	9.695	11.635	15.483	18.018	21.071	22.969	21.278	19.425	17.920	15.842	11.886	9.206
倾斜表面月平均日太阳总辐照量［MJ/(m²・日)］	14.583	14.681	16.638	17.374	19.149	19.905	18.989	18.357	19.030	20.683	18.521	14.512
月日照小时数	173.5	169.4	191.8	215.1	242.3	262.1	251.0	239	248.1	269.2	228.4	184.2

黑河	纬度 50°15′　经度 127°27′　海拔高度 166.4m											
月　份	1	2	3	4	5	6	7	8	9	10	11	12
月平均室外气温（℃）	-23.2	-18	-8.3	3.5	11.9	18.2	20.8	18.3	11.6	1.9	-11.2	-20.9
水平面月平均日太阳总辐照量［MJ/(m²・日)］	5.203	9.399	14.349	16.612	19.288	20.696	18.683	16.173	12.658	9.050	5.713	4.072
倾斜表面月平均日太阳总辐照量［MJ/(m²・日)］	13.018	18.819	20.836	17.461	17.469	17.566	15.939	15.965	15.934	15.703	14.116	11.340
月日照小时数	184.9	220	264.5	241.8	276.2	284.9	267.2	249.4	219.3	211.1	176.1	166.4

侯马	纬度 35°39′　经度 111°22′　海拔高度 433.8m											
月　份	1	2	3	4	5	6	7	8	9	10	11	12
月平均室外气温（℃）	-4.4	-0.2	6.9	13.8	19.8	24.9	26.3	24.8	18.9	12.4	4.5	-2.3
水平面月平均日太阳总辐照量［MJ/(m²・日)］	9.197	10.838	13.617	15.549	19.572	21.399	19.517	18.757	13.315	11.384	9.168	8.262
倾斜表面月平均日太阳总辐照量［MJ/(m²・日)］	14.023	14.271	15.101	15.242	17.684	18.600	17.208	17.916	14.441	14.487	13.443	13.649
月日照小时数	163.8	178.6	189.1	238.2	262	247.4	251.5	238.1	200	181.6	157.5	147.8

济南	纬度 36°41′　经度 116°59′　海拔高度 51.6m											
月　份	1	2	3	4	5	6	7	8	9	10	11	12
月平均室外气温（℃）	-1.4	1.1	7.6	15.2	21.8	26.3	27.4	26.2	21.7	15.8	7.9	1.1
水平面月平均日太阳总辐照量［MJ/(m²・日)］	8.376	10.930	14.421	16.679	20.770	21.055	16.776	15.663	14.884	12.093	9.089	7.657
倾斜表面月平均日太阳总辐照量［MJ/(m²・日)］	13.630	15.225	16.634	16.523	18.716	18.212	14.812	14.979	16.498	16.003	14.162	13.854
月日照小时数	175	177.3	217.7	248.8	280.3	263.1	216.9	224.3	224.4	216.4	181.2	171.9

续表

佳木斯	纬度 46°49′　经度 130°17′　海拔高度 81.2m											
月　份	1	2	3	4	5	6	7	8	9	10	11	12
月平均室外气温（℃）	−20	−15.7	−5.9	5	13.1	18.5	21.7	20.8	14	5.2	−6.6	−15.5
水平面月平均日太阳总辐照量［MJ/(m²·日)］	6.086	9.707	13.325	15.835	17.295	18.400	16.964	14.880	13.144	9.510	6.266	4.847
倾斜表面月平均日太阳总辐照量［MJ/(m²·日)］	13.408	16.522	17.676	16.390	15.409	15.387	14.704	14.502	16.061	15.684	12.738	10.481
月日照小时数	160	184.8	232.4	225.6	254.7	243.7	247.7	234.1	224.9	204	172	142.5

景洪	纬度 22°00′　经度 100°47′　海拔高度 582m											
月　份	1	2	3	4	5	6	7	8	9	10	11	12
月平均室外气温（℃）	16.5	18.7	21.7	24.5	25.8	26.1	25.6	25.4	24.7	22.9	19.7	16.5
水平面月平均日太阳总辐照量［MJ/(m²·日)］	13.152	16.129	16.694	18.106	18.211	16.512	14.593	15.450	16.064	14.435	12.113	11.433
倾斜表面月平均日太阳总辐照量［MJ/(m²·日)］	15.746	19.018	17.785	17.288	16.915	15.228	13.632	14.781	16.222	15.784	13.860	14.356
月日照小时数	197.6	225.3	241.4	231.4	209.6	159.5	133.8	155.6	170.9	164.4	148.8	158.9

喀什	纬度 39°28′　经度 75°59′　海拔高度 1288.7m											
月　份	1	2	3	4	5	6	7	8	9	10	11	12
月平均室外气温（℃）	−6.6	−1.6	7.7	15.4	19.9	23.8	25.9	24.5	19.8	12.3	3.4	−4.2
水平面月平均日太阳总辐照量［MJ/(m²·日)］	8.222	10.495	14.050	17.302	21.458	25.348	23.876	20.876	17.731	14.023	9.865	7.529
倾斜表面月平均日太阳总辐照量［MJ/(m²·日)］	12.891	13.775	15.479	16.935	19.420	21.364	20.490	19.745	19.591	18.809	15.818	11.957
月日照小时数	161.4	166.2	191.4	221.9	264.7	314.7	323	297.6	268.6	248.3	203.4	164.5

库车	纬度 41°43′　经度 82°57′　海拔高度 1099.0m											
月　份	1	2	3	4	5	6	7	8	9	10	11	12
月平均室外气温（℃）	−8.4	−2.2	7.4	15.2	20.8	24.5	25.9	24.9	20.3	12.2	2.5	−6.1
水平面月平均日太阳总辐照量［MJ/(m²·日)］	8.918	12.018	14.993	18.250	22.243	23.875	23.112	20.941	17.674	13.776	9.822	7.779
倾斜表面月平均日太阳总辐照量［MJ/(m²·日)］	15.066	16.266	16.405	17.658	20.135	20.346	19.901	19.948	19.617	18.660	17.165	14.272
月日照小时数	190	185.6	205.9	227.8	261.5	275	290.5	277.6	263.8	245.7	204.5	176.1

续表

昆明	纬度 25°01′　经度 102°41′　海拔高度 1892.4m										
月　份	1	2	3	4	5	6	7	8	9	10	11	12
月平均室外气温（℃）	8.1	9.9	13.2	16.6	19	19.9	19.8	19.4	17.8	15.4	11.6	8.2
水平面月平均日太阳总辐照量［MJ/(m^2·日)］	13.322	15.928	18.368	19.423	17.655	14.565	13.571	14.681	12.950	11.658	11.590	11.884
倾斜表面月平均日太阳总辐照量［MJ/(m^2·日)］	18.297	19.392	19.979	18.834	16.269	13.287	12.601	13.963	13.130	12.898	14.612	15.736
月日照小时数	231.5	227.2	264	252.8	219.6	140.2	128.4	149.5	127.8	149	175.7	206.6

拉萨	纬度 29°40′　经度 91°08′　海拔高度 3648.7m										
月　份	1	2	3	4	5	6	7	8	9	10	11	12
月平均室外气温（℃）	−2.2	1	4.4	8.3	12.3	15.3	15.1	14.3	12.7	8.3	2.3	−1.7
水平面月平均日太阳总辐照量［MJ/(m^2·日)］	16.556	18.809	21.328	23.137	26.188	26.623	24.628	22.695	21.285	20.713	17.803	15.725
倾斜表面月平均日太阳总辐照量［MJ/(m^2·日)］	24.871	24.650	24.015	22.649	23.786	22.963	21.747	21.478	22.732	26.260	26.023	25.025
月日照小时数	262.4	237.5	258.4	261.8	289.9	269.3	237.8	229.1	240	294.3	279.4	270.5

兰州	纬度 36°03′　经度 103°53′　海拔高度 1517.2m										
月　份	1	2	3	4	5	6	7	8	9	10	11	12
月平均室外气温（℃）	−6.9	−2.3	5.2	11.8	16.6	20.3	22.2	21	15.8	9.4	1.7	−5.5
水平面月平均日太阳总辐照量［MJ/(m^2·日)］	8.178	11.655	14.831	18.563	21.208	22.389	20.406	18.994	14.378	12.282	9.214	7.326
倾斜表面月平均日太阳总辐照量［MJ/(m^2·日)］	11.312	14.789	16.152	18.128	19.216	19.553	18.016	18.151	15.376	15.207	12.600	10.696
月日照小时数	162.2	185.5	202	232	253.8	242.3	252.8	248.9	197.7	192.6	180.8	157.7

乐山	纬度 29°34′　经度 103°45′　海拔高度 424.2m										
月　份	1	2	3	4	5	6	7	8	9	10	11	12
月平均室外气温（℃）	7.1	8.8	12.9	18	21.8	24.1	25.9	25.8	21.9	17.8	13.4	8.7
水平面月平均日太阳总辐照量［MJ/(m^2·日)］	4.688	6.376	9.048	12.363	13.223	13.056	14.308	14.463	9.150	7.148	5.301	4.253
倾斜表面月平均日太阳总辐照量［MJ/(m^2·日)］	5.134	6.845	9.300	11.945	12.285	11.839	12.986	13.700	9.155	7.497	5.863	4.702
月日照小时数	44.3	50.3	83.6	119.9	125.2	112.8	146	166.1	78.5	54.5	54	45.3

续表

泸州	纬度 28°53′ 经度 105°26′ 海拔高度 334.8m											
月 份	1	2	3	4	5	6	7	8	9	10	11	12
月平均室外气温（℃）	7.6	9.4	13.5	18.4	21.9	24.3	26.8	27	22.6	18	13.7	9.1
水平面月平均日太阳总辐照量［MJ/(m^2·日)］	3.805	5.039	7.818	11.290	12.668	12.390	15.465	15.529	9.916	5.882	4.904	3.358
倾斜表面月平均日太阳总辐照量［MJ/(m^2·日)］	4.123	4.753	7.801	10.264	11.615	11.587	14.043	14.902	8.939	5.949	4.922	3.612
月日照小时数	35.9	43.8	85.7	120	128	117.2	186.7	204.8	103.3	64.7	54.5	38.5

蒙自	纬度 23°23′ 经度 103°23′ 海拔高度 1300.7m											
月 份	1	2	3	4	5	6	7	8	9	10	11	12
月平均室外气温（℃）	12.4	14.3	18	21	22.4	23.1	22.7	22.2	21	18.6	15.3	12.3
水平面月平均日太阳总辐照量［MJ/(m^2·日)］	13.002	15.068	16.650	18.521	18.084	15.874	15.486	14.566	14.060	13.200	11.965	12.128
倾斜表面月平均日太阳总辐照量［MJ/(m^2·日)］	16.412	17.881	17.233	17.097	16.374	14.708	14.200	14.327	14.578	13.646	13.563	15.230
月日照小时数	216	212.3	237.6	231.8	207	144.2	143.4	153.2	153.5	159.2	169.3	200.1

绵阳	纬度 31°28′ 经度 104°41′ 海拔高度 470.8m											
月 份	1	2	3	4	5	6	7	8	9	10	11	12
月平均室外气温（℃）	5.3	7.3	11.4	16.8	21.4	24.3	25.7	25.4	21.4	17	11.8	6.7
水平面月平均日太阳总辐照量［MJ/(m^2·日)］	5.481	6.653	8.889	12.745	14.251	14.163	14.678	14.172	9.580	7.385	5.829	4.771
倾斜表面月平均日太阳总辐照量［MJ/(m^2·日)］	6.603	7.338	9.325	12.474	13.315	13.041	13.454	13.221	9.540	7.988	6.737	5.940
月日照小时数	64.3	60.2	86.1	123.1	131.8	126.7	146.2	163.3	82.2	72	65.7	60.6

民勤	纬度 38°38′ 经度 103°05′ 海拔高度 1367m											
月 份	1	2	3	4	5	6	7	8	9	10	11	12
月平均室外气温（℃）	−9.6	−5.6	2.1	10	16.4	21	23.2	21.7	15.7	7.8	−0.9	−7.9
水平面月平均日太阳总辐照量［MJ/(m^2·日)］	9.958	12.850	15.695	18.340	21.163	22.240	20.197	18.889	15.838	13.401	10.295	9.112
倾斜表面月平均日太阳总辐照量［MJ/(m^2·日)］	17.895	18.657	17.948	17.997	19.155	18.874	17.811	17.915	17.661	18.298	17.236	16.272
月日照小时数	240	223	254.1	270.5	300.3	296.5	297.5	289.5	261.9	257.2	244.8	237.3

续表

漠河	纬度 52°58′　经度 122°31′　海拔高度 433m										
月　份	1	2	3	4	5	6	7	8	9	10	11	12
月平均室外气温（℃）	−29.8	−24.8	−14	−0.2	9.1	16	18.4	15.4	7.9	−3	−18.5	−28
水平面月平均日太阳总辐照量［MJ/(m²·日)］	4.309	8.744	14.448	17.104	20.099	22.649	19.373	18.202	13.130	8.666	5.241	3.258
倾斜表面月平均日太阳总辐照量［MJ/(m²·日)］	12.105	20.117	21.902	18.437	17.924	18.589	16.682	17.726	17.364	16.103	13.943	10.361
月日照小时数	144.1	188	254.6	225	261.1	261.6	236.5	217	190.8	189.5	141	125.5

那曲	纬度 31°29′　经度 92°04′　海拔高度 4507m										
月　份	1	2	3	4	5	6	7	8	9	10	11	12
月平均室外气温（℃）	−13.8	−10.6	−6.3	−1.3	3.2	7.2	8.8	8	5.2	−1	−8.4	−13.2
水平面月平均日太阳总辐照量［MJ/(m²·日)］	14.354	15.701	18.677	20.982	22.442	21.266	20.972	18.997	18.334	17.478	15.571	13.626
倾斜表面月平均日太阳总辐照量［MJ/(m²·日)］	21.215	19.781	20.479	20.450	20.306	18.650	18.638	17.998	19.41	521.626	22.479	21.486
月日照小时数	236.8	212.3	236.4	250.7	272.5	251.4	235.3	226.8	223.1	259.2	260.4	246.9

南昌	纬度 28°36′　经度 115°55′　海拔高度 46.7m										
月　份	1	2	3	4	5	6	7	8	9	10	11	12
月平均室外气温（℃）	5.3	6.9	10.9	17.3	22.3	25.7	29.2	28.8	24.6	19.4	13.3	7.8
水平面月平均日太阳总辐照量［MJ/(m²·日)］	6.340	7.341	8.141	10.972	13.721	14.456	18.924	18.082	14.559	11.909	9.291	8.027
倾斜表面月平均日太阳总辐照量［MJ/(m²·日)］	7.708	8.000	8.364	10.452	12.230	13.062	17.100	17.454	14.739	13.542	12.301	10.609
月日照小时数	96.2	87.5	89.1	119.2	156.2	164.8	256.8	251.1	191.9	172.8	152.6	147

南充	纬度 30°47′　经度 106°06′　海拔高度 309.3m										
月　份	1	2	3	4	5	6	7	8	9	10	11	12
月平均室外气温（℃）	6.4	8.5	12.5	17.7	21.9	24.7	27.2	27.5	22.6	17.7	12.9	8
水平面月平均日太阳总辐照量［MJ/(m²·日)］	4.461	6.229	9.207	12.508	13.949	14.083	15.930	16.896	9.761	7.132	5.131	4.069
倾斜表面月平均日太阳总辐照量［MJ/(m²·日)］	4.922	6.707	9.457	12.086	12.801	12.644	14.303	16.003	9.955	7.707	5.793	4.558
月日照小时数	33.1	45.3	84.8	122.8	135.3	127	174.7	200.6	100	70	55.4	28.2

续表

南京	纬度 32°00′ 经度 118°48′ 海拔高度 8.9m											
月　份	1	2	3	4	5	6	7	8	9	10	11	12
月平均室外气温（℃）	2	3.8	8.4	14.8	19.9	24.5	28	27.8	22.7	16.9	10.5	4.4
水平面月平均日太阳总辐照量［MJ/(m^2·日)］	8.406	9.970	12.339	14.271	16.359	16.863	17.652	17.850	13.381	12.171	9.515	8.163
倾斜表面月平均日太阳总辐照量［MJ/(m^2·日)］	11.572	12.415	13.530	13.900	14.843	14.868	15.636	16.935	14.075	14.775	12.933	12.047
月日照小时数	133.5	127.4	140.8	174	200.5	177.6	212.2	221.5	172.9	174.9	158.8	155.2
南宁	纬度 22°49′ 经度 108°21′ 海拔高度 73.1m											
月　份	1	2	3	4	5	6	7	8	9	10	11	12
月平均室外气温（℃）	12.8	14.1	17.6	22.5	25.9	27.9	28.4	28.2	26.9	23.5	18.9	14.9
水平面月平均日太阳总辐照量［MJ/(m^2·日)］	6.882	7.217	8.166	11.289	14.925	16.026	17.020	16.752	16.551	13.634	11.208	9.368
倾斜表面月平均日太阳总辐照量［MJ/(m^2·日)］	7.996	7.729	8.694	11.017	14.393	15.318	16.165	16.039	17.246	14.673	13.282	11.507
月日照小时数	72	58.5	63.9	94.6	149.6	167	203.7	192.7	191.9	169.3	149	127.9
若羌	纬度 39°02′ 经度 88°10′ 海拔高度 888.3m											
月　份	1	2	3	4	5	6	7	8	9	10	11	12
月平均室外气温（℃）	−8.5	−2.3	7.1	15.4	20.9	25.3	27.4	26.0	20.1	11.1	1.6	−6.2
水平面月平均日太阳总辐照量［MJ/(m^2·日)］	9.313	12.328	15.755	18.825	22.578	23.992	22.878	21.566	18.957	15.377	10.916	8.506
倾斜表面月平均日太阳总辐照量［MJ/(m^2·日)］	15.174	16.759	17.224	18.220	20.460	20.518	20.241	20.421	21.007	21.084	17.750	13.945
月日照小时数	213.5	209.2	238.9	264.5	303.8	310.2	313.7	317.0	302.1	294	235.5	200.2
汕头	纬度 23°24′ 经度 116°41′ 海拔高度 1.1m											
月　份	1	2	3	4	5	6	7	8	9	10	11	12
月平均室外气温（℃）	13.7	14.1	16.6	20.7	24.2	26.9	28.3	28.1	26.8	23.8	19.6	15.5
水平面月平均日太阳总辐照量［MJ/(m^2·日)］	10.192	9.588	10.366	12.319	13.634	15.142	17.880	16.910	15.675	14.521	12.354	10.959
倾斜表面月平均日太阳总辐照量［MJ/(m^2·日)］	11.927	10.319	10.282	11.337	12.104	13.238	15.894	15.909	15.465	15.662	14.484	14.131
月日照小时数	147.8	99.4	105.1	116.6	139.4	176.7	247.6	225.8	207.2	214.2	187.1	177.2

续表

上海	纬度 31°24′　经度 121°29′　海拔高度 6m											
月　份	1	2	3	4	5	6	7	8	9	10	11	12
月平均室外气温（℃）	3.5	4.6	8.3	14	18.8	23.3	27.8	27.7	23.6	18	12.3	6.2
水平面月平均日太阳总辐照量［MJ/(m²·日)］	8.371	9.730	11.772	13.725	15.335	15.111	18.673	18.180	12.963	11.518	9.411	8.047
倾斜表面月平均日太阳总辐照量［MJ/(m²·日)］	11.293	11.919	12.775	13.356	13.965	13.471	16.550	17.236	13.479	13.555	12.330	11.437
月日照小时数	126.2	146.7	123.3	163.6	191.5	148.8	220.5	205.9	196.2	179.4	148.4	147
韶关	纬度 24°41′　经度 113°36′　海拔高度 60.7m											
月　份	1	2	3	4	5	6	7	8	9	10	11	12
月平均室外气温（℃）	10.2	11.8	15.1	20.5	24.4	27.4	29	28.5	26.4	22.4	16.8	12.1
水平面月平均日太阳总辐照量［MJ/(m²·日)］	7.495	6.682	6.658	8.526	11.968	15.398	18.338	17.606	14.728	12.642	10.718	9.366
倾斜表面月平均日太阳总辐照量［MJ/(m²·日)］	8.972	7.321	6.785	8.250	11.200	13.976	16.643	16.669	15.054	14.002	13.141	11.689
月日照小时数	92.1	69.2	59.1	77.6	117.3	155	233.6	213.2	183.1	169	151.6	145
沈阳	纬度 41°44′　经度 123°27′　海拔高度 44.7m											
月　份	1	2	3	4	5	6	7	8	9	10	11	12
月平均室外气温（℃）	−12	−8.4	0.1	9.3	16.9	21.5	24.6	23.5	17.2	9.4	0	−8.5
水平面月平均日太阳总辐照量［MJ/(m²·日)］	7.087	10.795	14.858	17.942	20.494	19.575	17.178	16.383	15.636	11.544	7.735	6.186
倾斜表面月平均日太阳总辐照量［MJ/(m²·日)］	12.165	15.915	18.333	18.214	18.587	16.629	14.890	15.574	18.035	16.682	13.934	11.437
月日照小时数	168.6	185.9	229.5	244.5	264.9	246.9	214	226.2	236.3	219.7	166.8	151.7
狮泉河	纬度 32°30′　经度 80°05′　海拔高度 4278.0m											
月　份	1	2	3	4	5	6	7	8	9	10	11	12
月平均室外气温（℃）	−12.4	−10.1	−5.4	−0.3	4.5	10.3	13.8	13.3	8.8	0.3	−6.4	−11.1
水平面月平均日太阳总辐照量［MJ/(m²·日)］	13.487	16..536	20.487	24.011	25.956	26.996	23.521	22.354	21.952	19.595	15.768	12.827
倾斜表面月平均日太阳总辐照量［MJ/(m²·日)］	20.426	21.352	22.164	22.413	21.446	21.255	18.922	19.922	23.483	25.254	23.942	20.741
月日照小时数	255.2	251	299.4	318.2	348.6	356.5	322.6	315.3	314.4	320.6	286.8	267.6

续表

太原	纬度 37°47′ 经度 112°33′ 海拔高度 778.3m											
月　份	1	2	3	4	5	6	7	8	9	10	11	12
月平均室外气温（℃）	−6.6	−3.1	5.7	11.4	17.7	21.7	23.5	21.8	16.1	9.9	2.1	−4.9
水平面月平均日太阳总辐照量［MJ/（m²·日）］	9.367	11.943	15.418	17.871	21.698	22.146	18.992	17.743	15.017	12.611	9.532	8.234
倾斜表面月平均日太阳总辐照量［MJ/（m²·日）］	15.836	17.093	17.820	17.697	19.592	18.66.3	16.754	17.013	16.648	16.868	15.042	13.701
月日照小时数	179.8	179.8	209	237.6	274	259.4	236.6	231.5	216.7	213.8	180.9	168.6
腾冲	纬度 25°01′ 经度 98°30′ 海拔高度 1654.6m											
月　份	1	2	3	4	5	6	7	8	9	10	11	12
月平均室外气温（℃）	8.1	9.7	12.9	15.8	18.2	19.6	19.5	19.9	19	16.7	12.5	9
水平面月平均日太阳总辐照量［MJ/（m²·日）］	14.847	15.850	17.176	17.543	16.945	13.625	12.269	14.395	14.816	14.974	14.316	14.352
倾斜表面月平均日太阳总辐照量［MJ/（m²·日）］	20.691	19.554	18.692	16.554	15.621	12.161	10.95.3	13.717	14.982	16.960	18.609	19.416
月日照小时数	248.4	209.7	229	204.3	175.4	92.2	72.2	108.5	125.9	180.5	211.2	249.9
天津	纬度 39°05′ 经度 117°04′ 海拔高度 2.5m											
月　份	1	2	3	4	5	6	7	8	9	10	11	12
月平均室外气温（℃）	−4	−1.6	5	13.2	20	24.1	25.4	25.5	20.8	13.6	5.2	−1.6
水平面月平均日太阳总辐照量［MJ/（m²·日）］	8.269	11.242	15.361	17.715	21.570	21.283	17.494	16.806	15.472	12.030	8.500	7.328
倾斜表面月平均日太阳总辐照量［MJ/（m²·日）］	14.725	16.491	18.226	17.628	19.501	17.981	15.495	15.891	17.378	16.413	13.806	12.610
月日照小时数	184.8	183.3	213	238.3	275.3	260.2	225.3	231.1	231.3	218.7	179.2	172.2
吐鲁番	纬度 42°56′ 经度 89°12′ 海拔高度 34.5m											
月　份	1	2	3	4	5	6	7	8	9	10	11	12
月平均室外气温（℃）	−9.5	−2.1	9.3	18.9	25.7	30.9	32.7	30.4	25.3	12.6	4.8	−7.2
水平面月平均日太阳总辐照量［MJ/（m²·日）］	7.553	11.280	15.266	18.975	22.753	23.996	23.387	21.391	17.576	13.232	8.795	6.443
倾斜表面月平均日太阳总辐照量［MJ/（m²·日）］	12.712	16.042	17.859	18.769	20.491	20.352	19.998	20.622	20.640	19.214	14.742	11.623
月日照小时数	165.7	195.5	248	266	309.8	311.2	322.1	316.2	288.5	259.6	191.8	140.5

续表

万县	纬度 30°46′　经度 108°24′　海拔高度 186.7m										
月　份	1	2	3	4	5	6	7	8	9	10	11	12
月平均室外气温（℃）	6.7	8.7	13.4	18.4	22.2	25.4	28.6	28.5	23.9	18.7	13.5	9.1
水平面月平均日太阳总辐照量［MJ/(m^2·日)］	4.454	6.403	8.813	11.760	12.097	14.248	17.943	16.267	11.247	7.848	5.585	4.015
倾斜表面月平均日太阳总辐照量［MJ/(m^2·日)］	4.942	6.955	9.179	11.394	11.078	12.699	15.849	16.564	11.725	8.772	6.515	4.583
月日照小时数	34.8	45.4	79.3	120.6	137.6	136.7	204.1	225.6	131.3	88.1	63.7	35.1

威宁	纬度 26°55′　经度 104°17′　海拔高度 2237.5m										
月　份	1	2	3	4	5	6	7	8	9	10	11	12
月平均室外气温（℃）	2	3.8	7.8	11.5	14.1	16.1	17.4	17	14.3	10.8	6.9	3.4
水平面月平均日太阳总辐照量［MJ/(m^2·日)］	9.756	12.142	15.270	16.235	15.475	13.939	15.396	15.252	11.328	10.493	9.501	9.214
倾斜表面月平均日太阳总辐照量［MJ/(m^2·日)］	12.769	14.804	16.488	15.762	14.331	12.735	14.048	14.466	11.461	11.622	11.829	12.293
月日照小时数	150.9	145.5	202.2	216.7	167.3	126.9	153.7	148.4	118.3	110.9	129.8	167.3

乌鲁木齐	纬度 43°47′　经度 87°37′　海拔高度 917.9m										
月　份	1	2	3	4	5	6	7	8	9	10	11	12
月平均室外气温（℃）	−12.6	−9.7	−1.7	9.9	16.7	21.5	23.7	22.4	16.7	7.7	−2.5	−9.3
水平面月平均日太阳总辐照量［MJ/(m^2·日)］	5.315	7.984	11.929	17.666	21.371	22.496	22.038	20.262	16.206	11.062	6.104	4.174
倾斜表面月平均日太阳总辐照量［MJ/(m^2·日)］	9.010	11.251	14.360	18.101	18.934	18.990	18.926	19.696	19.383	16.772	10.193	7.692
月日照小时数	116.9	141.5	194.5	256.5	295.1	292.7	311.6	309.7	271.5	236.1	140.5	95.5

武汉	纬度 30°37′　经度 114°08′　海拔高度 23.1m										
月　份	1	2	3	4	5	6	7	8	9	10	11	12
月平均室外气温（℃）	3.7	5.8	10.1	16.8	21.9	25.6	28.7	28.2	23.4	17.7	11.4	6
水平面月平均日太阳总辐照量［MJ/(m^2·日)］	6.524	7.808	8.830	12.407	14.098	14.756	17.308	16.960	13.294	10.248	8.333	7.022
倾斜表面月平均日太阳总辐照量［MJ/(m^2·日)］	8.013	8.892	9.237	12.007	12.895	13.184	15.405	16.063	13.795	11.796	10.522	9.404
月日照小时数	110	105.8	119.2	156	187.3	185.3	239.6	248.7	182.4	166.3	148.9	140.7

参 考 文 献

[1] 渠箴亮．被动式太阳房建筑设计[M]. 北京：中国建筑工业出版社，1987.

[2] 徐占发．建筑节能技术实用手册[M]. 北京：机械工业出版社，2005.

[3] 彰国社．国外建筑设计详图图集 13[M]. 北京：中国建筑工业出版社，2004.

[4] 王长贵，郑瑞澄．新能源在建筑中的应用[M]. 北京：中国电力出版社，2003.

[5] Edward Mazria . THE PASSIVE SOLAR ENERGY BOOK[M]. Emmaus PA：Rodale Press，1979.

[6] 中华人民共和国建设部．GB/T 50033－2001，建筑采光设计标准[M]. 北京：中国建筑工业出版社，2001.

[7] 中华人民共和国建设部．GB50015—2003，建筑给水排水设计规范[M]. 北京：中国建筑工业出版社，2003.

[8] 刘念雄，秦佑国．建筑热环境[M]. 北京：清华大学出版社，2005.

[9] 罗运俊，何梓年，王长贵．太阳能利用技术[M]. 北京：化学工业出版社，2005.

[10] 谢建．太阳能利用技术[M]. 北京：中国农业大学出版社，1999.

[11] 刘加平．建筑物理第 3 版[M]. 北京：中国建筑工业出版社，2000.

[12] 柳孝图．建筑物理，第 2 版[M]. 北京：中国建筑工业出版社，1990.

[13] 蔡君馥等．住宅节能设计[M]. 北京：中国建筑工业出版社．

[14] 李元哲，狄洪发，方贤德．被动式太阳房的原理及其设计[M]. 能源出版社．

[15] 王长贵．太阳能光伏发电使用技术[M]. 北京：化学工业出版社．

[16] 涂逢祥．节能窗技术[M]. 北京：中国建筑工业出版社，2003.

[17] 涂逢祥．建筑节能技术[M]. 北京：中国计划出版社，1996.

[18] Charles Chauliaguet 等．翟启明，周济民译．太阳能在建筑中的应用[M]. 学苑出版社．

[19] 戴念慈．建筑设计资料集 6，第 2 版[M]. 北京：中国建筑工业出版社，1994. 6.

[20] 李华东等．高技术生态建筑[M]. 天津大学出版社，2002.

[21] 英格伯格·弗拉格等．托马斯·赫尔佐格. 建筑+技术[M]. 中国建筑工业出版社，2003.

[22] 韩继红，江燕．上海生态示范工程·生态办公示范楼[M]. 中国建筑工业出版社，2005.

[23] 汪维，韩继红．上海生态示范工程·生态住宅示范楼[M]. 中国建筑工业出版社，2006.

[24] 周浩明，张晓东．生态建筑—面向未来的建筑[M]. 东南大学出版社，2002.

[25] 江亿，薛志峰．超低能耗建筑技术及应用[M]. 中国建筑工业出版社，2005.

[26] 仲继寿，张磊等．中国太阳能建筑设计竞赛获奖作品集[M]. 中国建筑工业出版社．2005.

[27] 沈辉，曾祖勤．太阳能光伏发电技术[M]. 北京：化学工业出版社，2005.

[28] 赵争鸣，刘建政，孙晓瑛，袁立强．太阳能光伏发电及其应用[M]. 北京：科学出版社，2005.

[29] 刘加平，杨柳．室内热环境设计[M]. 北京：机械工业出版社，2005. 4.

[30] 房志勇．建筑节能技术教程[M]. 北京：中国建材工业出版社，1997. 6.

[31] (美)Public Technology Inc，US Green Building Council. 绿色建筑技术手册——设计·建造·运行[M]. 王长庆、龙惟定、杜鹏飞等译．北京：中国建筑工业出版社，1999. 6.

[32] 清华大学建筑学院，清华大学建筑设计研究院．建筑设计的生态策略[M]. 北京：中国计划出版社，2001. 9.

[33] Edward Mazria，THE PASSIVE SOLAR ENERGY BOOK[M]. Emmaus PA：Rodale Press，1979.

[34] 中国建筑业协会建筑节能专业委员会．建筑节能技术[M]. 北京：中国计划出版社，1996. 9.

[35] (美)诺伯特·莱希纳，张利，周玉鹏，汤羽扬等译．建筑师技术设计指南——采暖·降温·照明，

原著第 2 版[M]. 北京：中国建筑工业出版社，2004. 8.

[36] 王玉生，王瑞华，张家璋，渠箴亮 . 被动式太阳房建筑图集[M]. 北京：中国建筑工业出版社，1987. 12.

[37] 赵学义 . 太阳能热水安装与建筑构造标准图集[M]. 山东省标准设计办公室，2006.

[38] Daniel D. Chiras. The Solarhouse Passive Heating & Cooling[M]. Chelsea Green Publishing ，2002.

[39] Deo Prasad & Mark Snow. Designing With Solar Power[M]. Australia：The images Publishing Group Pty Ltd and Earthscan，2005.

[40] 杨维菊，蔡立宏 . 再论太阳能热水设备与住宅建筑的一体化整合[C]. 全国住宅工程太阳能热水应用研讨会论文集，2004.

[41] 王崇杰，何文晶，薛一冰，张奎玉，孙培军. 太阳能及节能技术一体化设计及应用[C]. 华东六省一市施工技术交流会，2002. 11.

[42] 王崇杰，薛一冰，何文晶，张奎玉，孙培军 . 节能住宅与太阳能利用的研究[C]. 华东六省一市施工技术交流会，2002. 11.

[43] 中国建筑节能年度发展研究报告 2010[R]. 清华大学建筑节能研究中心著 . 北京，建筑工业出版社，2010：5.

[44] 中国建筑节能年度发展研究报告 2012[R]. 清华大学建筑节能研究中心著，北京，建筑工业出版社，2012：4-10.

[45] 中国太阳能建筑应用发展研究报告[R]，徐伟，郑瑞澄，陆宾 . 北京，建筑工业出版社，2009.

[46] United States Environmental Protection Agency. Laboratories for the 21 century：best practices[R].

[47] Raleigh. NC. An Evaluation of Daylighting in Four Schools[R]. 2005. 12.

[48] 杨倩苗 . 中小型卫生院被动式太阳能热利用研究[D]. 天津：天津大学，2006.

[49] 马林 . 墙体改革与现代建筑外墙体系[D]. 上海：同济大学，2003.

[50] 何泉 . 太阳能热利用与集合住宅的一体化设计研究[D]. 天津：天津大学，2002.

[51] 何伟 . 太阳能在建筑上的光电、光热应用研究[D]. 合肥：中国科学技术大学，2002.

[52] 王磐 . 太阳能热水器在既有住宅中的应用[D]. 天津：天津大学，2003.

[53] 袁磊 . 住宅中太阳能热水器的应用及一体化设计[D]. 天津：天津大学，2001.

[54] 尼宁 . 生态建筑设计原理及设计方法研究[D]. 北京：北京工业大学，2003.

[55] 何文晶 . 太阳能采暖通风技术在节能建筑中的研究与实践[D]. 济南：山东建筑大学，2005. 6.

[56] 薛彩霞 . 山东太阳能采暖技术发展历程及实例分析[D]. 济南：山东建筑大学，2006. 6.

[57] 谭艳平 . 太阳能热水器与建筑一体化设计的研究[D]. 浙江：浙江大学建筑工程学院建筑技术科学专业，2005.

[58] 王磐 . 太阳能热水器在既有住宅中的应用研究[D]. 天津：天津大学建筑技术科学专业，2003.

[59] 郭晓洁 . 太阳能热水系统与建筑一体化应用技术研究[D]. 上海：同济大学建筑城规学院建筑技术科学专业，2006.

[60] 宋光明 . 太阳能在多高层住宅建筑中的应用研究[D]. 河北：河北工业大学建筑技术科学专业，2005.

[61] 李雨桐，卜增文，刘俊跃 . 采光板在建筑中的应用研究 . 见：仇保兴主编 . 智能与绿色建筑文集[M]. 北京：中国建筑工业出版社，2005. 285～291.

[62] 薛一冰，王崇杰 . 依靠学科优势，塑造教学品牌——中国首届太阳能建筑设计竞赛获奖作品评析 . 见：绿色建筑与建筑技术[M]. 北京：中国建筑工业出版社，2006.

[63] 中国农村卫生院被动式太阳能暖房项目总结报告(内部资料)，北京：卫生部国外贷款办公室，2004.

[64] 中国农村卫生院被动式太阳能暖房推广画册(内部资料)，北京：卫生部国外贷款办公室，2004.

[65] 薛一冰，王崇杰 . 2002 届建筑学专业毕业设计中生态建筑整体设计研究综述 . 高等建筑教育[M].

2003.1.
[66] 罗贝尔．静谧与光明[M]. 朱咸立，台北：詹氏书局，1984，P105.
[67] Schittich, Christian, In detail ： building skins ： concepts, layers, materials, Munchen ： Edition Detail ，Basel ：Birkhauser[M]. c2001，168～173.
[68] Peter Green, Elizabeth Schwaiger. In detail：building skins，concepts，layers，materials，Munchen ：Edition Detail [M]，Basel ：Birkhauser，2001，153～158.
[69] Genzyme Center in Cambridge[M]. USA，detail，2005(6)：646～649.
[70] 建设部建筑节能中心．促进我国建筑节能工作的建议[R].
[71] 杨倩苗，高辉．中庭的天然采光设计[J]. 建筑学报，2007.9，68～70.
[72] 杨倩苗，高辉．太阳能热水系统与建筑一体化设计[J]. 山东建筑大学学报，2008.
[73] 杨倩苗，高辉．高层建筑双层玻璃幕墙自然通风设计[J]. 建筑新技术，2008.4.
[74] 王崇杰，管振忠，张蓓，薛一冰．传统火炕的生态技术改造——太阳炕系统[J]. 绿色建筑与建筑技术，中国建筑工业出版社，2006.
[75] 王崇杰，薛彩霞，薛一冰．基于通风换气层面对被动式太阳能采暖技术的一点改进思考[J]. 绿色建筑与建筑技术，中国建筑工业出版社，2006.
[76] 王崇杰，张蓓，薛一冰．人居生态旅游[J]. 建筑新技术，中国建筑工业出版社，2006.
[77] 王崇杰，薛一冰，张蓓．生活生态生长[J]. 建筑新技术．中国建筑工业出版社，2006.
[78] 王崇杰，薛一冰，张蓓．生活 生态 生长[J]. 建筑学报，2006.3.
[79] 王崇杰，赵学义．论太阳能建筑一体化设计[J]. 建筑学报，2002.7.
[80] 王崇杰，何文晶，薛一冰．欧美建筑设计中太阳墙的应用[J]. 建筑学报，2004.8.
[81] 王崇杰，薛一冰，赵学义，岳勇，王德林．山东省高校学生公寓节能设计研究[J]. 山东建筑工程学院学报，2002.8.
[82] 韩卫萍，王崇杰．阳光建筑——德国建筑师罗尔夫·迪施(Rolf Disch)的建筑观及建筑实践[J]. 山东建筑工程学院学报，2005(12).
[83] 日华．托马斯·赫尔佐格的生态建筑[J]. 世界建筑，1999(2).
[84] 日建设计．地球环境战略研究机关 IEGS[J]. 建筑创作，2002(11).
[85] 夏菁，黄作栋．英国贝丁顿零能耗发展项目[J]. 世界创作，2004(8).
[86] 薛一冰，王崇杰．节能建筑整体设计策略的研究[J]. 山东建筑工程学院学报，2002.8.
[87] 王崇杰，薛一冰，岳勇．生态建筑设计理念在别墅中的体现[J]. 山东建筑工程学院学报，2003.1.
[88] 杨经文．绿色设计[J]. 建筑学报，2006.9(11).
[89] 陈伟．太阳能热水器节能技术在住宅小区的应用[J]. 节能技术，2002.3(2).
[90] 刘辉．太阳能热水器与住宅建筑一体化设计探讨[J]. 中国建设动态—阳光能源，2004.8.
[91] 杨建华，俞庆国．太阳能热水器安装的最佳朝向和倾角[J]. 河南科技，1999. 11.
[92] 袁莹，苏粤．太阳能热水器与建筑一体化设计[J]. 华中建筑，2005.1.
[93] 顾家椽，丁雷，钱永才．太阳能技术在多层住宅中的设计应用[J]. 建筑学报，2001.7.
[94] 李锐，张建国，俞坚，王志峰，高瑞恒主编．太阳能热泵系统[J]. 可再生能源，2004.4.
[95] 白宁，李戬洪，马伟斌，王东海主编．太阳能空调/热泵系统及运行分析[J]. 可再生能源，2005.2.
[96] 王庆生．太阳能热水器及其在住宅建设中应用的探讨[J]. 安徽建筑，2002.3.
[97] 鲁大学．中空玻璃节能特性的影响因素分析[J]. 墙材革新与建筑节能，2004，(5).
[98] 宋晔皓．利用热压促进自然通风[J]. 建筑学报，2000(12)：12～14.
[99] 王爱英，时刚．天然采光技术新进展[J]. 建筑学报，2003.3；2.
[100] 李佳，高辉．地下建筑中天然采光的应用[J]. 建筑新技术，2006(3)，282～292.
[101] 胡华，曾坚，马剑．可持续的建筑天然采光技术[J]. 新建筑，2006(5)，115-119.

[102] 鲁大学．中空玻璃节能特性的影响因素分析[J]. 墙材革新与建筑节能，2004，(5).

[103] 侯玉华．通风、空调系统热回收[J]. 化工设计与开发，1991，(4).

[104] 付林，江亿，张寅平．采暖供热系统的应用浅析[J]. 热能动力工程，2000，(5).

[105] 李伟，王爱英．导光管在天然光照明中的应用前景探讨[J]. 灯与照明，27(2)，2003，4～6.

[106] 徐晓星．光纤照明的原理与应用[J]. 灯与照明，26(5)，2002，29～30.

[107] 张弘．日本 OM 阳光体系住宅，住区[J]. 2001. 2.

[108] 吴延鹏，马重芳．采集太阳光的光导管绿色照明技术在建筑中的应用[J]. 智能与绿色建筑文集，北京：中国建筑工业出版社，482～485.

[109] Oesterle，Eberhard. Double-skin facades，Munich [J]. New York ：Prestel，c2001，12～25，86～117.

[110] Wind sock[J]. The Architectural Review，2003，11：69～73.

[111] Office Building[J]. The Architectural Review，2004，5：80～82.

[112] Nick Baker，Koen Steemers. Energy and Environment in Architecture[J]. London ；New York：E&FN Spon，2000，63～69.

[113] Nikken Sekkei，Kabushiki Kaisha. Sustainable Architecture in Japan[J]. Chichester，West Sussex；New York：Wiley-Academy，2000，120～160.

[114] 关畔澄．太阳能建筑．中国建筑科学研究院空气调节研究所．

[115] 江亿．我国建筑能耗趋势与节能重点[J].

[116] Hawaii Commercial Building Guideline for Energy Efficiency. Daylighting Guidelines，2003，63.

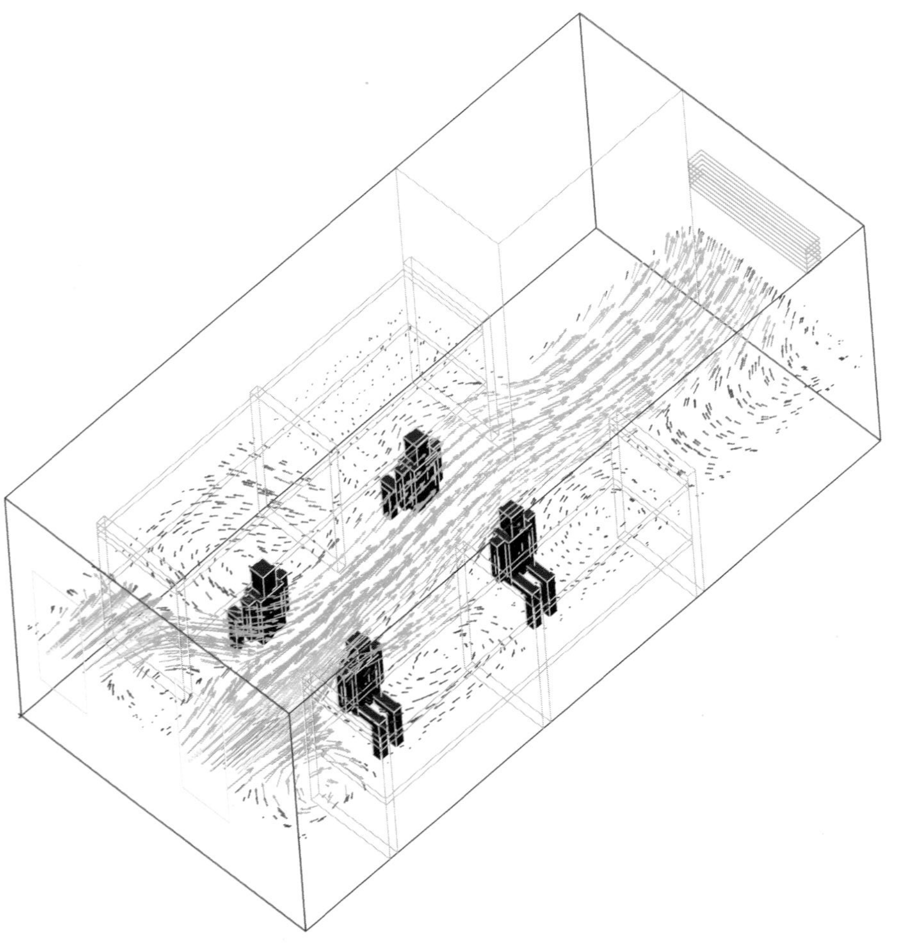

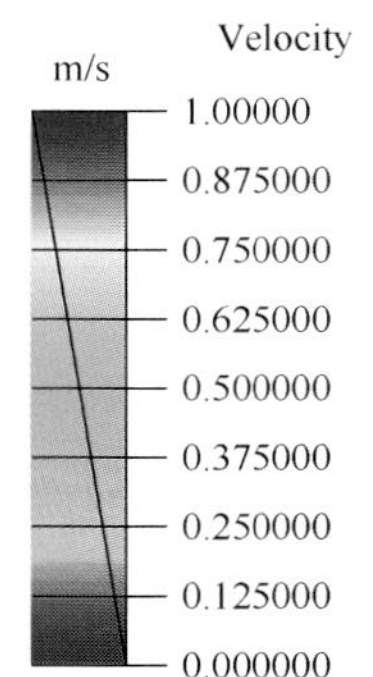

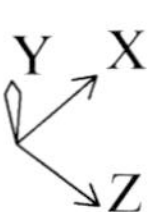

彩图 1　山东建筑大学太阳能学生公寓计算机通风辅助设计

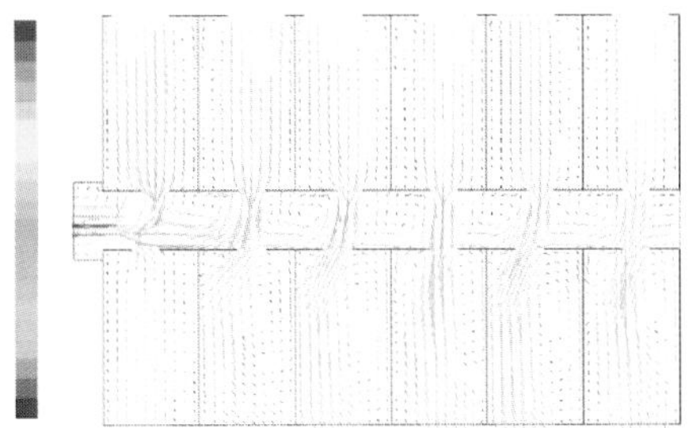

室外风速较大穿堂风较强时的通风情况

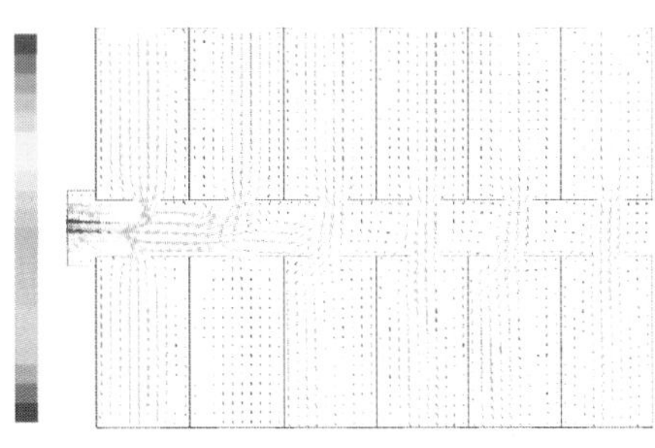

室外风速较小穿堂风稍弱时的通风情况

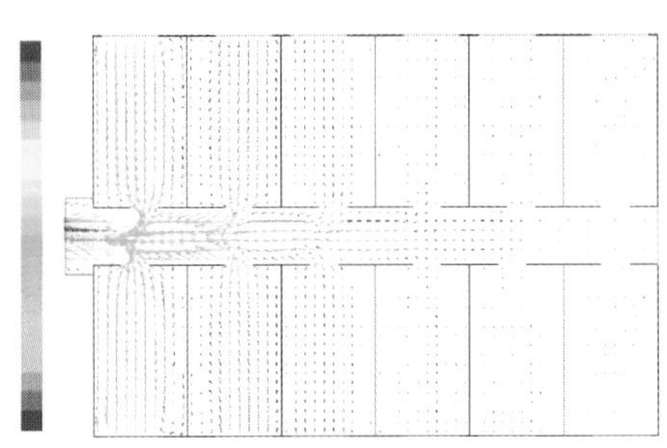

无穿堂风时的通风情况

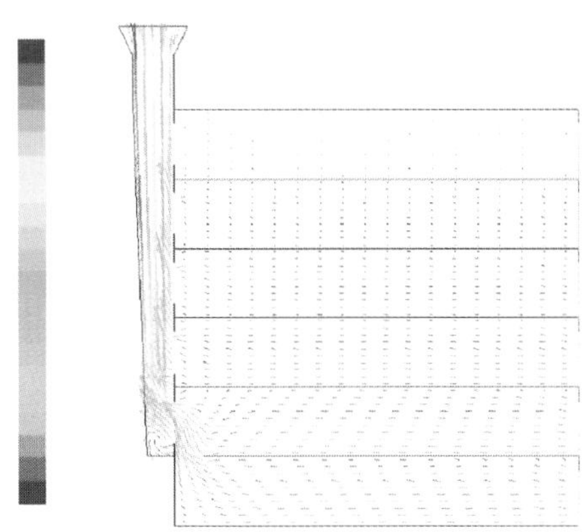

无穿堂风时烟囱的通风情况

彩图 2　山东建筑大学学生公寓太阳能烟囱设计中的 CFD 模拟

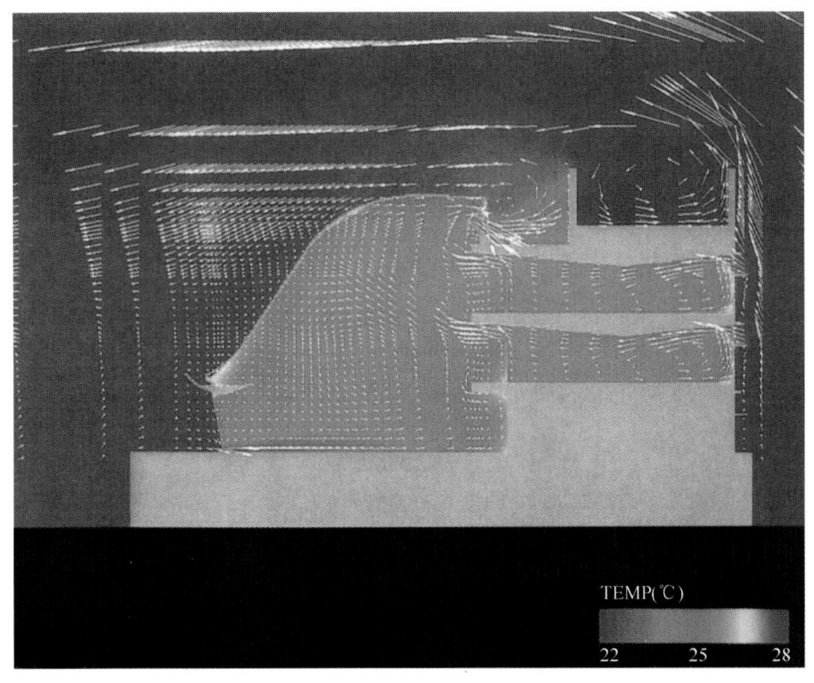

彩图 3　东京天然气公司总部办公楼室温和空气流速的模拟